本书获湖北汽车工业学院学术专著出版专项资助

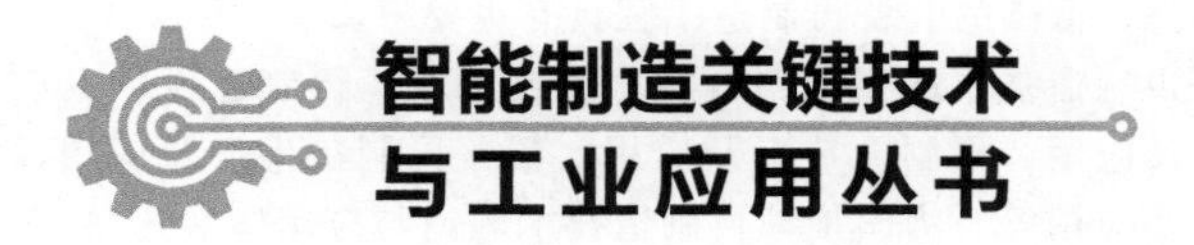

装备再制造技术及典型应用

Equipment Remanufacturing Technology and Typical Application

江志刚　龚青山　柯　超　等著

化学工业出版社

·北京·

内容简介

装备再制造技术是利用工业大数据技术、寿命预测技术、精益管理技术以及智能运维技术对装备再制造全流程进行方案设计、实施路径规划及可靠性分析的过程，对于组织、规范装备再制造流程及实施再制造装备运维服务，最大限度地发挥再制造先进技术与循环效益优势，保障可靠、高效、经济、低碳的装备再制造工程具有重要意义。

本书系统论述了装备再制造技术的概念与内涵、实施路径、再制造设计及应用、再制造拆解及应用、再制造加工及应用、再制造装配及应用、精益再制造生产及应用，以及再制造装备全生命周期协同运维及应用等，力图推动再制造技术理论与应用体系建立。

本书对装备再制造技术研究和工程实践应用具有较强的指导价值，可供从事再制造设计、工艺设计、精益管理、再制造装备运维等领域的工程技术人员、管理人员、研究人员参考，也可作为高等院校机械工程、工业工程、管理科学与工程、环境工程等绿色制造、再制造相关专业研究生的教材或参考书。

图书在版编目（CIP）数据

装备再制造技术及典型应用/江志刚等著．—北京：化学工业出版社，2024.5

（智能制造关键技术与工业应用丛书）

ISBN 978-7-122-45281-8

Ⅰ.①装…　Ⅱ.①江…　Ⅲ.①机械制造工艺-研究　Ⅳ.①TH16

中国国家版本馆 CIP 数据核字（2024）第 057396 号

责任编辑：张海丽　　文字编辑：袁　宁

责任校对：边　涛　　装帧设计：王晓宇

出版发行：化学工业出版社（北京市东城区青年湖南街 13 号　邮政编码 100011）

印　　装：北京天宇星印刷厂

710mm×1000mm　1/16　印张 22½　字数 429 千字　2024 年 6 月北京第 1 版第 1 次印刷

购书咨询：010-64518888　　售后服务：010-64518899

网　　址：http://www.cip.com.cn

凡购买本书，如有缺损质量问题，本社销售中心负责调换。

定　　价：138.00 元

前言

我国制造业面临着资源和环境的发展瓶颈，现役装备面临着延寿和性能提升的迫切需求。再制造作为绿色制造的重要组成部分，对于缓解资源短缺与浪费、保护生态环境、发展循环经济具有重要的现实意义。随着市场需求和产业规模的扩大，先进的绿色、智能装备的技术不断地创新和应用，再制造实施方案制定的合理性、经济性及可靠性要求等显著增长，使得目前多以制造经验为主的装备再制造实施过程面临严峻挑战，再制造工程的实施效益难以保障，严重制约了我国再制造产业发展。鉴于此，考虑废旧装备的发展需求，开展装备再制造技术与应用研究，合理制定再制造技术方案，是当前再制造工程的重要研究方向和应用领域。

再制造技术是实现废旧装备再利用的关键要素。与新品制造不同，再制造以废旧产品为毛坯，其毛坯质量状况不清晰、剩余寿命不均衡以及失效形式与程度差异性大等个性化特征，同时客户对再制造产品的个性化需求，造成再制造方案极具个性化和不确定性，导致再制造技术难以合理选择并有效促进再制造过程实施。如何运用先进技术准确制定再制造实施方案，组织、规范并拉动废旧产品拆解、再制造加工、再制造精益管理、再制造产品运维服务等多再制造环节的优化运作，最大限度地发挥再制造先进技术装备与循环效益优势，保障装备再制造过程实施的高效、经济和低碳性，是装备再制造系统迫切需要解决的问题。

目前，装备再制造技术及应用相关研究主要集中于再制造方案制定、再制造工艺规划、再制造加工以及再制造评价等，研究内容具有两大特征：一是面向再制造过程的技术开发研究，即涉及设计、工艺、加工以及管理等方面的方法越来越多；二是多学科综合性或技术集成赋能再制造系统，即装备再制造过程绝非单一学科知识能够支撑，而是依赖于多门学科知识的有机结合。但现有研究仅专注于再制造系统的某一环节进行技术开发，没有从再制造全流程的角度进行全局规划和技术衔接，特别是再制造设计、精益再制造以及再制造产品运维方面的研究还很欠缺，无法保障装备再制造生产的最佳状态，发挥出再制造产品的最佳效能。因此，系统地研究和学习装备再制造技术及应用的理论及相关实施方法等显然十分必要。

本书作者在国家自然科学基金项目和国家科技支撑计划项目等的资助下，致力于再制造系统工程的研究，取得了一定的研究成果；同时收集了大量的国内外研究文献资料，经过整理，完成了本书的撰写工作。本书从系统思维、学科综合和技术集成的角度，研究装备再制造技术所涉及的新概念、新模式和新方法，主要内容包括再制造技术现状及发展、再制造设计技术及应用、再制造拆解技术及应用、再制造加工技术及应用、再制造装配技术及应用、精益再制造生产技术及应用、再制造装备全生命周期协同运维技术及应用等。

本书是课题组研究成果的系统总结，由武汉科技大学、湖北汽车工业学院江志刚，湖北汽车工业学院龚青山，武汉工程大学柯超等著。其中，江志刚、龚青山、柯超、段荣负责全书的结构规划和统筹工作，并撰写了前言；段荣、江志刚、龚青山撰写了第 1 章；柯超、段荣撰写了第 2 章；柯超、江志刚撰写了第 3 章；潘志强、柯超撰写了第 4 章；潘志强、龚青山撰写了第 5 章；付众铖、龚青山、柯超撰写了第 6 章；杨洁、柯超、龚青山撰写了第 7 章。

本书涉及的有关研究工作，得到了国家自然科学基金（52375508、52075396、51675388）、国家科技支撑计划（2012BAF02B01、2012BAF02B03）以及工信部绿色制造系统集成项目的支持，并得到了湖北汽车工业学院学术专著出版专项资助，在此表示衷心的感谢！

此外，本书在写作过程中参考了有关文献，并尽可能地列在参考文献表中，在此向所有被引用文献的作者表示诚挚的谢意！

由于装备再制造技术及应用是一门正在迅速发展的综合性交叉研究学科，涉及面广，技术难度大，加上作者水平有限，书中不妥之处在所难免，敬请广大读者批评指正！

著者
2023 年 12 月

目录

第5章 装备再制造装配技术及应用 174

第 6 章 装备精益再制造生产技术及应用 204

第 7 章 再制造装备全生命周期协同运维技术及应用 269

第1章

装备再制造技术现状及发展

再制造是保障废旧装备及其零部件高品质循环利用的重要途径。数十年来，我国装备再制造经历了维修、表面处理、再制造等由低向高的进化跃升与创新发展阶段。随着市场需求和产业规模的扩大，先进的绿色和智能技术不断创新与应用，装备再制造技术应用的环境、目标、性能等要求均发生了很大变化。本章从装备再制造业的发展背景出发，探讨装备再制造的概念与内涵，分析装备再制造业的发展现状、发展机遇，总结装备再制造的技术体系、技术现状与发展趋势，明确装备再制造技术的应用场景与实施路径。

1.1 装备再制造业是制造业的重要组成部分

装备制造业是为经济各部门进行简单生产和扩大再生产提供装备的各类制造业的总称，是制造业的核心部分，承担着为国民经济各部门提供工作母机、带动相关产业发展的重任，可以说它是制造业的心脏和国民经济的生命线，是支撑国家综合国力的重要基石之一。再制造是实现绿色制造的有效途径和重要环节，可实现大量报废产品的再利用，降低我国废品处理的强度和需求。作为我国新兴战略性产业，再制造产业是绿色制造的重要组成部分，是实现节能减排和促进循环经济发展的有效途径。随着国家“双碳”目标的提出，再制造作为绿色制造的一项重要工程，其作用再次凸显。尤其是工业装备的原始价值大，对其废旧品进行再制造的节能、节材、减排、环保效果明显。

2015 年 5 月，《中国制造 2025》从国家层面确定了我国建设制造强国的总体战略，提出全面推行绿色制造，大力发展再制造产业，实施高端再制造、智能再制造、在役再制造，推进产品认定，促进再制造产业持续健康发展。推进工业装备再制造的研究与产业发展，不仅能助力高端制造、智能制造、服务型制造、绿色制造的发展，还能极大地减少碳排放，助力“双碳”目标实现，具有重大社会意义，同时也具有很高的经济价值。因此，建立强大的装备再制造业，不但是提高制造业综合实力的重要基础，同时也是实现社会、经济可持续发展的有效保障。

装备再制造是以装备全生命周期设计和管理为指导，以优质、高效、节能、节材及环保为准则，以先进技术和产业化生产为手段，实现废旧装备功能恢复、性能提升的一系列技术措施或工业活动的总称，是让装备战斗力再生的重要构成。其特征主要包括：再制造装备的功能属性、技术性能、能源消耗、环保、经济指标等方面不低于原型新品，可以在延长装备寿命的同时提高装备的性能；再制造的经济效益、社会效益和生态效益显著，通常情况下再制造装备能够使能源消耗减少 60%，原材料使用节省 70%，污染物排放量降低 80%左右。

装备再制造业与制造业的关系主要包括以下四个方面的内容：

① 装备再制造业是制造业的延伸。传统的装备全生命周期是“研制—使用—报废”，其物流是开环系统；而再制造装备的全生命周期是“研制—使用—报废—再生”，其物流是闭环系统。再制造的出现，完善了装备全生命周期的内涵，使得装备在全生命周期的末端，即报废阶段，不再成为破坏环境的废弃垃圾。

② 装备再制造业与制造业的本质相同。装备制造是将原材料加工成产品，其本质是生产满足人们生产或生活需要的产品。制造生产过程主要包括原材料生产、零件工艺设计、零件制造加工、产品装配检验等。装备再制造生产是以废旧产品及其零部件为毛坯，通过专业化修复和升级改造的生产模式来使其性能不低于原有新品水平的制造过程，其本质也是获取满足人们生产或生活需要的产品的过程，包括废旧产品回收、再制造工艺设计、再制造加工、再制造产品测试等。再制造具备制造的本质特征，具有工程的完整性、复制性和可操作性。

③ 装备再制造业是制造业的补充和完善。广义上的制造生产，特别是绿色制造或可持续制造生产系统，不但包括产品的设计、制造，还包括产品的使用、维修与退役等服务环节，即产品的全生命周期，但缺少针对退役产品及其零部件的处理环节。再制造生产针对生命周期末端的废旧产品及其零部件，根据废旧产品及其零部件不同的寿命特征，采用修复或升级等不同的再制造方式，最大化地挖掘废旧产品及其零部件在制造阶段的材料、能源和劳动成本等附加值。因此，再制造生产是与制造生产直接相关的完整系统，是对制造生产的补充和完善。

④ 装备再制造业与制造业的差异性。与制造相比，再制造主要具有以下两方面的差异。a. 生产组织方式不同：制造所获取的毛坯等材料一般由企业生产，可实现批量化供应，时间和品质相对确定。再制造需要从废旧品的回收开始，由于废旧品分散于各地的用户手中，废旧品的供应数量、时间等具有不确定性，因此在毛坯获取上，两者具有不同的组织方式；其次，由于新品的服役环境等差

异，导致其尺寸磨损、材料性能变化等具有很高的不确定性，所产生的废旧品具有高度个性化的寿命特征，从而须根据废旧品的寿命特征进行定制化的再制造修复或升级，难以形成大批量生产，使得再制造具有多品种、小批量的定制化生产特点，与一些大批量的刚性新品制造生产组织方式有较大差异。b. 工艺技术不同：制造生产中的毛坯材料性能稳定且供应渠道清晰，毛坯材料供应质量稳定可靠，其合格零件生产主要针对所需毛坯工件，通过铸、锻、焊、金属切削加工等机械制造技术来获取。再制造的毛坯是服役后处于生命周期末端的废旧产品及其零部件，侧重于表面工程技术和增材制造技术的应用，利用物理、化学、机械制造等技术，改变基体材料的表面状态、化学成分、组织结构或形成特殊的表面覆层，优化材料表面以达到无须整体改变材质而获得原基体材料所不具备的某些特殊性能，实现高性能恢复和升级废旧品的尺寸精度，提高耐蚀性，改变摩擦学性能，提高抗疲劳性能等。因此，两者在工艺技术上存在显著差异。

工业发达国家所走过的历程表明，没有装备制造业，国家难以完成经济由高速增长阶段向高质量发展阶段的转变；没有发达的装备再制造业，就无法支撑低碳循环经济，无法实现建设资源节约型和环境友好型社会的发展目标。再制造经过40多年的迅速发展，已经成为循环经济和绿色制造业的重要组成部分。目前，再制造业在美国经济中已占有重要位置，深入到多个工业领域，如汽车、机械设备、压缩机、电子电器、办公用品、轮胎、翼盒、阀门等诸多领域。汽车零部件再制造是美国再制造研究最早的领域，已经形成了规模相当大的产业：美国福特公司已建立全球最大的汽车回收中心，并花巨资买下欧洲最大的汽车修理连锁公司；美国汽车工业协会已经对一些具体零部件再制造制定了标准，在美国所有的再制造行业中，汽车再制造业是最大的。目前，再制造几乎已经覆盖汽车所有的零部件，再制造产品都严格按照再制造工艺检验和试验标准进行，保证质量等同或优于新产品。

美国军队是目前世界上最大的再制造受益者，在军用装备中大量使用再制造零部件，这不但节约了军用装备的制造费用，而且延长了装备的寿命，并提高了装备的可维修性。再制造工程的研究已经引起美国国防决策部门的重视，将武器系统的性能升级、延寿技术和再制造技术列为目前和将来国防制造重要的研究领域。除此之外，包括IBM在内的计算机公司正在回收旧机器的芯片；包括朗讯科技公司在内的通信设备公司正在开展开关装置再制造；施乐公司推出“绿色再制造计划”，由公司支付回收和重复使用墨盒等零部件的费用，使制造成本降低约40％～65％；惠普公司提出了名为“地球伙伴计划”的全球环保硒鼓回收计划，可将硒鼓重量的90％重新利用，收回的硒鼓一部分被转换为原材料，另一部分经过再制造后用于制造过程；20世纪90年代以来，富士公司和柯达公司开始回收一次性相机，把它的闪光灯和其他部件重新用在新相机上。近年来，美国越来越多的企业从事再制造，据波士顿大学最近统计，美国大约73000个企业从事再制造，从业人员达到48万人，再制造业的年销售额达到1300亿美元以上。

欧洲主要工业化国家的一些大企业都相继开展了再制造。瑞士的卡斯特林公司专门向世界各国提供再制造服务；德国汽车再制造产业相当发达，奔驰汽车公司在汽车的整个生命周期（包括设计、制造、使用、维修和报废）都体现回收利用的概念，从设计开始就注重可回收性；宝马汽车公司已建立起一套完善的全国性回收品经营连锁店体系，回收的废旧发动机在再制造过程中，94％被高技术修复，5.5％回炉再生，只有0.5％被填埋处理。

中国是装备生产和使用大国，汽车、工程机械、机床、电子产品等社会保有量快速增长。目前我国机床保有量约有800万台，已连续7年机床消费排名世界第一。按国际上3％的淘汰率，每年接近24万台机床进入淘汰程序，占国内新机床产量的一半左右。如果充分利用废旧机床的床身、立柱等铸件，并对其进行修复改造，可减少能耗、成本、污染，从而实现循环生产。截至2022年底，全国机动车保有量达4.17亿辆，扣除报废注销量比2021年增加2129万辆，同比增长5.57％。从2017年开始，我国报废汽车回收拆解行业缓慢发展，2019年我国报废汽车回收数量达195.1万辆，同比增长16.8％。2021年，受各地洪水灾害影响，我国报废汽车回收数量达到294.6万辆。目前，中国还没有为大量工业机电产品、汽车、电子电器产品报废做好准备，大量报废装备没有得到很好的合理再生利用，发展再制造业势在必行。

1.2 我国装备再制造业面临的机遇与挑战

我国的再制造发展经历了产业萌生、科学论证和政府推进三个发展阶段，通过不断的创新发展，已形成了涵盖不同行业和应用领域的具有中国特色的再制造产业。不同于欧美发达国家的再制造产业发展较为成熟，我国再制造产业仍处于初级发展阶段，经济发展方式转向质量变革、效率变革、动力变革，装备再制造是再制造发展的必然阶段和方向，在实现其变革与发展的过程中，机遇与挑战共存。

1.2.1 装备再制造业目前存在的问题

装备再制造作为一种基于废旧装备资源循环利用的装备制造新模式，在我国具有广阔的发展前景，对于实现我国量大面广的废旧装备资源的循环利用具有重要意义。目前，我国装备再制造的模式主要有再制造商与用户之间的订单式服务、回收二手装备进行再制造以及装备置换等三类。从事装备再制造的主要力量是专业装备再制造企业、装备制造企业及数控系统制造企业。其中，机床制造企业由于品牌、技术、人才、物流等方面的优势，在机床再制造方面取得了较大成果。如重庆机床（集团）有限责任公司、沈阳机床集团、大连机床集团等公司都有从事机床维修、改造或再制造的机床维修服务部或子公司。国内还有许多第三方机床维修与再制造公司，如重庆宏钢、重庆恒特、北京圣蓝拓、北京凯奇等公司。华中数控和广州数控主要为我国制造业企业进行设备的数控化再制造，取得了可观的经济及社会效益。但装备再制造的研究与工业、企业部门（包括再制造产业部门）的结合度较低，存在不少难点；同时再制造企业规模普遍偏小，总体竞争能力不强。因而装备再制造产业发展虽具有极大潜力，但也面临市场、技术、政策、供需体系等综合系列障碍和挑战。

(1) 对发展再制造产业缺乏足够的认识

再制造作为一项新的技术还没有被大众所了解，消费者缺少对再制造产品优点的认识，对使用再制造产品缺乏积极性，所以企业在发展再制造产业上的积极性也不高。我国再制造产业发展处于起步阶段，再制造作为新的理念还没有被消费者及社会广泛认同，不少国内消费者目前还难以接受和使用再制造产品，有些人甚至还把再制造产品与“二手货”混为一谈，对再制造产业的认知不足，导致了再制造产品市场开拓难度的加大。还由于一些客观原因，再制造企业的发展面临一定的困难。这些困难主要包括国家相关政策的缺乏、再制造回收网络的不健全、再制造专业技术人员/设备的需求空白、回收产品质量状态的随机性、再制造生产计划安排的复杂性、再制造信息系统的兼容性、再制造市场有待培育等。

虽然相关产业管理部门及科研单位为再制造的发展提供了政策支持及技术支撑，并以机床再制造和低效设备能效升级等为试点，但是总体来讲，资金投入力度不大，完全靠企业自身投入。再制造的产业特征决定了其投入大、周期长、回款慢，造成再制造产业规模无法做大，企业普遍偏小，难以形成规模效应。例如，机床再制造，特别是对精密、复杂机床再制造，由于机床价格昂贵，再制造能否达到预期效果，用户一般持保留态度，使得用户选择再制造产品的意愿并不强烈。加上行业没有统一的定价标准，极易造成市场的低价竞争。而较低的价格无法保证再制造项目投入，再制造产品质量良莠不齐更加难以得到用户的信任。

(2) 关键技术不成熟

再制造技术区别于以往的制造技术，需要不断创新，研发出高新技术，完善关键技术。相比于普通制造业，再制造技术实施对象的差异性本身就需要更加智能的加工手段来替代人工，实现自动化、批量化。目前，深度学习技术已经可以运用于信息管理及识别、再制造成形加工、再制造拆解清洗、再制造在线监测、再制造智能无损检测等再制造产业技术全流程，因而如何使这些技术运用于再制造产业是未来相关行业必须面对的核心问题。

以深度学习为代表的智能化技术虽然在消费领域的运用不断成熟，但在制造及再制造领域没有取得相应的进展。同时这些智能化技术所需的产业大数据存在分散性和多样性，目前没有成熟的收集和使用方式，这也限制了装备再制造业的发展。

(3) 再制造产业的政策环境还不够完善

由于再制造技术在我国起步较晚，国家对该技术并没有一个具体的定义和发展态度，并且再制造产业作为制造业与服务业结合的一种高端制造业态，其发展受国家法规政策的影响较大。

目前，支持再制造产业发展的法规文件已陆续颁布，但普遍缺乏相关细则，可操作依据不明确。同时，我国市场缺乏对再制造装备流通的统一安排，对于废旧零部件的置换或采购没有相关政策和体系支撑，旧件采购因无法取得增值税发票进行成本抵扣，导致成本过高。我国多年来未建立起有效的废旧零部件回收体系，废旧零部件的回收主体不明确，旧件回收规模难以满足再制造企业需求。同时，由于再制造处于小规模、小平台发展阶段，无法吸引大量资金，在有限的企业规模上无法提供用于智能化技术改造的相关资金支持；由于规模限制，智能化改造在无范例、无基础、无产业政策的情况下无法给予企业家可靠的预期回报，使得改造的吸引力不足。

(4) 缺乏完整的供需体系

供给端：再制造的零部件或产品需要复杂的旧件供给与严格的检验流程，废旧产品的获取国内还没有严格和成体系的行业规范。同时，再制造产品与原始产品一样需要有保修等服务作为支撑，对技术水平和配套服务有较高的要求，会对再制造企业形成较重的前期成本负担。

消费端：如果再制造产品不能够提供让消费者满意的价格或质量，那么消费者会选择“原配件”或“维修与翻新的配件”，这会让再制造产品销售遇到阻碍。

1.2.2 我国装备再制造业面临的发展机遇

(1) 技术层面

作为制造大国，我国装备保有量巨大，再制造是装备资源化循环利用的最佳途径之一。我国再制造产业已初具规模，初步形成了以尺寸恢复和性能提升为主要技术特征的中国特色再制造产业发展模式。在装备再制造产业发展过程中，高端化、智能化的生产实践不断涌现，激光熔覆、3D 打印等增材技术在再制造领域广泛应用，如航空领域已实现叶片规模化再制造，工业母机装备关键件再制造技术取得积极进展，通过寿命评估、纳米表面工程、复合表面工程、自动化表面工程和先进智能制造等技术，使旧件尺寸精度恢复到原设计要求，并提升零件的质量和性能。

随着工业设备存量市场的不断快速增长，工业设备的维修、维保、监测与运维、检测诊断、改造与再制造等工业服务发展迅猛。同时，随着智能制造、高端制造、数字经济的发展，以及节能减排、“双碳”目标的需要，将极大促进设备改造、自动化产线技术改造、数字化车间技术改造及其再制造发展。

（2）市场需求层面

当前，我国再制造行业整体还处于初级阶段。2009 年，工业和信息化部（下简称“工信部”）确定了包括广西柳工机械股份有限公司、徐州工程机械集团有限公司等在内的 7 家工程机械企业，作为第一批机械产品再制造试点单位，拉开了我国再制造产业发展的序幕。随后多个部门和多个行业陆续展开再制造，经过十多年的发展，已经形成了一定的产业发展体系。但同时，我国再制造骨干企业数量少，规模小，总体竞争力不强；再制造企业还没有能够形成规模化生产，核心生产设备需要依赖进口，产业链还需要完善，逆向物流回收体系建设滞后，尚未形成行业规模效应；再制造产品以传统的性能修复为主，对智能再制造的关键技术研究与产业化应用亟待突破。

此外，我国经济已由高速增长阶段转向高质量发展阶段。在近 10 年的机电产品再制造试点示范、产品认定、技术推广、标准建设等工作基础上，亟待进一步聚焦具有重要战略作用和巨大经济带动潜力的关键装备，开展以高技术含量、高可靠性要求、高附加值为核心特性的高端智能再制造，推动深度自动化无损拆解、柔性智能成形加工、智能无损检测评估等高端智能再制造共性技术和专用装备研发应用与产业化推广。推进高端智能再制造，有利于带动绿色制造技术不断突破，有利于提升重大装备运行保障能力，有利于推动实现绿色增长。

（3）政策导向层面

为了使再制造产品生产规范，产品质量有保障，再制造不断产业化，国家发改委、工信部等相关部门对再制造试点示范工作进行了部署，并对再制造关键技术进行目录化，也提出再制造产品质量认定的标准等。截至 2015 年底，我国发布实施了 16 项再制造标准；2017 年，工信部出台了《高端智能再制造行动计划（2018—2020 年）》，表明智能再制造将向高端化、智能化、产业集群化发展。2022 年 9 月，已经发布到第九批《再制造产品目录》。国内从事再制造的企业涉及汽车、工程机械、机床、采矿设备、化工设备、冶金装备、船舶、铁路、办公设备等各个行业，再制造产业示范基地与技术研发中心建成并发展。2021 年 12 月 16 日，财政部、国家税务总局、国家发展改革委、生态环境部发布《资源综合利用企业所得税优惠目录（2021 年版）》（2021 年第 36 号），明确指出，通过再制造方式生产的发动机、变速箱、转向器、起动机、发电机、电动机等汽车零部件、办公设备、工业装备、机电设备零部件等纳入企业所得税优惠目录，再制造行业迎来又一利好政策，见表 1-1。

表 1-1　资源综合利用企业所得税优惠目录（2021 年版）（部分）

类别	序号	综合利用的资源	生产的产品	技术标准
一、共生、伴生矿产资源	1.1	煤系共生、伴生矿产资源、瓦斯	高岭岩、铝矾土、膨润土，电力、热力及燃气	1. 产品原料 100%来自所列资源。 2. 产品原料来自煤炭开发中的废弃物。 3. 产品符合国家和行业标准
	1.2	黑金属矿、有色金属矿、非金属矿共生、伴生矿产资源	共生、伴生矿产资源产品	1. 产品原料 100%来自所列资源。 2. 共生、伴生矿产资源未达到工业品位
二、废水（液）、废气、废渣	2.1	煤矸石、煤泥、化工废渣、粉煤灰、尾矿、废石、冶炼渣（钢铁渣、有色冶炼渣、赤泥等）、工业副产石膏、港口航道的疏浚物、江河（渠）道的淤泥淤沙等、风积沙、建筑垃圾、生活垃圾焚烧炉渣	砖（瓦）、电力、热力、煤矸石井下充填开采置换出的呆滞煤量、砌块、新型墙体材料、石膏类制品以及商品粉煤灰、建筑砂石骨料、道路用建筑垃圾再生骨料、再生级配骨料、再生骨料无机混合料、预拌商品混凝土、干混砂浆、预拌砂浆、砂浆预制件、混凝土预制件、盾构土、粒化高炉矿渣、钢渣微粉、微晶玻璃、岩棉、矿渣棉、氧化铝、水泥熟料	1. 建材产品原料 70%以上来自所列资源。生产其他产品的产品原料 100%来自所列资源。 2. 用煤矸石、煤泥生产电力、热力产品符合《煤矸石综合利用管理办法》要求。 3. 产品符合国家和行业标准
三、再生资源	3.8	废旧汽车、废旧办公设备、废旧工业装备、废旧机电设备	通过再制造方式生产的发动机、变速箱、转向器、起动机、发电机、电动机等汽车零部件、办公设备、工业装备、机电设备零部件等	产品符合国家标准

技术的发展、市场的需要、政策的导向将为工业装备再制造带来新的发展契机，工业装备再制造产业的发展不仅具有重大社会意义，同时也具有极大的经济意义。随着国家对再制造产业优惠政策的落地、实施，必将推动工业装备再制造技术的发展，有利于工业装备再制造产业研究与技术突破，有利于装备再制造向高端再制造、智能再制造持续进化和发展。

1.2.3　装备再制造业的发展趋势

随着我国装备再制造产业的发展，大量的再制造装备进入服役周期，针对装备再制造业的研究将逐渐深入。下面从五个方面对装备再制造业的发展趋势进行说明。

（1）产业进一步向纵深发展

规范产业发展，加大对高端装备再制造标准化工作的支持力度，充分发挥标准的规范和引领作用，建立健全再制造标准体系，加快制定再制造管理、工艺技术、产品、检测及评价等标准。进一步完善再制造产品认定制度，规范再制造产品生产过程，促进再制造产品推广应用。充分发挥相关行业协会、科研院所和咨询机构等的作用，强化产业引导、技术支撑和信息服务等，探索建立以产品认定、企业信用为基础的行业自律机制。推动开展第三方检测评价，促进行业规范健康发展。

推动细分产业向纵深发展，实现引领示范效应，带动更多的装备再制造细分产业发展。选择具有一定产业基础和发展前景的细分领域，通过匹配政策、资金、人才等资源，打通产业链，形成良性循环，形成示范效应。通过装备再制造细分领域的成功示范效应，将经验推广到更多细分领域，带动装备再制造产业的整体发展。

加快高端装备再制造标准研制。加强高端装备再制造标准化工作，鼓励行业协会、试点单位、科研院所等联合研制高端装备再制造基础通用、技术、管理、检测、评价等共性标准，鼓励机电产品再制造试点企业制定行业标准及团体标准。支持再制造产业集聚，结合自身实际制定管理与评价体系，探索形成地域特征与产品特色鲜明的再制造产业集聚发展模式，建设绿色园区。

促进交流合作。充分利用多双边国际合作机制与交流平台，加强高端装备再制造领域的政策交流，推动产品认定等标准互认。支持科研院所等机构围绕高端装备再制造积极开展国际技术交流与学术研讨等活动。深入落实国家自由贸易试验区扩大开放的相关政策，探索开展境外高技术、高附加值产品的再制造。鼓励高端装备再制造企业“走出去”，探索市场化国际合作机制，服务“一带一路”国家工业绿色发展。

（2）有望形成跨细分领域的领军企业

当前，我国有规模的装备再制造企业不多，能够跨多个细分领域的再制造企业更是寥寥无几。相关行业的企业呈现分散、规模小的状态，不利于产业整合和发展。随着产业聚集和壁垒突破，未来有望形成跨细分领域的领军企业，实施高端装备再制造示范工程。培育一批技术水平高、资源整合能力强、产业规模优势突出的高端装备再制造领军企业，形成一批技术先进、管理创新的再制造示范企业，建设绿色再制造工厂，带动行业整体水平提升。重点推进盾构机、重型机床等领域高端装备再制造示范企业建设，鼓励依托再制造产业集聚区建设示范工程。领军企业的打造有助于形成示范带动效应，促进行业发展。

（3）企业融资途径进一步拓宽

完善支持政策。充分利用绿色制造、技术改造专项及绿色信贷等手段支持高端再制造技术与装备研发和产业化推广应用，重点支持可与新品设计制造形成有效反哺互动机制的再制造关键工艺突破系统集成项目建设。推动将经认定的再制造装备纳入政府采购目录及绿色工艺技术产品目录。推动通过国家科技计划支持符合条件的高端装备再制造工艺、技术、装备及关键件研发。对符合条件的增材制造装备等高端再制造装备纳入重大技术装备首台套、首批次保险等财税政策，加大扶持力度。在专项贷款、融资租赁、融资担保、保险、产业基金、上市融资等多个方面为装备再制造企业提供金融服务。

强化组织实施。工业和信息化部门将加强与有关部门沟通协调，推动建立有利于高端装备再制造产业发展的政策环境，促进产业健康有序发展。指导具备条件的地区的工业和信息化主管部门、有关协会等，按照行动计划确定的目标任务，结合当地或其领域实际，制定支持高端装备再制造产业发展的工作方案。鼓励有关行业协会、机电产品再制造试点单位等结合本行动计划，联合研究制定具体实施方案。充分利用绿色制造公共服务平台，推动规范化、标准化、信息化实施高端装备再制造行动计划，提升行动计划实施的社会和产业影响力。

（4）生产方式互联化、定制化

装备再制造依托物联网、工业互联网实现互联制造和定制化规模生产。装备再制造企业对市场变化情况敏感，会根据市场变化调整资源配置情况。数字化、智能化技术和装备将贯穿产品的全生命周期，智能装备、智能产品、企业与客户形成的工业互联和社交互联关系，将极大促进大规模流水线生产转向定制化规模生产。企业借助互联网的力量缩短业务流程、降低成本、提升效率，释放出产业创新的巨大潜能，构建高端装备再制造金融服务新模式。

推动智能化装备再制造研发与产业化应用。以企业为主导，联合行业协会、科研院所和第三方机构等，促进产学研结合，面向高端装备再制造产业发展重点需求，探索高端装备再制造产品推广应用新机制。鼓励由设备维护和升级需求量大的企业联合再制造生产和服务企业、科研院所等，创新再制造产学研用合作模式，构建用户导向的再制造产品质量管控与评价应用体系，促进再制造产品规模化应用，建立与新品设计制造间的有效反哺互动机制，形成示范效应。

建设高端装备再制造产业公共信息服务平台。鼓励与互联网企业加强合作，充分应用平台及新一代信息技术实施再制造产品运行状态监控及远程诊断，探索建立覆盖旧件高效低成本回收、再制造产品生产及运行监测等的全过程溯源追踪服务体系。

（5）客户体验和价值重构

装备再制造促进生产型制造向服务型制造转变，产品或服务的提供从“群体”发展到“个体”。在“互联网+”时代，随着互联网移动终端的普及，人们的时间分布和服务实现方式都得到了重构。在互联网和工业互联网支持下，企业能够快速获得客户的需求以及使用反馈，在整个供应链的网络中快速传播，及时响应。再制造企业将从提供产品制造向提供产品与服务整体解决方案转变。服务将根据需求进行时间、地点、质量、交付方式等方面的调整，产生更优的用户体验。

1.3　装备再制造的技术体系

装备再制造技术是指将废旧装备及其零部件修复、升级成质量等同于或优于新品的各项技术的统称。装备再制造技术体系涵盖再制造全流程相关技术，主要包括装备再制造设计技术、装备再制造拆解检测技术、装备再制造加工技术、装备再制造精益生产技术、再制造装备运维服务技术，这五部分是学科交叉融合、产业相互协作的综合体系，如图 1-1 所示。

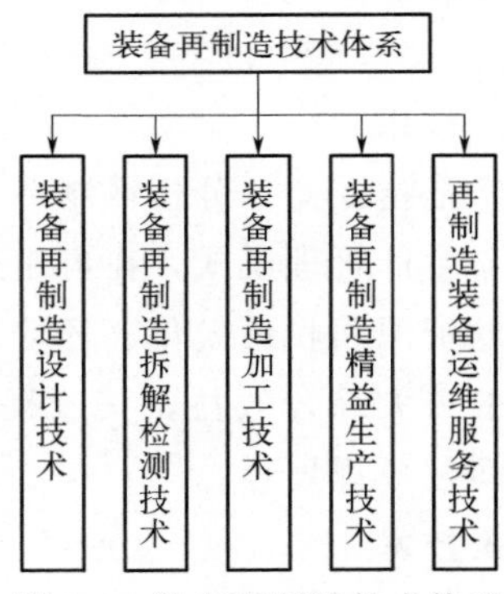

图 1-1　装备再制造技术体系

(1) 装备再制造设计技术

装备再制造设计是指根据再制造装备要求，对再制造工程中的废旧装备回收、再制造生产及再制造装备市场营销等所有生产环节、技术单元和资源利用进行全面规划，最终形成最优化再制造方案的过程。主要研究对废旧装备再制造系统（包括技术、设备、人员）的功能、组成、建立及其运行规律的设计，研究装备设计阶段的再制造性等。装备再制造设计是对产品的重新设计过程，装备再制造设计技术包括对产品功能、性能的属性设计技术和原理及结构的创新设计等技术。

(2) 装备再制造拆解检测技术

装备再制造拆解技术是指将再制造的废旧装备及其零部件有规律地按顺序进

行拆解的方法与工艺，同时保证在执行过程中最大化预防零部件性能进一步损坏以及满足后续再制造工艺对拆解后可再制造零部件的性能要求。装备再制造拆解方法有击卸法、拉卸法、压卸法、温差法和破坏法等。此外，再制造毛坯由于在上一使用周期的服役情况各不相同，对其进行检测、分析，准确获取其前一生命周期服役情况的综合信息，是后续的智能化再制造加工过程实现的基础和保障。因此，需要借助于装备再制造检测技术，确定拆解后废旧零部件或再制造加工后再制造零部件的表面几何参数及功能状态等，以判断其是否达到原装配要求。

(3) 装备再制造加工技术

产品在使用过程中，一些零件因磨损、变形、破损、断裂、腐蚀和其他损伤而改变了零件原有的几何形状和尺寸，从而破坏了零件间的配合特性和工作能力，使部件、总成甚至整机的正常工作受到影响。装备再制造加工技术采用先进合理的再制造加工工艺对这些废旧失效零件进行再制造加工，恢复其几何尺寸要求及性能要求，可以有效地减少原材料、新备件的消耗，降低废旧装备再制造过程中的投入成本，必要时还可以解决国外进口备件短缺的问题。

(4) 装备再制造精益生产技术

装备再制造精益生产技术是指在充分分析再制造生产与制造生产异同点的基础上，借鉴制造生产中的精益生产管理模式，在再制造生产的全过程进行精益管理，以实现再制造生产过程的资源回收最大化、环境污染最小化、经济利润最佳化，实现再制造企业与社会的最大综合效益，其过程主要包括再制造回收模式、再制造工艺规划、再制造车间任务规划等。

(5) 再制造装备运维服务技术

再制造装备运维服务技术是指在再制造装备服役时，对其进行评估分析，并针对评估和分析的结果，采取相应的措施和行动。再制造装备运维服务技术包括再制造装备性能监测与预测分析技术和可靠性评估与增长技术。

1.4 装备再制造的技术现状

1.4.1 装备再制造设计技术现状

广义上，再制造设计既包括对具体生产过程的再制造工艺技术、生产设备、人员等资源及管理方法的设计，又包括研究具体装备设计验证方法的再制造性设计方法，是进行再制造的系统分析、综合规划、设计生产的工程技术专业。再制造设计特征包括的要点有：①研究的范围，包括面向再制造的全系统（功能、组成要素及其相互关系）、与再制造有关的装备设计特性（如再制造性、可靠性、维修性、测试性、保障性等）和要求。②研究的对象，包括再制造全系统的综合设计、再制造决策及管理、与再制造有关的装备特性要求。③研究的目的，即优化装备有关设计特性和再制造保障系统，使再制造及时、高效、经济、环保。④研究的主要手段，包括系统工程的理论与方法、装备设计理论与方法，以及其它有关技术与手段。⑤研究的时域，面向装备的全寿命过程，包括装备设计、制造、使用，尤其是面向装备退役后的再制造周期全过程。

狭义上，装备再制造设计是对产品的重新设计过程，包括对装备功能及性能的属性设计技术和原理、结构的创新设计技术。主要分为再制造恢复设计与再制造升级设计两种设计模式。其中，再制造恢复设计经过数十年的研究与实践，已经形成了比较系统完善的技术体系，极大缓解了再制造工程发展初期装备自身零部件失效退役与资源浪费之间的矛盾。但是，随着高新技术的迅猛发展，装备升级换代与资源浪费之间的矛盾正日益凸显。值得关注的是，装备升级换代的速度越快，再制造恢复设计价值就越低，再制造升级设计需求也就越大，若盲目地采用再制造恢复设计方案实施废旧装备再制造，将造成再制造装备无法同新品竞争，甚至给企业带来巨大经济损失。

姚巨坤教授等探讨了再制造设计的创新理论与方法，提出了面向再制造的梯度寿命设计理论。即以产品服役条件及服役寿命为基础，采用寿命梯度基准来量化设计零部件的使用寿命，使低价值的、再制造中需要更换的零部件寿命等于产品的单次使用寿命，而高价值的、需要重新利用的零部件寿命则根据工况及性能满足要求设计为产品单次寿命的不同梯度倍数。该理论对于废旧装备再制造设计问题的研究，具有重要的指导意义。

然而，废旧装备再制造升级设计是统筹其利用潜力与再服役效能或需求，对废旧装备功能系统到零部件结构的定制化设计过程。即使是同一装备，其功能系统中不同功能单元服役过程的温度、湿度、运行状态、用户行为与需求等均不尽相同，对各功能运维与产出的经济价值或性能、技术先进性的技术价值或性能、零部件实体的物理价值或性能，即对全面反映装备综合价值或性能的各功能单元经济寿命、技术寿命、物理寿命等多属性寿命的影响程度也不同。这导致当装备因任一属性寿命终止而退役时，其功能系统中各功能单元表现出与服役环境、实体特征、技术需求动态强相关，高度个性化的多属性寿命不平衡特征。装备的多属性寿命演化情景如图 1-2 所示。

废旧装备功能系统的寿命演化情景总体可以概括为以下四种寿命终止类型与资源利用方式：

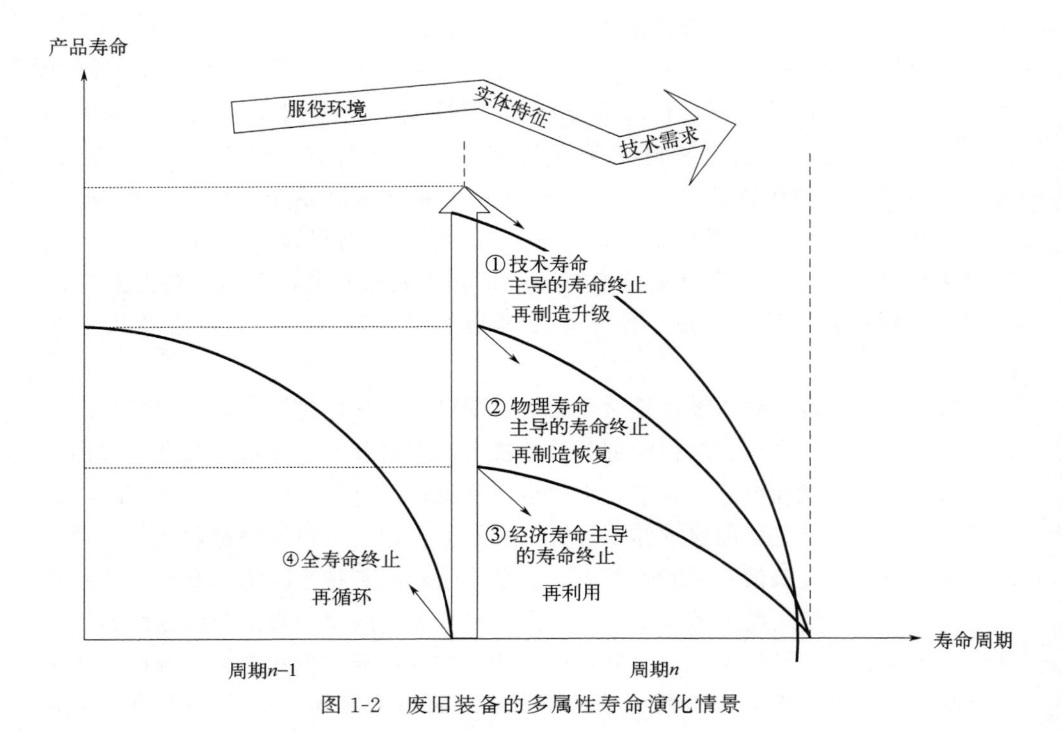

图 1-2　废旧装备的多属性寿命演化情景

① 技术寿命主导的寿命终止，包括技术寿命终止时存在物理寿命与经济寿命、技术寿命与物理寿命同时终止时存在经济寿命两种形式，此时采取再制造升级提升废旧装备的性能和功能，使其进入下一寿命周期，是废旧装备利用的最佳方式。

② 物理寿命主导的寿命终止，仅有物理寿命终止时存在技术寿命与经济寿命一种形式，此时通过再制造恢复，恢复废旧装备的性能和功能，是废旧装备进入下一寿命周期循环利用的最佳方式。

③ 经济寿命主导的寿命终止，包括经济寿命终止时存在技术寿命与物理寿命、经济寿命与技术或物理寿命同时终止时存在物理寿命或技术寿命三种形式，此时采用再利用实现废旧装备部分直接再利用或降级再利用是废旧装备进入下一寿命周期循环利用的最佳方式。

④ 全寿命终止，即技术、物理、经济寿命同时终止，此时只能通过废旧资源再循环，提取可循环利用资源，装备全寿命周期终止。

基于以上分析，不同属性寿命演化主导的服役终止，决定了废旧装备利用的最佳方式处于动态变化过程中。因此，获取满足各功能利用潜力与再服役效能的多属性寿命，引导再制造升级的实施，即基于多属性寿命特征的废旧装备再制造升级设计，是实现最大限度挖掘其利用潜力与再服役效能的根本。然而，相比新产品设计，基于多属性寿命特征的再制造升级设计方案生成与优化决策极具复杂性与个性化，对于高水平设计人员知识的依赖度高，知识重用率低，设计效率与质量难以保障，亟须采用智能化设计手段，基于知识高效重用，创建统筹废旧装备利用潜力与再服役效能的再制造升级设计模型，提出最大化再制造循环经济效益的高维多目标优化设计方法，智能实施复杂且个性化的再制造升级设计任务。

1.4.2　装备再制造拆解技术现状

再制造拆解是实现高效回收策略的重要手段，是再制造过程中的重要工序，也是保证再制造装备质量及实现资源最大化再制造利用的关键步骤。通过研究装备的最佳拆解路径及无损拆解方法，进而有效地获得失效产品零部件的技术工艺，该技术为废旧装备的再制造提供必要的基础和保证。再制造质量、成本和周期，以及产品的使用寿命，是衡量再制造技术和工艺的重要指标。废旧产品只有拆解后才能实现完全的材料回收，并且有可能实现零部件的再利用和再制造。拆解主要应用领域包括产品维修、材料回收、零部件的重新使用和再制造。装备再制造拆解是再制造过程中的重要工序，科学的再制造拆解工艺能够有效保证再制造零件质量性能、几何精度，并显著减少再制造周期，降低再制造费用，提高再制造装备质量。再制造拆解作为实现有效再制造的重要手段，不仅有助于零部件的重用和再制造，而且有助于材料再生利用，实现废旧装备的高品质回收策略。

在再制造拆解技术方面，国内针对汽车、工程机械再制造需求，实现了面向中小型零部件的再制造拆解性设计，开发出了快速、无损拆解工具，可实现手工和半自动化拆解。但目前再制造拆解还主要是借助工具及设备进行的手工拆解作业，是再制造过程中劳动密集型工序，存在拆解效率低、费用高、周期长、对工人技术要求高等问题，影响了再制造的自动化生产程度。国外已经开发了部分自动拆解设备，如德国的FAPS一直在研究废线路板的自动拆解方法，采用与线路板自动装配方式相反的原则进行拆解。先将废线路板放入加热的液体中熔化焊剂，再用一种机械装置，根据构件的形状，分拣出可用的构件。因此，需要根据不同的对象，利用机器人等自动化技术，开发高效的再制造自动化拆解技术及设备，建立比较完善的废旧产品自动化再制造拆解工作站。

1.4.3　装备再制造加工技术现状

再制造加工主要有两种方法，即机械加工方法和表面工程技术方法。技术主要包括：纳米复合再制造技术，如纳米复合电刷镀技术、纳米热喷涂技术等；能束能场再制造技术，如激光再制造技术、高速电弧喷涂再制造技术等；再制造加工技术，如以铣削车削为主的再制造加工技术、切削滚压复合再制造加工技术、砂带磨削再制造加工技术和低应力电解再制造加工技术等。

对于机械产品，主要通过换件修理法和尺寸修理法来恢复零件的尺寸，其中：对于损伤程度较重的零件直接更换新件；对于损伤程度较轻的零件，将失效的零件表面尺寸加工到可以配合的范围，如缸套-活塞磨损失效后，通过镗缸的方法恢复缸套的尺寸精度，再配以大尺寸的活塞完成再制造。例如，英国Lister-Petter再制造公司，每年为英国、美国军方再制造3000多台废旧发动机，对于磨损超差的缸套、凸轮轴等关键零件都予以更换新件，并不修复；美国康明斯发动机公司采用机械加工方法对发动机缸体、缸盖、曲轴、连杆等主要零部件进行尺寸修理，并更换其相关配偶件和附件，进行发动机再制造生产。

实际上，大多数失效的金属零件可以采用再制造加工工艺加以性能恢复。而且通过先进的表面再制造技术，还可以使恢复后的零件性能达到甚至超过新件。例如，采用等离子热喷涂技术修复的曲轴，因轴颈耐磨性能的提高可以使其寿命超过新轴；采用等离子堆焊恢复的发动机阀门，寿命可达到新品的2倍以上；采用低真空熔覆技术恢复的发动机排气阀门，寿命相当于新品的3～5倍。并非所有拆解后失效的废旧零件都适于再制造加工恢复。一般来说，失效零件可再制造要满足下述条件。

① 再制造加工成本要明显低于新件制造成本。再制造加工主要针对附加值比较高的核心件进行，对低成本的易耗件一般直接进行换件。但当针对某类废旧产品再制造无法获得某个备件时，针对该备件的再制造则通常不把成本问题放在首位，而通过对该备件的再制造加工来保证整体产品再制造的完成。

② 再制造件要能达到原件的配合精度、表面粗糙度、硬度、强度、刚度等技术条件。

③ 再制造后零件的寿命应至少能维持再制造产品的一个正常使用寿命周期，满足再制造产品性能不低于新品的要求。

④ 失效零件本身成分符合环保要求，不含有环境保护法规中禁止使用的有毒有害物质。时代发展的要求使环境保护越发被重视和加强，即使同一零件在再制造时，相对制造时受到更多环境法规的约束，许多原产品制造中允许使用的物质可能在再制造产品中不允许继续使用，则针对这些零件不进行再制造加工。

失效零件的再制造加工恢复技术及方法涉及许多学科的基础理论，诸如金属材料学、焊接学、电化学、摩擦学、腐蚀与防护理论以及多种机械制造工艺理论。失效零件的再制造加工恢复也是一个实践性很强的专业，其工艺技术内容相当繁多，实践中不存在一种万能技术可以对各种零件进行再制造加工恢复。而且，对于一个具体的失效零件，经常要复合应用几种技术才能使失效零件的再制造取得良好的质量和效益。

1.4.4　装备再制造精益生产技术现状

再制造精益生产主要包括再制造回收模式、再制造工艺规划、再制造车间任务规划等方面的内容。

其中，再制造回收模式规划是基于再制造企业的组织结构、业务范围与生产条件或能力，协同考虑废旧产品及其零部件回收的经济成本、环境污染和社会影响，对回收过程多参与主体的组织管理模式进行设计和优化的过程。再制造回收模式规划主要具有回收模式的多样性、规划目标的多重性与规划指标的多属性等特点。一般可以将目前的再制造回收模式分为三种：制造商回收、零售商回收、第三方回收。这三类不同回收模式的特点如下。

（1）制造商回收（MT）

制造商回收是生产厂家直接回收消费者的废旧产品。这种回收模式需要制造商能够自主完成废旧产品的回收、再制造、再销售等业务，并且能够负担整个过程的所有费用。该模式中，企业既要实施产品的生产和正向销售，还要完成产品的废旧回收等工作。因此，需要独自构建一套符合企业发展战略的逆向物流网络体系。制造商回收模式可以根据网点分布具体分为分散式和集中式两种，如图 1-3、图 1-4 所示。

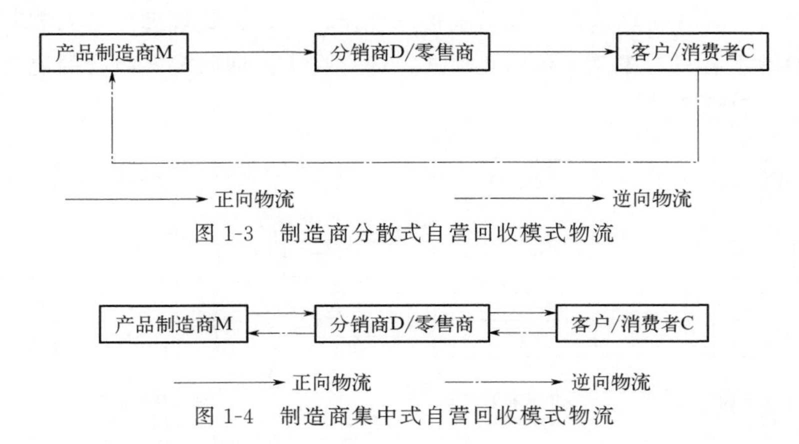

图 1-3　制造商分散式自营回收模式物流

图 1-4　制造商集中式自营回收模式物流

（2）零售商回收（RT）

零售商回收模式是指制造商与零售商达成协议，由零售商负责完成企业的回收任务，并利用已存在的回收渠道和客户信息资源，逐步健全旧件回收网点和回收体系的模式。零售商对已回收的旧件进行一定的筛选，把符合要求的旧件运输到当地的回收处理中心，其物流如图 1-5 所示。

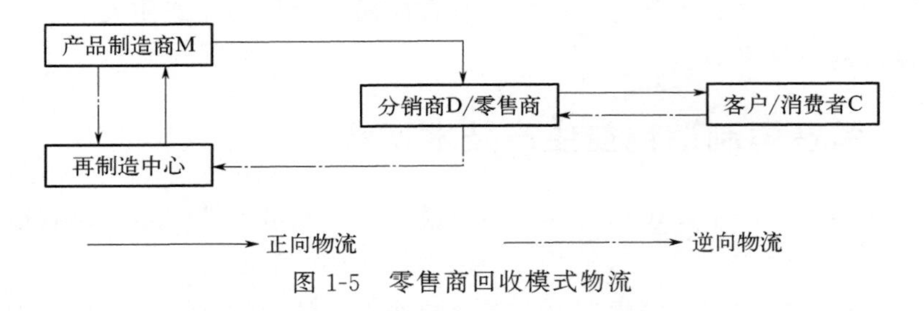

图 1-5　零售商回收模式物流

(3) 第三方回收 (TPT)

委托第三方回收商回收，即由专业的第三方回收商回收废旧产品。这种模式下，制造商与零售商能够有效避免经营风险，发挥社会化的专业优势，规模经济性较好。其物流如图 1-6 所示。

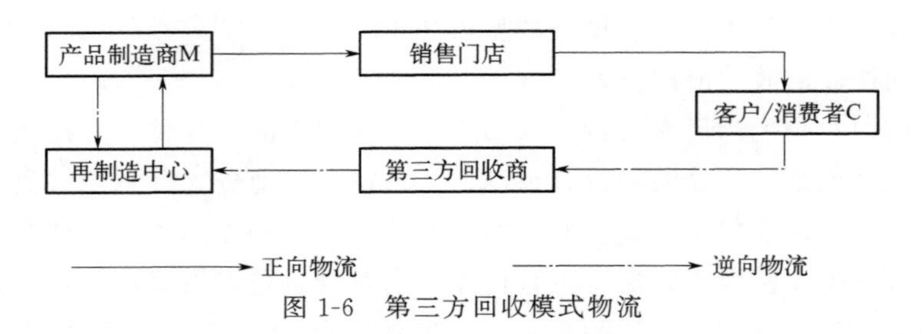

图 1-6　第三方回收模式物流

此外，由于退役产品的来源千差万别、回收产品的质量参差不齐，客户参与到逆向物流中导致市场的供应和需求极不稳定，出于回收规模效益的需要，再制造企业通常不会只考虑某一种回收模式，即存在不同回收模式组合的混合回收模式，如图 1-7 所示。

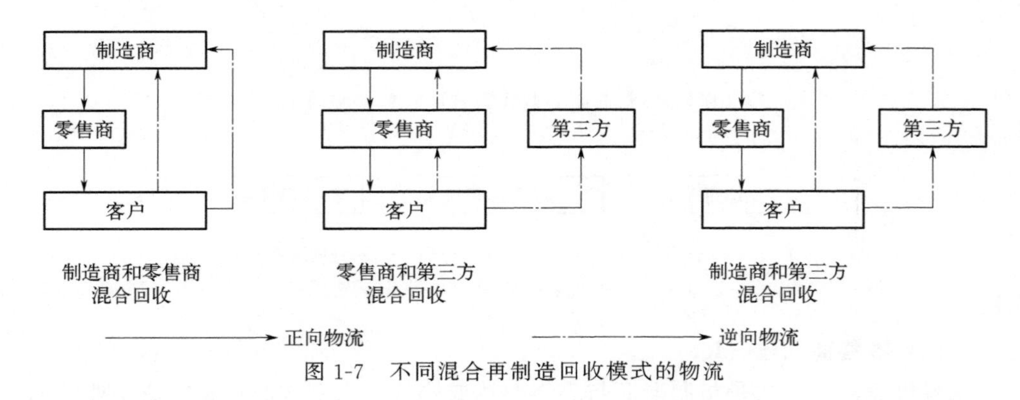

图 1-7　不同混合再制造回收模式的物流

根据供应链逆向渠道参与方的不同，所对应的混合回收模式有：制造商和零售商混合回收（MRHT）模式、零售商和第三方混合回收（RTHT）模式、制造商和第三方混合回收（MTHT）模式。在工程实践中，采用 RTHT 模式的例子比较常见。例如，美国的手机再制造商 ReCellular 就选择从零售商和第三方回收商手中回收旧机进行再制造；作为国内工程机械绿色供应链服务商的千里马机械供应链股份有限公司选择从自己的零售商网络和第三方二手市场回收退役工程机械产品。

另外，再制造工艺规划是以废旧零部件为对象，以保证再制造加工工艺质量、降低再制造加工成本、提升再制造加工效率等为目标，通过综合考虑废旧零部件基本属性特征（几何特征、精度特征、材料特征等）及其工艺属性特征（失效特征、工艺要求特征、工艺约束特征等），基于再制造工艺活动所需要的一系列信息，实施再制造工艺方案高效与高质量设计的过程。

再制造工艺规划决定着废旧零部件如何加工，是再制造设计得以实现与再制造生产活动顺利实施之间的桥梁与纽带，如图 1-8 所示。废旧零部件再制造工艺规划的内涵主要体现在个性化规划需求指标多、规划要素映射关系复杂、规划经验知识要求高等方面。

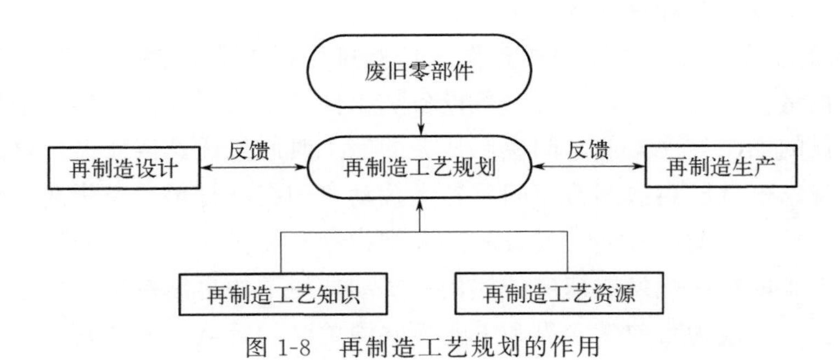

图 1-8　再制造工艺规划的作用

相比新品制造，废旧零部件具有基准面破坏、表面性能已定、加工余量小、公差及性能要求高，以及再制造工艺种类多、成形原理差异性大等特点，造成新品制造工艺规划方法已难以适应再制造工艺规划的复杂性。在目前的实际操作中，再制造工艺规划工作高度依赖高水平工艺设计人员的经验，再制造工艺高效、高质量的规划需求异常迫切。

此外，再制造车间任务规划是基于再制造多品种、小批量的生产特征，考虑多随机扰动事件（如突发订单、交货期变动、物料供给延迟、加工提前或延期、设备故障或维护等）对车间生产运作的影响，以实现再制造车间的平稳、高效、优化运行为目的，在满足车间多相关约束（如资源约束、技术约束、交货期约束等）条件下，对车间层批量划分、工艺单元层任务分配、设备层作业任务排序的多层级任务配置方案的设计与优化过程。

再制造车间任务规划面向生产任务配置过程，跨越了车间层、工艺单元层和设备层三个子系统。其中，车间层子系统包括车间库存区系统与加工区系统，执行任务批量划分；工艺单元层子系统包括工段班组库存区系统与加工区系统，负责设备指派，即指定设备并分配任务；设备层子系统包括机旁储备库存区系统与加工区系统，实施零件派遣，即安排作业顺序。由于再制造车间的各层级任务配置需求与目标各不相同，再制造车间任务规划可以概括为由以下三个子问题构成。

① 车间层批量划分问题。批量划分是再制造企业对再制造产品的市场需求、车间的加工技术和加工能力等约束进行系统评估后，做出车间任务统筹安排。在生产周期内，以启动成本、持有成本和逾期成本等为目标，合理规划每个时间段投产再制造零部件的类型和数量，形成各时段的待加工批量任务集。

② 工艺单元层任务分配问题。工艺单元可根据加工任务或实际生产要求的变化快速调整，适用于多品种、小批量再制造柔性生产。工艺单元层任务分配要求基于批量任务集，以生产效益（加工效率、加工成本等）为目标，合理分配加工任务到每个工艺单元，同时从工艺单元中选择最优的加工设备，即为各工艺单元内部各加工设备分配最优的加工任务。

③ 设备层作业任务排序问题。作业任务排序以各设备接收到的生产效益最优的加工批量任务为对象，通过对各设备加工任务中不同零部件划分子批量，并调整子批量的加工顺序，使车间生产任务的完工时间最优。实质上，再制造车间是一个多扰动事件的离散制造车间，各类扰动（如突发订单、交货期变动、物料供给延迟、加工提前或延期、设备故障或维护等）随机产生。

随着再制造规模化发展速度的加快，扰动环境下的再制造车间任务规划需求也显著增长，已成为目前学术界和工业界共同关注的重点研究课题。

1.4.5 再制造装备运维服务技术现状

再制造装备可靠性是其重要的性能指标，当前对于装备的维修大多采用事后维修和计划性维修的方式进行，这两种方式对于预防灾难性的故障是无能为力的，并且常常造成不必要的停机，甚至会引起维修损坏。采用视情维修是提高装备可靠性的必然趋势。不同于前两种维修方式，视情维修方式结合装备当前状态与历史状态信息，通过预测的形式确定维修策略。该方式是一种主动预防的维修策略，在故障发生之前，根据预测的结果来采取相应的维修及预防措施，相比前两种维修方式，可以更加及时、准确地进行装备的维护。

与新产品相比，再制造产品的毛坯来源于废旧零部件，其质量长期受到公众的偏见，被认为是“二手产品”，功能与性能难以保证，加上宣传力度不足，造成再制造产品市场份额低，再制造产业发展缓慢。而只有让再制造产品质量不低于新产品，才能确保其使用性能，才能扭转公众对再制造产品质量的偏见，使其以更大的优势参与市场竞争。产品或系统在规定的条件下和规定的时间内，完成规定功能的能力称为可靠性，对于再制造产品而言，可靠性是衡量其质量及稳定性的重要基础性指标。然而，再制造以废旧零部件为毛坯，在不同的再服役环境或再服役需求下，再制造产品的功能系统等与原产品相比会有一定的改变，往往表现为定制化特征，其可靠性分析评估的对象与过程必然与新产品存在差异，此外，再制造产品与新产品的全寿命周期活动存在明显区别。

在分类划分再制造装备可靠性时，和原型新装备基本一致，应该根据不同试验场所，将其分为试验场试验、现场试验以及实验室试验方法。开展试验工作的目的可分为可靠性工程试验以及可靠性统计试验。然而对于再制造装备而言，开展可靠性试验工作的目的是将再制造装备中的故障找出来，或及时找到使用再制造修复技术之后遗留下来的漏洞，从而达到彻底消除隐患的目的，并对再制造装备的可靠性进行统计分析以及对再制造装备的零部件进行验证，查看其是否能够满足可靠性水平。再制造装备的可靠性试验主要由抽取样品、故障判断以及数据分析处理等部分组成。

对于已经更新过模式的或是再制造过后的装备，将其与原型新装备进行比较，查看其在功能、可靠性方面是否与原来的装备一致。这种试验方法的使用，能够让再制造装备的可靠性试验标准、性能试验、试验条件以及可靠性试验时间和新品选择一样。区别在于在判断故障的时候，需要做好关键点的考核工作，例如，运用科学先进的技术完成修复工作之后，需要将各个部件拆检进行分析，并且对其可靠性进行判断。

对于用转化模式制造而成的再制造装备，以及用改造模式制造的再制造装备，系统结构及功能会出现变化。面对这种情况，需要按照目标再制造装备对应的可靠性标准予以试验。例如，非道路移动柴油机械，一般都是行驶在非铺装路面，路况复杂，对其可靠性以及试验要求相对较高，甚至会根据使用环境改变对可靠性的要求，因此，需要按照对应的非道路使用发动机装备的试验方法和可靠性要求，进行试验以及判断；在对再制造装备可靠性进行试验之前，需要明确试验制定方案以及试验任务要求，做好试验数据收集以及处理工作。

1.5　装备再制造技术的发展趋势

应用工业大数据技术降低或消除高度柔性化再制造过程中的不确定因素，将再制造过程与工业互联网技术深度融合，形成再制造产品拆解的智能分析、再制造加工的智能管控、再制造质量的智能检测等与互联网技术相结合的智能再制造，并应用清洁生产技术，强化再制造生产过程与再制造装备产品的绿色性，是当前装备再制造技术的主要发展趋势。

1.5.1 工业大数据驱动的柔性再制造

随着生产力的发展与科技的进步，市场竞争日趋激烈，人们对再制造产品功能与质量的要求不断提高。传统的生产方式越来越无法满足当今市场对短周期、多品种和小批量产品制造的这种柔性再制造生产的需求。柔性再制造系统将工业大数据、计算机、自动化控制等复杂技术进行了有机结合，既具有机械加工的高自动化与高效率，又具有良好的生产柔性。工业大数据驱动柔性再制造是以工业生产数据分析、自动化技术为基础，贯穿生产过程、能源利用、物流储运、供应链服务等，并具有信息深度自感知、智慧优化自决策、精准控制自执行等功能，使再制造活动达到安全、高效、低损耗、高产出的业务目标。

在柔性再制造过程中的工业大数据技术的研究与突破，其本质目标就是从复杂的数据集中挖掘出有价值的信息，发现新的规律与模式，提高工业生产的效率，从而促进工业生产模式的创新与发展。工业大数据贯穿于产品需求获取、工艺设计、研发、制造、运行甚至到报废的产品全生命周期过程中，在智能化设计、智能化生产、网络协同制造、个性化定制等众多方面都发挥着至关重要的作用。然而，由于柔性再制造产品在服役过程中的工况、报废原因、失效形式、来源及数量都存在差异性，再制造的加工对象具有个体性、动态性以及不确定性的问题。

（1）动态数据驱动柔性再制造系统

动态数据驱动柔性再制造系统是一种全新的仿真应用模式，将仿真与试验有机结合起来，使仿真在运行过程中动态地从实际系统中接收新的数据，并做出响应，仿真结果也可以动态地控制实际系统的运行，并指导数据测量过程。仿真与实际系统之间构成一个相互协作的共生的动态反馈控制系统。在动态数据驱动柔性再制造系统的概念中，试验是指真实系统的实际运行，包括真实事件活动和试验活动，特指柔性再制造系统生产线上的整个加工流程。新的数据指的是通过测量和数据采集获得的生产线上各设备加工点的运行数据，该数据既可以实时反馈到仿真系统，支持模型动态调整和运行，也可以存档读出，作为离线模型挖掘和更新知识库的试验数据。

（2）实现柔性再制造装备的生产方案的制定

实现柔性生产，离不开数字化驱动。在装备开发环节，用大数据分析预测消费者的需求变化，通过数字化智能评估实现“以需定产”。在产品生产环节，生产端也迈入数字化：物联网传感器遍布企业的各个生产设备，收集全生产链条的实时数据，再通过整合来自供应商和客户的数据信息，实时掌控供应链上下游各个环节的所有流程。网络让海量数据得以快速传输，这些数据传输到工业大数据平台，通过大数据分析技术进行处理，最终制定出最佳的适合相应再制造装备的生产方案。

(3) 工业大数据对柔性再制造装备的生命周期的智能决策与分析

再制造产品在柔性加工车间中的生产周期包含工艺设计、产品制造、试验检测等环节。基于工业大数据的开发模块分析产品质量，当产品质量降低时，可分析出问题所在，从而保证生产的合格率；计划生产排程，降低生产车间设备的空闲时间，减少人力投入；优化生产工艺，对原有的生产工艺进行合理的分析及改进，以提高生产效率，降低生产成本；监控生产过程，防止在生产过程中发生突发事件，在发现有异样时就及时制定解决办法；等等。在整个生产周期中，工业大数据为柔性再制造产品的生命周期智能分析与决策提供了先决条件。

(4) 实现再制造装备的柔性生产与存储

柔性再制造车间建设可基于视觉传感的装配控制系统、数字化在线监测系统、自动装配系统等智能数据处理系统，实现车间的集成化、柔性化和智能化。装备的物流统一使用智能物流移载平台系统。控制中心进行分析决策后，可按照指令在车间内任意移动，以实现再制造加工过程中配件的即时配送。这样不但提高了物流的柔性，也提高了物流的准确性。

1.5.2　工业互联网支撑的智能再制造

智能再制造是与智能制造、工业互联网深度融合的再制造。智能再制造将新一代信息技术与再制造深度融合，融入回收、生产、管理、服务等各环节。智能再制造在考虑产品的可回收性、可拆解性、可再制造性和可维护性等属性的同时，保证产品的优质、节能、节材等目标的实现。如图 1-9 所示，随着信息科技的发展，工业互联网技术与再制造技术会不断地融合，形成更加全面的智能再制造体系，全面提高再制造装备的经济效益和社会效益。

工业互联网基于物联网、云计算、大数据技术，连接工业全系统、全产业链、全价值链，支撑工业智能化发展的关键基础设施，是新一代信息技术与制造业深度融合所形成的新兴业态与应用模式，是互联网从消费领域向生产领域、从虚拟经济向实体经济拓展的核心载体。同时，工业互联网平台结合物联网、大数据等技术实现再制造产品的智能设计、加工环节的智能规划、加工能耗的智能检测、管理过程的智能控制、加工故障的智能诊断和产品再制造需求的智能决策。

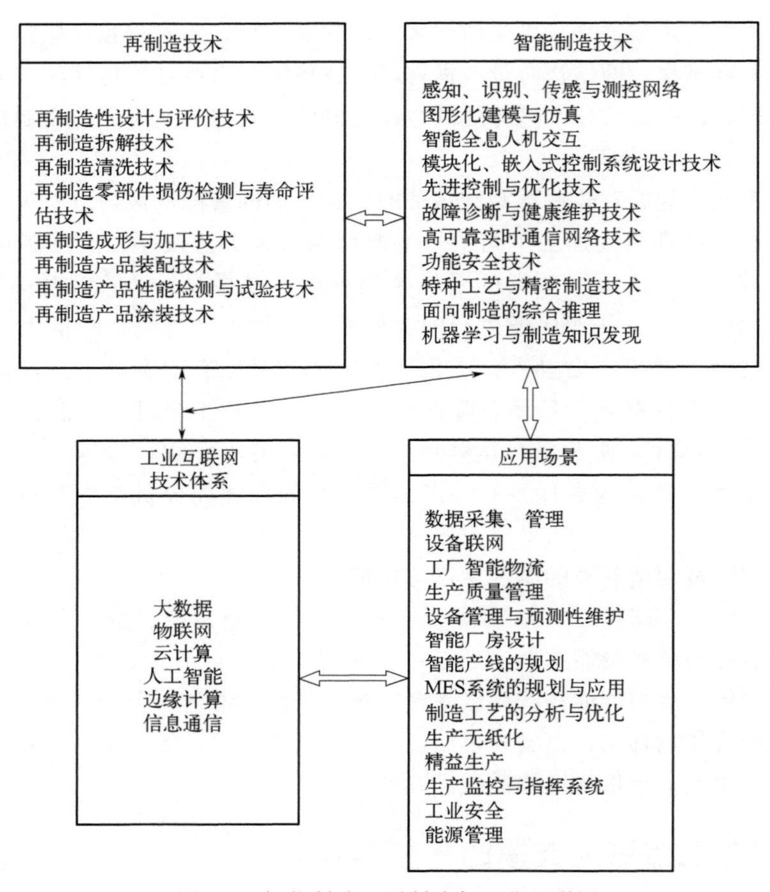

图 1-9　智能制造、再制造与工业互联网

工业互联网平台能够帮助智能再制造实现：①精准、实时、高效的数据采集，将服务拓展到产品全生命周期，智能再制造商能够对设备进行远程监测、预测预警和远程维修等服务。②从集中组织生产向分散化组织生产转变，推进再制造向个性化定制产品和服务延展。③工业互联网实现再制造资源云化，按照生产要求进行统筹调配与提供，将生产制造技术、生产和管理经验的知识模型化、软件化，最终复用化，形成资源富集的先进再制造业生态。④打造新的生态商务模式和创建新的生态，帮助企业提质增效、业务转型，增加新的营收增长点。⑤工业互联网能够让消费者对再制造产品追踪溯源，增加对再制造产品质量和服务的信心，同时促使企业提高再制造产品的质量和服务，从而促进整个智能再制造行业良性发展。工业互联网对智能再制造的支撑作用如图 1-10 所示。

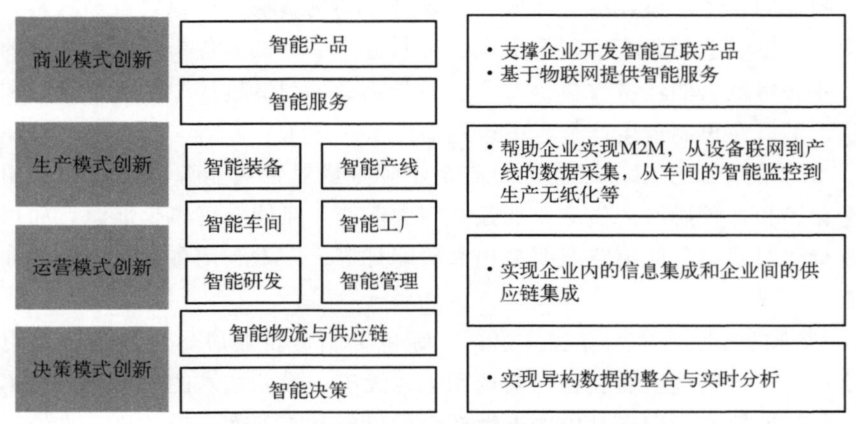

图 1-10　工业互联网对智能再制造的支撑作用

1.5.3　清洁生产强化的绿色再制造

再制造工程对节能、节材、环境保护具有重大作用，但是对具体的再制造技术还需进一步研究。例如，再制造过程中的产品清洗、涂装、表面刷镀等均有“三废”的排放问题，仍会造成一定程度的污染。因此，需要进一步发展清洁生产技术，减少再制造过程中的资源浪费和环境污染。

绿色再制造与清洁生产都蕴含着保护环境和节约资源的理念，都属于支撑循环经济和可持续发展战略的有效技术手段。绿色再制造的生产方式就是对可再利用的废旧产品进行加工处理，实现其再次被使用的过程，这一过程处处体现了资源的高品质回收和环境污染排放最小化的思想，应该说，绿色再制造本身就是一种清洁生产方式。绿色再制造使用的原材料是退役的废旧产品，再制造技术主要是通过换件修理法（将失效件更换为新件以完成再制造的方法）和尺寸修理法（将失配的零部件表面尺寸加工修复到可以配合的范围）来进行加工修复。可见，相较于传统制造过程来说，再制造过程本身消耗的资源和能源都要少得多，绿色再制造生产过程就是清洁生产过程。由于使用新材料、新技术、新工艺等，再制造装备的技术性往往能赶超新产品，足以跟上时代的步伐，也符合清洁产品的要求，属于绿色装备的范畴。同时，绿色再制造也是一种生产过程，如果在绿色再制造过程中采用清洁生产技术，将进一步减少绿色再制造生产各个环节的资源耗费和废弃物排放，最大程度地实现再制造经济效益和社会效益的最大化。

因此，绿色再制造是指在再制造生产过程中，采用绿色化生产方式，使再制造生产系统中的自然资源和能源利用合理化、经济效益最大化、对人类和环境的危害最小化。清洁生产技术促进再制造生产过程中的绿色性，将清洁生产的技术融入再制造的各个环节，综合考虑经济效益、环境影响、资源效益等因素，在再制造设计、再制造回收、再制造生产、再制造产品测试等各个环节对环境的影响最小，并获得最大的经济效益。为了进一步减少再制造过程中的资源耗费和废弃物排放，可以在再制造生产过程中运用清洁生产技术。

① 清洁能源的使用。绿色再制造企业应尽量对常规能源采取清洁利用，如油、电、煤和各种燃气的供应；加强利用太阳能、风能等可再生能源，如再制造企业的车间照明和厂区道路照明采用太阳能灯等；开发利用各种节能技术和节能设备。

② 清洁的再制造生产过程。第一，绿色再制造企业应尽量不用、少用有毒有害原材料；再制造所需新备件要选用无毒无害、最新技术的备件产品；再制造过程中要替换掉原废旧产品中的毒性较大的材料和零部件；对替换下来的高环境污染材料和零部件进行合理处置，使其对环境的危害降至最低等。第二，改进再制造工艺和更新再制造设备。选择少废无废、原材料转化率高、能源利用率高、污染排放物少的再制造生产新工艺和新设备；淘汰资源浪费大、污染严重的落后工艺和设备等。第三，减少和消除再制造生产过程中的易燃、易爆、高温、高压、低温、低压、强噪声、强振动等危险因素。第四，采用简单可靠的再制造生产操作和控制方法，尽可能实现无废或少废生产。第五，再制造企业内部的物料尽可能实现内部循环利用。第六，对再制造生产过程进行科学管理，减少无效劳动和消耗。具体包括开展物料、能量流程审核，优化再制造流程设计；科学安排再制造生产进度，改进操作程序；落实岗位和目标责任制，杜绝跑冒滴漏；加强设备管理，提高运行效率和完好率等。

③ 生产绿色的再制造装备。第一，绿色再制造企业应尽量在装备再制造设计阶段就考虑产品的再制造性，如采用方便拆解和装配的产品连接结构，以减少不必要的劳动消耗和物料浪费。第二，选取环境友好的原材料，少用昂贵和稀缺的原材料，利用二次资源作为原材料。产品使用过程及使用后不包含危害人体健康和污染环境的因素。第三，产品使用寿命和功能合理，减少资源浪费和环境破坏。第四，再制造装备的包装合理，不进行过度包装，包装材料尽可能可以回收再利用。第五，再制造装备使用后容易回收、再制造或再循环。

本章小结

本章从装备再制造的定义和组成内容出发，分析了装备再制造面临的挑战和机遇。以废旧装备为对象，提出了再制造技术体系并分析了各技术现状，同时根据目前大数据和智能技术，分析了装备再制造技术发展趋势，包括工业大数据驱动的柔性再制造、工业互联网支撑的智能再制造以及清洁生产强化的绿色再制造，为装备再制造的未来发展指明了方向。

参考文献

[1]　江志刚，朱硕，张华．再制造生产系统规划理论与技术 [M]. 北京：机械工业出版社，2021.

[2]　徐滨士，董世运，史佩京．中国特色的再制造零件质量保证技术体系现状及展望 [J]. 机械工程学报，2013，49 (20)：84-90.

[3]　杜彦斌，李聪波．装备再制造可靠性研究现状及展望 [J]. 计算机集成制造系统，2014，20 (11)：2643-2651.

[4]　徐滨士，夏丹，谭君洋，等．中国智能再制造的现状与发展 [J]. 中国表面工程，2018，31 (5)：1-13.

[5]　朱胜，姚巨坤．装备再制造设计及其内容体系 [J]. 中国表面工程，2011，24 (4)：1-6.

[6]　宋守许，郁炯．考虑疲劳损伤的支撑辊主动再制造时机决策方法 [J]. 中国机械工程，2021，32 (5)：565-571.

[7]　宋守许，刘明，刘光复，等．现代产品主动再制造理论与设计方法 [J]. 机械工程学报，2016，52 (7)：133-141.

[8]　柯庆镝，王辉，宋守许，等．产品全生命周期主动再制造时域抉择方法 [J]. 机械工程学报，2017，53 (11)：134-143.

[9]　宋守许，邱权，卜建，等．基于疲劳与磨损的曲轴主动再制造时机选择 [J]. 计算机集成制造系统，2020，26 (2)：279-287.

第2章

装备再制造设计技术及应用

装备再制造设计是提升再制造效益和延长装备服役寿命的重要途径，是一种新兴的产品创新设计方法。本章从装备再制造设计的概念以及技术特征出发，明确其技术特征和研究边界，探索并构建合理的装备再制造恢复设计技术、装备再制造升级设计技术、智能再制造设计技术以及装备再制造设计技术的典型应用，系统且深入地分析再制造设计理论体系及关键技术。

2.1 装备再制造设计技术概述

2.1.1 再制造设计的概念

再制造设计是指根据性能、功能以及经济性需求，运用设计方法和先进技术，对装备再制造生产过程中的所有生产环节、技术单元和资源利用进行全面规划设计，最终形成较优的再制造方案的过程。

再制造设计主要根据废旧装备性能、功能以及经济价值进行寿命分配和定制，研究废旧装备再制造系统（包括工艺、生产及物流等）的组成、建立及运行规律的设计优化方法等。其主要目的是应用全系统全寿命过程的观点，采用现代科学技术方法和手段，使设计的装备具有良好的市场适应性，并优化再制造保障的总体设计、宏观管理及工程应用，促进再制造各保障系统之间达到最佳匹配与协调，以实现及时、高效、经济和环保的再制造生产。

2.1.2 再制造设计的技术特征

再制造设计是一种面向多寿命周期的系统工程，它需要从废旧装备的可再制造性以及再制造系统的设计方面展开工作。再制造设计技术具有以下鲜明特征。

① 个性化设计。再制造设计在装备寿命末期需要考虑客户的再制造需求，而这些需求是满足装备使用性能、功能及结构的个性化需求，需要在装备原始条件的基础上进行创新性设计。

② 优化设计。再制造的个性化需求会与装备原始功能、结构以及性能产生干涉或相斥，需要对再制造设计方案进行优化，来保证常规需求和再制造需求。

③ 系统设计。再制造设计是在装备寿命末期制定合理再制造方案以保证其市场适应性，主要包括废旧装备再设计、再制造工艺设计、生产设计以及物流设计等；因此，再制造设计是从整个再制造系统出发，对产品二次生命周期各环节进行设计，使产品具有良好服役能力，且能保障再制造系统优化运行。再制造设计是一个系统设计过程。

④ 智能化设计。再制造设计需要考虑废旧装备不确定的质量状态和个性化客户需求，同时需要考虑装备原始结构、功能及性能对设计方案的约束，而运用常规的设计手段与方法已经无法快速响应定制化再制造设计要求。因此，需要运用智能技术进行设计方案制定、设计参数生成以及设计方案优化等。

⑤ 绿色低碳设计。再制造设计是以废旧装备及零部件为毛坯进行产品设计，能够充分利用废旧装备剩余价值进行再制造，使废旧装备完好如初甚至超越新品，提高了装备再利用率，为节能减排及绿色环保理念的实施提供了有效途径。

2.1.3　再制造设计分类

再制造设计可以从产品多寿命属性的角度划分为再制造恢复设计和再制造升级设计。再制造恢复设计旨在将废旧装备恢复到其初始状态，以达到恢复物理寿命的目的；而再制造升级设计则是通过延长装备的技术寿命来满足用户对先进技术的需求。随着智能技术的不断发展，智能手段可以应用于再制造设计，以提高设计效率。因此，智能再制造设计也是再制造设计亟须发展的方向之一。再制造设计分类及相关内容如图 2-1 所示。

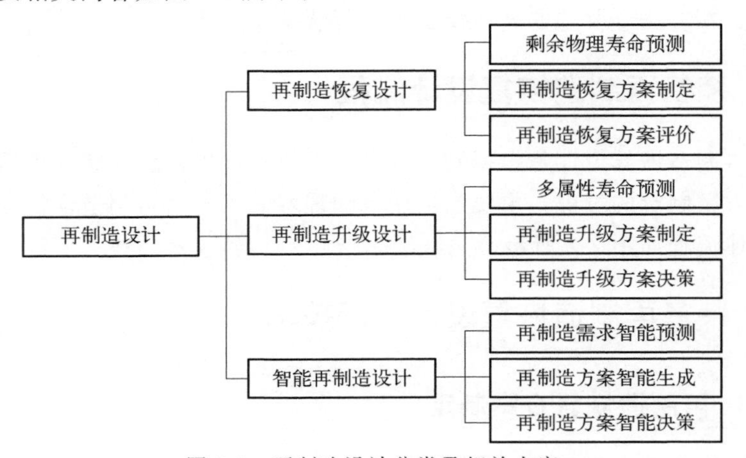

图 2-1　再制造设计分类及相关内容

2.2 装备再制造恢复设计技术

2.2.1 装备再制造恢复设计概念及特点

装备再制造恢复设计是根据废旧装备失效特征及质量状况，制定合理的再制造恢复方案，使其性能、功能及结构等参数恢复到装备初始状态。

装备再制造恢复设计特点如下：

① 不确定性。由于废旧装备的失效特征及质量状况存在随机性和不确定性，导致同种类型装备的再制造恢复方案也存在差异性，包括再制造工艺路径、加工方式以及零部件组合方式都可能不同。

② 技术先进性。再制造恢复不同于废旧产品维修，维修只是将装备恢复到能够正常工作的过程，而再制造恢复是需要将废旧装备至少恢复到新品的性能。因此，再制造恢复要求更高，在设计时需要制定比新品制造更加高新的技术方案，以保证再制造装备的性能。

③ 方案耦合性。废旧装备由于存在多种失效特征而无法正常服役，不同的失效特征采用的再制造技术以及工艺又存在差异性，且彼此之间可能存在干涉。因此，在制定恢复设计方案时，可能是多个失效特征的协同恢复，具有鲜明的耦合性。

④ 动态创新性。装备退役是随着使用时间、市场需求以及服役环境的改变而发生动态变化的，再制造恢复设计需要根据不同时间、不同阶段形成的退役原因制定合适的再制造方案；另外，随着技术的不断发展，同一失效特征可选择的再制造技术也在不断变化。因此，在制定再制造恢复设计方案时需要根据变化采用新技术、新方法以及选取高新设备来进行装备恢复。

2.2.2 装备再制造恢复设计流程

装备再制造恢复设计是根据剩余寿命、失效特征以及质量状况等情况进行再制造恢复方案制定的过程，主要包括剩余物理寿命预测、再制造恢复方案制定及评价，具体流程如图 2-2 所示。

2.2.3 装备再制造恢复设计关键技术

2.2.3.1 再制造恢复方案制定

再制造恢复方案需要根据剩余物理寿命、失效特征以及损伤程度选取合理的

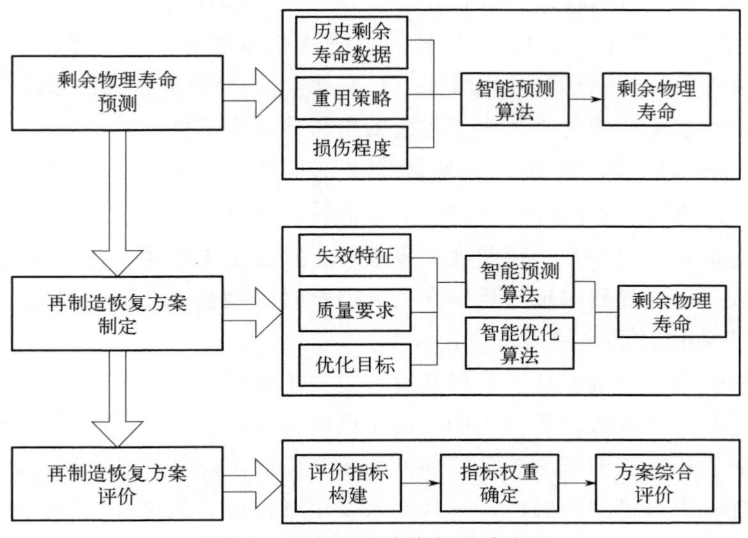

图 2-2　装备再制造恢复设计流程

再制造技术，并制定合理的再制造流程，使废旧零部件恢复至原始状态。废旧装备再制造恢复的前提是判断剩余物理寿命是否具备再制造潜力，因此，首先需要对废旧装备剩余物理寿命进行预测。其次，在实际再制造过程中会有多个再制造恢复方案能够满足恢复要求，需要根据制造商、客户以及市场需求制定评价指标体系并对再制造恢复方案进行决策，选出最优方案。再制造恢复方案可以运用智能技术重用历史数据和知识进行制定，常用的方法有神经网络算法、遗传算法以及案例推理技术等。

(1) 剩余物理寿命预测

① 装备零部件剩余物理寿命。

废旧机械装备零部件剩余物理寿命决定了其是否具有再制造潜力。任何机械装备零部件都具有一定期限的物理寿命，而机械装备服役的过程实际上是各种机械装备零部件寿命消耗的过程，因此，废旧机械装备零部件的剩余物理寿命可用式(2-1) 表示：

$$L_R=L_M-L_A \tag{2-1}$$

式中，L_R 表示废旧机械装备零部件剩余物理寿命；L_M 表示机械装备零部件的平均物理寿命；L_A 表示机械装备零部件的实际使用寿命。各寿命的单位为小时（h）。

以一个机械装备零部件为例，分析其剩余物理寿命的动态变化过程：机械装备在进入服役周期之初，零部件是全新状态（$L_A=0$），其剩余物理寿命处于整个生命周期的峰值（$L_R=L_M$）；机械装备在服役周期时，在运行状态下会产生零部件磨损、腐蚀等效应，这些损伤会逐渐消耗零部件的剩余物理寿命（L_A 逐渐积累，L_R 逐渐减小的过程）；机械装备进入报废状态时，某些关键废旧机械装备零部件的使用寿命达到使用极限（$L_A \approx L_M$），导致装备无法继续服役。

然而，在实际的情况中，由于各废旧机械装备零部件的物理结构、功能特性及服役工况的差异性，大部分机械装备零部件仍然具有较长的剩余物理寿命（$L_M > L_A$）。例如，主轴是机床的主要零部件，其在机床服役过程中使用频繁，容易发生磨损；而尾座是机床的辅助零部件，其在服役过程中使用频率较小，磨损也相对较小，这导致主轴与尾座在机床退役时的剩余寿命差距很大。

② 装备零部件剩余使用寿命。

废旧机械装备在报废状态下仍具有一定使用价值的原因在于其零部件经过拆卸修复后仍然可以进入再服役周期。由于废旧机械装备的服役工况十分复杂，导致报废拆卸后所得废旧机械装备零部件处于高度的不确定状态，而废旧机械装备零部件能进入再服役周期的前提是其剩余使用寿命能达到再服役的标准。有的零部件经过简单的清洗处理，直接就可以进入再服役周期；有的零部件损伤较为严重，则需要经过特定的再制造工艺修复，才能进入再服役周期。因此，再制造机械装备零部件的剩余使用寿命是一个随着其重用策略变化而变化的动态值。针对再制造机械装备零部件剩余使用寿命的动态特点，可利用人工神经网络对其进行预测。在得到剩余使用寿命的基础上，建立再制造机械装备零部件剩余使用寿命的预测模型：以废旧机械装备零部件的剩余物理寿命、损伤程度及其修复方式（即重用策略）作为输入层，对应条件下的再制造机械装备零部件剩余使用寿命作为输出层，建立再制造机械装备零部件剩余使用寿命与其对应状态及修复方式之间的关系，从而在特定状态及修复方式的条件下，对再制造机械装备零部件的剩余使用寿命 L_z 进行预测。再制造机械装备零部件剩余使用寿命预测模型如图 2-3 所示。

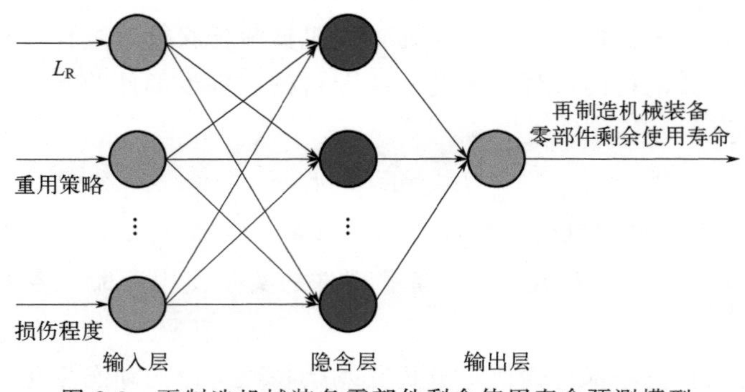

图 2-3　再制造机械装备零部件剩余使用寿命预测模型

通过上述预测模型得到再制造机械装备零部件的剩余使用寿命 L_z，将该值与机械装备零部件再服役的标准值相比较，即可判断出废旧机械装备零部件经过修复后能否进入再服役周期。

通过对各废旧机械装备零部件采用不同修复方式修复后所得再制造机械装备零部件的剩余使用寿命进行分析后，进而对整个再制造机械装备的性能进行衡量。

(2) 基于 BP 神经网络的再制造恢复方案制定

设某废旧零部件残缺信息中包含 n 种失效特征损伤程度值和 s 种质量要求参量值，其中，P_n 表示第 n 个失效特征的损伤程度值，Q_s 表示第 s 个质量要求参量值，即损伤程度值和质量要求参量值作为实际输入，决策出的再制造恢复方案作为 T_{m} 输出。

将残缺信息中得到的废旧零部件损伤程度值 P_n 和质量要求参量值 Q_s 作为输入，输入向量为 $\boldsymbol{X}=[P_1,P_2,\cdots,P_i,Q_1,Q_2,\cdots,Q_m]$；$Y_m$ 表示第 m 个神经网络算法的恢复方案预测输出，输出向量为 $\boldsymbol{Y}=[Y_1,Y_2,\cdots,Y_m]$；$T_m$ 表示第 m 个恢复方案期望输出，输出向量为 $\boldsymbol{T}=[T_1,T_2,\cdots,T_m]$；$w_{ij}$ 为输入层与隐含层的连接权值；w_{jk} 为隐含层与输出层的连接权值。

隐含层和输出层计算过程如下：

$$\begin{cases} H_j=f\left(\sum_{i=1}^{n} w_{ij}x_i-a_j\right) \\ Y_k=\sum_{j=1}^{l} w_{jk}H_i+b_j \end{cases} \tag{2-2}$$

式中，f 为隐含层激励函数；a_j 为初始化隐含层阈值；b_j 为输出层阈值。

选取 Sigmoid 函数作为隐含层和输出层的激活函数，其中 β 为大于 0 的系数，函数表达式如下：

$$f(x)=\frac{1}{1+\mathrm{e}^{-\beta x}},\quad \beta>0 \tag{2-3}$$

根据网络预测输出和期望输出，可以得到网络预测误差为：

$$E=\frac{1}{2}\sum_{k=1}^{n}(T_k-Y_k)^2 \tag{2-4}$$

假设

$$e_k=T_k-Y_k \tag{2-5}$$

则

$$E=\frac{1}{2}\sum_{k=1}^{n}e_k^2 \tag{2-6}$$

利用梯度下降法和网络预测误差来调节权值，则隐含层至输出层连接权值为：

$$w'_{jk}=w_{jk}-\eta\frac{\partial E}{\partial w_{jk}}=w_{jk}+\eta H_j e_k \tag{2-7}$$

输入层至隐含层的权值更新为：

$$w'_{ij}=w_{ij}-\eta\frac{\partial E}{\partial w_{ij}}=w_{ij}+\eta H_j(1-H_j)x_i\sum_{k=1}^{m}w_{jk}e_k \tag{2-8}$$

将更新后的权值和阈值用于神经网络训练，直至神经网络的预测误差达到期望值。另外，运用层次分析法、熵权法以及遗传算法等对 BP 神经网络的初始权重进行计算，利用 BP 神经网络自适应学习进行求解，输出最匹配的再制造恢复方案，如图 2-4 所示。

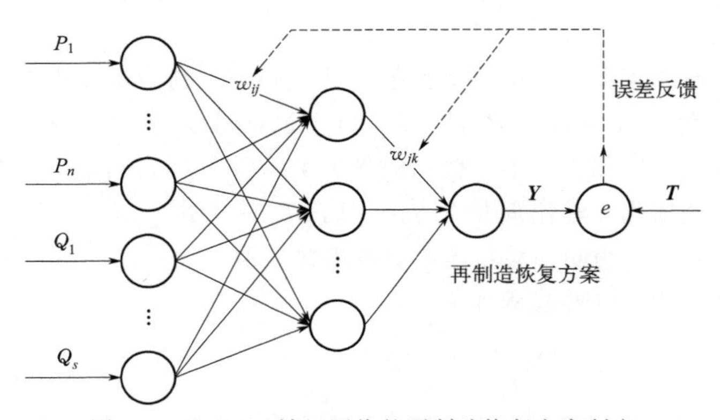

图 2-4 基于 BP 神经网络的再制造恢复方案制定

(3) 基于零部件重用组合的废旧装备再制造恢复方案制定

废旧机械装备零部件重用设计作为再制造的关键技术之一，是以废旧机械装备零部件为毛坯、以极大化重用其材料以及附加值为目标制定合理再制造方案的过程。废旧机械装备零部件的损伤特征及功能的差异性，导致其重用策略具有一定的不确定性，而不同的重用策略会产生不同的再制造经济效益；同时，废旧零部件采用不同的重用策略，所得再制造零部件的剩余使用寿命、可靠性也会有所不同，导致零部件不同重用策略组合所得的再制造机械装备性能会有很大的差异。因此，根据废旧机械装备零部件损伤特征及功能特性，合理地制定并协调各废旧零部件的重用策略及组合方式，可以有效提升再制造经济效益，实现废旧机械装备最优再制造。基于此，本节提出一种废旧机械装备零部件重用组合多目标优化模型，综合考虑废旧机械装备零部件重用策略及其组合方式，建立以废旧机械装备零部件重用组合寿命均衡性、重用组合过程复杂性及重用组合成本优化为目标的多目标优化模型，采用 Strength Pareto Evolution Algorithm 2（SPEA2）多目标优化算法对模型进行寻优求解。

① 重用组合多目标优化过程分析。

废旧机械装备零部件重用组合多目标优化是以废旧机械装备零部件的重用过

程为基础，将组合优化的思想应用到废旧机械装备再制造的过程中，从废旧机械装备再制造性能、再制造过程和再制造经济效益三个角度出发，对废旧机械装备零部件的重用策略及组合方式进行优化，在保障废旧机械装备再制造性能的同时，实现废旧机械装备再制造重用组合过程复杂性及成本的协调优化。废旧机械装备零部件重用组合多目标优化有两方面的含义：首先，根据废旧零部件的剩余使用寿命、损伤程度的差异性，对使用新件、再利用、再制造等废旧零部件的重用策略进行分析，确定废旧机械装备零部件的最优化重用策略；其次，以废旧机械装备再制造性能、再制造过程复杂性和经济效益的协调优化为目标，建立废旧零部件重用策略与废旧机械装备再制造寿命特性、过程复杂性、成本之间的关联关系，实现废旧机械装备零部件重用组合的最优化，进而实现废旧机械装备最优化重用再制造。

② 重用组合多目标优化数学建模。

步骤 1： 确立优化目标。

废旧机械装备再制造性能达标是其再服役的关键，取决于零部件重用组合过程。废旧零部件采用不同的重用策略，所得的再制造零部件剩余使用寿命不同；同时，不同的重用策略也会造成不同的再制造过程复杂性，并产生不同的再制造成本；进一步而言，不同的零部件组合方式会导致废旧机械装备再制造性能出现差异性。因此，以废旧机械装备零部件重用组合的寿命特征、过程复杂性与成本作为衡量废旧机械装备再制造成功与否的关键属性。

废旧机械装备零部件重用组合良好的寿命均衡性是提高再制造装备寿命的有效途径。通常情况下，产品的寿命不是由寿命最长的部件决定，而是取决于寿命最短的部件，这就是产品寿命普遍存在的“短板效应”。废旧机械装备再制造的寿命取决于废旧零部件本身的寿命特征及其不同的重用策略和组合方式。为使废旧机械装备再制造的服役周期尽可能延长，则需要考虑废旧零部件重用组合寿命的均衡程度。废旧机械装备零部件重用组合寿命的均衡程度可采用再制造零部件剩余使用寿命的平均差描述：

$$M_{L_{\mathrm{R}}}=\frac{\sum_{i=1}^{N}\sum_{j=1}^{4}\left|r_{i}L_{\mathrm{R}_{ij}}-\overline{L_{\mathrm{R}}}\right|}{N} \tag{2-9}$$

式中，$M_{L_{\mathrm{R}}}$ 表示再制造零部件剩余使用寿命平均差；$L_{\mathrm{R}_{ij}}$ 表示第 i 个废旧零部件采用第 j 种重用策略后所得再制造零部件的剩余使用寿命；$\overline{L_{\mathrm{R}}}$ 表示再制造零部件剩余使用寿命的平均值；N 表示废旧零部件的个数。由于零部件的结构及功能特性各不相同，其剩余使用寿命可能会有很大的差别，对于此类再制造零部件，引入再制造零部件寿命系数 r_i，以保证寿命匹配程度的合理性。

在废旧机械装备零部件重用组合的过程中，废旧零部件采用不同的重用策略具有不同程度的复杂性；由于各废旧零部件的损伤特征及结构功能的差异性，废旧零部件不同重用策略的组合方式会进一步产生更高的复杂性，这将对废旧机械装备再制造方案的合理性产生巨大的影响。因此，需要对各零部件的重用策略进行协调优化，以保证废旧机械装备再制造方案能顺利地执行。废旧零部件重用策略的不确定性和再制造工艺路线的不确定性是影响重用组合过程复杂性的重要因素，可采用欧几里得范式对废旧零部件重用策略的不确定性和再制造工艺路线的不确定性进行综合，描述废旧零部件重用组合过程的复杂性。

$$P_{ij}=\sum_{j=1}^{4}\sqrt{\alpha P_i^2+\beta P_{i,j}^2} \tag{2-10}$$

式中，P_i 为第 i 个废旧零部件重用策略的不确定性；$P_{i,j}$ 为第 i 个废旧零部件的第 j 条再制造工艺路线的不确定性；α、β 分别为这两个不确定性因素的权重。

基于废旧零部件重用过程的不确定性，废旧机械装备零部件重用组合过程复杂性函数可表示为：

$$P(d_{i,j})=\sum_{i=1}^{N}\sum_{j=1}^{4}\sqrt{\alpha P_i^2+\beta P_{i,j}^2} \tag{2-11}$$

式中，$d_{i,j}$ 表示第 i 个零部件采用第 j 种重用策略。关于废旧零部件的重用策略不确定性 P_i，在确定废旧零部件的重用策略时，零部件的损伤程度及零部件在功能、结构等方面相对于整个机械装备而言的影响程度（即关键性），是影响废旧零部件重用策略不确定性的重要因素。对于不同损伤程度的同一零部件，损伤程度高的零部件，其重用策略的不确定性较大；对于相同损伤程度的不同零部件，关键性高的零部件，其重用策略的不确定性较大。废旧零部件重用策略的不确定性可基于信息熵原理进行描述：

$$P_i=\log_2(1+c_i d_i) \tag{2-12}$$

式中，c_i 为第 i 个零部件的关键性；d_i 为第 i 个零部件的损伤程度。

关于废旧零部件再制造工艺路线不确定性 $P_{i,j}$，在实际的加工过程中，由于废旧零部件损伤状况较为复杂，导致工艺路线具有不确定性。图 2-5 为某废旧车床刀架的再制造工艺路线图，图中有向箭头表示废旧零部件从上一工艺节点进入下一节点，如从节点 2 进入下一节点的箭头有 3 个，表示废旧零部件经过节点 2 后可能进入的下一工艺节点为 3、4 或 6，且 3 种工艺路线的节点流向概率也各不相同。图中，“RU”“N”“RM” 和 “RC” 分别表示再利用、使用新件、再制造和再循环的重用策略。

由相关专家根据废旧零部件的损伤状况及其特性，对废旧零部件再制造工艺节点流向概率进行分析预测。其中，类似工艺节点 3 到工艺节点 5、工艺节点 6 到工艺节点 7 是废旧零部件进行再制造所必须经过的工艺路线，其概率 $P(3,5)$、

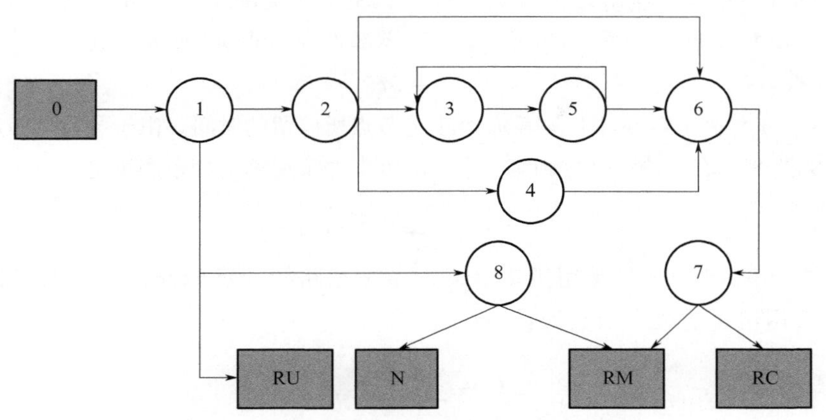

图 2-5　某废旧车床刀架的再制造工艺路线图

$P(6,7)$ 为 1。预测结果统计如表 2-1 所示。

表 2-1　某废旧车床刀架再制造工艺节点流向概率

节点 1	$P(1,\mathrm{N})$ $p_{1\mathrm{N}}$	$P(1,2)$ p_{12}	$P(1,7)$ p_{17}
节点 2	$P(2,3)$ p_{23}	$P(2,4)$ p_{24}	$P(2,6)$ p_{26}
节点 5	$P(5,6)$ p_{56}	$P(5,3)$ p_{53}	
节点 8	$P(8,\mathrm{RU})$ $p_{8\mathrm{RU}}$	$P(8,\mathrm{RM})$ $p_{8\mathrm{RM}}$	

根据信息熵原理，废旧零部件 i 的第 j 种重用策略的工艺路线不确定性熵为：

$$P_{i,j}=\sum_{j}p_{rs}\log_2 p_{rs} \tag{2-13}$$

式中，p_{rs} 表示从节点 r 流向节点 s 的概率。在废旧零部件实际的重用过程中，废旧零部件采用不同的重用策略，会产生不同的重用成本。一般而言，使用新件的成本（即购置新件的价格）会大于再利用、再制造、再循环这三种重用策略的成本，且这三种重用策略的成本与各重用策略所需要经过的加工工艺路线相关。以废旧零部件重用过程中在各加工工艺节点所用时间为基础，计算零部件各重用策略的加工成本。由于在实际的加工过程中，加工成本主要由设备成本（包括用电及设备损耗）、人工成本（定值）组成，而单位时间的设备成本是一个波动极小的动态值，因此，将其设为一个定值，不影响计算结果的准确性。此外，将各零部件在各工艺节点的单位时间加工成本假定为一个定值，有利于零部件加工成本的计算以及后期算法的编码工作。因此，假定在各工艺节点进行加工时，单位时间的加工成本不发生改变为 k，则零部件在节点 m 的重用成本为：

$$C_{im}=kt_{im} \tag{2-14}$$

式中，t_{im} 表示零部件 i 在第 m 个工艺节点所停留的时间。由于各重用策略所经过的工艺路线具有不确定性，则第 i 个废旧零部件采用第 j 种重用策略的成本为：

$$C_{ij}=\sum_{m,g}p_gC_{im} \tag{2-15}$$

式中，p_g 为第 j 种重用策略中第 g 条工艺路线的可能性，则废旧机械装备零部件重用组合的成本函数为：

$$C=\sum_{i=1}^{N}\sum_{j=1}^{4}C_{ij} \tag{2-16}$$

步骤 2：确立约束条件。

一般而言，在考虑再制造机械装备寿命的同时，再制造零部件的可靠性需要达到再服役标准，各废旧零部件的重用过程复杂性及成本也需要满足企业制定的相关阈值。废旧机械装备零部件重用组合方案能否被顺利地执行，需要考虑以下约束条件。

a. 寿命均衡约束。为使废旧零部件再制造寿命尽可能均衡，废旧机械装备零部件重用组合寿命均衡性要小于企业所制定的阈值，即：

$$MD_{L_R}\leqslant MD_{L_R}^{*} \tag{2-17}$$

b. 可靠性约束。不同重用策略所得再制造零部件的可靠性有所不同，进一步造成了机械装备整体的可靠性也随之改变。而废旧零部件经过再制造工艺修复进入再装配阶段，前提是再制造零部件的可靠性达到再装配的标准；再制造机械装备进入再服役阶段的前提是机械装备整体的可靠性能达到再服役的标准，即：

$$\begin{cases}\max(R_i^{*})\leqslant R^{*}\leqslant R(d_{i,j})\\ R_i\leqslant R_i^{*}\quad\forall 1\leqslant i\leqslant N,1\leqslant j\leqslant 4\end{cases} \tag{2-18}$$

式中，R^{*} 为机械装备的可靠性阈值；R_i^{*} 为第 i 个零部件的可靠性阈值；$R(d_{i,j})$ 表示各零部件采用对应重用策略后所得再制造机械装备的可靠性。可采用两参数的威布尔分布模型，对特定重用策略下再制造零部件的可靠性进行预测，计算公式如下所示：

$$R_i(t)=\int_{L_{R1}}^{L_R}\exp\left[-\left(\frac{t}{\eta}\right)^{\chi}\right]\mathrm{d}t \tag{2-19}$$

式中，L_{R1} 为废旧零部件剩余使用寿命；L_R 为再制造零部件剩余使用寿命；η 表示尺度参数，χ 表示形状参数，运用最小二乘法对上述两个参数进行估计。

c. 重用组合过程复杂性约束。废旧机械装备重用组合过程复杂性不能超过其重用组合过程复杂性阈值，且此阈值要小于各零部件对应重用策略下重用过程复杂性最大值之和，即：

$$\begin{cases} P(d_{i,j}) \leqslant P^* \leqslant \sum_{i=1}^{N}\sum_{j\notin 4}\max P_{ij} \\ \sum_{i=1}^{N}\sum P_i^* \leqslant \sum_{i=1}^{N} P_i^* \end{cases} \tag{2-20}$$

式中，P_i^* 为第 i 个零部件重用过程复杂性阈值；P^* 为机械装备重用组合过程复杂性阈值。

d. 重用组合成本约束。废旧机械装备的重用组合成本不能高于机械装备重用组合成本阈值，且此阈值不能高于购置一台新机械装备的成本，即

$$C(d_{i,j}) \leqslant C^* \leqslant \sum_{i=1}^{N}\sum_{j\notin 4}\max(C_{\text{new}}) \tag{2-21}$$

式中，C^* 为废旧机械装备的再制造成本阈值；C_{new} 为购置新件的成本。

综上分析，以废旧机械装备零部件重用组合寿命均衡函数 MD_{L_R} 最小、重用组合过程复杂性函数 P 最小、重用组合成本函数 C 最小为目标，遵循产品功能物理结构，构建的废旧机械装备零部件重用组合多目标优化模型如下：

$$\min f(MD_{L_R}, P, C) = \begin{cases} \min MD_{L_R}(d_{i,j}) = MD_{L_R}(1+d_{i,j})^3 \\ \min P(d_{i,j}) = \sum_{i=1}^{N}\sum_{j\notin 4} d_{i,j} P_{ij}[(1+d_{i,j})^3 - 1] \\ \min C(d_{i,j}) = \sum_{i=1}^{N}\sum_{j\notin 4} d_{i,j} C_{ij}[(1+d_{i,j})^3 - 1] \end{cases} \tag{2-22}$$

$$\begin{cases} \text{s. t.}\ MD_{L_R} \leqslant MD_{L_R}^* \\ \max(R_i^*) \leqslant R^* \leqslant R(d_{i,j}) \\ R_i \geqslant R_i^* \quad \forall 1 \leqslant i \leqslant N,\ \ 1 \leqslant j \leqslant 4 \\ \sum_{i=1}^{N}\sum_{j\notin 4} P_{ij} \leqslant \sum_{i=1}^{N} P_i^* \\ P(d_{i,j}) \leqslant P_i^* \leqslant \sum_{i=1}^{N}\sum_{j\notin 4}\max P(d_{i,j}) \\ C(d_{i,j}) \leqslant C^* \leqslant \sum_{i=1}^{N}\sum_{j\notin 4}\max C(d_{i,j}) \end{cases} \tag{2-23}$$

步骤3：优化模型求解。

废旧机械装备零部件组合多目标优化模型需要综合考虑废旧机械装备零部件重用组合寿命均衡性、重用组合过程复杂性及重用组合成本三个优化目标，且这些优化目标受到各废旧零部件再制造剩余使用寿命、可靠性、重用组合过程复杂性及成本等约束，是典型的有约束多目标优化问题。传统处理该问题的方法是将多目标优化问题转化为单目标优化问题，然后利用求解单目标优化问题的方法进行多次求解获得Pareto最优解，但这种寻优不能保证Pareto的最优性。考虑到传统的目标函数线性加权法的缺陷，可采用第二代强度Pareto进化算法（Strength Pareto Evolution Algorithm 2，SPEA2）对上述规划模型进行优化求解。

在优化模型求解过程中，如何将废旧机械装备零部件的重用策略有效地表达成算法中的染色体基因是编码工作的难点。具体解决方法为：利用上标 r 表示重用策略矢量 $\boldsymbol{D}_i$ 的序数，则当算法进化至第 x 代时，染色体可以记为 $\boldsymbol{D}^r(x)=(\boldsymbol{D}_1^r(x),\boldsymbol{D}_2^r(x),\cdots,\boldsymbol{D}_i^r(x),\cdots,\boldsymbol{D}_N^r(x))$，$\boldsymbol{D}_i^r(x)$ 是一个长度为 i 的基因片段。$\boldsymbol{D}_i^r(x)$ 中的任意等位基因 $D_{ij}^r\in\{0,1\}$ 用来表征重用策略 d_{ij}。例如，如果 $D_{ij}^r(x)=1$，则表示算法运行在第 x 代时，第 r 个方案中第 i 个零部件选择第 j 种重用策略，否则 $D_{ij}^r(x)=0$。

优化模型求解步骤如下：

a. 对SPEA2的基本参数进行初始化。以上述的编码方式对废旧零部件所选用的重用策略进行编码。设定算法初始进化代数 $x=0$，最大进化代数 X，交叉重组概率 P_c，变异概率 P_m。随机产生初始群体 U_0，同时构造一个空的存档集 Q_0。当算法运行至第 x 代时，设定种群 U_x 的最大容积为 U_0，存档集 Q_X 的最大容积为 M，支配比率为 P_d。当 $x=0$ 时，保证 $c(U_0)=E,c(Q_0)=\Phi$。

b. 计算种群 U_x 与存档集 Q_x 中各染色体在进化到第 x 代时的适应度。

c. 环境选择：将 U_x 和 Q_x 中所有非支配个体保存到 Q_{x+1} 中。若 Q_{x+1} 的规模超过 M，则利用修剪过程降低其规模；若 Q_{x+1} 规模比 M 小，则选取支配个体填满 Q_{x+1}。

d. 算法状态判断。若当前代数 $x\geqslant X$，则算法终止，并将 Q_{x+1} 中所有非支配个体作为返回结果，保存到 ND_{set} 中；否则，执行步骤e。

e. 对存档集 Q_{x+1} 执行锦标赛算法来选择适应度最优的染色体填充到交配池中，从而更新 Q_{x+1} 并且提高种群的适应度。

f. 对 Q_{x+1} 执行交叉、变异操作，选择较优者保存到 Q_{x+1}，同时更新记录算法进化代数计数器，即 $x=x+1$。随后，算法返回步骤b。

2.2.3.2 再制造恢复方案评价

再制造过程是运用先进技术进行废旧装备性能恢复的过程，会消耗能源和材料并排放废弃物。为了最大程度地发挥再制造优势，在设计时就应考虑再制造恢复方案的生态性和经济性。而生态效率的含义是平衡环境效率和经济效率，促进可持续发展，因此，可以生态效率为目标来评价再制造恢复方案的可行性。面向生态效率的废旧装备再制造恢复方案评价过程如下。

(1) 再制造恢复方案评价指标分析

生态效率旨在最佳的环境指标和经济指标中寻找一种平衡，因此生态效率包含环境特性与经济特性，其中环境特性包含恢复方案的能耗及污染，经济特性可分为工艺成本和材料成本。

(2) 再制造恢复方案评价指标权重分析

在获得了每组特征因素对应的备选恢复方案后，就可以使用熵权法确定生态效率评价指标的权重。

在生态效率评价指标体系中存在 m 个备选恢复方案，其中一级评价指标有环境特性和经济特性，二级评价指标有能耗和污染、工艺成本和材料成本。在一级评价指标中，经济特性和环境特性都属于成本型评价指标，首先，根据恢复方案历史信息获得 i-th 可行恢复方案的 j-th 经济特性和环境特性属性值；然后，分别用式(2-24) 计算第 i 个备选恢复方案的经济特性和环境特性属性值，建立一级评价指标的标准化矩阵，如式(2-25) 所示。

$$x'_{ij}=\frac{\max\{x_{1j},\cdots,x_{nj}\}-x_{ij}}{\max\{x_{1j},\cdots,x_{nj}\}-\min\{x_{1j},\cdots,x_{nj}\}-x_{ij}},(i=1,\cdots,m;j=1,\cdots,n) \tag{2-24}$$

$$\boldsymbol{X}'_1=\begin{bmatrix} x'_{11} & x'_{12} \\ x'_{21} & x'_{22} \\ \vdots & \vdots \\ x'_{m1} & x'_{m2} \end{bmatrix}_{m\times 2} \tag{2-25}$$

在二级评价指标中，能耗和污染、工艺成本和材料成本也都属于成本型评价指标，可用式(2-24) 计算备选恢复方案的指标属性值，建立二级评价指标标准化矩阵 $\boldsymbol{X}'_2$，其中：

$$\boldsymbol{X}'_2=\begin{bmatrix} x'_{111} & x'_{112} & x'_{113} & x'_{114} \\ x'_{211} & x'_{212} & x'_{213} & x'_{214} \\ \vdots & \vdots & \vdots & \vdots \\ x'_{m11} & x'_{m12} & x'_{m13} & x'_{m14} \end{bmatrix} \tag{2-26}$$

熵权法求解权重过程如下：

$$E_i=-\sum_{j=1}^{n}\frac{x_{ij}}{x_i}\ln\frac{x_{ij}}{x_i} \tag{2-27}$$

其中，E_i 表示第 i 个评价指标的熵值；x_{ij} 表示第 j 个恢复方案的第 i 个评价指标的隶属度。

$$x_i=\sum_{i=1}^{m}x_{ij},\quad i=1,2,\cdots,m \tag{2-28}$$

其中，x_i 表示所有恢复方案第 i 个指标总的隶属度，m 表示 m 个评价指标。

则第 i 个评价指标权重可计算为：

$$w_i=\frac{d_i}{\sum_{i=1}^{m}d_i} \tag{2-29}$$

$$d_i=1-E_i \tag{2-30}$$

其中，d_i 表示信息偏差度，则各指标权重值 $\boldsymbol{w}=(w_1,w_2,\cdots,w_m)^{\mathrm{T}}$。

(3) 再制造恢复方案评价决策

在确定了影响生态效率各评价指标的权重之后，就可以使用模糊综合评价法来匹配出生态效率综合评价指标最适合的一个再制造恢复方案。该模型的第一层由经济特性和环境特性构成，经济特性和环境特性对应的第二层子指标有工艺成本和材料成本，以及能耗和污染。

① 一级模糊综合评价。

在经济特性中，由熵权法可求出工艺成本、材料成本的权重为 $\boldsymbol{A}=[w_{11},w_{12}]$，该因素的模糊综合评价矩阵为：

$$\boldsymbol{R}_1=\begin{bmatrix} r_{11} & r_{12} & \cdots & r_{1m} \\ r_{21} & r_{22} & \cdots & r_{2m} \end{bmatrix} \tag{2-31}$$

在这里将最直接的矩阵相乘作为合成算子，所以隶属度矩阵 $\boldsymbol{B}_1=\boldsymbol{A}_1\times\boldsymbol{R}_1$，然后用下式归一化处理 $\boldsymbol{B}_1$，获得 $\widetilde{\boldsymbol{B}}_1$：

$$\widetilde{X}_i=\frac{x_i}{\sum_{i=1}^{m}x_i} \tag{2-32}$$

在环境特性中，同理求出能耗和污染两者所占权重 $\boldsymbol{A}_2$ 和对应的模糊综合评价矩阵 $\boldsymbol{R}_2$，接着选用最直接的矩阵相乘作为合成算子求出隶属度矩阵 $\boldsymbol{B}_2$，并将 $\boldsymbol{B}_2$ 进行归一化得到 $\widetilde{\boldsymbol{B}}_2$。

② 二级模糊综合评价。

经济特性和环境特性的权集为 $\boldsymbol{A}=[w_1,w_2]$，二级模糊综合评价矩阵为 $\boldsymbol{R}=[\widetilde{\boldsymbol{B}}_1,\widetilde{\boldsymbol{B}}_2]$，以及对应的评价结果 $\boldsymbol{B}=\boldsymbol{A}\cdot\boldsymbol{R}=[\boldsymbol{B}^1,\boldsymbol{B}^2,\cdots,\boldsymbol{B}^m]$。由于本节所述经济、环境等指标都属于成本型指标，所以评价指数取小为优。基于此，选出综合评价指数最小的再制造恢复方案作为该组特征因素对应的再制造恢复方案。

2.3 装备再制造升级设计技术

2.3.1 装备再制造升级设计概念及特点

装备再制造升级设计是统筹废旧装备再利用潜力及再服役效能或需求，对废旧装备功能系统到零部件结构的定制化设计过程。即使是同一产品，其功能系统中不同功能单元服役过程的温度、湿度、运行状态、用户行为及需求等均有差异性，对各功能运维与产出的经济价值或性能、技术先进性的价值或性能、零部件实体的物理价值或性能，即对全面反映产品综合价值或性能的各功能单元经济寿命、技术寿命及物理寿命的影响程度也不同。这导致装备因任一属性寿命终止而退役时，其废旧装备功能系统中各功能单元表现出与服役环境、实体特征、技术需求动态强相关，高度个性化的多属性寿命不平衡特征。装备再制造升级设计主要特征如下：

① 设计方案个性化。由于废旧装备失效特征、报废原因及用户需求的多重个性化，即使是同一失效特征和报废原因，由于用户需求的不同也会导致再制造升级方案不同，因此，再制造升级设计也极具个性化。

② 多寿命特征不均衡性。装备在服役过程中，由于服役环境、维修成本以及技术迭代更新等因素，导致装备的物理、经济及技术寿命出现极度的不均衡性，即物理寿命终结而技术寿命未终结，或者技术落后导致技术寿命终结而物理寿命还未终止。寿命的不均衡性会导致废旧装备价值不能充分利用，造成资源极大浪费。因此，需要对废旧装备进行再升级设计，尽最大可能使装备多寿命均衡发展。

③ 升级需求复杂性。再制造升级是在原始装备的基础上对其功能进行升级，而装备功能包含自动化或智能技术、零部件性能以及结构等参数。因此，在进行功能升级时需要对以上各个参数进行分析，确定需要改进或升级的功能参数，以确保装备功能升级能够满足客户需求。

④ 设计目标高维性。再升级设计不仅要满足客户的功能、性能以及成本等需求，还要考虑再制造过程成本、能源消耗以及环境污染等问题。另外，设计人员还要统筹考虑再制造产品的整体经济效益，即再制造装备是否具备市场利润。因此，再制造升级设计目标具有高维性，是复杂的优化设计过程。

⑤ 设计场景多样性。再制造升级设计需要根据废旧装备再利用潜力和再制造产品效能来进行再升级方案制定，而废旧装备多属性剩余寿命长短不一，需要结合不同属性寿命情况进行设计场景区分，例如，物理寿命终止，但技术寿命还

未完结或已完结。不同的寿命情况对应的设计场景不同，那么相应的再制造设计模式也不同。

2.3.2 装备再制造升级设计流程

装备再制造升级设计是根据多属性寿命以及再制造升级需求进行再制造升级方案制定的过程，主要包括多属性寿命预测、再制造升级方案制定及决策，具体流程如图 2-6 所示。

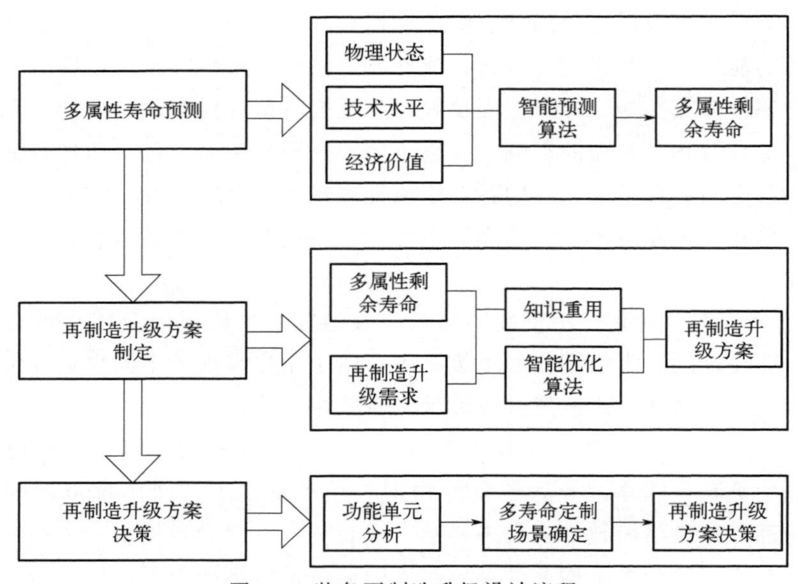

图 2-6 装备再制造升级设计流程

2.3.3 装备再制造升级设计关键技术

相比新产品设计，基于多属性寿命特征的再制造升级设计方案生成与优化决策极具复杂性与个性化，对于高水平设计人员知识的依赖度高，知识重用率低，设计效率与质量难以保障。因此，亟须采用先进设计方法以及智能技术实施复杂且个性化的再制造升级设计任务。

2.3.3.1 多属性寿命预测技术

再制造升级设计需要根据物理寿命、经济寿命以及技术寿命来判断装备是否有价值进行升级以及确定升级目标，此时，需要对装备的多属性寿命进行预测，以确保再制造升级设计方案的准确性。而多属性寿命信息与装备的失效特征、服役环境、产品类型以及维护成本等因素相关，不同的因素会影响不同属性寿命的剩余长度。而不同属性寿命的退化特征也存在差异性，装备性能退化特征影响其物理寿命，而功能退化则影响装备技术寿命，性能与功能两者的退化情况则会影响经济寿命。

因此，需要对装备多属性寿命进行预测，分析导致装备退役的关键属性寿命，并根据寿命退化机理选取合适的升级方式，但由于机械装备服役环境复杂、失效形式及质量状况不明确，导致多属性寿命预测难以准确分析。装备多属性寿命预测问题有如下特点：①寿命退化特征复杂多样，影响装备寿命的关键退化因子难以有效识别；②装备退化对多属性寿命的影响机理复杂、退化数据动态变化、特征间互相耦合，导致多属性寿命预测模型难以构建。因此，需要运用神经网络、深度学习以及大数据等智能技术进行多属性寿命预测。

从制造商或再制造商的利益角度分析，机械装备经济寿命最能反映其是否具有再制造价值，经济寿命是剩余技术寿命、剩余物理寿命与再制造装备服役寿命之间的权衡，即在考虑再制造成本的前提下，再制造装备获取的利益是否能让再制造者有利可图。而从客户及市场的角度，装备的技术寿命决定了其是否能够满足工业生产需求。具体多属性寿命预测过程如下。

（1）废旧装备剩余经济寿命预测

运用物-场理论对机械装备经济寿命进行分析，物-场理论是装备设计中系统化分析其物理实体性能和功能场技术性能的重要基础，其中，“物”指组成系统的轴、齿轮、轴承等实体材料，“场”包括机械场、电场、磁场、声场等技术场和物理场。借鉴物-场理论能够科学、全面地分析装备的综合性能指标，影响装备经济性的指标主要包括年产量、年运行成本、预设检修成本、年维修成本或退役处置成本。经济寿命结束在经济要素层的原因为产量过低、运维处置成本过高或退役处置成本过高；映射到装备层的表现形式为生产效率下降、各种故障期望增加、故障维修程度加深、预设检修频率上升、装备退役时性能状态差等；在物、场影响因素层面，零件与功能的性能退化使装备系统工作状态变化，导致系统的退化与故障，最终在物-场层提取经济寿命影响因素，即零件磨损、断裂、腐蚀等物的性能退化和功率损失等场的性能退化。总体上，物-场性能退化与经济寿命之间存在复杂的映射关系，其机理模型难以有效构建。为此，针对上述问题特征，结合物-场理论，以历史“物-场”性能退化数据为输入，以经济寿命为输出，建立基于物-场性能退化深度学习的装备经济寿命预测模型。

① 关键物-场退化因子识别。

结合物-场理论，系统全面地分类提取装备性能退化参数，构建物-场性能退化数据集。为了提高模型训练效率与预测精度，对数据集归一化处理后采用互信息法进行特征筛选，保留高相关性特征数据，识别影响经济寿命的关键物-场退化因子。

在通过传感器采集零件磨损、腐蚀、断裂等“物”的性能退化数据，以及功率损失、散热能力下降等“场”的性能退化数据后，为了避免在后续计算中由于不同“物-场”性能退化特征的维度量纲导致网络计算拟合不足的问题，需要对性能退化数据进行归一化处理，将其统一映射到［0,1］区间上，实现后续数据处理的统一性，加快模型训练速度。归一化公式如下：

$$x_{norm}=\frac{x_t-x_{min}}{x_{max}-x_{min}} \tag{2-33}$$

其中，x_t 为在时间 t 的原始物-场性能退化特征值；x_{norm} 表示与 x_t 对应的归一化后的性能退化特征值；x_{max} 与 x_{min} 分别为性能退化特征值的最大值与最小值。

在装备的“物-场”性能退化特征中，一些特征参数的方差极小或为 0，这些特征在经济寿命期间退化量极小，无法为经济寿命的预测提供有效信息，还会造成预测模型计算量增加、精度下降等问题，因此需要对数据进行特征选择。特征选择是在原始性能退化特征中选择最有效的特征，来实现数据维度的降低，有利于提升经济寿命预测模型性能。为此，可采用互信息的方法识别经济寿命的关键物-场退化因子。

互信息法通常用于衡量两个变量间的相关性。假设某一物-场性能退化特征为 $X=\{x_1,x_2,\cdots,x_n\}$，经济寿命为 $Y=\{y_1,y_2,\cdots,y_n\}$，则 X 和 Y 之间的互信息 $I(X;Y)$ 可定义为：

$$I(X;Y)=0 \tag{2-34}$$

通常使用熵的形式表示互信息：

$$I(X;Y)=H(X)+H(Y)-H(X,Y) \tag{2-35}$$

由互信息定义可知，当 $I(X;Y)\geqslant 0$ 且其值越大时，X 与 Y 的相关性就越强，则表明这一退化特征对经济寿命的影响越大；当 $I(X;Y)=0$ 时，X 与 Y 相互独立，则表明这一特征与经济寿命的预测无关；当 $I(X;Y)=H(Y)=H(X)$ 时，此时 $I(X;Y)$最大，意味着这一性能退化特征 X 与经济寿命 Y 完全相关，在 X 确定的情况下可以直接得到 Y。计算出每个性能退化特征与经济寿命间的互信息值，筛选出与经济寿命相关性更高的性能退化数据进入后续计算流程，构建关键物-场性能退化数据集。

装备物-场性能退化总体趋势为先缓后急，反映在经济寿命值变化上是由最大值到 0 的线性序列。但在装备服役初期，物-场性能退化趋势较缓，对经济寿命的影响较弱，退化量需达到一定阈值，即脱离“健康”状态时，才会触发经济寿命预测，评估其剩余寿命。为了更准确地拟合经济寿命变化曲线，采用分段线性模型标记物-场性能退化数据，假设经济寿命在性能退化特征不明显的前期是常数，在退化量达到阈值时开始线性下降。

② 经济寿命预测。

考虑到数据的时序性，利用固定大小的时间窗在时间序列上滑动组成高维向量。以处理后的物-场性能退化数据为输入，经济寿命为输出，构建深度学习算法模型，挖掘物-场退化信息，并解耦特征间的相关性，预测装备经济寿命。

对于多变量时间序列的问题，如何将有用的时间信息嵌入到经济寿命预测模型的输入中是一个重要的考虑因素。如果仅使用单个采样时间步的数据作为输入，则会忽略当前时间步之前的物-场性能退化信息，限制模型预测性能。为此，本章对归一化及特征筛选处理后的物-场性能退化数据嵌入时间窗进行数据准备。利用固定大小的时间窗在时序数据上滑动，在每个时间步收集时间窗内所有过去的物-场性能退化信息，形成高维特征向量，并用作预测算法输入。嵌入大小为 N 的时间窗后，输入由当前时间步 t 的性能退化数据及先前 $N-1$ 个时间步的性能退化数据组成，预测算法输入如下：

$$x_{\text{input}}^{t}=(x_{\text{norm}}^{t-N+1},\cdots,x_{\text{norm}}^{t-1},x_{\text{norm}}^{t}) \tag{2-36}$$

预测算法的输入样本是由 Feature Size 和 Window Size 组成的二维样本。其中，Feature Size 为物-场性能退化特征维数，Window Size 为滑动窗口大小，输出即为经济寿命。

(2) 废旧装备剩余技术寿命预测

剩余技术寿命预测主要是利用原始服役数据、维护数据等进行机器学习的寿命预测方法，本节提出一种基于深度学习的数据驱动技术寿命预测方法。该方法首先在物-场理论的基础上，揭示了“场”在技术寿命中的主导作用，通过将技术性能描述为产品功能特性，得到了直接影响技术寿命的驱动因素。此外，利用公理设计理论，通过将外部需求描述为产品特征的功能参数，从而确定了间接影响技术寿命的驱动因素。因此，建立了从产品自身和外部需求两个层次出发的技术寿命驱动体系。考虑到各种机械装备在复杂条件下的驱动技术寿命差异，以及驱动数据量大和非线性时间变异性强的特点，建立了多维深度神经网络(MDNN)模型。MDNN 通过两条并行路径（时间卷积网络和一个双向长短期记忆网络）集成，充分挖掘技术寿命数据中的时空特征。此外，为了深入提高模型的泛化能力，还将运行条件数据作为 MDNN 模型的输入序列，实现了可变条件下的技术寿命预测，具体流程如下。

① 技术寿命影响因素分析。

步骤1：基于产品层的影响因素分析。

由于新技术的不断出现，以往机械装备的技术价值会随着时间的推移而下降。技术寿命预测的前提是量化技术变革的抽象概念。当一种新技术进入市场时，它会影响产品的功能设计，而产品的功能性能反映了该技术的价值。对于正在使用中的机械装备，其所有功能都已确定，其功能性能状态直接显示了此时技术价值的剩余程度。

产品的功能是通过设计产品的物理特性或参数来实现的。技术寿命的直接驱动因素可以用一系列代表产品功能的物理特性参数来表示，可引入物-场理论来更好地解释驱动因素。这种物-场分析方法将所有功能看作由两种物质和一个场组成，当功能实现时，物质 A 是执行该功能的工作单元，物质 B 是接收器，场作用于两种物质之间，是完成该功能的必要手段。此外，该领域是功能单元之间的相互作用、联系和影响，这最终使功能显示出有用或有害的影响。物质 A、B 和场的任何变化都会改变系统的物-场模型，可能会有新的产品。显然，场对物质的影响会改变功能的特性表现。因此，这种功能特性是影响产品在产品层面上的技术寿命的驱动因素。场通常是一些磁场、力场、机械场、热场、化学场、电场等。将这些场产生的场能映射到乘积上，通过典型的力、位移、速度、压力、流等能量特征来显示。此外，利用公理设计理论，通过将外部需求描述为产品功能特性的功能参数，确定了间接影响技术寿命的驱动因素。装备的功能具有不同程度的复杂性，为了分析它们的功能，我们可以利用功能分解将复杂功能分解为多个子功能。分解原则是将功能分解到可以表示功能特性变化的参数。功能属性矩阵是从产品层提取的主要技术寿命影响参数。值得注意的是，由于装备的功能和结构的复杂性，虽然每个功能单元的属性不同，但每个场通常并不独立地作用于每个功能单元，因此，驱动因素之间不可避免地存在着一种耦合关系。

步骤 2：基于市场层的间接影响因素分析。

除了产品本身的不可避免的技术价值的衰减外，外部需求也会对技术价值的降低产生潜在的影响。在技术不断进步的条件下，当原产品尚未达到经济寿命时，就会出现替代价格低、功能好、性价比高的同类产品。在这种情况下，用户将考虑是继续使用原产品还是购买新产品。因此，它并不是之前的产品因自身功能失效而导致的技术寿命的终结。实际上，这是由于外部对产品功能的需求较高而引起的要求，即客户需求和市场竞争可能有助于产品技术的持续改进和替代。这两者对技术寿命的影响需要转化为通过产品技术规范来实现功能需求的物理实体。基于公理设计理论，可以通过设计产品的物理特性或设计参数来实现满足市场需求的功能需求，如果将公理设计理论从设计参数领域扩展到产品技术领域，就可以识别出产品功能的使能技术。使用这一概念，可以对受需求影响的这部分技术寿命进行量化，通过将功能需求（FRS）映射到产品的物理参数（PPS），通过产品的功能来描述。此外，还需要考虑技术变化对环境的影响。由于环保意识的提高，绿色装备将被优先考虑。过时的装备会造成资源的浪费，并带来巨大的环境压力。根据公理设计理论，可以通过将环境影响纳入设计方程来确定具有设计特征的产品的环境影响，从而表达这些具有绿色属性的功能要求，如能源消耗、噪声、污染物等，可作为功能性能来衡量对环境的影响。

此外，在客户需求、市场竞争和环境影响之间也没有明确的界限。这三个因素相互影响，因此在所确定的驱动因素之间存在一种耦合关系。

② 技术寿命预测模型。

步骤 1： MDNN 模型构建。

为了准确预测剩余技术寿命，提出一种新的 MDNN 模型，它不仅适用于单一工作条件下的寿命预测，而且可以完成可变工作条件下的预测任务。多驱动监测数据和运行工况数据通过不同的输入通道同时输入到模型。MDNN 通过并行 BLSTM 层和 TCN 层挖掘输入数据特征，以捕获不同维度的隐藏特征。BLSTM 层的主要功能是提取设备不同运行条件下数据的双向时间变化特征，而 TCN 层是获取空间变化特征。

假设存在一组装备的降解数据 $\boldsymbol{X}$，即：

$$\boldsymbol{X}=\{\boldsymbol{X}_1,\boldsymbol{X}_2,\cdots,\boldsymbol{X}_n\} \tag{2-37}$$

其中，$\boldsymbol{X}_i(i=1,2,\cdots,n)$ 为第 i 个乘积的数据集：

$$\boldsymbol{X}_i=\{\boldsymbol{x}_{i1},\boldsymbol{x}_{i2},\cdots,\boldsymbol{x}_{in}\} \tag{2-38}$$

其中，$\boldsymbol{x}_{ij}(j=1,2,\cdots,n)$ 表示第 i 个乘积的第 j 个技术驱动变量的时间序列：

$$\boldsymbol{x}_{ij}=[x_{ij}^1,x_{ij}^2,\cdots,x_{ij}^m]^{\mathrm{T}} \tag{2-39}$$

其中，$x_{ij}^k(k=1,2,\cdots,m)$ 为第 j 个变量的第 k 个时间的第 i 个乘积的监测值。

$$\boldsymbol{O}_i=\{\boldsymbol{o}_1,\boldsymbol{o}_2,\cdots,\boldsymbol{o}_t,\cdots,\boldsymbol{o}_n\}^{\mathrm{T}} \tag{2-40}$$

其中，$\boldsymbol{O}_i$ 为操作条件数据集，$\boldsymbol{o}_t\in\mathbb{R}^{p\times1}$ 表示 t 时刻由 p 操作条件数据组成的向量。

将输入数据（多驱动程序监控数据）在两个全连接的层中进行线性转换，得到数据隐藏特征，可表示为：

$$\boldsymbol{F}_i=\boldsymbol{W}_{d1}\boldsymbol{X}_i+\boldsymbol{b}_{d1} \tag{2-41}$$

其中，$\boldsymbol{W}_{d1}$ 和 $\boldsymbol{b}_{d1}$ 为全连接层的权值矩阵和偏差，$\boldsymbol{F}_i$ 为全连接层输出的数据隐藏特征。

然后，将 $\boldsymbol{O}_i$ 拼接到 $\boldsymbol{F}_i$ 中，构建一个高阶向量 $\boldsymbol{U}_i=[\boldsymbol{F}_i,\boldsymbol{O}_i]$。将 $\boldsymbol{U}_i$ 转移到堆叠的 BLSTM 层和 TCN 层，得到不同维度的隐藏特征。此外，在 MDNN 模型中，BLSTM 层数和 TCN 层数被设置为相同的数字，便于模型结构的优化。最后，利用另外两个线性回归密集层对不同维度的隐藏特征进行整合，实现从输入数据到输出剩余技术寿命的非线性映射。需要注意的是，在处理单个条件预测时，考虑到条件数据的不变性，只需要将上述方程更改为 $\boldsymbol{U}_i=\boldsymbol{F}_i$。

步骤 2： 计算策略制定。

计算策略涉及数据采集、处理、训练、性能预测及评价。

a. 数据采集。当从功能的角度分析驱动因素时，无论是基于装备本身还是基于外部需求，都可以通过产品的功能特征参数来描述。因此，有两种数据来源：一种是来自产品级别的参数，这部分数据属于传感器的实验收集；另一种是基于市场水平，结合客户需求、市场竞争和环境影响，影响产品技术寿命的外部参数，这部分数据依赖于客户评估的收集和传感器的实验收集（如能源消耗、噪声、污染物排放等）。

b. 数据处理。包括下面两种情况：

ⅰ. 可变条件下的数据规范化。考虑到技术寿命的时变特性，如果存在非数值参数和常数参数，则应进行删除。需要注意的是，设备的工况和运行状态参数具有不同的物理意义、单位和值。当不同尺度的数据输入神经网络时，输入特征权值不均匀，会降低模型的学习和收敛速度。因此，为了获得公共尺度的数据，本节使用最小-最大归一化方法将原始数据映射到［0，1］的范围内，具体如下。

$$x_{\mathrm{norm}}^{i,j}=\frac{x^{i,j}-x_{\min}^{i,j}}{x_{\max}^{i,j}-x_{\min}^{i,j}}, \forall i,j \tag{2-42}$$

式中，$x^{i,j}$ 表示第 i 个工况下从第 j 个驱动因素获得的原始数据值；$x_{\max}^{i,j}$ 和 $x_{\min}^{i,j}$ 表示所有训练设备在第 i 个工作状态下第 j 个驱动因素的最大值和最小值。

ⅱ. 时间窗处理。为了提取多变量时间信息，采用滑动窗口策略对数据进行连续和周期性的采样。MDNN 模型的输入是一个二维矩阵，其中包含 r_{tw}（滑动窗口的大小）和 r_i（选定特征的数量）。同时，构建了一个大小为 20 的时间窗，从监测数据中构建一个高维输入向量。将分割后的多元时间序列矩阵（r_{tw}，r_i）输入到 MDNN 模型。时间窗的大小（即输入序列的长度）会影响预测模型的性能。

c. 数据训练过程。在寿命预测问题中，根据数据集中运行时间计算出的剩余寿命随时间的减少而减小。但是，在实际情况下，通常认为设备在运行的初始时间是健康的，即在整个生命周期的初始阶段，寿命值是恒定的。在设置标签时，通常使用分段线性函数来设置寿命阈值。

$$G(RTL)=\begin{cases} RTL, & RTL<T \\ T, & RTL>T \end{cases} \tag{2-43}$$

其中，G 为剩余技术寿命（RTL）校准策略功能；T 为制造商根据相关事实和信息（涉及经济能力）定义的阈值。当未来退化首次达到阈值时，则认为设备出现故障。

模型训练的目标是获得最佳的参数（权重和偏差）和最小化成本函数。基于模型的预测值和输出的真实数据值，引入均方误差（MSE）函数来设计以下损失函数：

$$L(\theta)=\frac{1}{K}\sum_{i=1}^{K}[\boldsymbol{m}_i-F_{\text{MDNN}}(\boldsymbol{X}_i,\boldsymbol{O}_i;\boldsymbol{\theta})]^2 \tag{2-44}$$

其中，$\hat{\boldsymbol{m}}=F_{\text{MDNN}}(\boldsymbol{X}_i,\boldsymbol{O}_i;\boldsymbol{\theta})$，为将多源驱动器监控数据 $\boldsymbol{X}_i$ 和工况数据 $\boldsymbol{O}_i$ 输入 MDNN 模型得到的预测输出值，$\boldsymbol{\theta}$ 为 MDNN 模型参数集。采用随机搜索技术对多个模型的超参数进行优化，主要包括 BLSTM/TCN 层的层数、每层的神经元数、整个连接层的神经元数、退出值、批量大小等。

d. MDNN 模型的技术寿命预测和性能评价。为合理评价机械装备的技术寿命，采用均方根误差（RMSE）和打分进行评价，具体如下。

$$\text{RMSE}=\sqrt{\frac{1}{n}\sum_{i=1}^{n}h_i^2} \tag{2-45}$$

$$\text{Score}=\sum_{n=1}^{N}S_n,S_n=\begin{cases}\exp\left(-\dfrac{h_i}{13}\right)-1, & h_i<0\\ \exp\left(-\dfrac{h_i}{10}\right)-1, & h_i\geqslant 0\end{cases} \tag{2-46}$$

其中，n 为测试集中的样本数；h 为实值与预测值之间的误差。很明显，RMSE 和 Score 的值越小，预测性能就越好。

2.3.3.2　再制造升级方案生成技术

(1) 再制造升级需求分析

由于技术的发展和客户需求的多样性，对再制造装备的升级需求是定制化的。再使用寿命对于升级后的再制造装备质量至关重要，再使用寿命是多属性的，包括物理、技术和经济寿命。物理寿命是由于物理故障而导致失效的服役时长。技术寿命是从开始使用到技术过时的装备服役时长。经济寿命是指从经济角度看产品对所有者有用的一段时间。事实上，装备功能过时是由技术寿命不足造成的，但物理寿命和经济寿命尚未达到终点，导致了资源的浪费。因此，有必要分析多属性寿命需求对工程特征的影响，使升级后的再制造装备不会受到功能过时导致使用期间技术寿命短的影响。需求的表达往往是模糊和抽象的，因为客户不是专业的，而且他们的需求是高度个性化的。因此，有必要在再制造升级设计中考虑客户需求与产品工程特征之间的非线性关系，用科学的方法将客户需求转化为工程特征。

为了更准确地满足再制造升级产品的多属性寿命需求，并挖掘多属性寿命与工程特征之间的关系，在原始质量功能展开技术（Quality Function Deployment，QFD）的基础上提出了面向寿命的质量功能展开（Quality Function Deployment for Life，QFDL）的概念。QFDL 通过同时考虑多属性的寿命和性能需求来指导再制造升级设计，通过数据分析理论实现客户需求与工程特征的精确匹配，对客户需求的权重进行计算和排序，然后根据客户需求与工程特征之间的相关性，确定相应的工程特征的权重。为了处理抽象和模糊的表达式，利用粗糙集理论和KANO模型，根据客户偏好确定需求权重，从而更准确地满足实际需求。粗糙集作为一种数据分析理论，应用于需求权重的确定，有助于减少主观因素和信息不确定性的影响。在再制造升级设计中，粗糙集信息系统包含四个单元，即 $T=(Z,K,V,f)$，其中：Z 是全体对象集合，它是一个非空的有限对象集；C 是条件属性集，H 是决策属性集，$K=C\cup H$ 和 $C\cap H\neq\varnothing$；$V=\bigcup_{K_j\in K}V_{K_j}$ 是 K 属性的值域；f：$Z\times K\rightarrow V$ 是单个映射的信息函数。由于 $\forall x\in Z$，$k\in K$，且 $f(x,k)\in V$，使得 Z 中所有对象的属性 K 具有唯一的信息值。

有必要建立一个关于客户需求的决策表。例如，如果有限集合 $Z=\{x_1,x_2,\cdots,x_{80}\}$，决策表中粗糙集的条件属性是客户需求，可分为两类：多属性寿命要求 $\{C_1,C_2,C_3\}$ 和性能要求 $\{C_4,\cdots,C_{10}\}$。决策属性 H 分为三类，即满意度高（H_1）、满意度一般（H_2）和满意度低（H_3），每个条件属性的重要性分为重要（M_1）、一般（M_2）和不重要（M_3）。在再制造升级设计中，使用粗糙集确定客户需求权重的步骤如下：

步骤1：建立客户需求 $T=(Z,K,V,f)$ 的决策表，然后将条件属性 C 的依赖性表示为：

$$\gamma_C(H)=\frac{\mathrm{card}(\mathrm{POS}_C(H))}{\mathrm{card}(Z)} \tag{2-47}$$

式中，$\mathrm{POS}_C(H)$ 是 C 到 H 之间的正域，并且 $\mathrm{card}(Z)$ 表示集合的基数。

步骤2：各指标的权重计算。通过式(2-48)计算决策评价结果大小的变化程度，变化越大，相应指标就越重要。

$$\gamma_{C-\{C_i\}}(H)=\frac{\mathrm{card}(\mathrm{POS}_{C-C_i}(H))}{\mathrm{card}(Z)} \tag{2-48}$$

则指标 C_i 的权重可以计算为：

$$m_i=\gamma_C(H)-\gamma_{C-\{C_i\}}(H) \tag{2-49}$$

步骤3：各指标权重标准化。将所有指标的权重进行归一化，得到各指标的权重，具体表示如下：

$$w_i=\frac{m_i}{\sum_{i=1}^{n}m_i},\quad i=1,2,\cdots,n \tag{2-50}$$

基于客户需求对客户满意度的影响，KANO模型可以表达装备性能与客户满意度之间的非线性关系。利用KANO模型对再制造升级设计中的客户偏好进行分析，将客户需求分为兴奋需求（A）、期望需求（O）、基本需求（M）、不相关需求（I）和反向需求（R）。每种类型都被赋予不同的调整因子 η_i 来调整客户需求的权重，这样可以更准确地满足客户的需求。

$$w_i^{\text{adj}}=\frac{w_i\eta_i}{\sum_{i=1}^{n}w_i\eta_i},\quad i=1,2,\cdots,n \tag{2-51}$$

最后，根据客户需求与工程特征之间的关系，采用独立配置法计算各工程特征的重要性，可表示为：

$$Z_j=\sum_{j=1}^{q}w_i^{\text{adj}}\times z_{ij},\quad i=1,2,\cdots,n;j=1,2,\cdots,q \tag{2-52}$$

式中，Z_j 表示升级再制造装备的工程特征 j 的重要性，z_{ij} 为客户需求 i 与工程特征 j 的关系。根据计算结果对工程特征进行排序，并基于上述数据构建了 QFDL 模型，图 2-7 就是废旧装备的多属性寿命质量屋。

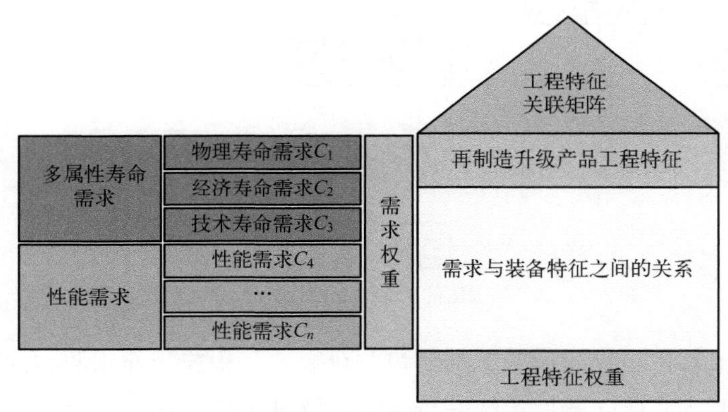

图 2-7　废旧装备多属性寿命质量屋

(2) 再制造升级设计方案生成

从 QFDL 模型分析获得再制造装备工程特征后，下一步就是将工程特征转换为再制造升级设计方案。不同的失效形式和失效程度对应于不同的再制造升级设计方案，因此，失效特征对所使用的再制造升级方案有决定性的影响。为了提高设计效率，本章根据废旧装备失效特征，运用案例推理技术（Case Based Reasoning，CBR）来生成再制造升级设计方案。工程特征和失效特征是废旧装备再制造升级设计的关键目标，可在历史设计案例库中运用 CBR 检索最相似的再制造升级方案。在再制造升级设计过程中需要识别和解决要升级的目标功能单元和使用产品功能单元之间的兼容性约束。最后，所有工程特征的再制造升级方案构成了废旧装备的再制造升级设计方案。

CBR 是检索与案例数据库中再制造升级目标案例相匹配的一个或多个设计案例的过程。它通过修改或重用现有的成功方案来解决新的问题，其特点是简单、高效，并且可以自我更新。通过智能算法计算目标案例与历史案例之间的相似性来生成再制造升级设计方案，对历史案例的重用可以大大提高设计效率。如果没有检索到合适的案例，则可直接进入常规设计流程，即兼容约束-功能-行为-结构-升级（Constraint-Function-Behavior-Structure-Upgrade，CFBSU）的设计范式，通过逐层迭代设计生成再制造升级设计方案并保存至案例库中。其中，案例表示、特征权重确定和相似度计算是 CBR 的关键技术。CBR 检索和评价步骤如图 2-8 所示。

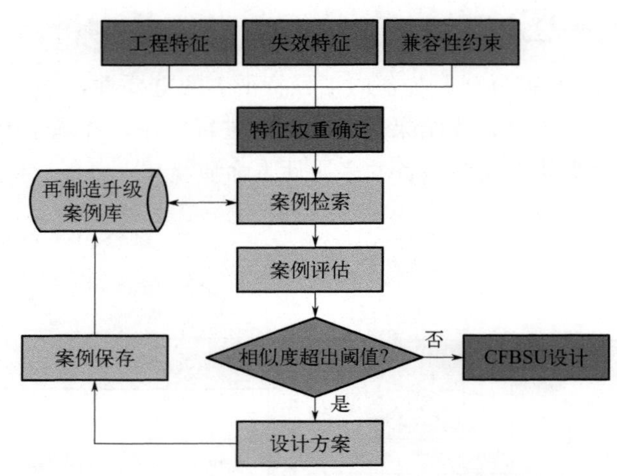

图 2-8 基于 CBR 的再制造升级设计方案生成流程

案例表示是指检索和保留案例的规范化表达，构建已使用装备的再制造升级设计案例模型，并建立案例的统一表示。从待升级的目标功能单元与所使用装备的功能单元之间兼容性的角度来看，充分考虑兼容性约束。再制造升级设计的案例被定义为一个三元组 CASE＝{案例编号,特征,解决方案}。特征是对特性的描述，包括再制造升级的目标、故障特性以及待升级的目标功能单元与已使用产品的功能单元之间的兼容性约束。它可以表示为特征＝{升级,故障,兼容性}。解是相应的方案，即本案例中的再制造升级设计方案。

特征是案例检索的基础，它应该易于提取且能够准确地描述问题。在设计过程中，以装备的性能目标、失效特征和兼容性约束为工程特征，检索最优的再制造升级设计方案。首先邀请一定数量的专家对这些特征的相对重要性进行评分，然后采用层次分析法来确定每个特征权重，最后对所有特征权重进行归一化处理。

案例检索是 CBR 中的主要步骤，通过适当的算法计算目标案例与历史案例之间的相似度。相似度计算方法，如最近邻（KNN）算法、归纳推理和灰度关系算法等，被广泛应用，这些方法可以计算目标案例与历史案例之间每个属性的局部相似度，然后通过对所有特征进行加权求和可得到全局相似度。

案例特征可分为三种数据类型，包括数值型、字符串型和枚举型。不同类型数据特征的相似度计算方法如下，其中：URD_i 是案例数据库中的第 i 个案例；URD_0 是目标案例；URD_{ij} 是案例数据库中案例 i 的第 j 个特征，对应的特征值是 urd_{ij}；URD_{0j} 是目标案例的第 j 个特征，特征值为 urd_{0j}；$\mathrm{sim}(URD_{ij}, URD_{0j})$ 表示 URD_{ij} 和 URD_{0j} 之间的相似性。

① 数值型：

$$\mathrm{sim}(URD_{ij}, URD_{0j}) = 1 - \frac{|urd_{ij} - urd_{0j}|}{\max(V_j) - \min(V_j)} \tag{2-53}$$

式中，$\max(V_j)$ 和 $\min(V_j)$ 分别为特征 j 的最大值和最小值。

② 字符串型：

$$\mathrm{sim}(URD_{ij}, URD_{0j}) = \begin{cases} 1, urd_{ij} = urd_{0j} \\ 0, urd_{ij} \neq urd_{0j} \end{cases} \tag{2-54}$$

式中，如果对 urd_{ij} 的描述与对 urd_{0j} 的描述相同，则 $\mathrm{sim}(URD_{ij}, URD_{0j})$ 为 1，否则相似度为 0。

③ 枚举型：

特征变量只有几个可以列出的值，因此被归类为枚举型。例如，失效程度可用模糊数据描述为 {无,轻微,中等,严重,完全}，相应的值为 {0,0.25,0.5,0.75,1}，相似度可计算为：

$$\mathrm{sim}(URD_{ij}, URD_{0j}) = 1 - \frac{|urd_{ij} - urd_{0j}|}{M} \tag{2-55}$$

其中，M 是特征 j 的最大赋值。根据每个特征的局部相似性，可以计算出数据库中目标案例与历史案例之间的全局相似性：

$$\mathrm{sim}(URD_i, URD_0) = [w_1, w_2, \cdots, w_n] \begin{bmatrix} \mathrm{sim}(URD_{i1}, URD_{01}) \\ \mathrm{sim}(URD_{i2}, URD_{02}) \\ \vdots \\ \mathrm{sim}(URD_{in}, URD_{0n}) \end{bmatrix} \tag{2-56}$$

其中，n 为案例特征的数量，w_j 为特征 j 的权重值。将全局相似度的值与 CBR 中设置的允许阈值 ε 进行比较，如果全局相似度的值大于或等于允许阈值，即 $\mathrm{sim}(URD_i, URD_0) \geqslant \varepsilon$，这意味着可以直接重用或修改历史案例后直接生成再制造升级设计方案。

2.3.3.3　再制造升级方案决策技术

随着技术和客户偏好的快速变化，废旧装备的功能过时给再制造带来了极大的挑战。升级再制造是解决功能过时问题的一种潜在解决方案。功能单元的多属性剩余寿命和定制寿命是升级再制造方案决策的关键要素，但多属性剩余寿命和定制寿命存在许多可能的场景。最优解决方案因场景不同而不同，这使得功能升级再制造的最优方案决策变得非常复杂。选择合适的决策方法是制定最优再制造升级方案的关键，再制造升级的解决方案选项为｛删除功能，替换功能，保留功能，添加功能｝，最优解决方案是充分利用剩余潜力和满足客户需求的最佳方式。然而，传统的决策方法高度依赖于人员经验，其知识重用率较低，难以保证效率和质量。同时，再制造升级方案决策也涉及许多因素和数据，这使得方案决策非常个性化和复杂。与传统的决策方法相比，数据驱动决策方法是由数据而不是经验来支持的，并且对决策者的知识和经验的要求较低。因此，可采用数据驱动的再制造升级方案决策方法来提高工作效率和可靠性，具体实施过程如下。

（1）功能单元分析

该功能单元由一系列的零部件组合来实现一个特定的功能，可运用多层次复杂度网络理论对装备进行功能单元分解，主要依据功能效应和工作原理进行逐级分解。功能效应是输入流与输出流之间的关系，工作原理与功能效应之间存在客观规则。首先，将所使用的产品分解为几个功能系统，然后根据涡流等工作原理将功能系统分解为几个功能单元，如果所使用的装备只有一个功能系统，则根据工作原理直接分解为功能单元。将功能单元作为升级再制造的决策对象，各功能单元可以根据其实际情况调整不同的升级再制造解决方案，所使用产品的升级再制造方案由所有功能单元的解决方案组成。

（2）功能单元的多属性寿命定制场景确定

一个功能单元的多属性剩余寿命包括物理寿命、经济寿命和技术寿命。多属性剩余寿命和定制寿命构成了功能单元的多属性寿命定制场景，对多属性剩余寿命评价是多属性寿命定制场景识别的基础，评价过程如下。

① 功能单元的剩余物理寿命 I_1 可计算为：

$$I_1=I_M-I_A \tag{2-57}$$

式中，I_M 是功能单元的平均物理寿命，可以通过威布尔模型进行估计；I_A 是功能单元的实际使用寿命。

$$I_M=\eta\Gamma\left(\frac{\beta+1}{\beta}\right) \tag{2-58}$$

$$\Gamma(x)=\int_{u=0}^{\infty}u^{x-1}\exp(-u)\mathrm{d}u \tag{2-59}$$

$$R(t)=\exp\left[-\left(\frac{t}{\eta}\right)^{\beta}\right] \tag{2-60}$$

式中，η 为尺寸参数；β 为形状参数；$R(t)$ 为可靠性。

功能单元平均物理寿命随着服役条件的不同发生变化，可用神经网络、支持向量机等智能算法建立物理寿命的预测模型。预测模型的输入层是功能单元的历史服役条件数据，输出层是特定条件下功能单元实际服役寿命。

② 功能单元的剩余技术寿命 I_2 可计算为：

$$I_2=I_L-I_A \tag{2-61}$$

式中，I_L 表示功能单元的技术寿命，可以通过产品技术增长曲线模型进行估算。采用马尔可夫预测方法对功能单元的稳态市场份额 p 进行预测。根据产品技术增长曲线模型，通过稳态市场份额 p 得到功能单元的增长和变化时间 t。波尔曲线是一种描述事物的增长和变化的曲线，它的计算模型如下：

$$p=\frac{L}{1+a\mathrm{e}^{-bt}} \tag{2-62}$$

式中，p 为市场份额；a 表示一个常数；L 为函数增长的上限；b 为决定曲线斜率的形状参数；t 为预测参数的值。通过求导运算可得预测参数 t 的计算公式：

$$t=\frac{1}{b}\left[\ln a-\ln\left(\frac{L}{p}-1\right)\right] \tag{2-63}$$

式中，t 约等于功能单元的技术寿命 I_L。

③ 功能单元的剩余经济寿命 I_3 可计算为：

$$I_3=I_E-I_A \tag{2-64}$$

式中，I_E 表示可用最低年平均成本法估算的功能单元经济寿命。

$$AC_{(z)}=\frac{\sum_{j=1}^{z}C_j+V_0-V_z}{z} \tag{2-65}$$

式中，z 为功能单元的使用时间；V_0 为功能单元的初始值；V_z 为功能单元在 z 结尾的剩余值；C_j 为功能单元的年运行成本；$AC_{(z)}$ 是功能单元在 z 年中的平均总运营成本。当 $AC_{(z)}$ 最小时，z 的值是功能单元的经济寿命 I_E。

根据木桶效应，功能单元的剩余利用潜力取决于多属性剩余寿命的最小值。升级再制造是一个最大化有效剩余寿命并满足个人需求的过程。因此，在升级再制造决策过程中，应综合考虑功能单元剩余的多属性寿命和客户定制寿命。剩余物理寿命 I_1、剩余技术寿命 I_2、剩余经济寿命 I_3 与功能单元的定制寿命 R_0 之间的关系构成了多属性寿命定制场景。假设 Q 是定制场景中的一种，以及场景集合 $QR=\{Q_1,Q_2,\cdots,Q_n\}$，根据上述 4 个参数的排列组合，$n=\mathrm{C}_4^1\mathrm{C}_3^1\mathrm{C}_2^1\mathrm{C}_1^1=24$，这意味着一共有 24 种定制场景，可用公式表示为：

$$QR=\begin{cases} Q_1:I_1<I_2<I_3<R_0 \\ Q_2:I_1<I_3<I_2<R_0 \\ Q_3:I_1<R_0<I_3<I_2 \\ \vdots \\ Q_{24}:R_0<I_3<I_2<I_1 \end{cases} \tag{2-66}$$

(3) 再制造升级方案决策

多属性剩余寿命存在很大的不确定性，且客户需求高度个性化，不同的用户、场合和目的可能会导致对升级再制造的需求不同。基于多属性寿命定制场景的功能单元升级再制造可以实现双向定制：一是适应客户个性化、多样化的定制需求，二是充分利用功能单元剩余潜力。再制造升级决策选项为｛删除功能，替换功能，保留功能，添加功能｝。在装备首次使用后，对功能单元进行多属性寿命定制的可能性很多，通过科学决策方法可以确定最优的解决方案。通过发现多属性寿命定制场景与再制造升级决策行为之间的映射，并运用智能技术可形成一种有效的决策方法。

再制造升级方案决策是在多属性寿命定制场景下选择最优解的过程，以 $QR=\{Q_1,Q_2,\cdots,Q_{24}\}$ 作为输入，再制造升级方案解集｛删除功能，替换功能，保留功能，添加功能｝作为输出。决策方法是选择最优方案的关键，然而，传统的决策方法高度依赖于人员经验，知识重用率较低。为了解决这个问题，可采用基于贝叶斯网络的再制造升级方案决策方法，具体过程如下。

① 决策变量映射模型构建。

贝叶斯网络是在不确定性条件下进行决策的实用工具。与其他方法相比，贝叶斯网络可以用图的形式直观地表达知识，且变量之间的依赖关系以网络结构形式呈现。它具有节点可见性强、自学习能力强、推理能力强以及能够挖掘数据之间潜在关系的优点。因此，可采用贝叶斯网络对再制造升级方案进行决策。

一个有向无环图和一个条件概率表构成了一个集成的贝叶斯网络。在有向无环图中，节点表示随机变量 $X=\{X_1,X_2,\cdots,X_n\}$，父节点影响其子节点，条件概率表中的概率值表示子节点对父节点的依赖程度。贝叶斯网络的构建可分为三个步骤：a. 确定变量节点；b. 确定基于训练样本的有向无环图和条件概率表；c. 选择合适的推理方法。

在再制造升级方案决策中，$F=\{F_{\mathrm{D}},F_{\mathrm{R}},F_{\mathrm{K}},F_{\mathrm{A}}\}$ 表示功能单元的所有决策选项，F_{D} 表示要删除的功能，F_{R} 表示要替换的功能，F_{K} 表示要保留的功能，F_{A} 表示要添加的功能。通过样本训练得到贝叶斯定理的条件概率表，并计算出不同场景下各决策属性的条件概率。如果所有的特征属性条件都是独立的，则计算方法如下：

$$P(F_{\mathrm{D}}|Q_i)=\frac{P(Q_i|F_{\mathrm{D}})P(F_{\mathrm{D}})}{P(Q_i)},\quad i=1,2,\cdots,24 \tag{2-67}$$

$$P(F_{\mathrm{R}}|Q_i)=\frac{P(Q_i|F_{\mathrm{R}})P(F_{\mathrm{R}})}{P(Q_i)},\quad i=1,2,\cdots,24 \tag{2-68}$$

$$P(F_{\mathrm{K}}|Q_i)=\frac{P(Q_i|F_{\mathrm{K}})P(F_{\mathrm{K}})}{P(Q_i)},\quad i=1,2,\cdots,24 \tag{2-69}$$

$$P(F_A|Q_i)=\frac{P(Q_i|F_A)P(F_A)}{P(Q_i)},\quad i=1,2,\cdots,24 \tag{2-70}$$

$$P(F_x|Q_i)=\max\{P(F_D|Q_i),P(F_R|Q_i),P(F_K|Q_i),P(F_A|Q_i)\} \tag{2-71}$$

F_x 表示以最大后验概率的决策方案作为最优解。

② 贝叶斯网络结构和参数。

基于大量收集和过滤的历史数据，通过数据挖掘确定贝叶斯网络的结构和参数。贝叶斯网络的特点是可根据新数据不断更新。在多属性寿命定制场景下推导再制造升级方案解的概率，并以后验概率值最大的解作为最优解。

将有效的历史样本分为训练样本和测试样本，计算训练样本中各函数解对应的不同场景概率，并采用最大似然估计方法对贝叶斯网络的参数进行估计。给定一个概率分布，f 是概率密度函数，θ 是一个分布参数，从该分布中提取一个样本 $X=\{X_1,X_2,\cdots,X_n\}$，然后用函数 f 计算其概率：

$$P(X_1,X_2,\cdots,X_n)=f(X_1,X_2,\cdots,X_n|\theta) \tag{2-72}$$

似然函数计算公式为：

$$L(\theta)=\prod_{i=1}^{n}P(X_i;\theta) \tag{2-73}$$

对式(2-73) 双边取对数可得：

$$\ln L(\theta)=\sum_{i=1}^{n}\ln P(X_i;\theta) \tag{2-74}$$

将 θ 代入上述公式中，可以得到最大概率。通过这种最大似然估计方法可确定贝叶斯网络的参数。在确定结构和参数后，可构造一个完整的贝叶斯网络，并将其应用于再制造升级方案决策。

③ 基于贝叶斯网络的决策方法。

基于贝叶斯网络的决策目标是根据与决策问题相关的数据进行方案决策，而不是仅仅基于观察或直觉。它提高了数据和知识的重用率，减少了人员经验和主观倾向的影响，具体过程如下。

步骤 1： 识别和定义决策任务，并使用决策模型来描述决策过程。

步骤 2： 收集和分析与决策任务相关的历史数据，并将数据分为训练样本和测试样本。

步骤 3： 选择合适的学习方法，通过训练样本估计模型参数和结构，并建立决策结果与决策因素之间的映射。

步骤 4： 使用测试样本来验证模型的准确性，将数据输入模型，预测决策结果。

作为一种预测推理，在有新证据的情况下利用构造的贝叶斯网络进行后验概率推断，以再制造升级方案 $F=\{F_D, F_R, F_K, F_A\}$ 为根节点，以多属性寿命定制情景集合 $QR=\{Q_1, Q_2, \cdots, Q_{24}\}$ 为叶节点进行推理。样本训练得到的概率为先验概率，并在叶节点出现时进行更新。利用最大似然估计计算每个根节点的后验概率，并以后验概率最大解作为再制造升级方案的最优解。推理算法在贝叶斯网络中起着重要的作用，目前有多种推理引擎，如联合树推理算法、团树传播推理算法以及蒙特卡洛推理算法等。

2.4 智能再制造设计技术

2.4.1 智能再制造设计概念及技术特点

智能再制造设计是运用大数据、知识工程以及智能算法等智能技术对废旧装备再制造设计过程进行智能分析、生成及决策的过程。主要包括再制造知识集成、再制造需求智能分析、再制造设计方案智能生成、再制造设计方案智能优化及决策等内容。

实施智能再制造设计应用技术主要有以下特点：

① 数据分析技术：基于数据挖掘和数据分析的方法是不同学科中知识发现的有效方法，能够有效处理再制造过程中非结构化以及多源异构数据。例如，再制造过程中的拆解、再加工以及升级等数据，还有客户的再制造性需求数据，这些数据具有维度高、数量大等特点，传统数据分析方法很难处理。因此，需要先进的数据分析技术来挖掘其中的知识和价值。

② 知识重用技术：知识重用的智能技术可以提高再制造设计效率，减轻设计人员的负担。历史设计及再制造过程存在有利于再制造设计的知识，需要将这些过程的数据和信息进行归纳、提取以及规范性表达，形成有利于再制造设计的知识，并形成相应的知识库。同时需要运用人工智能技术检索匹配的设计知识并反馈给设计人员，以实现智能化设计。

③ 虚拟仿真技术：虚拟仿真通过仿真软件真实模拟再制造过程，对再制造设计方案提前预演，如再制造工艺及再制造生产过程；在设计阶段发现方案的缺陷和存在问题，减少再制造过程的资源和成本浪费，有助于提升再制造节能减排的优势。

④ 数字孪生技术：数字孪生可看作现实世界的一面镜子，提供一种模拟、预测和优化再制造系统和过程的方法。数字孪生可以运用孪生数据对物理设计过程进行反馈和迭代优化，从而获得优化设计方案，降低了再制造过程的试错成本。

2.4.2　智能再制造设计流程

智能再制造设计具体流程如图 2-9 所示。

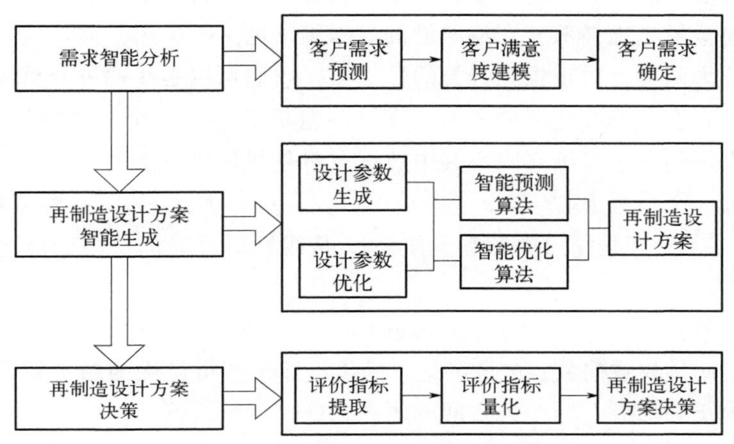

图 2-9　装备智能再制造设计流程

2.4.3　智能再制造设计关键技术

2.4.3.1　客户需求智能分析技术

面向再制造的客户需求主要包含功能升级、性能恢复以及结构改进等，客户需求主要通过市场调研、产品分析以及客户访谈等形式获取，客户在再制造中扮演着重要角色，此外，客户满意度是对客户感知价值的直观衡量。因此，客户满意度被传递到再制造设计的需求预测中。客户满意度是市场营销学中的一个重要概念，它强烈地依赖于客户和制造商之间的关系动态，也直接影响了再制造设计方案。因此，需要运用智能技术对客户需求进行提取和预测。

客户过往需求的单变量时间序列是进行预测的主要基础，客户对再制造产品的需求时间序列表示为数据点的有序序列，即 $y=\{y_1,y_2,\cdots,y_T\}$，且在相同长度的时间步长中，连续点之间的时间间隔称为计划周期。每个点代表一个时间段内的客户需求量，而需求预测的目标是获取未来未知的 y_{T+1}。

再制造设计需求预测主要分为两个部分：客户需求预测和客户满意度建模。具体过程如下。

(1) 客户需求预测

目前有些人工智能技术，如人工神经网络和反向传播神经网络可以处理多输入预测问题，但众所周知，它们都需要大量的样本数据。灰色理论，特别是多变量灰色模型可以解决小样本的预测问题，但不能有效地处理多输入的预测问题。基于统计学习理论的技术，即支持向量机可以有效地处理小样本中的非线性、多维性和局部最小性问题。考虑到支持向量机的优点，可用基于最小二乘支持向量机的客户需求预测方法，应对小样本量和对客户需求的多重影响因素。

支持向量机是选择部分支持向量的数据集来定义一个超平面，其中所有的数据点可以分为两类。对于预先分类的数据点，它们可以是线性可分离或非线性可分离，如果它们是非线性可分离的，支持向量机应该与一个非线性核函数耦合，将数据点投影到一个高维空间，其中数据点将是线性可分离的。

假设有一个数据集 $G=\{(\boldsymbol{x}_i,\boldsymbol{y}_i)\mid i=1,2,\cdots,n\}$，$\boldsymbol{x}_i\in\mathbb{R}^n$ 是输入属性向量，而 $\boldsymbol{y}_i=\{-1,\ +1\}$ 是输出类标签。如果 G 是线性可分离的，则分隔开，即超平面被定义为：

$$f(\boldsymbol{x})=\operatorname{sgn}(\boldsymbol{w}^{\mathrm{T}}-\boldsymbol{x}+\boldsymbol{b}) \tag{2-75}$$

其中，$\boldsymbol{w}$ 是权重向量；$\boldsymbol{b}$ 是偏差。优化目标是获得最优的超平面，可以将数据集划分为正确的类，两个类之间的距离为：

$$\rho(\boldsymbol{w},\boldsymbol{b})=\frac{2}{\|\boldsymbol{w}\|} \tag{2-76}$$

SVM 学习的基本想法是求解能够正确划分训练数据集并且几何间隔最大的分离超平面，因此 SVM 模型的求解最大分离超平面问题又可以表示为以下约束最优化问题，即：

$$\boldsymbol{y}_i(\boldsymbol{w}^{\mathrm{T}}\boldsymbol{x}_i+\boldsymbol{b})\geqslant 1 \tag{2-77}$$

约束问题可以通过拉格朗日松弛算法来解决：

$$L(\boldsymbol{w},\boldsymbol{b},\boldsymbol{\alpha})=\frac{1}{2}\boldsymbol{w}^{\mathrm{T}}\cdot\boldsymbol{w}-\sum_{i=1}^{n}\boldsymbol{\alpha}_i[\boldsymbol{y}_i(\boldsymbol{w}^{\mathrm{T}}\boldsymbol{x}_i-\boldsymbol{b})-1] \tag{2-78}$$

其中，$\boldsymbol{\alpha}=[\boldsymbol{\alpha}_1,\boldsymbol{\alpha}_2,\cdots,\boldsymbol{\alpha}_n]$表示非负的拉格朗日乘子。

$$f(\boldsymbol{x})=\operatorname{sgn}[\boldsymbol{w}^{\mathrm{T}}\varphi(\boldsymbol{x})+\boldsymbol{b}] \tag{2-79}$$

其中，$\varphi(\boldsymbol{x})$ 是一个被称为核函数的非线性映射。实际上，它只需要构建内部产品操作，而不是真正的转换。核函数本质上是一个内积函数 $K(\boldsymbol{x}_i,\boldsymbol{x}_j)$，利用核函数将数据集投影到一个使数据集为线性可分离的高维特征空间中。

预先确定的定量客户满意度的影响因素和最近 N 年的客户需求简化为 N 维数据集 $L=\{(\boldsymbol{x}_k,\boldsymbol{y}_k)\mid k=1,2,\cdots,N\}$，$\boldsymbol{x}_k\in\mathbb{R}^d$ 是第 k 个 d 维的输入样本，$\boldsymbol{y}_k$ 是第 k 个样本。在高维特征空间中建立的线性回归函数为 $f(\boldsymbol{x})=\boldsymbol{w}f(\boldsymbol{x})+\boldsymbol{b}$，则面向再制造的客户需求预测模型表述为：

$$\begin{cases}\min J(\boldsymbol{w},\boldsymbol{e})=\dfrac{1}{2}\boldsymbol{w}^{\mathrm{T}}\cdot\boldsymbol{w}+\dfrac{1}{2}\lambda\displaystyle\sum_{k=1}^{N}\boldsymbol{e}_k^2\\ \text{s. t.}\quad \boldsymbol{y}_k=\boldsymbol{w}^{\mathrm{T}}\varphi(\boldsymbol{x}_k)+\boldsymbol{b}+\boldsymbol{e}_k\end{cases} \tag{2-80}$$

其中，λ 为归一化参数，可以有效地平衡训练公差和复杂性，从而提高其泛化能力；$\boldsymbol{e}_k$ 是误差变量。最终的预测模型在 Karush-Kuhn-Tucker 最优条件下生成为：

$$\boldsymbol{y}_k=\sum_{k=1}^{N}\boldsymbol{\alpha}_k K(\boldsymbol{x}\cdot\boldsymbol{x}_k)+\boldsymbol{b} \tag{2-81}$$

其中，$\boldsymbol{\alpha}_k$ 为拉格朗日乘子；$K(\boldsymbol{x}\cdot\boldsymbol{x}_k)$ 为满足 Mercer 条件的核函数。径向基的函数为：

$$K(\boldsymbol{x}\cdot\boldsymbol{x}_k)=\mathrm{e}^{-\frac{\|x-x_k\|^2}{\sigma^2}} \tag{2-82}$$

径向基被选择为核函数，通常认为该函数是最适合预测的。使用 LSSVM 的预测过程如下：

① 选择输入和输出的样本数据集，实现数据归一化。

② 选择核主成分分析的核函数，设置核函数的参数，绘制输入数据集的线性特征，选择 m 个数据集作为训练集，其中左侧 n 个数据集作为测试集，一般来说，m/n 在［80%，95%］区间内。

③ 初始化 LSSVM 的核函数，利用训练集中的数据集对样本进行训练，通过交叉验证得到最优的模型参数。

④ 根据所获模型建立客户需求与客户满意度之间的关系。

(2) 客户满意度建模

客户满意度是一种结构模型，客户满意度来自装备功能、外观和性能等因素，结构方程模型被用来表示客户满意度的影响因素及其之间的关系，由于其在关注结构层面上的优势，它比其他统计方法更灵活。在结构方程模型里有两种变量，分别是外部变量和内部变量，它们也分别被称为因变量和自变量。结构方程模型由两种类型的模型构成：测量模型和结构模型。前者表示指定内部变量如何聚集在一起来表示外部变量的理论，而后者表示显示结构如何与其他结构相关的理论。

客户购买有形产品和无形服务作为附件，以维持产品的效用。与传统制造的装备相似，功能是影响客户满意度的主要因素，反映了再制造产品的质量能否满足客户需求。客户通过产品性能来评估功能。因此，相互关联的三个维度——性能、结构和可靠性，同时影响客户满意度，且它们可能相互影响。如果再制造产品在功能上优越，其服役和市场行为将是优秀的，这可能导致较高的客户满意度。如果客户满意度高，客户会对产品忠诚，否则客户会抱怨产品。考虑到上述讨论，采用结构方程模型建立再制造设计方案的客户满意度模型，具体如下：

$$\begin{cases} \boldsymbol{x}=\boldsymbol{\Lambda}_x \boldsymbol{\xi} + \boldsymbol{\delta} \\ \boldsymbol{y}=\boldsymbol{\Lambda}_y \boldsymbol{\eta}+\boldsymbol{\varepsilon} \\ \boldsymbol{\eta}=\boldsymbol{B}_\eta+\boldsymbol{\Gamma}\boldsymbol{\xi}+\boldsymbol{\xi} \end{cases} \tag{2-83}$$

式中，方程 $\boldsymbol{x}$ 和 $\boldsymbol{y}$ 是测量模型，方程 $\boldsymbol{\eta}$ 是结构模型。其中 $\boldsymbol{x}$ 为外生观测变量；$\boldsymbol{\xi}$ 为外生潜变量向量；$\boldsymbol{\delta}$ 是 $\boldsymbol{x}$ 的误差项；$\boldsymbol{\Lambda}_x$ 是 $\boldsymbol{x}$ 的分量矩阵；$\boldsymbol{y}$ 是内源观测变量；$\boldsymbol{\eta}$ 是内源潜变量向量；$\boldsymbol{\varepsilon}$ 是 $\boldsymbol{y}$ 的误差项；$\boldsymbol{\Lambda}_y$ 是 $\boldsymbol{y}$ 的分量矩阵；$\boldsymbol{B}_\eta$ 是 $\boldsymbol{\eta}$ 中的关系；$\boldsymbol{\Gamma}$ 是 $\boldsymbol{x}$ 对 $\boldsymbol{y}$ 的影响。

虽然结构方程模型可以处理测量误差，并表示潜在变量之间的结构关系，但求解过程是基于假设观测变量服从正态分布的协方差矩阵。此外，这一假设与实际的客户满意度调查相冲突，即因变量满意度的分布总是偏态、双峰或三峰。为了解决这个问题，在求解过程中引入了偏最小二乘，因为它允许观测变量和潜在变量的分布是非正态的。首先，利用具有相同权重的相关观测变量建立潜在变量的值赋值，并由潜在变量和观测变量的初始值构造初始路径系数和因子负荷系数。然后，回归上述过程，直到路径系数稳定。

2.4.3.2 关键设计参数智能生成

(1) 关键设计参数提取

与新产品相比，再制造装备的设计需求来源于客户需求及自身废旧毛坯失效特征两个方面。为提取面向寿命定制的再制造装备关键设计参数，首先应考虑再制造装备设计需求的特点，分析客户需求和自身废旧毛坯失效特征的具体内容；其次，借鉴上述质量功能展开（QFD）和面向失效特征的可靠性功能配置（RFD），建立客户需求和失效特征所对应的技术特征指标集；最后，对技术特征指标所关联的设计参数进行重要度量化评估，提取出关键设计参数。具体内容如下。

① 分析客户需求与失效特征。

在客户需求的分析方面，以质量屋中对需求的瀑布式分解方式，将客户需求信息依据再制造装备的安全性、功能、外观及操作需求等进行分类；在失效特征分析方面，基于产品故障树分析法，分析多级功能失效模式对应的关键零部件失效特征，获得废旧装备零部件的失效形式与程度信息。

② 建立客户需求和失效特征所对应的技术特征指标集。

为得到客户需求对应的技术特征，借鉴质量功能展开方法，从产品的功能角度出发，对客户需求进行分解，并将客户需求转换成相对应的技术特征；为得到失效特征对应的技术特征，基于废旧零部件失效形式和失效程度，采用面向失效特征的可靠性功能配置（RFD）方法，得到失效特征对应的技术特征。将客户需求和失效特征所对应的技术特征列为一个数据集，记为 $Q=\{w_i, n_j\}$。其中，

w_i 为第 i 个客户需求对应的技术特征，n_j 为第 j 个失效特征对应的技术特征。

③ 评估与提取关键设计参数。

基于再制造设计客户需求与自身废旧毛坯失效特征对再制造设计参数的双重影响分析，建立客户需求和失效特征所对应技术特征的相互关系矩阵，记矩阵为 $\boldsymbol{R}=[r_{ij}]$。其中，r_{ij} 为上述 w_i 与 n_j 之间的相互关联程度。以专家打分法对该关联程度进行打分，将关联程度量化后填入相互关系矩阵中，由此得相互关系矩阵为：

$$\boldsymbol{R}=\begin{bmatrix} r_{11} & \cdots & r_{1j} \\ \vdots & \ddots & \vdots \\ r_{i1} & \cdots & r_{ij} \end{bmatrix} \tag{2-84}$$

对上述技术特征进行量化分析，得到对应的再制造设计参数，在此基础上计算得到再制造装备设计参数权重，记设计参数重要程度为 m_j（m_j 为第 j 个关键设计参数的绝对权重），取用上述相互关系矩阵中的关联程度量化数据，得出 m_j 的取值。其获取方式如下：

$$R_{ij}=\frac{r_{ij}}{\sum\limits_{i=1}^{n} r_{ij}};\quad m_{ij}=\sum_{i=1}^{n} w_i \times R_{ij} \tag{2-85}$$

由此得到权重系数行矩阵为 $[m_1 \quad \cdots \quad m_j]$，该矩阵记录了各设计参数在废旧装备再制造过程中的重要程度，以各设计参数的重要程度进行排序得到关键设计参数。

（2）关键设计参数生成

① 神经网络寿命预测模型。

由于各设计参数组合的多样性，不同的设计参数方案会导致再制造装备具有不同的寿命，其中装备寿命作为衡量再制造产品设计质量的重要指标，与不同设计性能参数的组合形成了非线性的复杂耦合关系。为得到寿命定制设计层中再制造设计参数，在再制造设计过程中以寿命定制策略为导向，基于 BP 神经网络在参数预测模型中的适用性及果蝇优化算法在参数优化中的寻优特点，建立寿命定制设计屋的再制造设计参数优化方法。

在该设计参数优化方法中，首先使用 BP 神经网络算法寻找再制造装备设计过程中的设计参数与寿命之间的关联关系。该神经网络输入层为再制造装备设计性能参数，输出层为再制造装备寿命，其网络示意图如图 2-10 所示。以关键设计参数的权重系数作为输入层数据初始化的权重参数，所有神经元采用的激活函数均为 Sigmoid 函数：$f(x)=\dfrac{1}{1-\mathrm{e}^{-x}}$。相较于其他激活函数，Sigmoid 函数为一种连续的神经元输出函数，具有非线性和处处可导的数学特性，反映了神经元非线性输出特性，对于处理复杂多样的再制造装备设计参数与寿命数据样本具有很好的适用性。

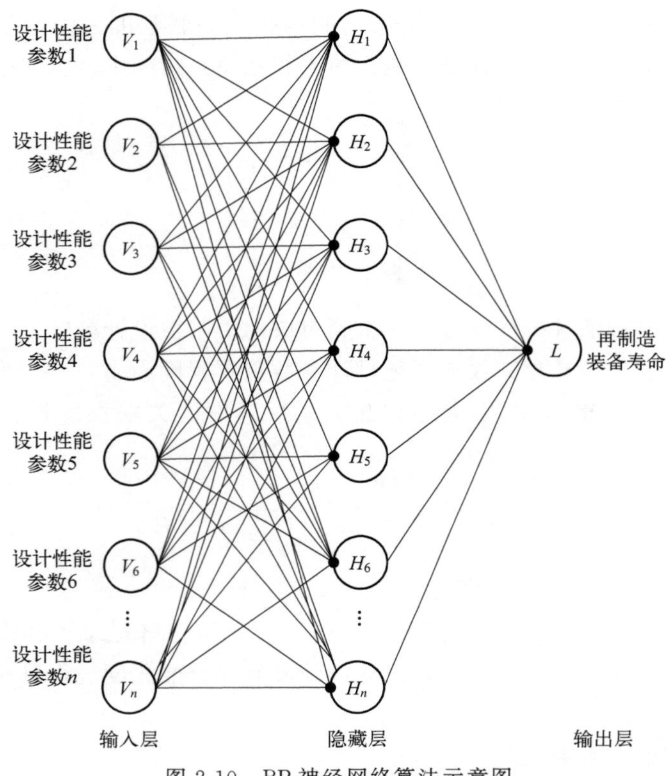

图 2-10　BP 神经网络算法示意图

② 关键设计参数识别生成。

在完成对再制造装备设计参数与寿命之间的关联关系处理后，以该 BP 神经网络训练完成的模型作为适应度函数，代入果蝇优化算法（Fruit Fly Optimization Algorithm，FOA）中。该算法的基本步骤包括随机选定初始果蝇的群体位置、随机化群体中果蝇个体的位置、估计果蝇个体位置与目标值位置并进行对比、选取果蝇种群中最优取值代替群体位置，不断迭代直至输出优化目标值。在该优化方法中，以再制造装备定制寿命为优化目标，以市场新品设计参数确定的设计极限为约束，通过调节算法中的种群规模和迭代次数，以 BP 神经网络模型得到的再制造产品设计参数与寿命之间的关系为优化对象，最后采用神经网络-果蝇优化算法（BP-FOA）将最接近定制寿命的再制造关键设计参数作为最优解输出。再制造关键设计参数识别流程如图 2-11 所示。

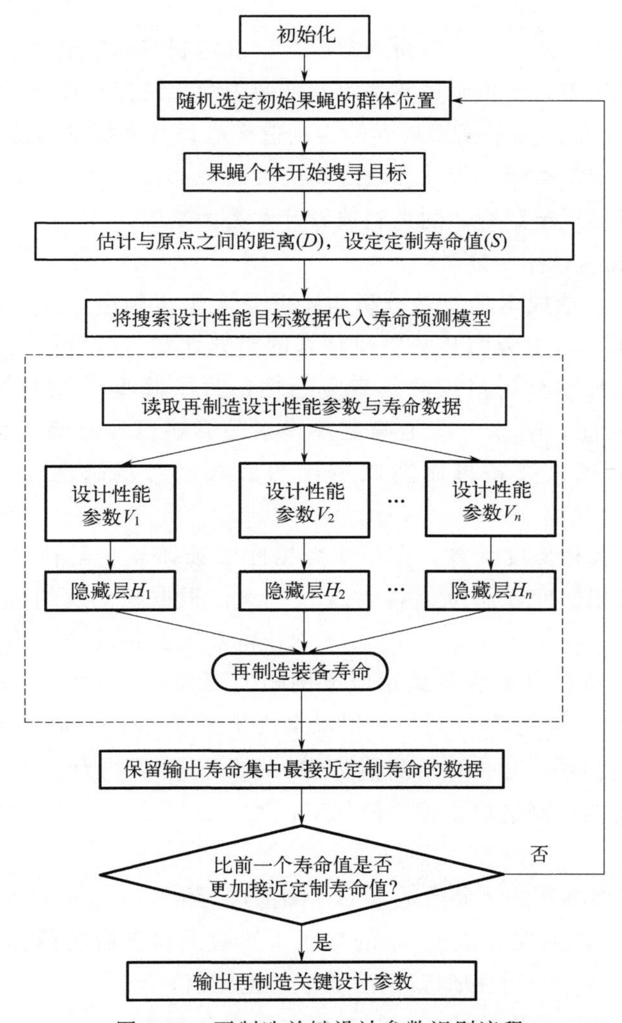

图 2-11　再制造关键设计参数识别流程

(3) 基于寿命定制的智能再制造设计模型

在当前再制造装备设计参数生成方面的研究中，考虑了寿命在再制造设计过程中的导向作用，但尚未建立再制造装备设计参数与产品寿命及再制造成本之间的寻优关系，造成面向寿命定制的废旧装备再制造设计参数仍缺少有效的求解模型支持。因此，为了更好地制定最优的再制造设计方案，基于客户需求和失效特征两大需求指标进行废旧装备再制造设计方案中设计参数的优化，以最优定制寿命和最优再制造成本为优化目标构建再制造装备优化设计模型，再联合神经网络与 NSGA2 算法，建立 BP-NSGA2 算法进行优化求解，从而获得最优的废旧装备再制造设计方案。

① 定制寿命。

以市面同类产品最优设计寿命为参照，设置定制寿命数值。在该再制造装备设计参数优化方法中，以再制造装备定制寿命为优化目标，通过调节种群规模和迭代次数，以BP神经网络模型得到的再制造产品设计参数与寿命之间的关系为优化对象，以该定制寿命与设计参数之间的关联关系作为NSGA2算法的适应度函数，为输出最接近定制寿命的再制造设计参数做基础。

② 再制造成本目标函数。

废旧装备再制造成本的有效分析与预测是实施再制造设计的前提和获得再制造利润的保障。由于废旧装备服役状态的差异性和失效特征的多样性，导致废旧装备再制造成本分析与预测具有复杂性，为了降低废旧机械装备再制造成本预测的复杂性，消除一些不确定性因素的影响以及提高预测的准确性和速度，确定废旧机械装备再制造成本预测公式，对再制造设计的优化尤为重要。

根据机械装备相似度计算，在历史数据库中选择 n 个与待估机械装备相似的案例，它们的相似度分别为 $a_i, i=1,2,\cdots,n$，根据相似度的大小，将相似案例进行先后排序，则 a_1，a_2，…，a_n 所对应的相似案例的成本为 E_1，E_2，…，E_n。就是说，与待估机械装备最相似案例相似度为 a_1，成本为 E_1，次相似案例相似度为 a_2，成本为 E_2，则最不相似案例相似度为 a_n，成本为 E_n。假如第 i 个相似案例的再制造成本的预测值为 E_i^*，其预测误差为（$E_i-E_i^*$），则第 $i-1$ 个相似装备的再制造成本预测值如下：

$$E_{i-1}^*=E_i^*+a_i(E_i-E_i^*) \tag{2-86}$$

对第 i 个相似案例的再制造成本的预测值进行修正，修正的方法是加上预测误差（$E_i-E_i^*$）与对应相似度 a_i 的乘积，然后把修正后的值作为待估再制造成本的机械装备第 $i-1$ 个相似案例的成本的预测值。

以此类推，则废旧机械装备再制造成本预测公式为：

$$e=\lambda\left[a_1E_1+\cdots+a_sE_s\prod_{i=1}(1-a_i)+\cdots+a_nE_n\prod_{i=1}^{n-1}(1-a_i)+\frac{\prod_{i=1}^{n-1}(1-a_i)\times\prod_{i=1}^{n}a_iE_i}{n}\right] \tag{2-87}$$

其中，e 为废旧机械装备再制造预测成本；λ 为调整系数。

确定废旧装备再制造成本预测公式，可以以此衡量再制造设计方案的优劣，并选择最优设计。然而，对于设计需求差异较大的废旧产品再制造方案，以再制造成本预测公式作为再制造优化设计方案求解算法的适应度函数，仍然需要配合定制寿命一同作为优化的约束目标，完成再制造装备设计的优化。

③ 再制造设计参数优化模型。

首先提出了基于寿命定制的再制造优化设计模型，以再制造装备的定制寿命与再制造成本为优化目标，对模型与参数进行定义，接着提出基于寿命定制的再制造优化设计算法，联合神经网络与 NSGA2 算法，建立 BP-NSGA2 算法对再制造装备的设计参数进行多目标优化，模型如图 2-12 所示。

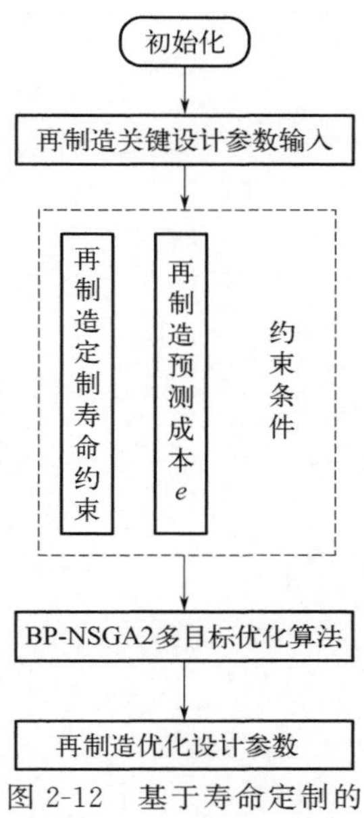

图 2-12　基于寿命定制的再制造优化设计模型

在进行再制造设计参数优化时，不同的设计参数方案会导致再制造装备具有不同的寿命，其中装备寿命作为衡量再制造产品设计质量的重要指标，与设计性能参数形成了映射关系。为得到寿命定制设计层中再制造设计参数，在再制造设计过程中以寿命定制策略为导向，基于 BP 神经网络在参数预测模型中的适用性及 NSGA2 算法在参数优化中的寻优特点，以定制寿命和成本为优化约束，建立寿命定制设计层的再制造设计参数优化方法。

基于寿命定制的再制造优化设计方法流程如下：首先，读入再制造装备关键设计参数集与其相关寿命数据，随机产生规模为 P_0 的初始种群，并设置最大迭代次数，以再制造成本预测公式和 BP 神经网络搜寻的设计参数与寿命间的预测关系作为优化算法中的适应度函数，设置定制寿命与成本参数值作为寻优目标值；然后，经非支配排序后通过遗传算法的选择、交叉、变异三个基本操作得到第一代子代种群 Q；其次，从第二代开始，将父代种群与子代种群合并，进行快速非支配排序，同时对每个非支配层中的个体进行拥挤度计算，根据非支配关系以及个体的拥挤度选取合适的个体组成新的父代种群，同时对非可行解进行修正；最后，通过遗传算法的基本操作产生新的子代种群。依此类推，直到满足程序结束的条件，由此建立的 BP-NSGA2 优化算法流程如图 2-13 所示。

2.4.3.3　再制造设计方案智能决策

再制造设计是根据再制造需求及废旧装备质量状况进行再制造方案制定的过程，面向再制造的方案决策容易受设计者主观偏好、经验等主观因素的影响，导致不合理决策设计方案。为了客观地得到面向再制造的最优设计方案，本节提出一种去主观的混合多属性决策方法以克服设计过程中主观因素的影响。首先，通过物元理论表征设计特征与需求信息，结合设计准则得到初步设计方案；接着，建立考虑技术、经济和环境因素的评价指标体系，采用熵权法和模糊集通过多属

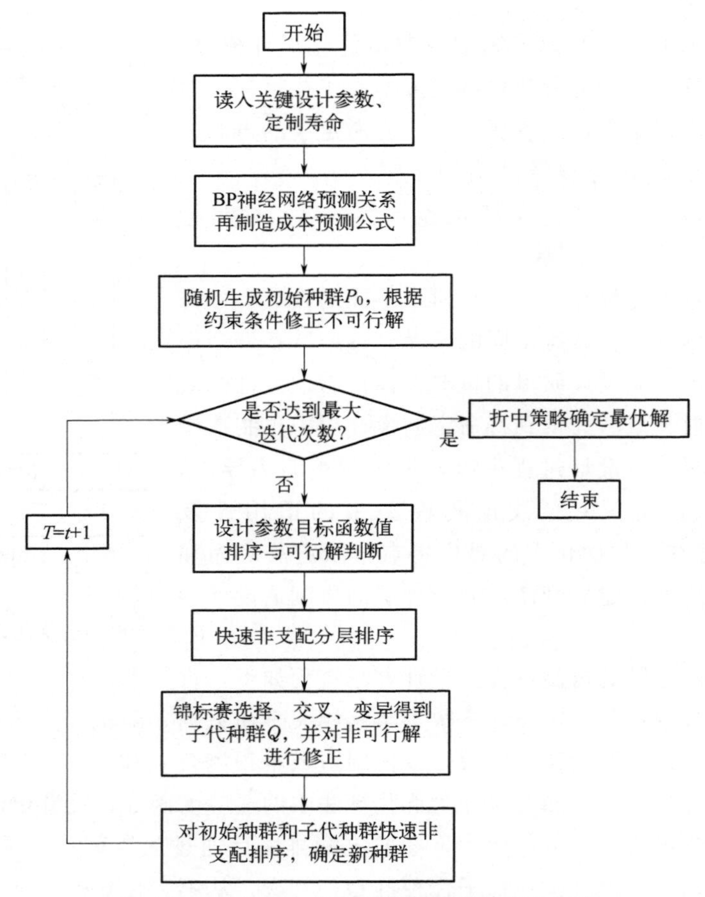

图 2-13　基于寿命定制的再制造设计方法流程

性决策得到最优设计方案。

(1) 设计决策框架

面向再制造设计方案的去主观混合多属性决策过程集成了面向再制造的设计过程与多属性决策过程，首先是通过基本设计过程得到候选方案，然后构建评价指标体系并采用决策方法选出最优设计方案，该过程如图 2-14 所示。

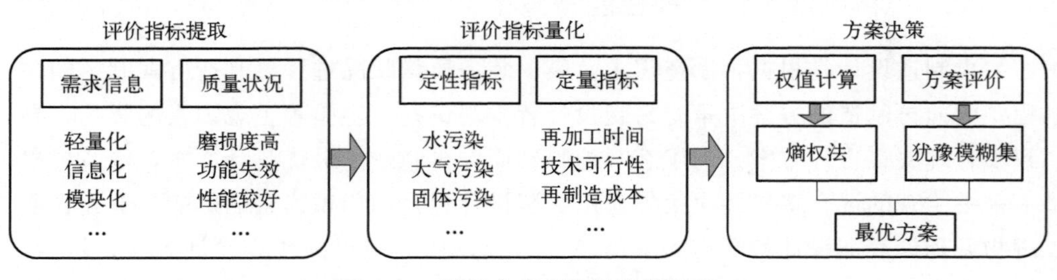

图 2-14　设计方案多属性决策框架

以上框架由 3 个设计阶段组成，具体如下。

① 设计初期。

在对机械装备进行设计的初期需要准备基础信息包括设计特征、需求信息和再制造设计准则等，其中设计特征指产品基本物理信息，如尺寸、材料、外形等，需求信息指顾客对产品的要求、研发机构相关指标要求和公司设计要求等，以上信息通过物元理论进行表征，结合面向再制造的设计准则，转化为机械产品具体设计要求。

② 设计中期。

根据设计初期得到的具体设计要求，基于产品原始方案，在功能升级、结构优化、性能提升和参数调整等维度获得再制造设计候选方案。

③ 设计后期。

基于机械产品设计候选方案，建立技术性、经济性和环境性评价指标体系，采用混合熵权法和模糊集方法对候选方案进行多属性决策，其中熵权法克服设计者的主观偏好与经验，模糊集确保面向再制造的设计方案在不确定性允许范围的可靠程度。

在机械装备面向再制造设计初期需要准备相关信息，接着采用物元理论以矩阵的形式表征面向再制造的设计特征与需求信息，结合设计准则，辅助设计者开展面向再制造的机械装备设计活动。

a. 信息表征。机械装备信息包括结构、形状、材料和参数等多方面的信息，为使所收集的信息易于展示和操作，采用物元理论对信息进行定性和定量描述。

b. 设计准则。再制造设计是让废旧装备在市场上具有竞争力，在性能、价格以及外观上都能与新装备媲美甚至超越新品，因此，再制造设计准则需要考虑再制造装备性能、结构以及成本等指标，具体如表 2-2 所示。

表 2-2　再制造设计准则

设计准则	设计准则描述
装备服役性能	再制造装备性能不能低于新品性能
装备外观	装备外观需符合市场主流
装备内部结构	装备内部结构轻量化且易于拆解和装配
装备再加工可行性	再加工技术易于实施且周期短
再制造成本	再制造成本不宜过高,让企业有利可图

(2) 评价指标体系构建

多属性决策首要步骤是构建评价指标体系，决策方案与资源消耗、环境影响和技术可行性等多方面因素相关，以机械装备为设计对象，建立技术性、经济性和环境性指标。

① 技术性指标。

机械装备的技术性指标主要体现在机械装备生产运行过程中的稳定性和可靠性，与企业经济效益直接关联。机械装备可靠性依赖于关键零部件的最低可靠性，采用威布尔分布模型获取关键零部件的可靠程度，公式如下：

$$T=R(t)=\exp\left[-\left(\frac{t-\alpha}{\delta}\right)^{\varphi}\right],\quad t>\alpha;\delta>0;\varphi>0 \tag{2-88}$$

式中，$R(t)$ 表示零部件的可靠性；t 表示关键零部件的运行时间；α、δ、φ 分别表示零部件的位置参数、尺寸参数和形状参数。

② 经济性指标。

再制造成本主要包含三个部分：再制造过程产生的直接费用、回收过程产生的费用以及再制造间接费用。直接费用是加工废旧产品消耗的一系列费用，回收费用是将废旧产品回收至再制造商所产生的费用，间接费用是废旧产品再制造产生的附加费用，具体计算过程如下：

$$C_R=C_1+C_2+C_3 \tag{2-89}$$

式中，C_R 表示总的再制造成本；C_1 表示废旧装备回收成本；C_2 表示再制造过程直接费用；C_3 表示再制造间接费用。

$$C_1=C_{11}+C_{12} \tag{2-90}$$

式中，C_{11} 表示运输成本；C_{12} 表示废旧装备购买成本。

$$C_2=C_{21}+C_{22}+C_{23} \tag{2-91}$$

式中，C_{21} 表示再制造各阶段所产生的费用，如清洗费用、拆解费用以及再加工费用等；C_{22} 表示购买新零部件所产生的费用，如购置数控模块等；C_{23} 表示废旧装备再制造加工过程对材料的消耗费用，如增材制造过程中材料的消耗。

$$C_3=C_{31}+C_{32}+C_{33}+C_{34} \tag{2-92}$$

式中，C_{31} 表示再制造装备的税费；C_{32} 表示再制造装备的经营和管理费用；C_{33} 表示再制造装备的广告和宣传费用；C_{34} 表示再制造装备的其他费用。

当再制造装备的成本低于新品且能保证具有相同性能时，消费者才会选择购买再制造产品，且能让再制造商有利可图。假设 p 为再制造装备的价格，为新品价格的 50%且具有相同的性能时，则 p 与 C_R 的关系可表示为：

$$C_R=\mu_r p \tag{2-93}$$

式中，$\mu_r<1$ 时，代表再制造商有利可图，废旧装备的再制造经济性较好；当 $\mu_r\geqslant 1$ 时，再制造商没有利润空间，即废旧装备没有再制造的价值。

③ 环境性指标。

面向再制造设计的机械装备环境性指标可以从整个再制造过程考虑，建立包括拆卸、清洗、检测、再制造加工和再装配工艺在噪声、有害物质、空气污染、水污染和固体污染方面的环境性评价指标体系。设计者结合生产历史数据，通过德尔菲法获取机械装备面向再制造设计的环境性指标，分值设置为 {1.0,0.8,0.6,0.4,0.2}，该数值对应的环境影响程度语义分别为 {很高，高，中等，低，很低}，然后采用加权求和的方式对环境影响进行综合评价。

(3) 设计方案智能决策

面向再制造设计的去主观混合多属性决策方法主要包括 3 个阶段：第 1 阶段采用熵权法确定每个设计方案中评价指标的权重，第 2 阶段采用模糊集计算每个设计方案的模糊数值，第 3 阶段采用评价函数，通过模糊数值确定最佳设计方案。

① 熵权法。

首先确定设计评价指标熵值，基于概率的熵权公式如下：

$$E_i = -\sum_{j=1}^{n} \frac{x_{ij}}{x_i} \ln \frac{x_{ij}}{x_i} \tag{2-94}$$

式中，E_i 表示第 i 个指标的熵值；x_{ij} 表示第 j 个候选方案中第 i 个指标值的比重；n 表示候选方案的数量。

$$x_i = \sum_{j=1}^{m} x_{ij}, \quad i = 1,2,\cdots,m \tag{2-95}$$

式中，x_i 表示所有方案中第 i 个指标值的比重。

然后确定设计方案熵权集合，基于上述熵值，评价指标熵权可表示为：

$$w_i = \frac{d_i}{\sum_{i=1}^{m} d_i} \tag{2-96}$$

$$d_i = 1 - E_i \tag{2-97}$$

式中，d_i 表示信息偏差度，则各指标权重值 $\boldsymbol{w} = (w_1, w_2, \cdots, w_m)^{\mathrm{T}}$。除了熵权法，德尔菲法也应用于形成评价指标的权重，如下所示：

$$W = \begin{cases} [w_i, w_i'] & w_i < w_i' \\ [w_i] & w_i = w_i'; i = 1,2,\cdots,p \\ [w_i', w_i] & w_i' < w_i \end{cases} \tag{2-98}$$

式中，w_i' 表示从德尔菲法获取的权重，因此综合评价范围可表示如下：

$$W = \{[w_{11}, w_{12}], [w_{21}, w_{22}], \cdots, [w_{i1}, w_{i2}], \cdots, [w_{p1}, w_{p2}]\} \tag{2-99}$$

式中，w_{i1} 和 w_{i2} 分别表示综合评价权重下限和上限。

② 模糊集。

模糊集是一种表示模糊信息的集合，首先需要根据满意度划分目标集合，表示如下。

a. 目标集合划分。

$$S_j=\{h_i\in h\mid x_{ij}>\lambda^{\mathrm{U}}\} \tag{2-100}$$

$$N_j=\{h_i\in h\mid x_{ij}>\lambda^{\mathrm{L}}\} \tag{2-101}$$

$$O_j=\{h_i\in h\mid \lambda^{\mathrm{L}}\leqslant x_{ij}\leqslant\lambda^{\mathrm{U}}\} \tag{2-102}$$

式中，λ^{L} 和 λ^{U} 分别表示决策者可以接受的不满意程度下限和满意程度上限；S_j、N_j 和 O_j 分别表示支持集、中立集和反对集。

b. 权重范围确定。

$$V(x_j)=\{[t_1(x_j),t_2(x_j)],[1-h_2(x_j),1-h_1(x_j)]\} \tag{2-103}$$

$$t(x_j)=[t_1(x_j),t_2(x_j)] \tag{2-104}$$

$$h(x_j)=[h_1(x_j),h_2(x_j)] \tag{2-105}$$

式中，$V(x_j)$ 表示设计方案模糊集，代表决策者对方案的满意程度；$t_1(x_j)$ 和 $t_2(x_j)$ 分别表示支持集中权重的下限之和和上限之和；$h_1(x_j)$ 和 $h_2(x_j)$ 分别表示反对集中权重的下限之和和上限之和。

c. 综合评价函数。结合面向再制造的机械装备设计特征，评价函数表达式如下：

$$EF=t_1(x_j)+t_2(x_j)-[h_1(x_j)+h_2(x_j)] \tag{2-106}$$

式中，EF 表示基于模糊集范围的综合评价函数。

2.5 装备再制造设计技术的典型应用

金属切削车床是生产加工的必备装备，拥有广泛的用途与巨大的保有量。但由于车床在服役过程中导轨、齿轮等零部件容易发生磨损和腐蚀，另外，由于技术更新迭代，普通车床已经无法适应大规模、高精度的生产需求，因此，需要对普通车床进行再制造设计以提高其性能和功能。本节以某型号普通车床为例，对其进行再制造设计。

2.5.1 再制造需求分析

首先，通过在线评论、问卷调查和客户回访收集了 100 份线上需求数据。此外，还使用了五点李克特量表来规范客户需求数据的表达，具体数据如表 2-3 所示。

表 2-3　客户需求数据标准化表达

序号	目标	感性评价	需求程度				
			1	2	3	4	5
1	齿轮表面	光滑					√
2	表面硬度	高				√	
3	数控装置	简易				√	
4	导轨表面	光滑				√	
5	换刀架	自动			√		
6	尾座	自动		√			

为了更方便地处理需求数据，对需求数据进行了编码，如表 2-4 所示。

表 2-4　客户需求数据编码

客户需求编号	齿轮表面光滑	表面硬度硬	数控装置简易	导轨表面光滑	换刀架自动	尾座自动
1	1	1	1	1	0	0
2	0	1	1	0	1	0
3	1	0	0	1	0	1
4	1	1	0	0	1	1
⋮	⋮	⋮	⋮	⋮	⋮	⋮
99	0	1	0	1	1	0
100	1	1	1	0	0	1

为准确识别再制造目标，采用 K-means 聚类算法对客户需求数据进行分类，聚类数设为 4，并采用欧氏距离算法计算需求数据的相似度。聚类结果如图 2-15 所示。

通过对需求数据的解码，客户需求主要集中在四个方面：齿轮表面、表面硬度、数控装置和导轨表面。各需求数据点的数量和权重如表 2-5 所示。然后，将客户需求映射到工程特征，工程目标为齿轮表面修复、表面硬度提高、高度自动化和导轨表面粗糙度改善。此外，车床报废的主要原因是零件故障，其中以导轨磨损和裂纹最为严重，具体情况如图 2-16 所示。

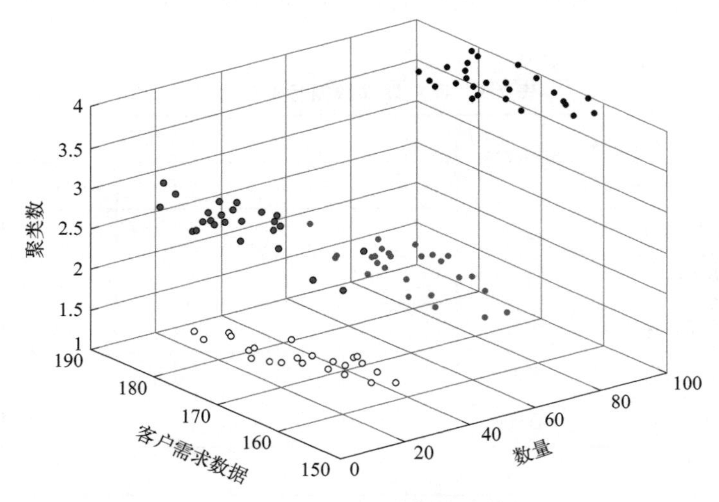

图 2-15　客户需求数据聚类结果

表 2-5　各个需求数据数量和权重

客户需求	齿轮表面	表面硬度	数控装置	导轨表面
数量	22	22	25	26
权重	0.22	0.22	0.25	0.26

表 2-5 列出了四种需求数据的数量，其他少量需求数据未列出。此外，每种需求的权重都是通过与需求总量的比较计算得出的。其中，导轨表面的需求权重最高，导轨主要性能参数包括导轨表面光滑度、表面硬度、表面直线度以及表面刚度等。

根据普通车床的需求数据和故障数据，可以按照再制造类型规则确定再制造方案，即恢复型再制造和升级型再制造。因此，普通车床的再制造方案包括恢复型再制造和升级型再制造。

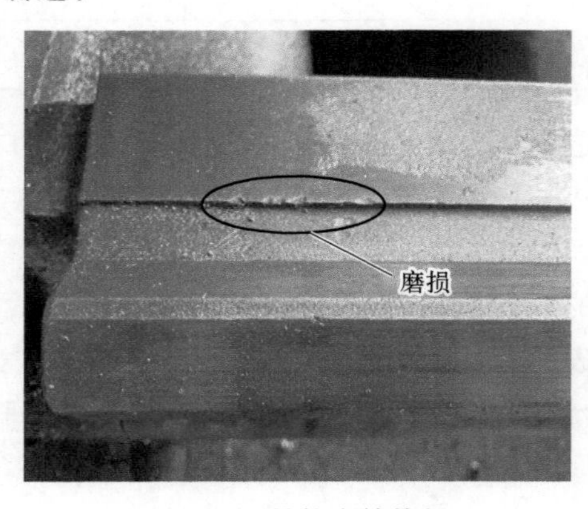

图 2-16　导轨失效特征

2.5.2　再制造方案生成

(1) 车床再制造恢复方案制定

本节主要运用 BPNN 算法进行再制造恢复数据训练和输出。此外，导轨的硬度、直线度和刚度作为 BPNN 的输入参数，再制造工艺方案作为输出数据。首先，将 100 组再制造过程数据分为训练数据集和测试数据集，前 80 组数据用于训练 BPNN，剩余 20 组数据用于测试预测模型，数据分类如表 2-6 所示，对应的 50 个再制造方案如表 2-7 所示。

表 2-6　再制造恢复数据分类

序号	性能需求				失效特征				方案编号
	光滑度/μm	硬度(HRC)	直线度/mm	刚度/(N/μm)	磨损/mm	蠕变/mm^2	断裂/mm	变形/(°)	
	U_1	U_2	U_3	U_4	F_1	F_2	F_3	F_4	
1	0.6	55	0.11	7500	4.1	1.2	2.5	2.4	1
2	0.5	56	0.10	7800	5.6	1.5	3.2	2.7	8
3	0.6	55	0.11	7500	4.1	1.2	2.5	2.4	15
⋮	⋮	⋮	⋮	⋮	⋮	⋮	⋮	⋮	⋮
99	0.6	55	0.11	7500	4.1	1.2	2.5	2.4	48
100	0.6	55	0.11	7500	4.1	1.2	2.5	2.4	36

表 2-7　再制造方案

序号	再制造方案
1	热处理-校直-退火
2	激光熔覆-车削-研磨
3	电弧喷涂-车削-研磨-精细研磨
⋮	……
49	电刷镀-表面处理
50	等离子喷涂-粗磨-精磨

在确定训练样本和测试样本后，需要设置 BPNN 的参数值。隐藏节点数设置为 10，输入节点数设置为 8，输出节点数为 1。因此，BPNN 模型可以选择包含一个隐藏层的 8-10-1 结构。此外，网络迭代次数 M 设为 5000，预期误差 ε 设为 10^{-2}，学习率 η 设为 0.01。训练次数和误差值如图 2-17 所示。实际输出值与预测输出值的比较如图 2-18 所示。

从图 2-17 和图 2-18 可以看出，当训练达到 259 步时，误差达到 10^{-2}，满足网络设置要求。对于再制造方案的求解，前四项为性能需求输入，后四项为

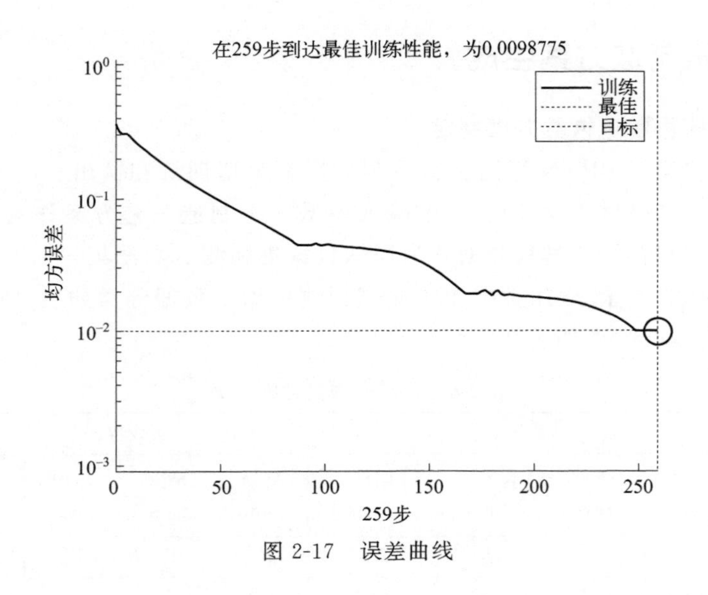

图 2-17 误差曲线

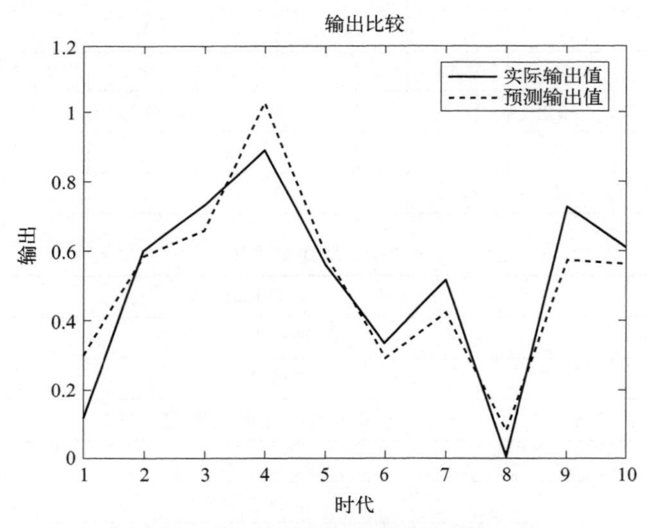

图 2-18 实际输出值与预测输出值的比较

故障特征输入，基于 BPNN 可以得到满足性能需求的再制造方案，求解结果如图 2-19 所示。

如图 2-19 所示，首先对故障导轨进行淬火处理可提高导轨的硬度，然后用

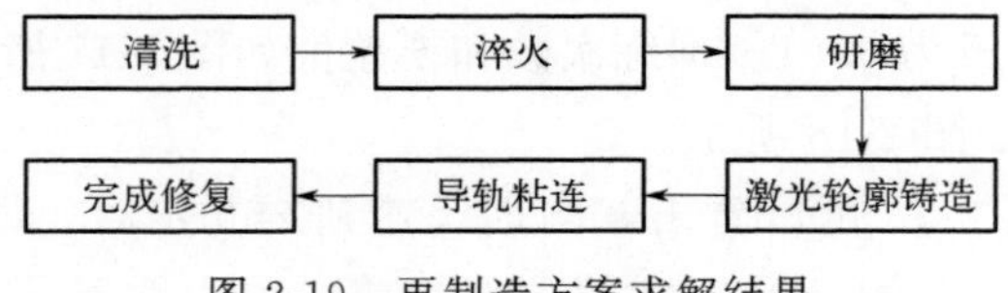

图 2-19 再制造方案求解结果

导轨磨床进行表面磨削，最后使用激光修复法修复导轨的损坏部件。修复后的导轨如图 2-20 所示。

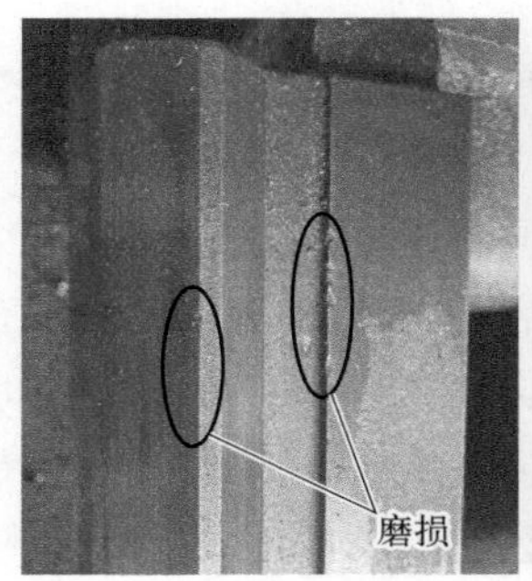

图 2-20　修复前和修复后的导轨

(2) 车床再制造升级方案制定

车床再制造升级主要是对刀架进行数控化升级，实现车床自动换刀。在 CBR 系统中，升级功能特性包括刀具转换（换刀）180°时间、可重复性精度、自由升降和再服役寿命。失效特征包括使用部件的失效形式和失效程度。兼容性约束包括中心高度和接口形式。根据专家的评分，计算各特征的相对权重，结果如表 2-8 所示。

表 2-8　自动控制刀架的特征权重

特征	升级功能特性				失效特征		兼容性约束	
特征	刀具转换 180°时间/s	可重复性精度/mm	自由升降	再服役寿命/年	失效形式	失效程度	中心高度/mm	接口形式
	3.2	0.004	是	10	功能退化	严重	80	插口
相对权重	0.139	0.156	0.052	0.162	0.115	0.082	0.131	0.163

利用目标案例的特征检索 CBR 系统中最相似的历史案例，检索结果如图 2-21 所示。利用神经网络算法计算目标情况与历史情况之间每个特征的局部相似度，确定全局相似度，如下：

$$\mathrm{sim}(URD_{8,1},URD_{0,1})=1-\frac{|urd_{8,1}-urd_{0,1}|}{\max(V_1)-\min(V_1)}=1-\frac{|2.2-3.2|}{3.5-2.2}=0.231$$

$$\mathrm{sim}(URD_{12,1},URD_{0,1})=1-\frac{|urd_{12,1}-urd_{0,1}|}{\max(V_1)-\min(V_1)}=1-\frac{|3.0-3.2|}{3.5-2.2}=0.846$$

$$\mathrm{sim}(URD_{23,1},URD_{0,1})=1-\frac{|urd_{23,1}-urd_{0,1}|}{\max(V_1)-\min(V_1)}=1-\frac{|2.6-3.2|}{3.5-2.2}=0.538$$

$$\mathrm{sim}(URD_{46,1},URD_{0,1})=1-\frac{|urd_{46,1}-urd_{0,1}|}{\max(V_1)-\min(V_1)}=1-\frac{|3.3-3.2|}{3.5-2.2}=0.923$$

相似度计算结果如表 2-9 所示，可以看出，目标案例与案例 12 之间的全局相似度值为最大值（0.962），比设置为 0.900 的阈值要大。因此，通过对案例 12 的重用，可以生成具有自动换刀功能的再制造升级方案。由于采用了废旧 C6132A 车床零件的再制造升级方案，升级后的再制造车床质量不低于新产品。升级后的再制造车床的关键指标符合数控车床精密检验标准，预计再服役寿命为 10 年。CBR 中的检测结果见表 2-10。自动控制刀架功能运行良好，车床可以自动更换刀具。升级前后再制造的刀架如图 2-21 所示。

表 2-9 各案例的局部相似度和全局相似度

案例	案例 8	案例 12	案例 23	案例 46	案例 50
局部相似度 1	0.231	0.846	0.538	0.923	0.769
局部相似度 2	0.833	1	0.833	0.667	0.167
局部相似度 3	1	1	1	0	1
局部相似度 4	0.5	1	0.75	0.5	1
局部相似度 5	1	1	0	0	1
局部相似度 6	0.333	1	0.667	0.667	1
局部相似度 7	0.608	0.797	0.865	0.986	0.392
局部相似度 8	1	1	0	1	1
全局相似度	0.680	0.962	0.546	0.660	0.758

表 2-10 CBR 中的检测结果

案例号	刀具转换 180°时间/s	可重复性精度/mm	自由升降	再服役寿命/年	失效形式	中心高度/mm	接口形式	案例信息
8	2.2	0.005	是	8	功能退化	51	插口	View
12	3.0	0.004	是	10	功能退化	75	插口	View
23	2.6	0.003	是	9	磨损	70	终端	View
46	3.3	0.006	否	12	破裂	81	插口	View
55	3.5	0.009	是	10	功能退化	125	插口	View

图 2-21　刀架升级前和升级后

本章小结

本章首先从装备多属性寿命的角度，深入分析了装备在不同属性寿命阶段的报废原因，基于多属性寿命报废原因的差异性，提出了不同属性寿命报废原因的装备再制造设计模式，即再制造恢复设计和再制造升级设计；同时，根据各再制造设计模式概念和特点，制定了相应再制造设计流程并提出与其匹配的再制造设计关键技术。再制造恢复设计方面，运用 BP 神经网络对装备剩余物理寿命进行预测，再运用历史再制造恢复方案数据进行智能算法训练和方案输出，并运用优化算法对再制造恢复方案进行多目标优化。再制造升级设计方面，运用神经网络、深度学习以及大数据等智能技术进行多属性寿命预测，然后运用案例推理技术检索历史再制造知识，生成符合需求的再制造升级方案，并运用智能再制造设计相关技术进行客户需求分析、设计方案智能生成以提高再制造设计效率。最后，通过企业实际案例对本章所提方法与模型进行了验证。

参考文献

[1] Ke C, Jiang Z, Zhang H, et al. An intelligent design for remanufacturing method based on vector space model and case-based reasoning [J]. Journal of Cleaner Production, 2020, 277: 123269.

[2] Ke C, Pan X Y, Wan P, et al. An integrated design method for used product remanufacturing scheme considering carbon emission [J]. Sustainable Production and Consumption, 2023, 41: 348-361.

[3] Ke C, Pan X Y, Wan P, et al. An Intelligent Redesign Method for Used Products Based on Digital Twin [J]. Sustainability, 2023, 15 (12), 9702.

[4] Huang W, Jiang Z, Wang T, et al. Remanufacturing scheme design for used parts based on incomplete information reconstruction [J]. Chinese Journal of Mechanical Engineering, 2020, 33 (03): 80-93.

[5] 朱硕，潘志强，江志刚，等．基于多寿命特征的废旧机电产品再升级设计研究进展 [J]．机械工程学

报，2022，58（7）：183-192.

[6] 林芷萱，江志刚，朱硕，等．基于物-场性能退化深度学习的机电装备经济寿命预测方法［J］．计算机集成制造系统，2023：1-17.

[7] Jiang Z，Zhang Q，Zhu S，et al. A task-driven remaining useful life predicting method for key parts of electromechanical equipment under dynamic service environment［J］. The International Journal of Advanced Manufacturing Technology，2023，125：4149-4162.

[8] Yang J，Jiang Z，Zhu S，et al. Data-driven technological life prediction of mechanical and electrical products based on Multidimensional Deep Neural Network：Functional perspective［J］. Journal of Manufacturing Systems，2022，6：53-67.

[9] Wu B，Jiang Z，Zhu S，et al. Data-Driven Decision-Making method for Functional Upgrade Remanufacturing of used products based on Multi-Life Customization Scenarios［J］. Journal of Cleaner Production，2022，334：130238.

[10] 孙辉，杨帆，高正男，等．考虑特征重要性值波动的 MI-BILSTM 短期负荷预测［J］．电力系统自动化，2022，46（08）：95-103.

[11] Wu B，Jiang Z，Zhu S，et al. A customized design method for upgrade remanufacturing of used products driven by individual demands and failure characteristics［J］. Journal of Manufacturing Systems，2023，68：258-269.

[12] 王秋惠，夏子怡．家庭老龄服务型机器人风险评估与管理［J］．机械设计，2023（11）：1-7.

[13] 江志刚，张俊辉，朱硕，等．面向寿命定制的废旧产品再制造设计过程模型研究［J］．机械工程学报，2023，59（13）：238-245.

[14] 江志刚，王涵，张华，等．面向再制造设计方案的去主观混合多属性决策方法［J］．南京航空航天大学学报，2020，52（01）：73-78.

[15] Gong Q S，Zhang H，Jiang Z G，et al. Nonempirical hybrid multi-attribute decision-making method for design for remanufacturing［J］. Advances in Manufacturing，2019，7（4）：15.

第3章

装备再制造拆解技术及应用

再制造拆解是实施废旧装备再制造的重要步骤，主要是对装备零部件间的连接关系进行解除，使零部件能够顺利进行再制造的过程。但由于废旧装备存在性能指标、失效形式以及再制造需求等因素的多重不确定性，导致拆解方案难以准确制定及拆解效率低等问题。为促进再制造拆解高效实施，本章从装备再制造拆解的概念及技术特征出发，明确其问题特征和研究边界，探索并构建再制造拆解信息集成技术、拆解序列生成技术、拆解序列优化技术以及典型应用实施方法，系统且深入地分析再制造拆解理论体系及关键技术。

3.1 装备再制造拆解概述

3.1.1 装备再制造拆解的基本概念

装备再制造拆解是将废旧装备零部件之间的连接约束进行解除，并对零部件进行再制造的过程。拆解过程根据需求来决定拆解深度，当拆解需求得到满足时拆解过程结束，并不需要将装备全部拆解成不能再拆的零件。这些拆解需求包括将某个或多个目标零件拆除，达到最小拆解时间、拆解成本、拆解能耗以及最大拆解收益等目标。需要指出的是，拆解与拆卸是不同的。拆解是由一组拆卸操作或任务组成，是针对装备或子装配体而言的。而拆卸是指单个拆除操作或任务，不是一个过程，是针对零部件而言的。

3.1.2 装备再制造拆解的技术特征

装备再制造拆解是针对废旧装备进行的拆卸、分解、分类和处理，以获得可再制造的零部件和材料。由于废旧装备存在性能指标不明确、失效特征不确定等特点，装备再制造拆解具有以下技术特征。

① 智能化拆解：装备拆解是耗时且繁琐的过程，因此需要应用智能技术进行装备零部件性能检测、失效特征识别，并运用大数据及知识重用等技术生成合理的拆解序列以及拆解工艺等。

② 人机协同拆解：智能化时代，运用智能技术进行装备拆解能够提高效率和质量，特别是运用机器人或机械手进行拆解的应用非常广泛。但由于装备结构的约束性，导致机器人无法准确进入部分拆解区域。而人工拆解虽然效率低但可达性强，此时可以采用人机协同拆解，而合理规划人机拆解序列及拆解工艺是实现人机协同高效拆解的关键。

③ 绿色化拆解：在装备拆解过程中会消耗能量和产生废弃物，特别是装备自身携带的液压油、机油以及润滑油等污染物，会产生碳排放，同时如果处理不当会造成环境污染。因此，在拆解过程中需要极大降低拆解工艺过程消耗的电能、水以及材料等，同时要妥善处理拆解排放的废弃物以及装备自身废弃物，避免废弃物对环境造成污染，实现装备拆解过程绿色化。

④ 个性化拆解：装备再制造拆解分为完全拆解和部分拆解，这需要根据装备质量状况以及客户需求来确定拆解深度。例如，当装备主轴磨损严重，无法满足加工精度要求时，需要对主轴箱进行拆解，而其他部分性能满足要求则无须拆解；或者客户需要普通车床实现自动化加工，需对车床进行完全拆解和升级改造。因此，装备拆解是极具个性化的，需要根据不同情况来确定拆解深度。

⑤ 虚拟化拆解：由于装备零部件失效特征不明确，且容易造成拆解损伤，进而影响零部件质量。因此，在制定拆解方案后，可运用虚拟仿真技术进行虚拟拆解，如 VR/AR、三维拆解建模等技术。虚拟仿真可对拆解方案进行预演和验证，减少拆解过程中的零部件损伤及无效拆解，从而极大程度地提高零部件重用率和拆解效率。

3.1.3 装备再制造拆解技术框架

装备再制造拆解过程的不确定性及客户个性化的再制造需求，极大影响再制造拆解方案制定效率，且难以快速生成符合要求的拆解方案。而历史拆解过程存在大量有利于装备拆解方案制定的信息，采取信息重用和智能优化技术可提高拆解方案设计效率，提高拆解准确性。装备再制造拆解技术框架如图 3-1 所示。

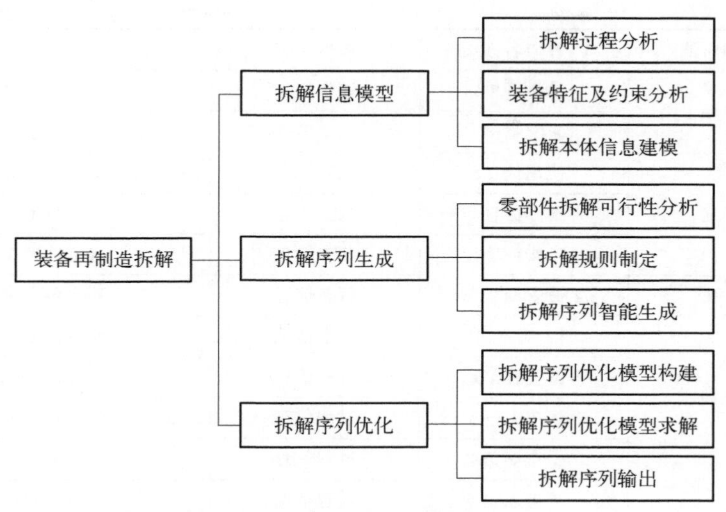

图 3-1　装备再制造拆解技术框架

3.2　装备再制造拆解信息模型

拆解信息模型是成功生成拆解序列的关键，也直接影响拆解序列生成的效率。影响零部件拆解顺序的因素很多，如装备的结构、废旧装备的状况、零件之间的连接关系、拆卸零件的限制、零件的危害性、拆解所需的工具、工具的空间可达性等。因此，分析影响零部件拆解顺序的诸多因素之间的耦合关系，剖析零部件拆解顺序与影响因素的映射关系，采用精简的拆解信息构建装备的拆解信息模型，是装备再制造拆解的基础。

3.2.1　装备再制造拆解信息分类及过程分析

(1) 拆解信息分类

规范的信息技术有助于装备全生命周期信息共享，使得装备全生命周期信息支持再制造拆解成为可能。拆解知识是影响装备再制造拆解的所有信息总和，表 3-1 列举了部分拆解信息和用途。其中，再生决策是指对废旧装备/零件再利用、再制造以及材料再生等回收方式进行决策，以实现资源的重用，并减少废弃物排放与环境污染。

表 3-1　废旧装备拆解信息和用途

生命周期阶段	数据名称	数据类型	用途
生命初期	装备规格描述	基本信息	案例检索

续表

生命周期阶段	数据名称	数据类型	用途
生命初期	材料清单	基本信息	构建拆解模型
	装配结构	基本信息	构建拆解模型
生命中期	使用信息	状态信息	确定再生决策
	维修信息	状态信息	确定再生决策
	工作环境	状态信息	确定再生决策
生命末期	生命末期状态	状态信息	确定再生决策
	再制造能力	状态信息	确定再生决策
	拆解过程信息	过程信息	设计拆解规则
	拆解成本信息	过程信息	计算拆解成本
	二手市场信息	过程信息	计算拆解收益
	再生成本	过程信息	计算拆解收益

从拆解角度而言，这些拆解信息主要分为三大类：装备构建拆解模型的基本信息、装备/零件执行再生决策的状态信息和拆解序列优化的过程信息。基本信息是指装备/零件本身具有的特性，能用于确定身份的必要信息，如装备规格描述、材料清单、装配结构等。状态信息是指装备/零件在使用过程中的质量情况和生命末期的质量情况，如使用信息、维修信息、生命末期状态等。过程信息是指装备/零件在生命末期阶段影响拆解序列生成和优化的信息，如拆解过程信息、二手市场信息等。这些信息以及人工拆解知识和经验提炼成为某类装备的拆解案例和拆解规则，指导废旧装备快速拆解。

(2) 拆解知识表示方法

知识表示是指将知识表示成计算机能处理的一种可行有效的一般方法，是一种数据结构与控制结构的统一体。它需要考虑知识的存储和使用，是人工智能研究的核心内容。装备再制造拆解中存在大量因果关系和逻辑判断，有些拆解知识的作用是判断零件的拆卸先后次序，有些是确定零件的再生决策方式。合理表达拆解知识是构建知识库的基础，也是解决问题的关键。常用的知识表示方法及其优缺点如表 3-2 所示。

表 3-2　知识表示方法

表示方法	主要优点	主要缺点
一阶谓词逻辑	自然性，精确，灵活，模块化	无法表示不确定性、启发性知识，存在组合爆炸，效率低
产生式规则	自然性，模块化，清晰	不能表达结构性知识，效率低
框架表示	结构性，继承性，模块化，自然性，允许数值计算	无法表示过程性知识，缺乏明确的推理机制，构建成本高，对知识库的质量要求非常高，不灵活

续表

表示方法	主要优点	主要缺点
语义网络	结构性，联想性，自索引性，自然性	非严格性，复杂性。不便于表达判断性知识与深层知识
本体	共享概念模型，明确性，形式化	描述特定领域，构建严格，需要专家的参与

从表 3-2 中可知，这些知识表示方法各有特色，不同特点的知识应用于不同的场合。由于装备再制造的拆解知识属于特定领域，采用本体作为拆解知识的表示方法更合适。本体根据术语、定义和关系建立良好的领域概念，便于智能主体灵活而明确地解释其含义，广泛应用于人工智能、信息检索和知识管理。基于本体的知识表示描述了各个实例和角色，它是一种基于描述逻辑的知识表示技术，支持知识共享、重用、推理和通信。

目前主要的本体标记语言有：RDF、RDFS、OIL、DAML＋OIL、OWL1、OWL2。其中 OWL1 是在 RDF 和 DAML＋OIL 之上开发的，提供了更多的表达能力。SWRL（Semantic Web Rule Language）是对 OWL-DL（OWL1 的子语言）的扩展，添加了规则（即增加了本体的表达能力），与 OWL1 语言紧密集成。而 OWL2 是在 OWL1 的结构上开发的。表 3-3 比较了 RDF(S)、OWL1 和 OWL2 的功能。通过比较可知，OWL 和 RDF 有许多共同的特性，但是 OWL 具有更强的机器解释性、语法和更多的词汇表，可用于定义复杂的本体概念限制，并随后制定基于本体的数据库查询。本节采用 OWL2 语言构建本体，用于拆解知识的查询和推理。

表 3-3　不同本体标记语言的功能比较

功能	RDF(S)	OWL1	OWL2
形式化语义	√	√	√
等价性	×	√	√
定义类	×	√	√
属性约束	×	√	√
枚举	×	√	√
属性基数约束	×	√	√
属性链	×	×	√
不相交属性	×	×	√
合格的基数限制	×	×	√

(3) 拆解方法

分析装备的拆解过程，有助于归纳常见零部件的连接方式与拆解顺序，以及制定拆解顺序规则和拆解工具选用规则。下面对装备中一些常规零部件拆卸方法进行描述。

① 螺纹连接。螺纹连接（图 3-2）是一种广泛使用的可拆卸连接，具有结构简单、连接可靠、装拆方便等优点。主要包括螺栓连接、螺钉连接、双头螺柱连接等。这种连接方式易于拆解，只需通过扳手或者螺丝刀拧松螺母即可。

图 3-2 螺纹连接

② 铆接。铆接（图 3-3）是将铆钉穿过被连接件的预制孔经铆合而成的连接方式，属于不可拆连接。在承受严重冲击和振动载荷的金属结构的连接中，在桥梁、建筑、造船、重型机械及飞机制造等工业部门中得到应用。铆接不像螺纹连接易拆除，需要选用专用拆卸工具。

图 3-3 铆接

③ 焊接。焊接（图 3-4）是利用局部加热（或加压）的方法使被连接件接头处的材料熔融连接成一体，属于不可拆连接。与铆接相比较，焊接结构重量轻，节约金属材料，施工方便，生产率高，易实现自动化，且焊接结构的成本低，应用很广。拆卸焊接接头的方法主要有火焰切割和电弧气刨。

图 3-4　焊接

④ 过盈连接。过盈连接（图 3-5）是利用被连接件间的过盈配合直接把被连接件连接在一起。过盈连接构造简单、定心性好、承载能力高，在振动下能可靠地工作。主要用于轮圈与轮芯、轴与毂、滚动轴承的装配连接。过盈连接拆解应使用专门的拆卸工具，如拔轮器、压力机等，拆卸时要用力均匀，避免歪斜。

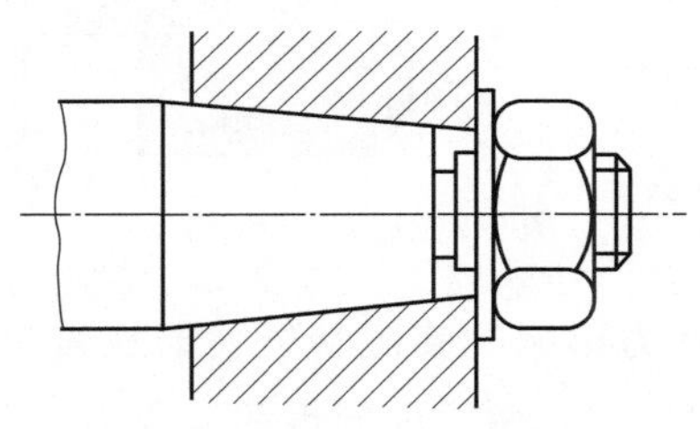

图 3-5　过盈连接

3.2.2　装配分析

零件装配面上参与装配活动的区域及其相关信息的集合称为装配特征，由零件自身的装配属性和零件间的装配约束两部分组成。前者包括零件装配面的形状、粗糙度、尺寸、精度等信息；后者包括零件之间的定位约束、装配顺序和装配运动方式等信息。通过分析装备内部各零件之间的装配特征，可抽象出三种装配特征关系，即直接接触、遮盖和支承，描述如下。

① 直接接触。直接接触表示两零件相互直接接触。图 3-6 所示为常见的直接接触关系图例。螺纹连接直接接触关系可看作一种特殊的曲面直接接触关系。存在直接接触关系的两零件有两种情况：a. 若两零件之间无辅助剂（如胶剂、焊剂等非零件），则无约束关系，拆卸时可直接分离开，但其分离方向可能会受到一定限制；b. 若两零件之间存在辅助剂，则有约束关系，拆卸时先去除造成约束关系的胶剂或焊剂，再直接分离两个零件，其分离方向可能会受到一定

限制。

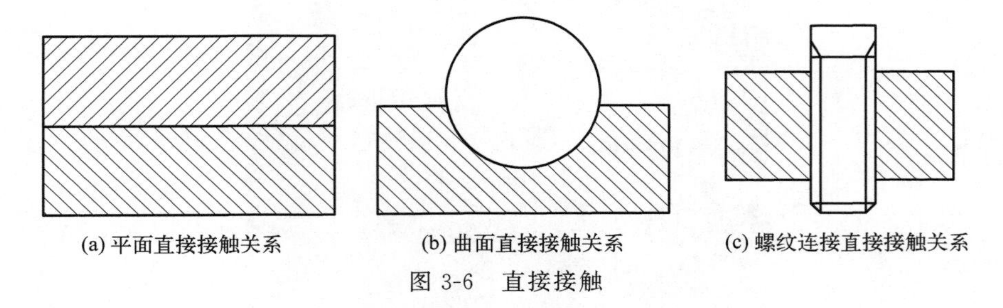

(a) 平面直接接触关系
(b) 曲面直接接触关系
(c) 螺纹连接直接接触关系

图 3-6　直接接触

② 遮盖。遮盖表示两零件存在空间约束，一个零件阻碍另一个零件拆卸。本节以空间三维坐标系（$+X/-X/+Y/-Y/+Z/-Z$）为基准，两零件的拆卸过程为：先拆卸遮盖零件，后拆卸被遮盖零件。如图 3-7 所示，零件 a 和零件 c 分别为零件 b 在$+Y$ 和$+X$ 方向上的遮盖零件。

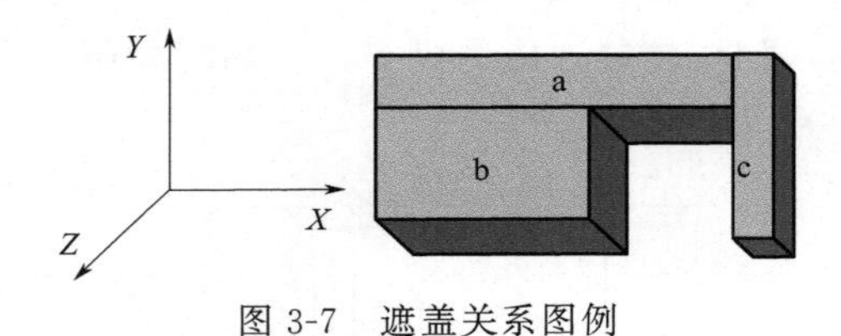

图 3-7　遮盖关系图例

③ 支承。支承是受重力影响的装配特征，即在重力方向上，一个零件支承着另一个零件。由于重力作用，两零件的拆卸过程为：先拆卸被支承零件，后拆卸支承零件。如图 3-8 所示，零件 b 和 c 都是零件 a 的支承零件。

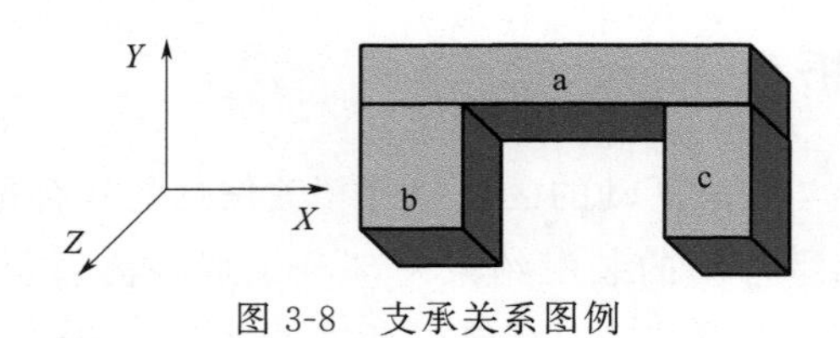

图 3-8　支承关系图例

实际上，零件之间的装配约束关系一般是上述三种装配特征的任意组合。例如，图 3-7 中的零件 a 与 b 之间的完整装配特征是：零件 a 与零件 b 直接接触，且零件 a 在$+Y$ 方向上遮盖零件 b，零件 b 支承零件 a。根据上述装配特征分析，对照表 3-4，两零件的拆卸顺序是：a→b($+Y$)。

表 3-4　各装配特征对应拆卸顺序表

零件 a 和 b 之间的装配特征	拆卸顺序
a 直接接触 b	a→b 或 b→a

续表

零件 a 和 b 之间的装配特征	拆卸顺序
a 遮盖 b	a→b
a 支承 b	b→a

表 3-4 中，直接接触装配特征的第一种情况不存在装配约束，不做考虑；第二种情况的两零件相互约束，无拆卸先后顺序，拆卸方向相反，设置为限制装配约束。支承装配特征属于遮盖装配特征的一种特例，将支承和遮盖统一设置为直接遮盖装配约束，可以同时描述零件的空间约束关系和连接关系。例如，螺纹紧固件、线束插接器、卡扣、固定锚、存在过盈配合关系的金属外壳都起到固定作用，且都是先行拆卸零件，可设置为固定装配约束关系，将这些零件设置为连接件，便于拆卸顺序的描述。固定、限制装配约束关系与零件拆卸顺序如表 3-5 所示。

表 3-5　零件装配约束关系与拆卸顺序

序号	零部件	装配约束关系	拆卸顺序
1	螺栓、螺钉、螺母	固定	先拆螺纹紧固件
2	模块线束插接器	固定	先拆线束插接器
3	扎带与线束	固定	先拆扎带
4	卡扣、固定锚	固定	先拆卡扣
5	部件与金属外壳	固定	先松开金属外壳，后取出部件
6	部件与部件	限制	去除外壳，两部件一起拆除
7	部件与底板	限制	先拆部件后拆底板

为了简洁描述构建拆解信息模型的基本信息，将机械装备的最小单元分为连接件和功能零件。根据需要还定义了压力件和限制功能零件对，相关定义如下。

连接件：该零件起到连接或固定功能零件/子装配体的作用。图 3-2、图 3-3 和图 3-4 所示的螺纹连接件、铆接件、焊接件均为连接件。当线束、电缆与功能零件连接时，可视线束、电缆为连接件。

功能零件：该零件起到一定运转作用及效应，广义上可以理解为除了连接件的其他零件。

压力件：与功能零件存在过盈配合连接关系的非轴类零件，视为连接件的一种，需先行拆除。若该压力件以焊接形成，解除焊接关系即解除过盈配合关系。

限制功能零件对：指的是以焊接或胶接形式连接的两个功能零件。它们之间存在相互限制关系。

综上所述，分析机械装备的装配结构和拆解过程，抽象出三种装配约束映射到连接件和功能零件：固定、直接遮盖和限制。相关定义如下。

固定：表示连接件和功能零件之间的装配约束。“某功能零件被某连接件在某方向上固定”，则它们的拆卸顺序应为“连接件→功能零件”。

直接遮盖：表示连接件/功能零件和功能零件之间的装配约束。“连接件 1/功能零件 1 在某方向上被功能零件 2 直接遮盖”表示在此方向上该连接件 1/功能零件 1 和功能零件 2 之间没有其他功能零件存在，则它们的拆卸顺序应为“功能零件 2→连接件 1/功能零件 1”。

限制：表达功能零件之间的装配约束。“功能零件 1 与功能零件 2 在某方向上限制连接”，则它们的拆卸顺序应为“功能零件 1↔功能零件 2”，即两功能零件同时拆卸，无先后顺序。

上述方法同样适用于表达子装配体之间的装配约束，此时，只需将子装配体视为功能零件即可。

3.2.3 拆解约束矩阵

拆卸关系模型-拆卸矩阵通常表示非破坏性连接方式的零件，像焊接、胶接和过盈配合连接的零件采取整体回收处理。而本节在此基础上，采用矩阵对拆解信息建模，提出了一组拆解约束矩阵，描述前面提出的连接件和功能零件之间的三种装配约束关系。它们简洁地表达了破坏性和非破坏性方式连接的零件之间的空间约束关系和连接关系。

(1) 连接件直接遮盖约束矩阵 FM

FM 定义了连接件与功能零件之间的直接遮盖装配关系。它记录了每个连接件在可拆卸方向上被直接遮盖的功能零件编号。直接遮盖功能零件表示此功能零件和连接件之间在此拆卸方向上不再存在其他功能零件。矩阵中列表示拆卸方向（$+X/-X/+Y/-Y/+Z/-Z$），行表示各个连接件。

$$\mathrm{FM}=\begin{cases}N, & \text{可拆卸方向上被直接遮盖的功能零件编号}\\0, & \text{可拆卸方向上无被直接遮盖的功能零件}\\-1, & \text{其他}\end{cases} \tag{3-1}$$

(2) 功能零件固定约束矩阵 FPFM

FPFM 定义了功能零件与连接件之间的固定装配关系。它记录了每个功能零件在各拆卸方向上被固定的连接件编号。矩阵中列表示拆卸方向，行表示各个功能零件。

$$\mathrm{FPFM}=\begin{cases}N, & \text{被固定的连接件编号}\\0, & \text{其他}\end{cases} \tag{3-2}$$

(3) 功能零件直接遮盖约束矩阵 FPCM

FPCM 定义了功能零件之间的直接遮盖装配关系。它记录了每个功能零件在各拆卸方向上被直接遮盖的功能零件编号。矩阵中列表示拆卸方向，行表示各个功能零件。

$$\text{FPCM}=\begin{cases}N, & \text{被直接遮盖的功能零件编号}\\0, & \text{无被直接遮盖的功能零件}\\-1, & -Y\text{ 方向}\end{cases} \tag{3-3}$$

(4) 功能零件限制约束矩阵 FPRM

FPRM 定义了功能零件之间的限制装配关系。它记录了每个功能零件在各拆卸方向上存在限制关系的功能零件编号。矩阵中列表示拆卸方向，行表示各个功能零件。

$$\text{FPRM}=\begin{cases}N, & \text{存在限制关系的功能零件编号}\\0, & \text{其他}\end{cases} \tag{3-4}$$

将描述功能零件的约束矩阵 FPFM、FPCM 和 FPRM 合并为一个矩阵 FPM。FM 和 FPM 这两个拆卸约束矩阵可以简洁地表示零件在三维空间中沿坐标轴拆卸时的约束关系、连接关系和拆卸方向。采用矩阵构建装备拆解信息模型时，所有零件的关系都被矩阵记录下来，即使零件之间没有约束。当以矩阵形式描述规模较大的装备时，需要降低其大小和处理时间。还有些矩阵没有描述零件的拆卸方向，或者需要编码解码才能使用拆卸方向。假设某装备的总零件数、功能零件数和连接件数分别为 n、n_1、n_2，其中 $n=n_1+n_2$，则这里构建的拆解约束矩阵 FM、FPM 的维数分别为 $n_2\times 6$，$n_1\times 18$，而大多数拆解约束矩阵包含接触矩阵和优先约束矩阵，维数分别为 $n\times n$。当装备规模较大时，构建的拆解约束矩阵减少了存储空间和处理时间，提高了零件的拆卸操作几何推理效率。

3.2.4 装备再制造拆解信息建模

人的工程知识和经验包含丰富的语义知识，基于矩阵的拆解信息模型难以用语义描述装备的拆解知识。若拆解方案缺少零件的拆解工具，难以指导实际拆解过程和实现智能化拆解。另外，提出的拆解约束矩阵可以生成拆解序列和拆解方向，但不能获取零件的拆解工具。因此，采用本体的对象属性和数据属性来描述这组拆解约束矩阵和拆解知识，构建拆解本体和语义模型（即本体实例），用于拆解知识的查询和推理，并有助于后续拆解工具规则的制定。

(1) 拆解本体

装备拆解本体可使用 Protégé 开发工具及 OWL2 语言进行构建。本体构建包括类、对象属性、数据属性和实例的定义。

类由装备零件名称确定，每个具体的零件都是对应类的实例。装备拆解本体的类如图 3-9 所示，顶层的类为 owl:Thing，它包含 6 个子类：Product、Subassembly、FunctionalPart、Fastener、Connection、DisassemblyTool，分别表示装备类、子装配体类、功能零件类、连接件类、连接方式类和拆解工具类。

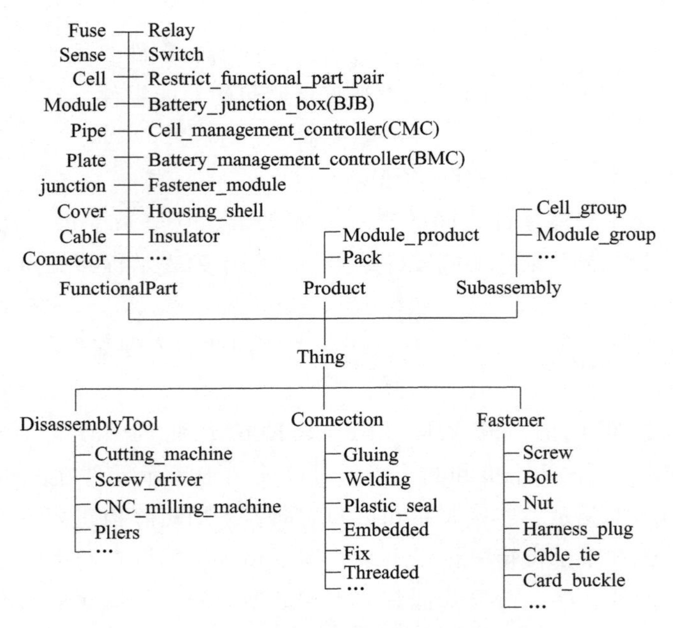

图 3-9 装备拆解本体中的类

接下来用对象属性和数据属性来描述拆解知识中的装备基本信息和过程信息。对象属性是表征类之间的语义关系，其定义如表 3-6 所示。若对象属性有逆属性，其定义域和值域与该对象属性相反。

表 3-6 拆解本体中的对象属性

序号	对象属性	定义域	值域	逆属性
1	directCover_plusX	FunctionalPart；Subassembly	Fastener；FunctionalPart；Subassembly	isDirectCoveredBy_minusX
2	isDirectCoveredBy_plusX	Fastener；FunctionalPart；Subassembly	FunctionalPart；Subassembly	directCover_minusX
3	directCover_plusY	FunctionalPart；Subassembly	Fastener；FunctionalPart；Subassembly	isDirectCoveredBy_minusY
4	isDirectCoveredBy_plusY	Fastener；FunctionalPart；Subassembly	FunctionalPart；Subassembly	directCover_minusY
5	directCover_plusZ	FunctionalPart；Subassembly	Fastener；FunctionalPart；Subassembly	isDirectCoveredBy_minusZ

续表

序号	对象属性	定义域	值域	逆属性
6	isDirectCoveredBy_plusZ	Fastener; FunctionalPart; Subassembly	FunctionalPart; Subassembly	directCover_minusZ
7	fix_plusX	Fastener	FunctionalPart; Subassembly	isFixedBy_minusX
8	isFixedBy_plusX	FunctionalPart; Subassembly	Fastener	fix_minusX
9	fix_plusY	Fastener	FunctionalPart; Subassembly	isFixedBy_minusY
10	isFixedBy_plusY	FunctionalPart; Subassembly	Fastener	fix_minusY
11	fix_plusZ	Fastener	FunctionalPart; Subassembly	isFixedBy_minusZ
12	isFixedBy_plusZ	FunctionalPart; Subassembly	Fastener	fix_minusZ
13	restrict_plusX	FunctionalPart	FunctionalPart	
14	restrict_minusX	FunctionalPart	FunctionalPart	
15	restrict_plusY	FunctionalPart	FunctionalPart	
16	restrict_minusY	FunctionalPart	FunctionalPart	
17	restrict_plusZ	FunctionalPart	FunctionalPart	
18	restrict_minusZ	FunctionalPart	FunctionalPart	
19	is_part_of	Fastener; FunctionalPart; Subassembly	Subassembly; Product	has_part_of
20	has_disassembled_after	Fastener; FunctionalPart; Subassembly	Fastener; FunctionalPart; Subassembly	N/A
21	has_connection	Fastener; FunctionalPart; Subassembly	Connection	N/A
22	is_removed_with	Fastener; FunctionalPart; Subassembly	DisassemblyTool	N/A

① 对象属性 1～18 表示零件在 6 个方向（$+X/-X/+Y/-Y/+Z/-Z$）上的装配关系。装备的装配结构可以被它们完整表示。其中，对象属性 1～6 表

示直接遮盖装配关系，用来描述拆解约束矩阵 FM 和 FPCM；对象属性 7～12 表示固定装配关系，用来描述拆解约束矩阵 FPFM；而对象属性 13～18 表示限制装配关系，用来描述拆解约束矩阵 FPRM。

② 对象属性 19 表征了装备/子装配体/零件的隶属关系，能完整表达出装备的层次结构。

③ 对象属性 20 表示零件间的拆解优先级关系，用来表达一个装备的拆解序列。该属性具有传递特性。

④ 对象属性 21、22 分别表示子装配体/零件的连接方式和拆解工具。它们用来推理出子装配体/零件的拆解工具。

数据属性是描述类的特征，机械装备的二维码包含了设计信息和生产信息。设计信息包括装备厂商代码、类型代码、材料类型代码、规格型号代码、追溯信息代码。生产信息包括装备生产日期代码、序列号、梯级利用代码。因此，数据属性的定义如表 3-7 所示。

表 3-7 拆解本体中的数据属性

序号	数据属性	定义域	值域	属性描述
1	disassembledDirection_plusX disassembledDirection_minusX disassembledDirection_plusY disassembledDirection_minusY disassembledDirection_plusZ disassembledDirection_minusZ	Fastener;FunctionalPart;Subassembly	boolean	记录零件的拆解方向
2	normalDirection_plusX normalDirection_minusX normalDirection_plusY normalDirection_minusY normalDirection_plusZ normalDirection_minusZ	FunctionalPart;Subassembly	boolean	记录零件的法线方向(不考虑−Y 方向)
3	type_code	Product	string	记录装备类型代码:装备 P,模块 M,零部件 C
4	material_code	Product	string	记录装备材料类型代码:A～G
5	vendor_code	Product	string	记录装备厂商代码

续表

序号	数据属性	定义域	值域	属性描述
6	model_code	Product	string	记录装备规格型号代码
7	trace_information_code	Product	string	记录装备追溯信息代码
8	date_code	Product	string	记录装备生产日期代码
9	serial_number	Product	unsigned long	记录装备序列号
10	cascade_utilization_code	Product	string	记录装备梯级利用代码(RP/RM/RC)
11	id	Fastener；FunctionalPart；Subassembly；Product	string	记录装备/零件的识别号
12	component_name	Fastener；FunctionalPart；Subassembly	string	记录零件的名称
13	component_type	Fastener；FunctionalPart；Subassembly	string	记录零件的类型，如功能零件FP、连接件F、子装配体SA、限制功能零件对R
14	quantity	Fastener；FunctionalPart；Subassembly	int	记录同种零件中的零件个数
15	weight	Fastener；FunctionalPart；Subassembly	int	记录装备/零件的重量

(2) 拆解语义模型

装备的拆解本体提供了一个通用的语义框架，根据该框架将某待拆解装备或拆解案例实例化后构建该装备或案例的拆解语义模型。拆解语义模型分为两部分：a. 装备结构（包括零件信息、层次结构、装配结构和连接关系）；b. 装备的拆解任务方案（拆解序列、方向和工具）。待拆解装备的语义模型只包含第一部分，而拆解案例的语义模型则包含这两部分。一个典型案例的拆解语义模型如图 3-10 所示。

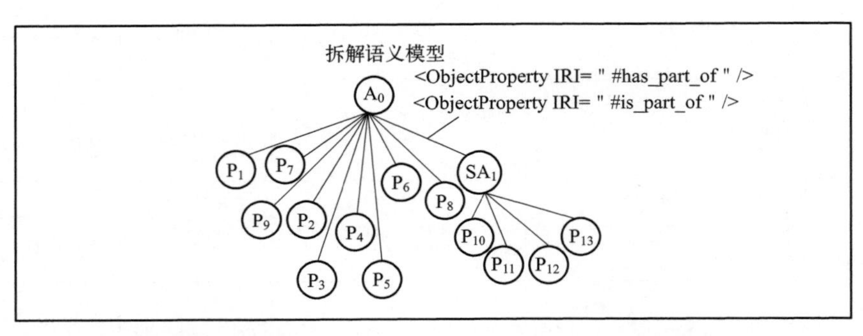

拆解任务方案

可行拆解序列		拆解工具
步骤1	$P_1(+Y)$	Screw_driver
步骤2	$P_4(-Z)$	Diagonal_pliers, Slotted_screwdriver
步骤3	$SA_1(+Y)$, $P_2(+Y)$	Diagonal_pliers, Slotted_screwdriver
步骤4	$P_7(+Y)$	Screw_driver
步骤5	$P_3(+Y)$	Screw_driver
步骤6	$P_8(+Y)$	Hand
步骤7	$P_9(+Y)$	Screw_driver
步骤8	$P_6(+Y)$	Screw_driver
步骤9	$P_5(+Y)$	Screw_driver
步骤10	$P_{10}(+Z, -Z)$	Slotted_screwdriver
步骤11	$P_{12}(+Y)$	Hand
步骤12	$P_{11}(+Y)$	Screw_driver
步骤13	$P_{13}(+Y)$	Screw_driver

<ObjectProperty IRI= " #has_disassembled_after " />　<DataProperty IRI= " #disassembledDirection_plusY " />　<DataProperty IRI= " #is_removed_with " />

注释：A 产品　SA 子装配体　P 组件

图 3-10　某案例的拆解语义模型

对于第一部分，使用类和对象属性（is_part_of，has_part_of）构造装备的层次结构。参考表 3-6 和表 3-7，装备结构还包含装备中每个子装配体/零件的详细信息。对于第二部分，使用对象属性 has_disassembled_after 和数据属性（disassembledDirection_plusX/minusX/plusY/minusY/plusZ/minusZ，normal-Direction_plusX/minusX/plusY/minusY/plusZ/minusZ）可表达装备完整可行的拆解序列。此外，使用对象属性 is_removed_with 和 has_connection，表达序列所用的拆解工具。

3.3 装备再制造拆解序列生成技术

3.3.1 装备再制造拆解序列生成方法框架

本章结合二维码技术提出一种基于 CBR/RBR（Case Based Reasoning/Rule Based Reasoning）的拆解序列生成方法。该方法框架如图 3-11 所示，根据拆解约束矩阵制定零件拆卸可行性判定规则，根据判定规则生成异步-并行-局部破坏性-混合拆解可行序列生成方法，基于此，提出基于 CBR/RBR 的拆解序列生成方法。根据拆解案例库获取匹配案例的拆解方案，直接用于实际拆解指导。当缺少匹配案例时，根据拆解规则库中的局部破坏性拆解规则和拆解工具选择规则，提出多人异步拆解可行序列生成方法和人机异步拆解可行序列生成方法，为后续装备拆解提供可行拆解序列。

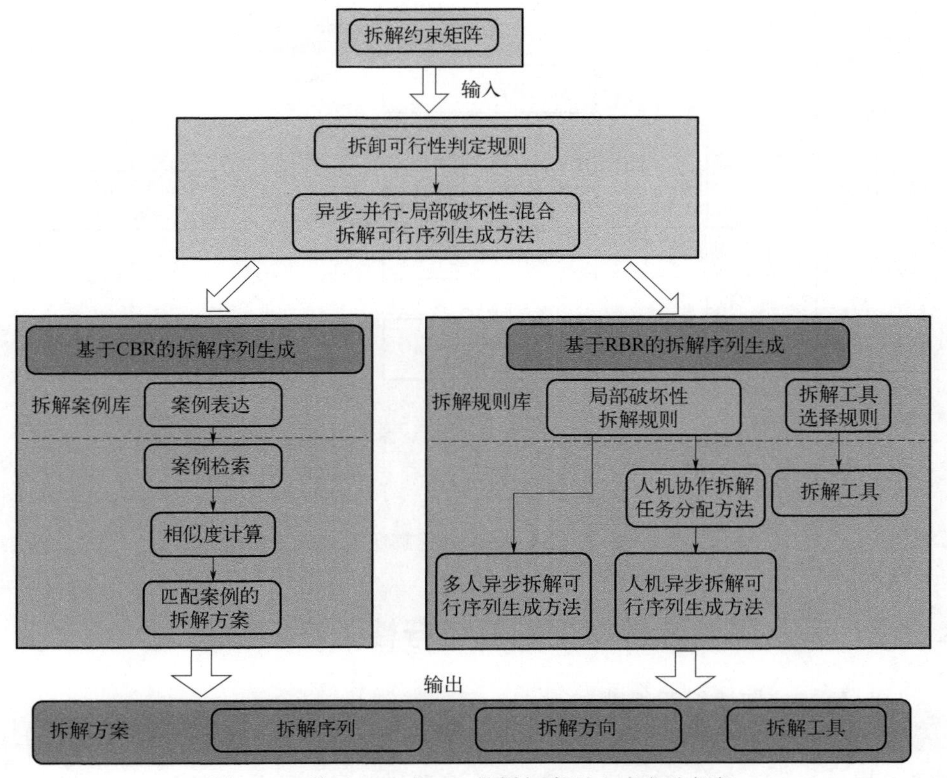

图 3-11　基于 CBR/RBR 的拆解序列生成方法框架

基于 CBR/RBR 的拆解序列生成流程如图 3-12 所示。首先扫描装备上的二维码或在网上查询装备编号获取设计和生产信息，执行基于 CBR 的拆解序列生成方法。如果案例匹配成功，直接输出拆解方案，否则执行基于 RBR 的拆解序列生成方法。由于二维码的存储信息有限，需采用人工或机器视觉技术获取装备特征信息。随后，判断是否需更新拆解规则，若需要则增加/修改/删除规则，否则根据收集的结构和装配信息生成本体实例和语义装配关系。接着，利用规则库中的拆解规则生成多人异步拆解序列可行解和人机异步拆解序列可行解，最后将此案例更新至案例库。需要说明的是，拆解规则库可补充和更新。

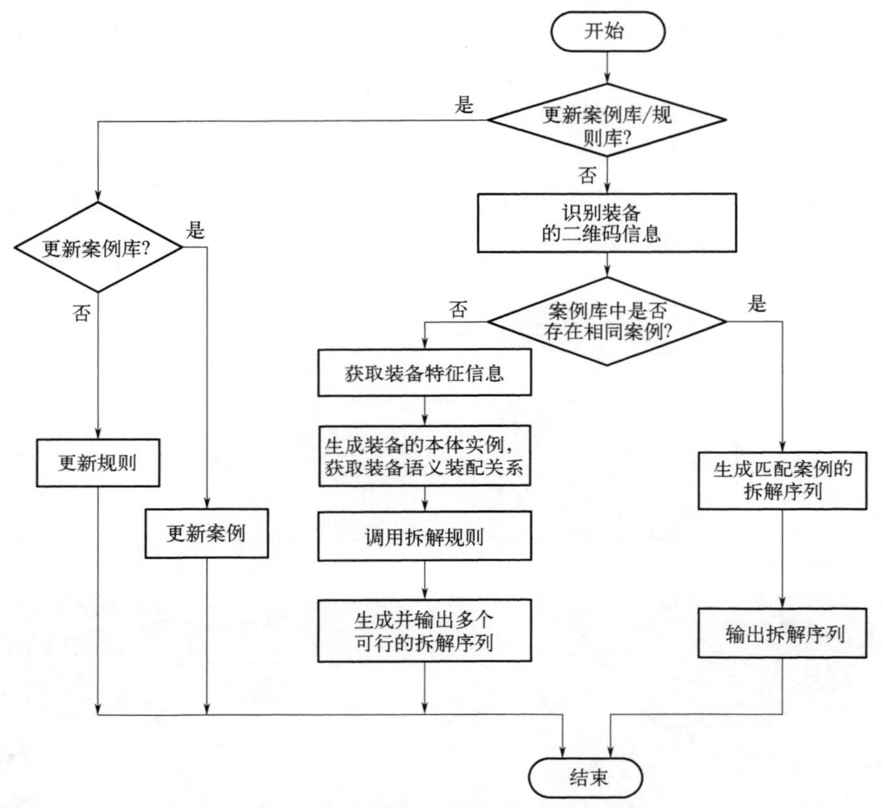

图 3-12　基于 CBR/RBR 的拆解序列生成流程图

3.3.2　装备再制造拆解规则及可行性判定方法

(1) 局部破坏性拆解规则

依据拆解约束矩阵，制定了一组局部破坏性拆解规则，并采用 SWRL 语言描述，如表 3-8 所示。规则中，功能零件可替换为子装配体。规则 1～23 为非破坏性拆解规则，规则 24～29 为破坏性拆解规则。规则 1～6 描述了存在直接遮盖装配关系的连接件和功能零件的拆解顺序，规则 7～13 描述了存在固定装配关系的连接件和功能零件的拆解顺序，规则 14～23 描述了存在直接遮盖装配关系的两个功能零件的拆解顺序，规则 24～29 描述了存在限制装配关系的两个功能零件的拆解顺序。

表 3-8　局部破坏性拆解规则

序号	SWRL 规则	拆解规则描述
1	Fastener(?f),FunctionalPart(?fp),isDirectCoveredBy_plusX(?f,?fp)->has_disassembled_after(?f,?fp)	如果一个连接件在其拆解方向上被一个功能零件直接遮盖，则该连接件要在该功能零件之后被拆卸
2	Fastener(?f),FunctionalPart(?fp),isDirectCoveredBy_minusX(?f,?fp)->has_disassembled_after(?f,?fp)	
3	Fastener(?f),FunctionalPart(?fp),isDirectCoveredBy_plusY(?f,?fp)->has_disassembled_after(?f,?fp)	
4	Fastener(?f),FunctionalPart(?fp),isDirectCoveredBy_minusY(?f,?fp)->has_disassembled_after(?f,?fp)	
5	Fastener(?f),FunctionalPart(?fp),isDirectCoveredBy_plusZ(?f,?fp)->has_disassembled_after(?f,?fp)	
6	Fastener(?f),FunctionalPart(?fp),isDirectCoveredBy_minusZ(?f,?fp)->has_ disassembled_after(?f,?fp)	
7	FunctionalPart(?fp),Fastener(?f),isFixedBy_plusX(?fp,?f)->has_disassembled_after(?fp,?f)	如果一个功能零件在任意方向上被一个连接件固定，则该功能零件要在该连接件之后被拆卸
8	FunctionalPart(?fp),Fastener(?f),isFixedBy_minusX(?fp,?f)->has_disassembled_after(?fp,?f)	
9	FunctionalPart(?fp),Fastener(?f),isFixedBy_plusY(?fp,?f)->has_disassembled_after(?fp,?f)	
10	FunctionalPart(?fp),Fastener(?f),isFixedBy_minusY(?fp,?f)->has_disassembled_after(?fp,?f)	
11	FunctionalPart(?fp),Fastener(?f),isFixedBy_plusZ(?fp,?f)->has_disassembled_after(?fp,?f)	
12	FunctionalPart(?fp),Fastener(?f),isFixedBy_minusZ(?fp,?f)->has_disassembled_after(?fp,?f)	
13	FunctionalPart(?fp)->disassembledDirection_plusX(?fp,1),disassembledDirection_minusX(?fp,1),disassembledDirection_plusY(?fp,1),disassembledDirection_minusY(?fp,1),disassembledDirection_plusZ(?fp,1),disassembledDirection_minusZ(?fp,1)	更新一个功能零件，使其获得所有方向上的自由度(除－Y 方向)

续表

序号	SWRL 规则	拆解规则描述
14	FunctionalPart(?fp),FunctionalPart(?fp1), isDirectCoveredBy_plusX(?fp,?fp1)->disassembledDirection_plusX(?fp,0)	如果功能零件A在某方向（除－Y方向）上被功能零件B直接遮盖，则功能零件A在该方向上不能被拆卸
15	FunctionalPart(?fp),FunctionalPart(?fp1), isDirectCoveredBy_minusX(?fp,?fp1)->disassembledDirection_minusX(?fp,0)	
16	FunctionalPart(?fp),FunctionalPart(?fp1), isDirectCoveredBy_plusY(?fp,?fp1)->disassembledDirection_plusY(?fp,0)	
17	FunctionalPart(?fp),FunctionalPart(?fp1), isDirectCoveredBy_plusZ(?fp,?fp1)->disassembledDirection_plusZ(?fp,0)	
18	FunctionalPart(?fp),FunctionalPart(?fp1), isDirectCoveredBy_minusZ(?fp,?fp1)->disassembledDirection_minusZ(?fp,0)	
19	FunctionalPart(?fp),FunctionalPart(?fp1), disassembledDirection_plusX(?fp,1),isDirectCoveredBy_plusX(?fp,?fp1)-> has_disassembled_after(?fp,?fp1)	如果功能零件A在某方向（除－Y方向）上可以被拆卸，并且在该方向上，功能零件A被功能零件B直接遮盖，则功能零件A要在功能零件B之后被拆卸
20	FunctionalPart(?fp),FunctionalPart(?fp1), disassembledDirection_minusX(?fp,1), isDirectCoveredBy_minusX(?fp,?fp1)->has_disassembled_after(?fp,?fp1)	
21	FunctionalPart(?fp),FunctionalPart(?fp1), disassembledDirection_plusY(?fp,1), isDirectCoveredBy_plusY(?fp,?fp1)->has_disassembled_after(?fp,?fp1)	
22	FunctionalPart(?fp),FunctionalPart(?fp1), disassembledDirection_plusZ(?fp,1), isDirectCoveredBy_plusZ(?fp,?fp1)->has_disassembled_after(?fp,?fp1)	
23	FunctionalPart(?fp),FunctionalPart(?fp1), disassembledDirection_minusZ(?fp,1), isDirectCoveredBy_minusZ(?fp,?fp1)->has_disassembled_after(?fp,?fp1)	
24	FunctionalPart(?fp),FunctionalPart(?fp1),restrict_plusX(?fp,?fp1)-> has_disassembled_after(?fp,?fp1),has_disassembled_after(?fp1,?fp)	如果在某方向（除－Y方向）上，功能零件A与功能零件B相互限制，则功能零件A与功能零件B可同时拆卸
25	FunctionalPart(?fp),FunctionalPart(?fp1),restrict_minusX(?fp,?fp1)-> has_disassembled_after(?fp,?fp1),has_disassembled_after(?fp1,?fp)	
26	FunctionalPart(?fp),FunctionalPart(?fp1),restrict_plusY(?fp,?fp1)-> has_disassembled_after(?fp,?fp1),has_disassembled_after(?fp1,?fp)	
27	FunctionalPart(?fp),FunctionalPart(?fp1),restrict_minusY(?fp,?fp1)-> has_disassembled_after(?fp,?fp1),has_disassembled_after(?fp1,?fp)	
28	FunctionalPart(?fp),FunctionalPart(?fp1),restrict_plusZ(?fp,?fp1)-> has_disassembled_after(?fp,?fp1),has_disassembled_after(?fp1,?fp)	
29	FunctionalPart(?fp),FunctionalPart(?fp1),restrict_minusZ(?fp,?fp1)-> has_disassembled_after(?fp,?fp1),has_disassembled_after(?fp1,?fp)	

(2) 拆解工具选择规则

拆解工具的选择需要经验积累，可通过人工经验知识制定拆解工具选择规则，并进行推理获取零件的拆解工具。机械装备主要拆解工具与连接方式如表 3-9 所示。采用 SWRL 描述拆解工具选择规则，SWRL 规则的语法形式如下：A_1，A_2，…，A_m->B_1，B_2，…，B_n。其中 A_1，A_2，…，A_m 是规则的条件，B_1，B_2，…，B_n 是规则的结果。式(3-5) 所示的 SWRL 表达式用于表达选择拆解工具的拆解知识。

$$\begin{aligned}&\text{Class(Fastener/FunctionalPart},p_i),\text{Class(Fastener/FunctionalPart},p_j),\\&\text{Class(Connection},c_{ij}),\text{has\_connection}(p_i,c_{ij}),\\&\text{has\_connection}(p_j,c_{ij})\text{->is\_removed\_with}(c_{ij},t_k)\end{aligned}\tag{3-5}$$

式中，属于零件类 Fastener/FunctionalPart 的零件 p_i 和 p_j，属于连接关系类 Connection 的连接关系 c_{ij}，如果 p_i 有连接关系 c_{ij}，p_j 也有连接关系 c_{ij}，则推理可知解除连接关系 c_{ij} 使用拆解工具 t_k，表达的实例如式(3-6) 所示。其拆解工具知识是：若两功能零件的连接关系是胶接，则应当使用“一字螺丝刀”拆除。因此，根据零件类型和连接关系可以推理出拆解某零件的拆解工具。

$$\begin{aligned}&\text{Class(FunctionalPart},p_i),\text{Class(FunctionalPart},p_j),\text{Class(Gluing},c_{ij}),\\&\text{has\_connection}(p_i,c_{ij}),\text{has\_connection}(p_j,c_{ij})\text{->}\\&\text{is\_removed\_with}(c_{ij},\text{Slotted\_screw\_dirver})\end{aligned}\tag{3-6}$$

表 3-9　机械装备主要拆解工具与连接方式

序号	连接件	连接方式	拆解工具	工具编号
1	螺栓、螺钉、螺母	螺纹连接	气批	T1
2		胶接	一字螺丝刀	T2
3	线束插接器	固定连接	一字螺丝刀	T2
4	扎带	固定连接	斜口钳	T3
5			吊具	T4
6	卡扣、固定锚	固定连接	尖嘴钳	T5
7		塑封/焊接	切割机	T6

(3) 拆解规则可行性判定

根据拆解约束矩阵所表示的具体含义，制定零件拆卸可行性判定规则，如下所示：

规则 1　当 $\text{FM}(i,d)=0$ 时，连接件 i 可作为初始拆卸连接件。

规则 2　当 $\text{FM}(i,d)=0$ 时，表示连接件 i 在 d 方向上无直接遮盖的功能零件。

连接件 i 可沿着 d 方向被拆除。拆除这些连接件后需对 FPFM 进行更新，将已拆除的连接件编号用 0 替换。

规则 3 当 $\mathrm{FPFM}(j,:)=0$，$\mathrm{FPCM}(j,d)=0$ 时，功能零件 j 可以沿着 d 方向被拆除。其中，$\mathrm{FPFM}(j,:)=0$ 表示所有拆卸方向（六个方向）上没有连接件阻碍功能零件 j 的拆除，$\mathrm{FPCM}(j,d)=0$ 表示在 d 方向上没有其他功能零件阻碍功能零件 j 的拆除。拆除这些功能零件后需对 FM 和 FPCM 进行更新，将已拆除的功能零件编号用 0 替换。

规则 4 当 $\mathrm{FPRM}(j_1,d_1)=j_2$，$\mathrm{FPRM}(j_2,d_2)=j_1$，且 d_1 和 d_2 方向相反时，表明功能零件 j_1 和 j_2 组成了一个限制功能零件对。若 $\mathrm{FPFM}(j_1,:)=0$，$\mathrm{FPFM}(j_2,:)=0$ 且 $\mathrm{FPCM}(j_1,d_1)=j_2$，$\mathrm{FPCM}(j_2,d_2)=j_1$ 时，则功能零件 j_1 可沿着 d_1 方向被拆除，同时功能零件 j_2 沿着 d_2 方向被拆除。拆除这些功能零件后需对 FM、FPCM 和 FPRM 进行更新，将已拆除的功能零件编号用 0 替换。

规则 5 如果若干个功能零件或连接件是在同一个迭代步骤中被拆除的，则这些零件之间的拆解顺序可任意交换。

3.3.3 智能再制造拆解序列生成技术

3.3.3.1 异步-并行-局部破坏性-混合拆解可行序列生成方法

根据零件拆卸可行性判定规则，优先进行法线方向上的拆解，生成可行的拆解序列，它是优化拆解序列前的必要步骤。本章用到的术语和假设定义如下：

定义 1 法线方向：表示垂直于功能零件外表面的最大平面的方向。对线束、电缆、管道等无规则形状的功能零件而言没有法线方向。

假设 1 当功能零件遇到多种先行拆解连接器，则先拆除线束插接器、扎带、卡扣，后拆螺纹紧固件。

假设 2 针对使用焊接、胶接连接的两个功能零件，先将其视为一个限制功能零件对拆除，然后再分别拆解。另外，子装配体、限制功能零件对都可看作功能零件进行拆解。

假设 3 功能零件假设在 $+X$、$-X$、$+Y$、$+Z$ 和 $-Z$ 方向上拆解，不可以沿着 $-Y$ 方向（即重力方向）拆解。因为处在下方的功能零件对处在上方的零件起到支承作用，并忽略拆解时的旋转。

假设 4 为了降低装备拆解信息模型的复杂度，对于连接件相同、拆解方向相同或相反、拆解工具相同的零件作为一种零件拆解。

假设 5 功能零件的法线方向以及连接件的拆解方向在进行拆解前已经确定。

(1) 包含子装配体装备的可行拆解序列生成方法

根据机械装备的组成结构，考虑包含子装配体装备的可行拆解序列生成流程，如图 3-13(a) 和 (b) 所示。主程序的拆解过程为：先将所有子装配体看作功能零件拆除，然后再分别拆解每个子装配体。综合装备的可行拆解序列和子装配体的可行拆解序列，可以得到多个含有子装配体装备的可行拆解序列。子程序的拆解过程为：根据规则 2，先拆除所有可拆卸的连接件，然后根据规则 3，拆除可拆卸的功能零件。功能零件优先沿着法线方向拆卸，若法线方向无法拆卸则沿着 $+Y$ 方向拆卸。当某些功能零件没有法线方向时，优先沿着 $+Y$ 方向拆卸。若拆除的功能零件为限制功能零件对，则需要拆除组成该限制功能零件对的两功能零件。

(2) 考虑环境与安全约束的拆解方法

在拆解装备过程中，除了零件之间的装配结构对拆解序列存在约束外，还需考虑序列在实际拆解过程中的一些外在条件约束，主要包括：

a. 拆解工具约束：拆卸零件除了需要依赖正确的拆卸方法，还需要合适的工具才能移除零件。

b. 环境约束：由于装备中可能包含液压油、润滑油以及有毒化学物质，拆解操作不当可能会造成有毒有害物质的泄漏，涉及的相关零件应尽早拆除。

c. 安全约束：由于装备中可能存在高电压和高度易燃的电动机或电气控制单元，拆解操作不当可能会发生触电、火灾和爆炸等安全事故，对拆解人员造成伤害。有安全隐患的相关零件应尽早拆除。

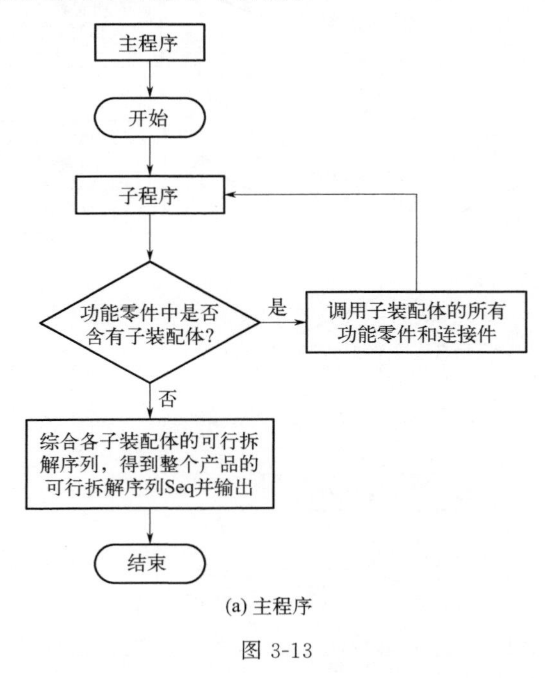

(a) 主程序

图 3-13

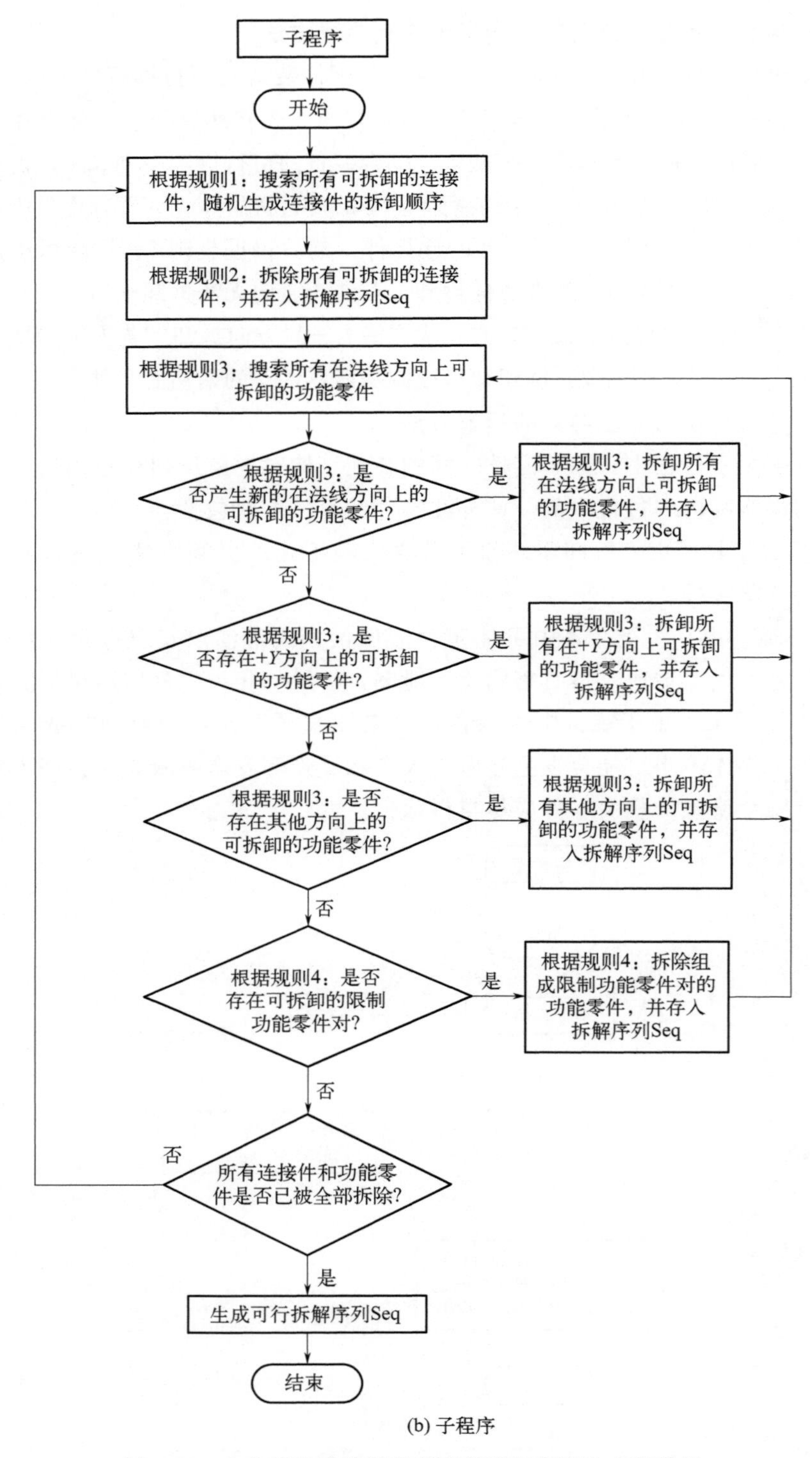

(b) 子程序

图 3-13　包含子装配体装备的可行拆解序列生成流程图

除了要满足以上约束外，可行拆解序列还需进行目标优化评价，如拆解时间、拆解收益、拆解能耗等，从而获取近似最优的拆解序列。

其中，拆解工具约束由人工经验知识制定拆解工具选择规则，通过推理获取零件的拆解工具。而环境约束和安全约束，尽管含义不同，但在机械装备拆解过程中约束性质一样，存在三种情况：要求某一零件在某个或某些零件之前或之后拆卸，或者某一零件必须在某一步执行拆卸操作。假设该零件为连接件，这三种情况的数学表达式为：

① 要求某一连接件 p_i 必须在功能零件 $\{p_1,\cdots,p_j\}$ 之前完成拆卸的人为约束 C_1 的数学表达式为：

$$\mathrm{FPFM}(p_j,d_k)=p_i,\quad d_k \text{ 表示拆卸方向}，k=1，2，\cdots，6 \tag{3-7}$$

式(3-7) 表示功能零件 $\{p_1,\cdots,p_j\}$ 的 FPFM 矩阵某方向 d_k 的值为 p_i。

② 要求某一连接件 p_i 必须在功能零件 $\{p_1,\cdots,p_j\}$ 之后完成拆卸的人为约束 C_2 的数学表达式为：

$$\mathrm{FM}(p_i,d_k)=p_1,\cdots,p_j,\quad d_k \text{ 表示拆卸方向},k=1,2,\cdots,6 \tag{3-8}$$

式(3-8) 表示连接件 p_i 的 FM 矩阵某方向 d_k 的值为 $\{p_1,\cdots,p_j\}$。

③ 要求某一连接件 p_i 必须在第一步完成拆卸的人为约束 C_3 的数学表达式为：

$$\mathrm{FM}(p_i,d_k)=0,\mathrm{FPFM}(p_m,d_k)=p_i,\quad d_k \text{ 表示拆卸方向},k=1,2,\cdots,6 \tag{3-9}$$

式(3-9) 表示连接件 p_i 的 FM 矩阵某方向 d_k 的值为 0，且第一个拆卸的功能零件 p_m 的 FPFM 矩阵某方向 d_k 的值为 p_i。若该零件为功能零件，则还需要对 FPCM 矩阵进行设置。

3.3.3.2 基于 CBR 的拆解序列生成方法

采用 CBR/RBR 方法作为拆解知识的重用和推理机制。CBR 是指根据关键特征在案例库中进行检索，找出与待求解问题最相近的匹配案例，从中提取经验或特定知识来解决新问题。在案例推理过程中，案例表达、案例检索和案例调整是案例推理研究的核心问题。

首先对待回收装备进行案例的检索与匹配。由于装备的装配结构信息不全，无法对相似案例进行方案调整。所以，若匹配成功，则匹配案例的拆解序列可以直接指导拆解，否则执行基于 RBR 的拆解序列生成方法。

(1) 案例表达

案例推理的基础是案例的表达。退役机械装备的案例可以用一个三元组来描述。

$$\mathrm{CASE}=\{N,F,S\} \tag{3-10}$$

式中，N 为案例号；$F=(F_1, F_2, \cdots, F_n)$ 为案例的数据属性描述；S 为拆解任务方案。拆解案例数据属性描述的向量集表示为：

$$F_i=\{T_i, \omega_{F_i}, V_i\} \tag{3-11}$$

式中，F_i 表示案例的第 i 个数据属性；T_i 表示第 i 个数据属性的名称；ω_{F_i} 为该数据属性与其他数据属性的关联相对权重；V_i 为数据属性的实际值。

拆解案例表示如表 3-10 所示。

表 3-10　拆解案例表示

Case number(N):PE1
Data features of used cases(F)
Product information:type_code,material_code,vendor_code,model_code,trace_information_code,date_code,serial_number,secondary_use_code Part information:id,component_name,quantity,weight Disassembly information:disassembled direction,normal direction
Solution(S) Disassembly sequence Disassembly direction Disassembly tool

(2) 案例检索

案例的检索与匹配是案例推理技术的关键环节，其目的是从案例库中找到与待回收装备的语义描述模型最接近的案例。

通常，一个案例有很多数据属性。为了降低案例检索的复杂度，选取对案例检索有重要影响的数据属性作为影响因子。装备拆解案例由 5 个影响因子决定，分别是：type_code(C_1)、material_code(C_2)、vendor_code(C_3)、model_code(C_4)、secondary_use-_code(C_5)（即装备类型代码、材料类型代码、厂商代码、规格型号代码和梯级利用代码）。这些影响因子用数字和英文字母来描述。它们属于字符串型。影响因子之间的局部相似度计算公式为：

$$\mathrm{Sim}(C_i^T, C_i^S)=\begin{cases}1, & C_i^T=C_i^S \\ 0, & C_i^T \neq C_i^S\end{cases}, i=1,2,\cdots,m \tag{3-12}$$

式中，m 为影响因子总数。

若目标案例 T 与案例库中的源案例 S 的影响因子 C_i 描述的字符/字符串完全相同，则局部相似度赋值为 1；否则就是 0。根据拆解案例影响因子的局部相似度，可计算出 T 与 S 之间的总体相似度：

$$\mathrm{Sim}(T, S)=\sum_{i=1}^{m} \omega(C_i) \mathrm{Sim}(C_i^T, C_i^S) \tag{3-13}$$

若目标案例 T 与源案例 S 的总体相似度 $\mathrm{Sim}(T, S)>\varepsilon$（$\varepsilon$ 为相似度阈值），

则可将 S 的任务方案作为 T 的任务方案。若总体相似度 $\mathrm{Sim}(T,S)\leqslant\varepsilon$，则不进行案例调整，采用规则推理获取任务方案，可设置 $\varepsilon=0.95$。

3.3.3.3 基于RBR的拆解序列生成方法

当案例匹配不成功时，执行基于RBR的拆解序列生成方法。本节根据异步-并行-局部破坏性-混合拆解可行序列生成方法和拆解规则设计了多人异步拆解和人机异步拆解可行序列生成方法。

(1) 多人异步拆解可行序列生成方法

图3-14(a) 和 (b) 为多人异步拆解可行序列生成流程图。根据此序列生成方法和拆解约束矩阵，迭代使用表3-8中定义的拆解规则，可获得每个零件的拆解方向（disassembledDirection_plusX/minusX/plusY/minusY/plusZ/minusZ）以及所有零件之间的拆解优先级关系（has_disassembled_after）。将所有拆解方向和拆解优先级关系进行综合，就可得到多个拆解序列可行解。

(2) 人机异步拆解可行序列生成方法

废旧机械装备质量状况以及失效特征存在不确定性和多样性，拆解难以实现完全自动化。使用机器人拆解装备可以降低拆解工人受到伤害的风险，且自动化程度的提高会降低劳工成本。而人机异步拆解使大规模回收利用废旧装备更具经济可行性，满足不同灵活性的拆解需求。

多人异步拆解机械装备模式的成本高，抗危险和抗疲劳能力弱，可通过研究人机异步拆解模式以改善这些问题。人机异步拆解序列生成需考虑拆解工人与机器人的拆卸特点，合理分配拆解任务，比多人异步拆解序列生成更为复杂。为此，提出一种基于零件自动化潜力评估的任务分配方法，对装备的拆解任务进行分类和分配，生成人机可执行的拆解序列。

步骤一：问题描述。

由于废旧装备质量状况不明确及失效特征存在多样性，它们的拆解和废物处理方式通常涉及更大的不确定性。这给装备自动化拆解带来了极大的挑战，以至于很多拆解企业仍然采用手工拆解装备。随着装备退役量逐年加大，多人拆解装备的弊端日显突出，已经满足不了市场和环境的需求。

报废装备回收状态的不确定性会导致拆解过程的不确定性，如螺栓生锈或滑扣导致使用螺丝刀无法拆解、部分零件变形等情况，导致原定的拆解执行方案需调整。这种情况下，拆解工人根据经验可以灵活迅速地调整方案，提高拆解过程的灵活性。当出现某些零件的拆解位置狭小、可达性差，或某些拆解操作复杂精细这类情况时，若采用机器人拆解，会增大自动化拆解的难度和成本。这类拆解操作需转交给工人处理，重新调整任务分配来动态适应实际的拆解过程。但某些情况不适合工人执行拆解操作，如重复执行简单的操作容易导致工人的注意力涣

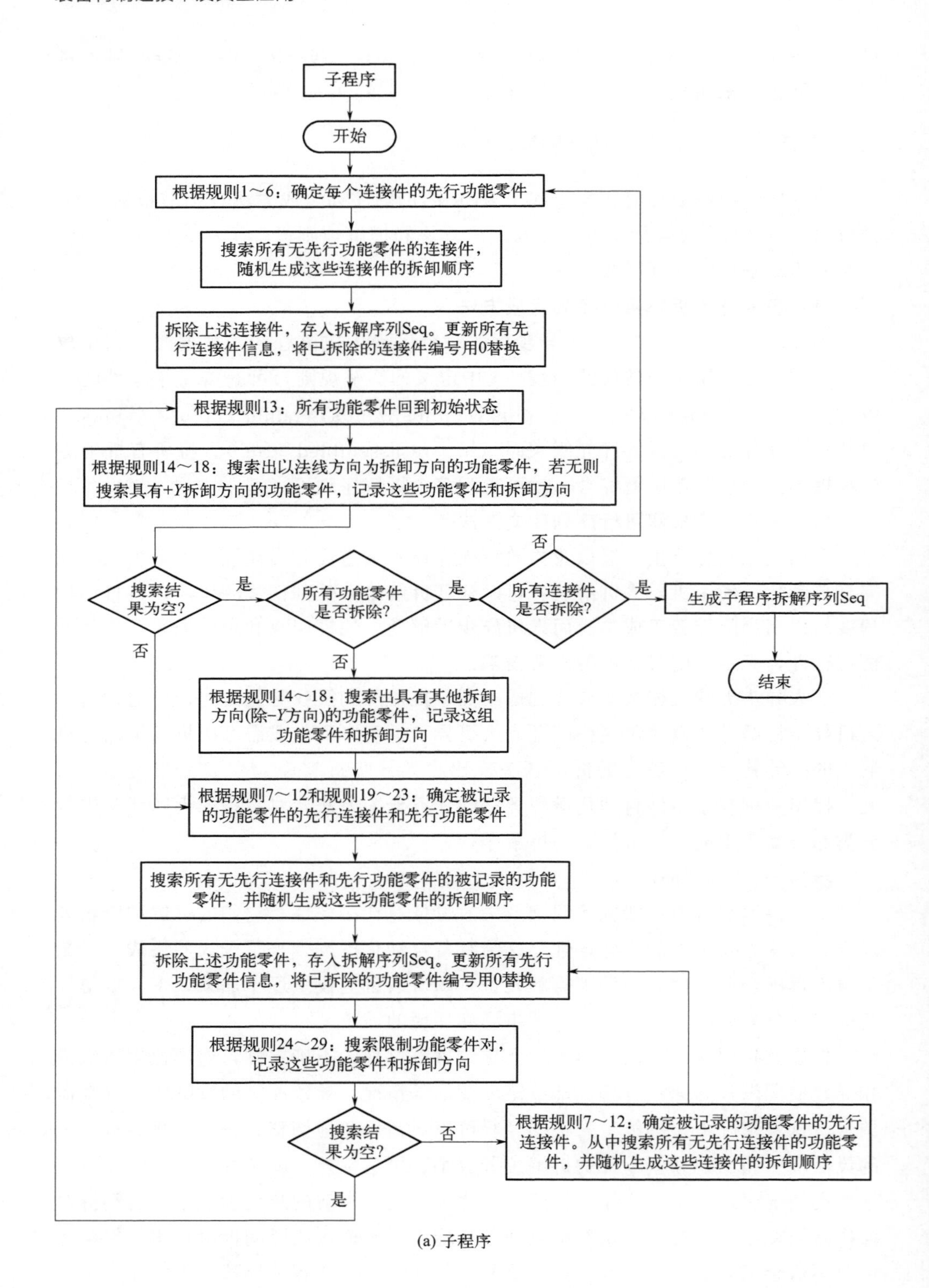
子程序
开始
根据规则1～6：确定每个连接件的先行功能零件
搜索所有无先行功能零件的连接件，随机生成这些连接件的拆卸顺序
拆除上述连接件，存入拆解序列Seq。更新所有先行连接件信息，将已拆除的连接件编号用0替换
根据规则13：所有功能零件回到初始状态
根据规则14～18：搜索出以法线方向为拆卸方向的功能零件，若无则搜索具有+Y拆卸方向的功能零件，记录这些功能零件和拆卸方向
搜索结果为空?
是
否
所有功能零件是否拆除?
是
否
所有连接件是否拆除?
是
否
生成子程序拆解序列Seq
结束
根据规则14～18：搜索出具有其他拆卸方向(除-Y方向)的功能零件，记录这组功能零件和拆卸方向
根据规则7～12和规则19～23：确定被记录的功能零件的先行连接件和先行功能零件
搜索所有无先行连接件和先行功能零件的被记录的功能零件，并随机生成这些功能零件的拆卸顺序
拆除上述功能零件，存入拆解序列Seq。更新所有先行功能零件信息，将已拆除的功能零件编号用0替换
根据规则24～29：搜索限制功能零件对，记录这些功能零件和拆卸方向
搜索结果为空?
否
是
根据规则7～12：确定被记录的功能零件的先行连接件。从中搜索所有无先行连接件的功能零件，并随机生成这些连接件的拆卸顺序

(a) 子程序

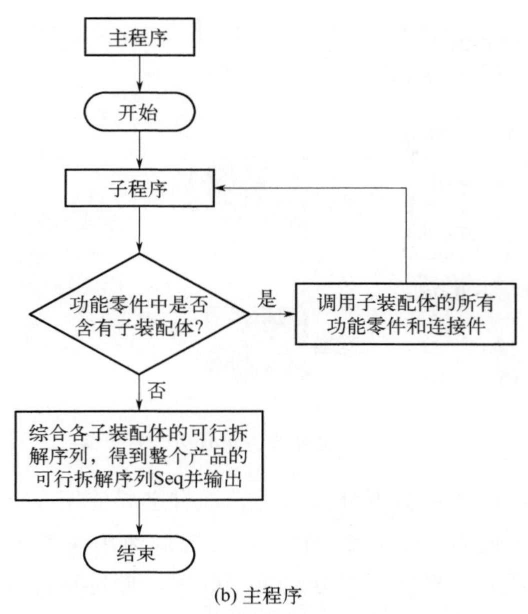

(b) 主程序

图 3-14　多人异步拆解可行序列生成流程图

散，影响拆解质量与效率；对于有害零件和有高压危险的零件，工人在执行拆解操作时，须采取防护措施；较重的部件（如变速箱、控制模块等）容易提高拆解工人的疲劳水平，甚至影响健康状态。机器人能够高效重复执行简单操作，抗危险和负重能力强，且不会疲劳，可以轻松执行以上操作。因此，相较于自动化拆解，从经济和拆解效率角度考虑，人机异步拆解装备实现的可能性会更高。工人与机器人共用拆解工作站，可以发挥各自优势以及优劣互补，提高了拆解过程的容错性、灵活性和效率。

步骤二：构建拆解自动化潜力评估标准。

在执行人机异步拆解任务之前，需要通过人机拆解序列规划指导整个拆解过程。人机拆解序列包含零件的拆解顺序信息和任务分配信息。多机器人协作或多人协作完成装备拆解，无须考虑拆解执行者的能力差异，随机分配即可。而人机异步拆解装备，分配拆解任务不是简单地平衡工人和机器人之间的工作量，而是需要根据优化目标，同时考虑工人和机器人的特性，使得拆解效率最大化。

在拆解过程中，有些拆解任务技术上难以实现自动化，有些拆解任务没有实现自动化的必要。因此，需分析每个任务的拆解特点，评估它们的自动化潜力，再进行任务分类。考虑自动化潜力的人机异步拆解任务分配框架如图 3-15 所示。分配方法如下：根据机械装备的拆解特点，制定拆解任务的自动化潜力评估标准，对每项任务评分，获取分类标签。只能分配给机器人的任务，分类标签设为 R；只能分配给工人的任务，分类标签设为 H；工人或机器人都可以分配的任务，分类标签设为 H/R。然后再针对分类标签为 H/R 的任务，根据优化目标采用合适的分配策略，确定分配结果。

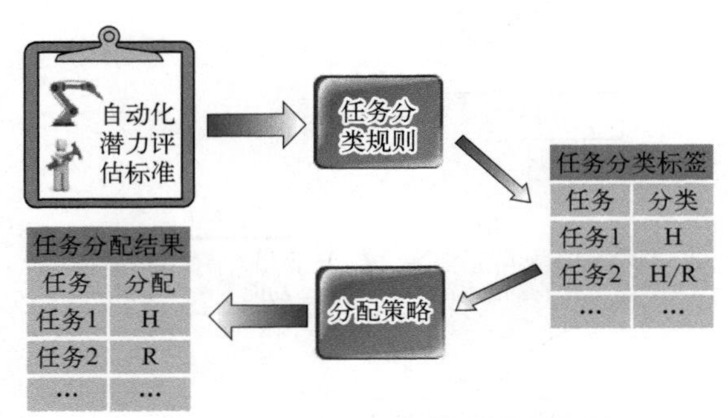

图 3-15　人机异步拆解任务分配框架

自动化潜力评估标准一共可分为两类，即有必要使用自动化的拆解任务和具有自动化拆解的技术能力，总共 10 个权重相同的简单属性。根据评估要求，对每个拆解任务进行评分，再根据评分对每个拆解任务进行任务分配。为了更准确地评估，应将每个标准的评分范围设置得更细致。这里将评分范围设置为［−2，2］，评估标准见表 3-11、表 3-12。两种拆解属性值的计算方法如式(3-14) 和式(3-15) 所示，其中，NA_i 和 TAA_i 为每个标准的得分。这样，每个拆解任务的 NA 和 TAA 的得分范围均为［−100,100］。

$$NA = 10 \times \sum_{i=1}^{5} NA_i \tag{3-14}$$

$$TAA = 10 \times \sum_{i=1}^{5} TAA_i \tag{3-15}$$

步骤三：拆解任务分配。

拆解任务分配方法是将零件作为任务，对零件先进行分类，再分配给工人或机器人。根据文献［8］的结论，$NA \geqslant 0$ 和 $TAA \geqslant 50$ 时，这些任务可以实现自动化拆解。如果某拆解任务的 $TAA < 50$，表示机器人执行该任务有困难，不分配给 R。拆解任务分类规则如下所示：

$$任务分类 = \begin{cases} R, & 当\ NA > 0, TAA \geqslant 50\ 时 \\ H/R, & 当\ NA \leqslant 0, TAA \geqslant 50\ 时 \\ H, & 其他 \end{cases} \tag{3-16}$$

采用拆解任务分类规则对每个拆解任务分类，对于分类标签是 H/R 的拆解任务，文献［9］制定了 4 种策略进行随机分配，分别是随机策略、任务均衡策略、拆解时间优先策略和拆解难度优先策略。自动化潜力评估标准里已考虑拆解难度和拆解时间情况，因此，采用任务均衡策略进行分配，有利于缩短整个拆解过程的完成时间。任务均衡策略是指将下一任务分配给与本任务不同的执行者，例如本次分配给 H，则下次分配给 R。

表 3-11　NA 的评估标准

序号	属性	评分标准					备注
1	动作数量(人)	2 动作数量很多	1 动作数量较多	0 动作数量中等	−1 动作数量较少	−2 动作数量很少	考虑动作种类和同种零件数量
2	手动拆解时间	2 拆解时间很长	1 拆解时间较长	0 拆解时间一般	−1 拆解时间较短	−2 拆解时间很短	基于 MTM 近似测量
3	危险(高压保护,危险材料)	2 有高压和化学危险,也有锋利的边缘可能	1 有高压或化学危险,也有锋利的边缘可能	0 有高压或化学危险,没有锋利的边缘可能	−1 没有高压和化学危险,只有锋利的边缘可能	−2 没有高压或化学危险,没有锋利的边缘可能	危险范围:锋利的边缘,化学物质的危险,高压危险。必须考虑对工人的必要保护及其成本和较长的工作时间
4	重量	2 ≥25kg 或具有较强的弯曲/扭转和远离身体的重量	1 <25kg 或距离较远或较强的弯曲/扭转	0 <15kg 或身体中等弯曲,部分远离身体	−1 <10kg 或身体轻微弯曲	−2 <5kg,上身直,部分靠近身体	结合姿势和重量。工人不能长时间负重或多次重复负重。分数越高越倾向于自动化
5	优先权(值)	2 必须得到单体和其他有价值的材料	1 必须得到单体	0 不是必须得到单体但必须得到其他有价值的材料	−1 不是很有价值的材料,而是对不同的材料进行分类,以便回收利用	−2 低成本材料,不是必须得到单体	经济驱动标准

表 3-12　TAA 的评估标准

序号	属性	评分标准					备注
1	动作的复杂性（对于机器人，不同动作的次数）	2 几个简单的标准动作（只有平移和旋转），例如简单的螺钉，简单的抓取	1 中等数量的标准动作（允许两次更换工具），例如不同的螺钉	0 更复杂的动作（最多1次）或更多的工具更换，例如撬、切割，或更大的抓取	−1 复杂的动作和许多工具更换	−2 非常复杂的操作，例如特殊的拔掉	动作的数量和难度结合
2	末端执行器的访问	2 完全开放，任何末端执行器都可以接近它	1 开放，但末端执行器的尺寸限制，或无法访问	0 需要加长末端执行器（如加长螺丝刀）	−1 需要小工具或角度螺丝刀	−2 对于机器人末端执行器来说根本没有访问权限	为了实现自动化拆解，要求给定的末端执行器能够很容易地接近零件
3	检测的可能性	2 视野开阔，无阴影，色彩对比度好，以及相对较大的部件	1 视野开阔，阴影，或对比度差，或中等尺寸的部件	0 部分隐藏或对比度差，以及阴影或较小尺寸的部件	−1 部分隐藏和对比度差或阴影和/或细小部件	−2 完全隐藏，没有机会测出零件	零件检测和定位的视觉系统
4	机器人末端执行器的自动化潜力	2 自动化工具的多种选择	1 有一些现有的自动化工具选择	0 至少有一个现有的自动化工具选择（没有完全测试）	−1 提出自动化概念，尚未完全实现	−2 没有提出自动化概念，关于未来自动化的可能性不确定	对不同自动化工具的研究或工具选择的数量，并影响系统的实现水平和可靠性
5	材料处理	2 将简单的紧固件收集到金属箱中进行简单的进一步回收，比如螺钉	1 金属材料，小或中等尺寸的零件，如托架	0 无法分类的不同材料，或者部件非常大，比如带传感器的电缆	−1 如果零件比较大，又涉及不同的材料，回收就比较困难	−2 零件非常大，有一个笨重的形状或涉及危险材料。例如：含有易燃烧的冷却剂的冷却板	零件尺寸和材料种类影响回收

多人异步拆解可行序列生成方法只能生成普通的并行拆解序列，无法对其零件类型分配任务，因此不适用于人机异步拆解。可采用依次确定零件的顺序与任务分配的策略，图 3-16(a)、(b) 和 (c) 为人机异步拆解可行序列生成流程图。

主程序中，若装备包含子装配体，子装配体作为功能零件拆卸；人机异步拆解可行序列 Seq 的格式为 $\text{Seq}=\{x_1^k,x_2^k,\cdots,x_n^k\}$，其中任务执行者 $k\in\{0,1\}$，x_i 表示零件和拆解方向，$i=1,2,\cdots,n$，n 表示装备零件总数。则 Seq 可拆分为工人拆解序列 $\text{Seq}^0=\{x_1^0,x_2^0,\cdots,x_{n_h}^0\}$与机器人拆解序列 $\text{Seq}^1=\{x_1^1,x_2^1,\cdots,x_{n_r}^1\}$。$n_h$ 表示工人拆解的零件个数，n_r 表示机器人拆解的零件个数。例如：$\text{Seq}=\{3^0(-X),11^0(-Z),7^1(+Y),2^1(+Y),5^0(+Z)\}$表示工人的拆解序列为$\{3(-X),11(-Z),5(+Z)\}$，机器人的拆解序列为$\{7(+Y),2(+Y)\}$。

子程序中，先搜索可拆卸零件，并随机生成可拆卸零件的拆卸顺序。再逐一进行任务分配，然后拆除全部可拆卸零件，并更新先行功能零件和先行连接件的编号。其中，可拆卸零件满足要求：无先行功能零件的连接件可拆卸，无先行功能零件和无先行连接件的功能零件可拆卸。

任务分配程序中，从可拆卸零件中顺序选择某零件获取其拆解方向并进行任务分配，加入到拆解序列 Seq 中。直到可拆卸零件全部分配完为止。

任务分配流程为：首先采用自动化潜力评估标准对所有零件评分，然后根据

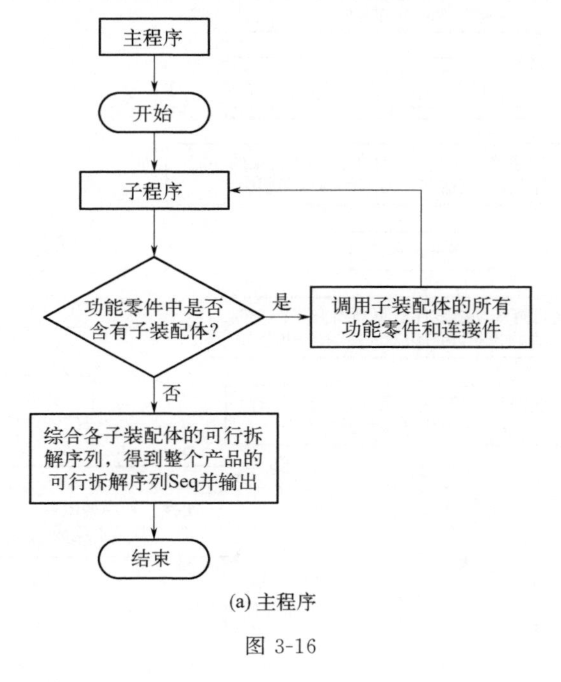

(a) 主程序

图 3-16

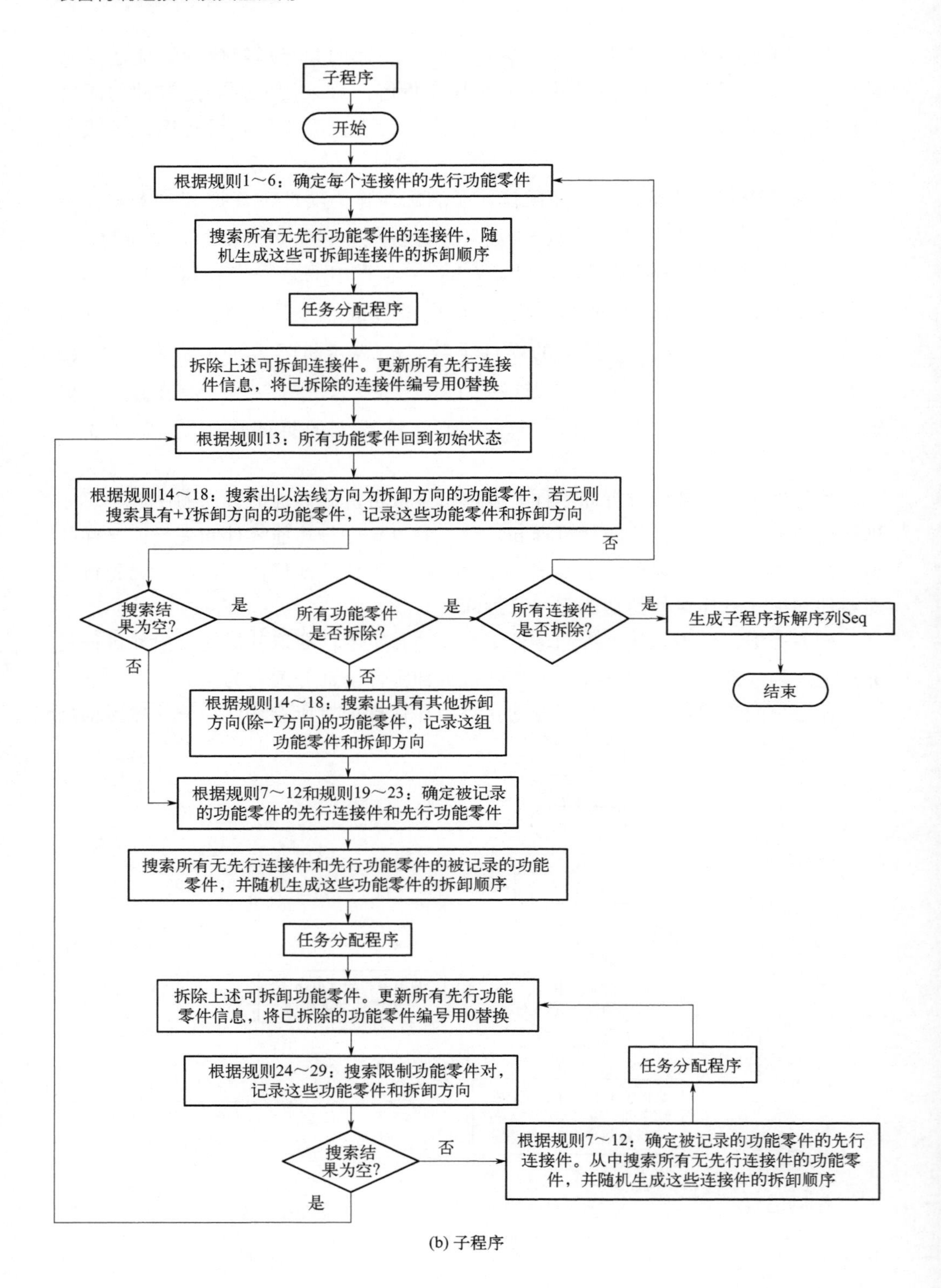
子程序
开始
根据规则1～6：确定每个连接件的先行功能零件
搜索所有无先行功能零件的连接件，随机生成这些可拆卸连接件的拆卸顺序
任务分配程序
拆除上述可拆卸连接件。更新所有先行连接件信息，将已拆除的连接件编号用0替换
根据规则13：所有功能零件回到初始状态
根据规则14～18：搜索出以法线方向为拆卸方向的功能零件，若无则搜索具有+Y拆卸方向的功能零件，记录这些功能零件和拆卸方向
否
搜索结果为空?
是
所有功能零件是否拆除?
是
所有连接件是否拆除?
是
生成子程序拆解序列Seq
结束
否
否
根据规则14～18：搜索出具有其他拆卸方向(除-Y方向)的功能零件，记录这组功能零件和拆卸方向
根据规则7～12和规则19～23：确定被记录的功能零件的先行连接件和先行功能零件
搜索所有无先行连接件和先行功能零件的被记录的功能零件，并随机生成这些功能零件的拆卸顺序
任务分配程序
拆除上述可拆卸功能零件。更新所有先行功能零件信息，将已拆除的功能零件编号用0替换
根据规则24～29：搜索限制功能零件对，记录这些功能零件和拆卸方向
任务分配程序
搜索结果为空?
否
根据规则7～12：确定被记录的功能零件的先行连接件。从中搜索所有无先行连接件的功能零件，并随机生成这些连接件的拆卸顺序
是

(b) 子程序

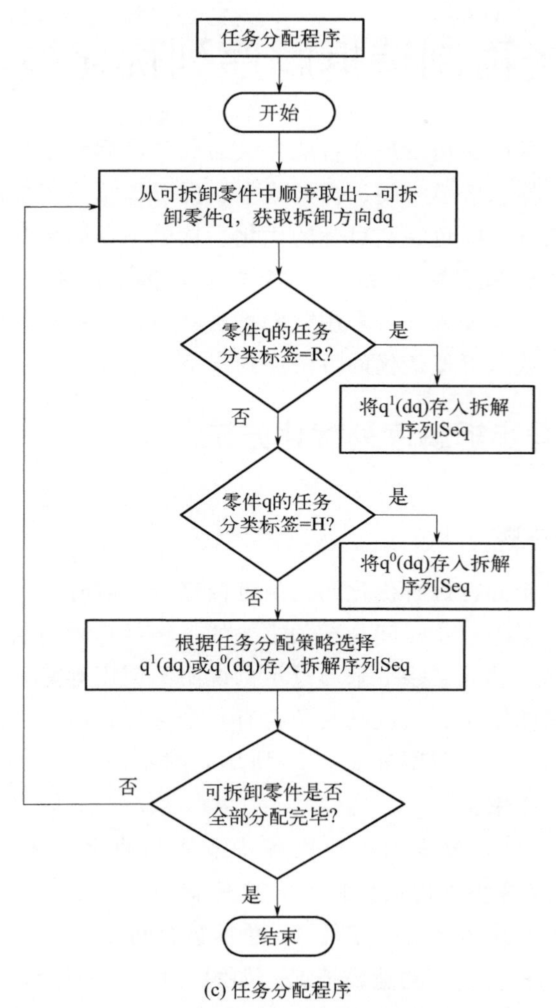

(c) 任务分配程序

图 3-16　人机异步拆解可行序列生成流程图

任务分类规则对每个零件分类。分类标签为 R 的零件分配到机器人拆解序列；分类标签为 H 的零件分配到工人拆解序列；而分类标签为 H/R 的零件，则根据任务均衡策略进行分配。

在零件拆除后，需更新关于此零件的先行连接件和先行功能零件。更新过程为：若连接件 A 被拆除，而功能零件 B 的先行连接件为连接件 A，则将功能零件 B 的先行连接件的编号设置为 0；若功能零件 B 被拆除，而功能零件 C 的先行功能零件为功能零件 B，连接件 A 的先行功能零件也为功能零件 B，则将功能零件 C 的先行功能零件的编号设置为 0，连接件 A 的先行功能零件的编号设置为 0。

3.4 装备再制造拆解序列优化技术

随着计算机技术的快速发展和智能算法的成熟，拆解序列优化问题得到更深入的研究。优化目标从拆解时间、拆解成本、拆解收益等传统目标优化逐步转为拆解能耗、能量效率等绿色制造目标的优化，从单一目标转变为多目标的协调优化。机械装备的体积和重量较大，结构较复杂，拆解过程存在高压、划伤等风险，需多个执行者协作完成。可采用智能算法对多人异步拆解序列和人机异步拆解序列进行优化，获取近似最优的拆解序列。

3.4.1 多人异步拆解序列优化方法

3.4.1.1 等待策略

多人协作的异步并行拆解优化问题高度依赖于拆解时间，在拆解过程中分析拆解时间的组成，对缩短总时间是至关重要的。将拆解时间细分为执行时间、准备时间和等待时间三部分，接下来通过示例说明不使用等待策略和使用不同的等待策略对拆解时间的影响。假设某装备含有 4 个零件，由 2 个执行者拆卸，各零件拆卸的执行时间和准备时间如表 3-13 所示，除零件 3 必须在零件 2 之后拆卸外，无其他优先级约束。

图 3-17(a) 和 (b) 分别为不使用等待策略和使用等待策略的并行拆解序列。1 号执行者拆卸零件 3 的时间比 2 号执行者短，若零件 1 拆除后等待零件 2 拆除完，再选择 1 号执行者拆除零件 3，总拆解时间 T_2 比 T_1 减少 10s。若考虑等待时间 wt 与准备时间 pt 的重叠情况，如图 3-17(c) 所示，零件 1 拆除后，在等待的时间里进行拆卸的准备工作，将 wt 作为 pt 的一部分，则 1 号执行者的拆解时间为 70s，总拆解时间 T_3 比 T_2 减少 5s。通过以上分析，引入等待策略（准备时间和等待时间重叠），是缩短并行拆解时间的关键。

表 3-13 各零件的拆解时间

零件编号	1 号执行者		2 号执行者	
	执行时间/s	准备时间/s	执行时间/s	准备时间/s
1	20	10	20	10
2	20	20	20	20
3	20	20	20	30
4	25	10	25	10

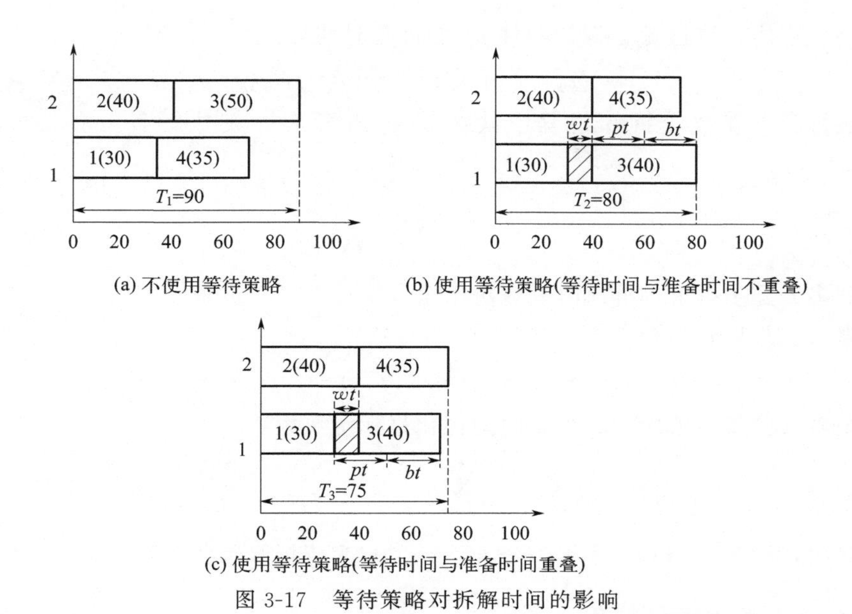

(a) 不使用等待策略　　(b) 使用等待策略(等待时间与准备时间不重叠)

(c) 使用等待策略(等待时间与准备时间重叠)

图 3-17　等待策略对拆解时间的影响

3.4.1.2　数学优化模型

据等待策略的原理，设 $k(k=1,2,\cdots,K)$ 为拆解任务的执行者。执行者 k 花费在零件 p_i 上的拆解时间 $t_{k,i}$ 为：

$$t_{k,i}=bt_{k,i}+\max\{pt_{k,i},wt_{k,ij}\} \tag{3-17}$$

其中，$bt_{k,i}$ 为执行时间，即执行者 k 解除零件 p_i 连接约束所花费的时间；$wt_{k,ij}$ 为执行者 k 拆解零件 p_j 前需要等待 p_i 完成拆解的时间，这种情况只有零件 p_i 优先于零件 p_j 拆解时才会发生；准备时间 $pt_{k,i}$ 可细分为工具准备时间 $tt_{k,i}$ 和拆解位置切换时间 $mt_{k,i}$。执行者从一个零件移动到下一个零件的过程中，可以进行方向切换，因此无须单独计算方向切换时间。工具准备时间 $tt_{k,i}$ 表示执行者 k 拆解零件 p_i 准备拆解工具所花费的时间，与拆解前一零件 p_{i-1} 所用的工具有关，公式如下所示：

$$tt_{k,i}=\begin{cases}0, & \text{与前一零件的拆卸工具相同}\\ tt_{k,i}, & \text{否则}\end{cases} \tag{3-18}$$

拆解位置切换时间 $mt_{k,i}$ 用拆解零件 p_i 和下一个拆解零件 p_{i+1} 的边界框中心之间的曼哈顿距离 d_i 除以执行者 k 的平均移动速度 V_k 得到。其中，零件 p_i 和零件 p_{i+1} 的坐标分别为(x_i,y_i,z_i)，$(x_{i+1},y_{i+1},z_{i+1})$。

$$mt_{k,i}=\frac{d_i}{V_k}=\frac{|x_{i+1}-x_i|+|y_{i+1}-y_i|+|z_{i+1}-z_i|}{V_k} \tag{3-19}$$

综上所述，执行者 k 拆卸零件 p_i 的拆解时间为：

$$t_{k,i}=bt_{k,i}+\max\{tt_{k,i}+mt_{k,i},wt_{k,ij}\} \tag{3-20}$$

执行者 k 在整个拆卸过程中共拆卸 n_k 个零件，则执行者 k 的总拆解时间为：

$$f_{t_k}=\sum_{i=1}^{n_k}t_{k,i} \tag{3-21}$$

则多人异步拆解的拆解时间取决于全部执行者中总拆解时间最长的一位。因此，多人异步拆解序列的拆解时间为：

$$f_t=\max(f_{t_k}) \tag{3-22}$$

则多人异步拆解序列的拆解时间优化目标函数为：

$$f=\min\left\{\max\left\{\sum_{i=1}^{n_1}t_{1,i},\sum_{i=1}^{n_2}t_{2,i},\cdots,\sum_{i=1}^{n_k}t_{k,i},\sum_{i=1}^{n_K}t_{K,i}\right\}\right\} \tag{3-23}$$

其中，$n_1+n_2+\cdots+n_k+\cdots+n_K=n$。$n$ 为待拆解装备的零件总数。

3.4.1.3 优化模型求解方法

遗传算法（GA）使用适应度值进行搜索，几乎可以处理任何问题。而且它采用并行滤波机制，具有极强的容错能力，成功应用于拆解序列规划领域。但传统的遗传算法存在编码表示不准确、容易过早收敛、通过交叉变异后会产生大量不可行个体等不足，需根据本工程问题改进 GA，重新设计编码、解码、目标函数计算等相关步骤，具体方法如下。

(1) 染色体编码

染色体编码的设计不仅能有效表示拆解方案，还直接影响后续的交叉、变异操作和算法最终的求解效率。拆解方案涉及零件、拆卸方向和工人编号。因此，采用多层整数编码方式构造染色体，即 $v=\{v^1,v^2,v^3\}$。这里 $v^1=\{p_1,\cdots,p_i,\cdots,p_n\}$是由零件编号组成的拆解序列，$p_i\in\{1,2,\cdots,n\}$代表拆解序列中的第 i 个零件，n 是装备零件总数；$v^2=\{d_1,\cdots,d_i,\cdots,d_n\}$用来表示零件的拆卸方向序列，$d_i\in\{1,2,\cdots,6\}$，分别表示$+X/-X/+Y/-Y/+Z/-Z$ 这 6 个方向；$v^3=\{q_1,\cdots,q_i,\cdots,q_n\}$用来表示任务执行者序列，$q_i\in\{1,2,\cdots,K\}$，$K$ 是任务执行者总数。例如，$v^1=\{3,4,1,6,2,5,7\}$，$v^2=\{1,2,3,[1,2],3,5,6\}$，$v^3=\{1,2,2,3,1,1,3\}$。$v^1$ 中的零件 3，2，5 的拆卸方向分别为$+X$、$+Y$ 和$+Z$，它们由 v^3 中的 1 号执行者拆卸；v^1 中的零件 4，1 的拆卸方向分别为$-X$ 和$+Y$，它们由 v^3 中的 2 号执行者拆卸；v^1 中的零件 6，7 的拆卸方向分别为$+X/-X$ 和$-Z$，它们由 v^3 中的 3 号执行者拆卸。这种编码方式可以通过执行者序列 v^3 灵活地改变执行者的人数和顺序，能简洁地表达多人协作拆卸零件的信息。另外，这种编码方式也方便交叉和变异操作，v^1 和 v^3 中值的变动不会影响彼此。变异算子利用这一特性，只对 v^3 执行变异操作而不改变 v^1，变异后的染色体仍满足约束关系，无须调整。

(2) 种群初始化和解码染色体

改进的遗传算法（IGA）首先需要生成满足约束关系的可行染色体实现种群的初始化。可根据图 3-14 所示的多人异步拆解可行序列生成流程图生成可行的拆解序列。当多个零件都可以拆解时，随机排序加入到序列中，每个执行者的编号也是随机生成的，这样保证了染色体的多样化。

种群初始化后，为了便于后续计算染色体的适应度值，需要取得每个执行者的拆解序列，即解码染色体。图 3-18 为可行染色体 v 的解码示例。

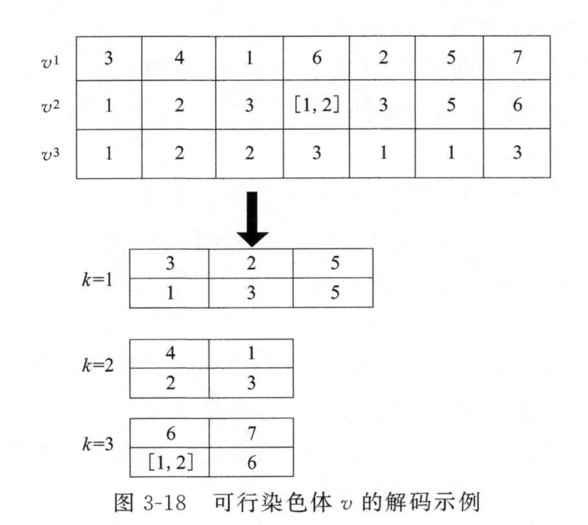

图 3-18　可行染色体 v 的解码示例

(3) 计算目标函数值

目标函数是求出多人异步拆解过程的完工时间，即所有零件的最大完工时间。因此，目标函数为最小化最大完工时间（makespan）的优化问题。拆解时间细分为执行时间、准备时间（工具准备时间和拆解位置切换时间）和等待时间。通过借鉴文献［12］中的基于多层编码遗传算法的车间调度算法思路，引入等待策略机制（考虑准备时间和等待时间重叠情况），目标函数值的计算步骤如下。

步骤 1：构造零件的优先矩阵 PM，初始化相关矩阵和变量，包括：所有零件的开始时间和完工时间矩阵 PVal、各执行者上一个已拆卸零件的信息矩阵 DT（零件编号、拆解工具编号和零件坐标）、各执行者拆卸当前零件的完工时间矩阵 TW、每个执行者将拆卸的零件信息矩阵 WS（零件编号和方向）、最先拆卸的零件信息矩阵 DF（零件编号和方向）以及上一次 DF 中最后拆卸的零件 lastcnum。

步骤 2：根据解码后的染色体 P 将各执行者待拆卸的零件存入 WS，再根据

PM 从 WS 中找出各执行者当前可拆卸的零件存入 DF，并更新 P。

步骤 3：获取 DF 中需拆卸零件的信息（执行时间 bt，工具准备时间 tt、拆解工具编号和零件三维坐标），用于计算以下时间：

a. 计算零件 i 的准备时间 pt。执行者 k 将当前拆卸零件 i 的工具编号与 DT 中上一个拆卸零件的工具编号比较，相同则工具准备时间为 0，不相同则为 tt。从 DT 中取执行者 k 的上一个拆卸零件的三维坐标与零件 i 的三维坐标，根据式(3-19) 计算零件 i 的拆解位置切换时间。则可求得零件 i 的 pt。

b. 计算零件 i 的等待时间 wt。零件 i 的等待开始时间 wst 和等待结束时间 wft 都为 TW 中执行者 k 上一个零件的完工时间。若 lastcnum 优先于零件 i，则零件 i 的 wft 为 PVal 的最大完工时间。零件 i 的 $wt=wft-wst$。

c. 根据式(3-20) 计算零件 i 的拆解时间 t。

d. 计算零件 i 的开始时间 st 和完工时间 ft。比较 TW 中执行者 k 上一个零件的完工时间和 wft，较大值为零件 i 的 st。零件 i 的 ft 为 TW 中执行者 k 上一个零件的完工时间与 t 之和。

步骤 4：记录零件 i 的信息存入 DT、TW，更新 PM。当 DF 中所有零件的 st 和 ft 被求出后，记录 lastcnum 的值并将 WS 和 DF 清零。

步骤 5：若所有零件的 st 和 ft 计算完毕，则结束计算，否则返回步骤 2。

(4) 交叉操作

根据文献 [13]，对初始染色体 v 采用 PPX 交叉操作。若初始染色体 v 满足零件优先约束关系，则交叉后的染色体仍然满足零件优先约束关系，且不会出现重复的零件和缺少某些零件，完美解决了两点交叉操作产生大量不可行个体的问题。交叉示例如图 3-19 所示，步骤如下：

① 随机生成两条与染色体长度相等的执行序列，其中的元素只含有 1 和 2 两个数值，用来表示选取哪个父代的基因。

② 随机选择两条染色体作为父代，根据其中一条执行序列从左往右依次选取指定父代的第一个基因，插入子代，同时在两个父代上清空插入子代的基因。当两父代无基因时，PPX 交叉过程结束。

③ 根据两父代染色体和两条执行序列生成两子代染色体。

(5) 变异操作

变异操作是修改染色体上的部分基因，可增加染色体的多样性和搜索空间。本节的拆解序列包含零件、方向和执行者，交叉操作改变的是零件顺序，若变异操作改变方向，则容易出现大量不可行的染色体，这时需要对染色体进行检测和调整，降低了算法效率。而改变执行者，不会影响零件顺序和方向，变异后的染色体仍然可行。所以，此次变异操作改变执行者，作用于 v^3。变异操作为：随机选出 v^3 中的两个执行者编号，交换位置。

父代1	3	4	1	6	2	5	7
	1	2	3	[1, 2]	3	5	6
	1	2	2	3	1	1	3
父代2	4	3	1	5	2	6	7
	2	1	3	5	3	[1, 2]	6
	3	2	1	3	1	3	2
执行序列1	2	2	1	1	2	1	1
执行序列2	1	2	2	2	1	1	2
子代1	4	3	1	6	5	2	7
	2	1	3	[1, 2]	5	3	6
	3	2	2	3	3	1	3
子代2	3	4	1	5	6	2	7
	1	2	3	5	[1, 2]	3	6
	1	3	1	3	3	1	2

图 3-19　PPX 交叉示例

3.4.2　人机异步拆解序列优化方法

3.4.2.1　人机异步拆解序列优化模型

机器人的一个重要优势是能一直保持一定的工作效率不停工作，而工人会随时间的递增产生疲劳。当疲劳过度时，会降低工作效率和质量，还可能产生与工作有关的疾病和伤害。疲劳一般分为脑力疲劳（精神疲劳）和体力疲劳（肌肉疲劳）。肌肉疲劳定义为身体肌肉无法维持一个特定的姿势或力量水平，而休息有助于减轻身体疲劳。拆解过程中考虑人员疲劳水平的影响，才贴近实际拆解情况。因此，根据人机异步拆解序列可行解、拆解时间优化模型和人员疲劳-恢复模型，获取批量装备总拆解时间最优的拆解方案。该拆解方案能避免拆解工人因过度疲劳而影响实际的拆解效率。

表 3-14 列出了本节所使用的符号。本节所用到的术语和假设定义如下。

假设 1　一个工作日只拆解一种装备。拆完一个装备的时间为一个作业周期，休息周期用来等待下一个装备放置于拆解工作站上。

假设 2　所有作业周期有相同的工作模式。在一个工作日内需要拆解的装备数目是固定的。在每个工作日的开始，工人的疲劳水平为 0，即工人完全恢复后开始一个工作日。

假设 3　工人在拆解单个装备过程中的疲劳水平保持不变。等待下一个装备拆解的休息周期会对疲劳进行恢复，所以需要分别计算作业周期结束和休息周期结束时的疲劳水平。

假设 4 给出了疲劳水平的上限 F_{max}，以控制工人的健康风险。

假设 5 一个拆解工作站包含一位拆解工人与一个机器人，拆解一个零件表示一个拆解任务只能分配给一个执行者完成。执行者拆解零件的拆解工具、时间和方向作为先验知识。

表 3-14 本节使用的符号

符号	含义
H,R,H/R	表示三种任务分类标签：工人，机器人，工人/机器人
i	表示零件下标，$i=1,2,\cdots,n/n_h/n_r$
n_h	工人拆解的零件数
n_r	机器人拆解的零件数
k	执行者，$k=0$ 表示工人拆解，$k=1$ 表示机器人拆解
m	装备下标，作业周期下标，$m=1,2,\cdots,n_w$
n_w	一个工作日的作业周期数或拆解的装备数量[－]
λ	疲劳累积参数[－]
μ	恢复累积参数[－]
t_w	作业周期 m 的作业时间长度，$m=1,\cdots,n_w$[s]
$t_{R(m)}$	作业周期 m 后的休息时间长度，$m=1,\cdots,n_w-1$[s]
F_{max}	疲劳水平的上限
$F_m(t)$	作业周期 m 后 t 时刻的近似总动态疲劳水平
$R_m(\tau)$	作业周期 m 后恢复时间 τ 后的残余疲劳水平

(1) 疲劳-恢复模型

在拆解过程中，工人的疲劳水平在不断变化。当工人持续地执行一个任务时，一旦肌肉疲劳达到了最大水平（F_{max}），工人就无法保持执行任务所需的肌肉力量。他/她要么完全休息一段时间，要么执行一个较轻松的任务，以减轻肌肉疲劳，使受影响的肌肉恢复。因此，工人应在不超过其最大疲劳水平的情况下完成所有分配的任务。为了确保工人的疲劳水平不会超过最大疲劳水平，需计算每个作业周期结束时和作业周期开始时工人的疲劳水平。图 3-20 描述了工作-休息周期与疲劳-恢复之间的关系。

作业周期 m 结束和休息周期 m 结束时疲劳水平公式分别为：

$$F_m(t_w)=R_m(t_{R(m-1)})+[1-R_{m-1}(t_{R(m-1)})](1-e^{-\lambda t_w}),\quad m=1,2,\cdots,n_w \tag{3-24}$$

$$R_m(t_{R(m)})=F_m(t_w)e^{-\mu t_{R(m)}},\quad m=1,2,\cdots,n_w-1 \tag{3-25}$$

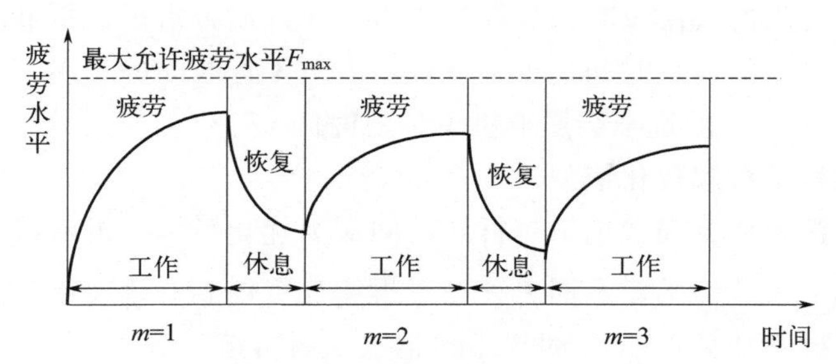

图 3-20　工作-休息周期与疲劳-恢复之间的关系

且每个作业周期的疲劳水平有上限：

$$F_m(t_w) \leqslant F_{max}, \quad m=1,2,\cdots,n_w \tag{3-26}$$

第一个作业周期开始时的残余疲劳为：

$$R_0(t_{R(0)})=F_0=0 \tag{3-27}$$

用式(3-24)～式(3-26)，可以推导出 $t_{R(m)}$ 的下限（休息时间的最小值），过程如下：

用式(3-25) 替换式(3-24) 中的 $R_{m-1}(t_{R(m-1)})$ 得到：

$$\begin{aligned}F_m(t_w)&=R_{m-1}(t_{R(m-1)})+(1-R_{m-1}(t_{R(m-1)}))(1-e^{-\lambda t_w})\\&=F_{m-1}(t_w)e^{-\mu t_{R(m-1)}}+(1-F_{m-1}(t_w)e^{-\mu t_{R(m-1)}})(1-e^{-\lambda t_w})\\&=1+F_{m-1}(t_w)e^{-\mu t_{R(m-1)}}e^{-\lambda t_w}-e^{-\lambda t_w}\end{aligned} \tag{3-28}$$

根据式(3-26) 的疲劳约束，可得：

$$F_m(t_w)=1+F_{m-1}(t_w)e^{-\mu t_{R(m-1)}}e^{-\lambda t_w}-e^{-\lambda t_w} \leqslant F_{max} \tag{3-29}$$

即 $t_{R(m-1)} \geqslant \frac{1}{\mu}\ln\left[\frac{F_{m-1}(t_w)e^{-\lambda t_w}}{F_{max}-1+e^{-\lambda t_w}}\right]$，$t_{R(m-1)}$ 作为休息时长，值为非负数。则 $t_{R(m-1)}$ 的最小值为：

$$t_{R(m-1)} \geqslant \max\left\{0, \frac{1}{\mu}\ln\left(\frac{F_{m-1}(t_w)e^{-\lambda t_w}}{F_{max}-1+e^{-\lambda t_w}}\right)\right\}, \quad m=2,\cdots,n_w \tag{3-30}$$

根据文献［15］可知，对于较高允许值的最大疲劳水平，工人将始终在接近最大允许值的疲劳水平上操作；对于较低允许值的最大疲劳水平，工人的疲劳水平与较低的平均疲劳水平有更强的变化。这意味着，降低允许的最大疲劳水平可以使工人随着时间的推移更好地恢复，有助于降低产生职业健康问题的风险。该模型只允许必要的恢复，以确保工人在下一个工作周期结束时正好达到最大疲劳极限。而休息时间的安排及其长度取决于最大允许疲劳水平。更低的最大允许疲劳水平会导致更长的休息时间，也会降低工人对工作时间的利用率。因此，作业条件（λ、μ、$F_{\max}$）的选择会影响拆解的总时间。

(2) 人机异步拆解优化模型

人机异步拆解优化问题也采用拆解时间作为优化目标，拆解时间 $t_{k,i}$ 的数学模型与 3.4.1 节大致相同，不同之处在于拆解任务的执行者 $k=0$ 或 1，$k=0$ 时表示工人执行拆解任务，$k=1$ 时表示机器人执行拆解任务。

n_{h} 和 n_{r} 分别为工人和机器人拆解的零件数，设工人和机器人拆解第 m 个装备的拆解时间分别为 HT_m 和 RT_m，表示如下：

$$HT_m=\sum_{i=1}^{n_{\mathrm{h}}}t_{0,i},RT_m=\sum_{i=1}^{n_{\mathrm{r}}}t_{1,i} \tag{3-31}$$

则一个作业周期的作业时间：

$$t_{\mathrm{w}}=\max\{HT_m,RT_m\} \tag{3-32}$$

一个工作日拆解 n_{w} 个装备，则总拆解时间表示为：

$$T_{\mathrm{total}}=n_{\mathrm{w}}\times t_{\mathrm{w}}+\sum_{m=1}^{n_{\mathrm{w}}-1}t_{R(m)} \tag{3-33}$$

因此，基于疲劳-恢复的拆解时间优化模型如下：

$$\min T_{\mathrm{total}}=\min[n_{\mathrm{w}}\times t_{\mathrm{w}}+\sum_{m=1}^{n_{\mathrm{w}}-1}t_{R(m)}] \tag{3-34}$$

$$\text{s. t.}\begin{cases}F_0=R_0(t_{R(0)})=0\\ F_m(t_{\mathrm{w}})\leqslant F_{\max}, \quad m=1,2,\cdots,n_{\mathrm{w}}\\ t_{R(m-1)}\geqslant\max\left\{0,\dfrac{1}{\mu}\ln\left(\dfrac{F_{m-1}(t_{\mathrm{w}})\mathrm{e}^{-\lambda t_{\mathrm{w}}}}{F_{\max}-1+\mathrm{e}^{-\lambda t_{\mathrm{w}}}}\right)\right\}, \quad m=2,\cdots,n_{\mathrm{w}}\end{cases} \tag{3-35}$$

3.4.2.2 求解方法

为了求解式(3-34) 和式(3-35) 表示的人机异步拆解优化模型，需对改进的 GA 做进一步的调整。仍然沿用染色体编码方式、解码方式。根据任务分配方法以及优化模型的不同，需要重新设计种群初始化、适应度值计算和变异操作。

(1) 种群初始化

本节仍然采用多层整数编码方式构造染色体，$v^3=\{q_1,\cdots,q_i,\cdots,q_n\}$ 仍然用来表示任务执行者序列。这里需要说明的是，$q_i\in\{1,2\}$，任务执行者总数

$n=2$，其中，1 表示工人执行拆解任务，2 表示机器人执行拆解任务。根据人机异步拆解可行序列生成流程图生成可行的人机异步拆解序列，包括零件编号、零件方向和执行者编号，即完成了种群的初始化。

(2) 计算目标函数值

计算单个装备的拆解时间 t_w 沿用前文计算单个装备的最大完工时间方法，只是需要注意，机器人和工人的执行时间、工具准备时间、拆解工具不一样，需要分别选择进行计算。计算目标函数值的步骤如表 3-15 所示。

表 3-15　人机异步拆解目标函数值的计算步骤

输入：t_w，设定 λ、μ、F_{max}、n_w	
1	初始化 F、R、t_R 向量分别为$[1\times(n_w+1)]$、$[1\times n_w]$和$[1\times(n_w-1)]$的 0 向量； %%F、R、t_R 分别表示疲劳水平、疲劳恢复水平(残余疲劳)和休息时间。
2	for $m=2:n_w$
3	根据式(3-24)求得 $F(m)$值；
4	if　$F(m)>=F_{max} \parallel t_R(m-1)>0$
5	根据式(3-30)求得 $t_R(m)$的最小值；
6	else
7	$t_R(m)=0$；
8	end
9	根据式(3-25)求得 $R(m)$值；
10	end
11	根据式(3-29)求得 $F_m(t_w)$值；
12	求总的休息时间 $T_r=\text{sum}(t_R)$；
13	求总的拆解时间 $T_d=n_w\times t_w+T_r$；
输出：T_d、T_r、t_w 和解码后的拆解序列(零件编号、零件方向和执行者编号)。	

(3) 变异操作

执行者编号需根据任务分配方法设定，即任务分类标签为 H 或 R 的零件与执行者编号一一对应，不能随机选取执行者编号。因此，变异操作仍然是改变执行者，作用于 v^3，只是需要做相应的调整：首先获取零件的任务分类标签，选择任务分类标签为 H/R 的零件放入一个集合中；然后，从这个集合中随机选择两个零件，在拆解序列中确定这两个零件的下标；最后，交换对应的两执行者编号，完成变异操作。

3.5　装备再制造拆解技术的典型应用

(1) 机械装备再制造拆解序列生成

以某型号数控铣床为例验证混合拆解可行序列生成方法的可行性。数控铣床主要包含数控系统模块、机床本体、主轴模块、润滑系统、进给模块等，如

图 3-21 所示。数控铣床拆解的目的是对零部件进行分类和二次利用，首先拆解成模块，如果检测后模块不能二次利用则继续拆解成单个零件。因此，本案例考虑模块和单体分别作为装备的两种拆解情况：数控铣床拆解成模块、模块拆解成单体。

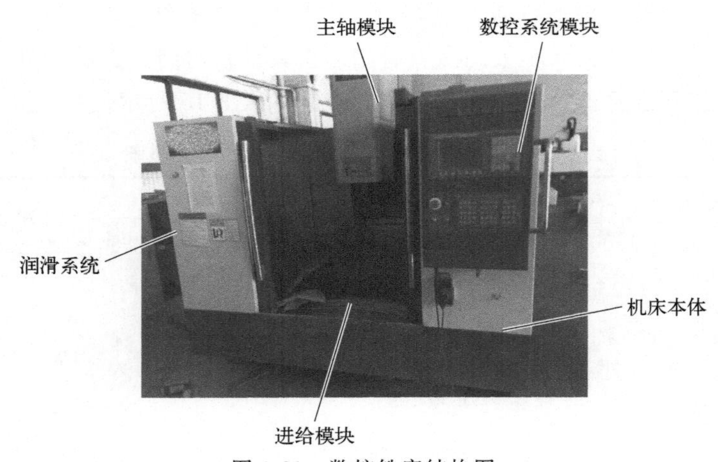

图 3-21　数控铣床结构图

表 3-16 列出了数控铣床的零件信息，如果只考虑零件之间的装配约束关系，编号 4～11 零件可先拆除。根据前面描述的安全约束，先把编号为 9 的零件拆除断掉电源，然后可把变频器以及控制器等元器件拆除，再将床身覆盖件拆除，便于其他部件拆除。根据前文描述的环境约束，冷却管尽量在最后拆卸，避免拆卸时管中的残液腐蚀其他零件。这些约束将在拆解约束矩阵中设置。

表 3-16　数控铣床的主要零件表

零件编号	零件名称	零件类型	拆卸工具	数量	NA	TAA	分配类型
1	床身覆盖件	功能零件	一字螺丝刀	2	30	30	H
2	主轴覆盖件	功能零件	一字螺丝刀	4	－10	30	H
3	导轨覆盖件	功能零件	一字螺丝刀	8	－20	0	H
4	电气系统覆盖件	功能零件	一字螺丝刀	1	20	50	R
5	变频器	功能零件		1	－10	20	H
6	控制器	功能零件		1	－10	60	H/R
7	驱动器	功能零件		1	－10	60	H/R
8	空气开关	功能零件		8	0	－30	H
9	电源及风扇	功能零件		1	10	50	R
10	控制线束	功能零件		8	－10	60	H/R

续表

零件编号	零件名称	零件类型	拆卸工具	数量	NA	TAA	分配类型
11	元器件固定板	功能零件		8	−30	50	H/R
12	润滑液泵	功能零件		1	−30	50	H/R
13	CNC 显示屏及界面	功能零件		1	−10	50	H/R
14	手轮	功能零件		1	−10	50	H/R
15	主轴	功能零件		1	−30	−10	H
16	转速控制器	功能零件		1	50	30	H
17	伺服电机	功能零件		1	50	30	H
18	Y 向进给轴	功能零件		1	−10	30	H
19	X 向进给轴	功能零件		1	−40	30	H
20	限位器	功能零件		1	−30	30	H
21	主轴覆盖件螺栓	连接件	一字螺丝刀	1	30	50	R
22	导轨覆盖件螺栓	连接件		1	−20	−20	H
23	刀头连接件	连接件	扳手	1	0	−20	H
24	显示屏螺栓	连接件		4	20	60	R
25	床身铆钉	连接件	扳手	6	10	−10	H
26	电源固定螺钉	连接件	扳手	6	40	70	R
27	润滑液泵螺钉	连接件	气批	8	30	70	R
28	固定板螺钉	连接件	一字螺丝刀	6	10	0	H
29	轴承	连接件	扳手	8	40	50	R
30	冷却管螺栓	连接件	气批	7	20	20	H
31	床身螺栓	连接件	气批	40	50	30	H
32	限位器螺钉	连接件		16	10	60	R

表 3-17 描述了连接件拆解约束矩阵 FM。表 3-18 描述了功能零件拆解约束矩阵 FPM。表 3-19 描述了机床模块连接件的拆解约束矩阵 FM。

表 3-17　连接件的拆解约束矩阵 FM

零件	$+X$	$-X$	$+Y$	$-Y$	$+Z$	$-Z$
29	−1	−1	8	−1	−1	−1
30	−1	−1	9	−1	−1	−1
31	−1	−1	4	−1	−1	−1

表 3-18 功能零件的拆解约束矩阵 FPM

零件编号	+X	−X	+Y	−Y	+Z	−Z	+X	−X	+Y	−Y	+Z	−Z	+X	−X	+Y	−Y	+Z	−Z
1	0	0	1	0	0	0	0	0	21	0	0	0	2	[2,20]	0	−1	2	2
2	0	0	1	0	0	0	0	0	0	0	0	0	[1,4]	[1,4]	1	−1	[1,6]	[1,7]
3	0	0	1	0	0	0	22	0	0	0	0	0	0	0	2	−1	0	4
4	0	0	1	0	0	0	22	0	[24,25]	0	0	23	2	2	[2,5]	−1	[3,5]	0
5	0	0	0	0	0	0	0	0	24	0	0	0	0	0	3	−1	0	4
6	0	0	1	0	0	0	0	0	[25,27]	0	0	0	0	0	2	−1	[8,13]	2
7	0	0	1	0	0	0	0	0	27	0	0	0	0	0	5	−1	2	[8,13]
8	0	0	1	0	0	0	0	0	28	0	0	0	17	16	[4,6,7]	−1	[7,10,12]	[6,10,12]
9	1	1	0	0	0	0	0	0	0	0	0	0	17	20	[6,8]	−1	[18,19]	20
10	0	0	0	0	0	0	0	0	31	0	0	0	19	19	4	−1	[8,12,13]	[8,12,13]
11	0	0	0	0	1	1	0	32	[29,31]	0	0	0	[13,14,15,16]	[13,14,15,17]	13	−1	[16,17,19]	[13,14,15]
12	0	0	0	0	1	1	0	32	[29,31]	0	0	0	[13,14,15,16]	[13,14,15,17]	13	−1	[13,14,15]	[16,17,19]
13	0	0	1	0	0	0	0	32	[29,31]	0	0	0	[11,12,16,17]	[11,12,16,17]	[6,7]	−1	[7,11]	[6,12]
14	0	0	1	0	0	0	0	32	[29,31]	0	0	0	[11,12,16,17]	[11,12,16,17]	[11,12,16,17]	−1	11	12
15	1	1	0	0	0	0	0	32	[29,31]	0	0	0	[11,12,16]	[11,12,17]	[6,7,9,16,17]	−1	11	12
16	1	1	0	0	0	0	0	32	[29,31]	0	0	0	[13,14,19]	[11,12,13,14,15]	13	−1	12	11
17	1	1	0	0	0	0	0	32	[29,31]	0	0	0	[11,12,13,14,15]	[13,14,19]	13	−1	12	11
18	0	0	0	0	0	0	0	0	30	0	0	0	19	16	[4,8,9,15]	−1	15	[9,15]
19	0	0	1	0	0	0	0	0	0	0	0	0	[10,17,20]	[10,16,18,20]	[8,9,10,14,15,18]	−1	[12,20]	[9,11,20]
20	0	0	1	0	0	0	0	0	0	0	0	0	[1,9,10,19]	[10,19]	[1,2,19]	−1	[9,19]	19

表 3-19　机床模块连接件的拆解约束矩阵 FM

模块编号	$+X$	$-X$	$+Y$	$-Y$	$+Z$	$-Z$
5	-1	-1	-1	-1	1	0

为了验证本章所提出的基于 RBR 的拆解序列生成方法，案例采用 Protégé5. 2. 0 作为建模工具建立拆解本体和本体规则，如图 3-22 和图 3-23 所示。其中，图 3-23 中的区域（1）列出了拆解工具选择规则，区域（2）列出了一部分局部破坏性拆解规则。

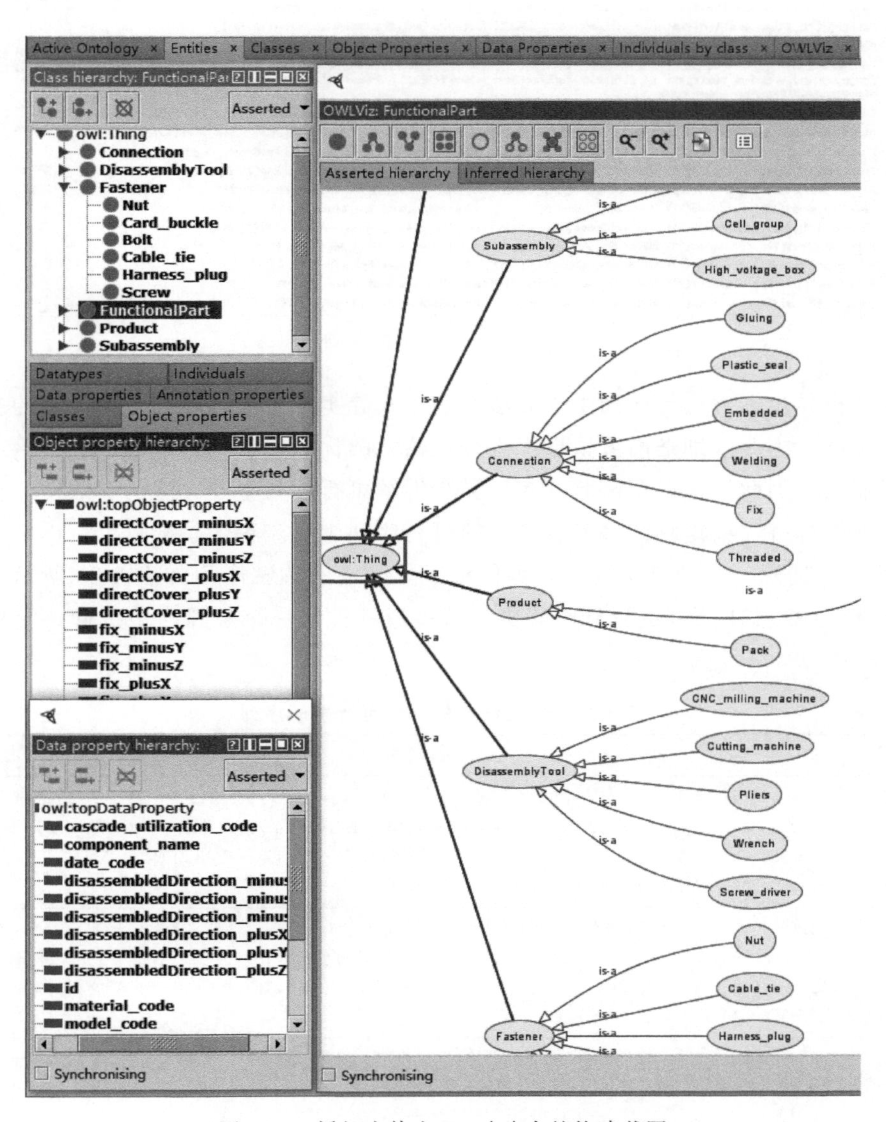

图 3-22　拆解本体在 Protégé 中的构建截图

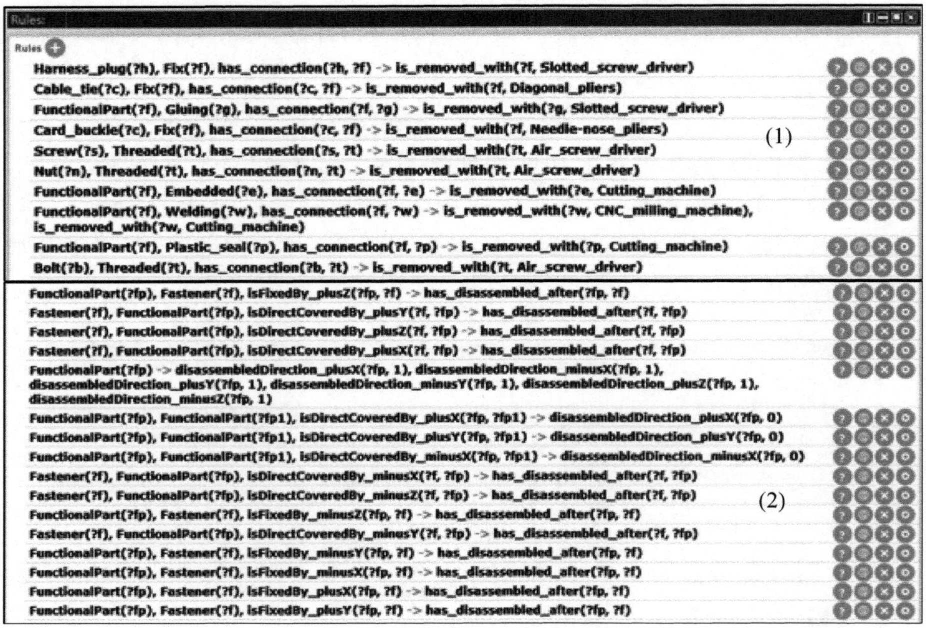

Rules:

Rules

Harness_plug(?h), Fix(?f), has_connection(?h, ?f) -> is_removed_with(?f, Slotted_screw_driver)
Cable_tie(?c), Fix(?f), has_connection(?c, ?f) -> is_removed_with(?f, Diagonal_pliers)
FunctionalPart(?f), Gluing(?g), has_connection(?f, ?g) -> is_removed_with(?g, Slotted_screw_driver)
Card_buckle(?c), Fix(?f), has_connection(?c, ?f) -> is_removed_with(?f, Needle-nose_pliers)
Screw(?s), Threaded(?t), has_connection(?s, ?t) -> is_removed_with(?t, Air_screw_driver)
Nut(?n), Threaded(?t), has_connection(?n, ?t) -> is_removed_with(?t, Air_screw_driver)
FunctionalPart(?f), Embedded(?e), has_connection(?f, ?e) -> is_removed_with(?e, Cutting_machine)
FunctionalPart(?f), Welding(?w), has_connection(?f, ?w) -> is_removed_with(?w, CNC_milling_machine), is_removed_with(?w, Cutting_machine)
FunctionalPart(?f), Plastic_seal(?p), has_connection(?f, ?p) -> is_removed_with(?p, Cutting_machine)
Bolt(?b), Threaded(?t), has_connection(?b, ?t) -> is_removed_with(?t, Air_screw_driver)

(1)

FunctionalPart(?fp), Fastener(?f), isFixedBy_plusZ(?fp, ?f) -> has_disassembled_after(?fp, ?f)
Fastener(?f), FunctionalPart(?fp), isDirectCoveredBy_plusY(?f, ?fp) -> has_disassembled_after(?f, ?fp)
Fastener(?f), FunctionalPart(?fp), isDirectCoveredBy_plusZ(?f, ?fp) -> has_disassembled_after(?f, ?fp)
Fastener(?f), FunctionalPart(?fp), isDirectCoveredBy_plusX(?f, ?fp) -> has_disassembled_after(?f, ?fp)
FunctionalPart(?fp) -> disassembledDirection_plusX(?fp, 1), disassembledDirection_minusX(?fp, 1), disassembledDirection_plusY(?fp, 1), disassembledDirection_minusY(?fp, 1), disassembledDirection_plusZ(?fp, 1), disassembledDirection_minusZ(?fp, 1)
FunctionalPart(?fp), FunctionalPart(?fp1), isDirectCoveredBy_plusX(?fp, ?fp1) -> disassembledDirection_plusX(?fp, 0)
FunctionalPart(?fp), FunctionalPart(?fp1), isDirectCoveredBy_plusY(?fp, ?fp1) -> disassembledDirection_plusY(?fp, 0)
FunctionalPart(?fp), FunctionalPart(?fp1), isDirectCoveredBy_minusX(?fp, ?fp1) -> disassembledDirection_minusX(?fp, 0)
Fastener(?f), FunctionalPart(?fp), isDirectCoveredBy_minusX(?f, ?fp) -> has_disassembled_after(?f, ?fp)
Fastener(?f), FunctionalPart(?fp), isDirectCoveredBy_minusZ(?f, ?fp) -> has_disassembled_after(?f, ?fp)
FunctionalPart(?fp), Fastener(?f), isFixedBy_minusZ(?fp, ?f) -> has_disassembled_after(?fp, ?f)
Fastener(?f), FunctionalPart(?fp), isDirectCoveredBy_minusY(?f, ?fp) -> has_disassembled_after(?f, ?fp)
FunctionalPart(?fp), Fastener(?f), isFixedBy_minusY(?fp, ?f) -> has_disassembled_after(?fp, ?f)
FunctionalPart(?fp), Fastener(?f), isFixedBy_minusX(?fp, ?f) -> has_disassembled_after(?fp, ?f)
FunctionalPart(?fp), Fastener(?f), isFixedBy_plusX(?fp, ?f) -> has_disassembled_after(?fp, ?f)
FunctionalPart(?fp), Fastener(?f), isFixedBy_plusY(?fp, ?f) -> has_disassembled_after(?fp, ?f)

(2)

图 3-23　部分本体规则

人机异步拆解可行序列生成方法是在多人异步拆解可行序列生成方法的基础上提出的，主要区别是前者根据工人和机器人的优劣势，将拆解序列分配给工人或机器人。因此，这里只需验证多人异步拆解可行序列生成方法的有效性。

根据拆解约束矩阵的多人异步拆解可行序列生成流程图，部分可行拆解序列如表 3-20 所示。模块结构简单，零件稀少，生成的拆解序列如表 3-21 所示。在表 3-20 和表 3-21 所列的拆卸步骤中，若多个零件在一个步骤内被拆卸，它们可以并行拆卸，不会相互干扰。

表 3-20　数控铣床的部分可行拆解序列

序号	拆解序列
1	21(+Y),1(+Y),2(+Y),{22(+X),23(−Z),25(+Y),26(+Y)},3(+Y),24(+Y),5(+Y),4(+Y),{27(+Y),28(+Y),31(+Y)},{6(+Y),7(+Y),10(+Y)},8(+Y),{29(+Y),32(−X)},13(+Y),{9(+Y),11(+Y),12(+Y),16(+Y),17(+Y)},{15(+X),14(+Y)},30(+Y),18(+Y),19(+Y),20(+Y)
2	21(+Y),1(+Y),2(+Y),{25(+Y),26(+Y),22(+X),23(−Z)},3(+Y),24(+Y),5(+Y),4(+Y),{31(+Y),27(+Y),28(+Y)},{6(+Y),7(+Y),10(+Y)},8(+Y),{32(−X),29(+Y)},13(+Y),{11(+Y),12(+Y),9(+Y),16(+Y),17(+Y)},{15(+X),14(+Y)},30(+Y),18(+Y),19(+Y),20(+Y)
3	21(+Y),1(+Y),2(+Y),{23(−Z),25(+Y),22(+X),26(+Y)},3(+Y),24(+Y),5(+Y),4(+Y),{28(+Y),27(+Y),31(+Y)},{7(+Y),10(+Y),6(+Y)},8(+Y),{29(+Y),32(−X)},13(+Y),{17(+Y),11(+Y),12(+Y),9(+Y),16(+Y)},{14(+Y),15(+X)},30(+Y),18(+Y),19(+Y),20(+Y)

表 3-21 模块部分可行拆解序列

拆解序列
1(+X),{2(+X),3(−X)},5(+Z,−Z),4(+Z)

根据表 3-20，数控铣床拆解序列除了零件 9 和 30 的拆卸顺序和零件 15 的方向不同外，其他零件拆卸顺序和方向基本一致；根据表 3-21，模块生成的拆解序列只有方向不一致。这些序列都满足装配、环境和安全约束，验证了所提出的多人异步拆解可行序列生成方法的有效性。可见，优先沿着零件的法线方向拆解不仅符合人体工程学，还可以有效剔除一些不现实的解，而不是生成所有可能的拆解方案。因此，本章提出的序列生成方法本质上能生成一些质量更高的可行拆解序列，见表 3-22。

表 3-22 迭代序列生成方法获得的数控铣床的部分可行拆解序列

序号	拆解序列
1	21(+Y),1(+Y),2(+Y),{22(+X),23(−Z),25(+Y),26(+Y)},3(+Y),24(+Y),5(+Y),4(+Y),{27(+Y),28(+Y),31(+Y)},{6(+Y),7(+Y),10(+Y)},8(+Y),9(+Y),{29(+Y),30(+Y),32(−X)},13(+Y),{11(+Y),12(+Y),16(+Y),17(+Y)},{15(+Y),14(+Y)},18(+Y),19(+Y),20(+Y)
2	21(+Y),1(+Y),2(+Y),{22(+X),23(−Z),25(+Y),26(+Y)},3(+Y),24(+Y),5(+Y),4(+Y),{27(+Y),28(+Y),31(+Y)},{6(+Y),7(+Y),10(+Y)},8(+Y),9(+Y),{29(+Y),30(+Y),32(−X)},13(+Y),{11(+Y),12(+Y),16(+Y),17(+Y)},{15(+Y),14(+Y)},18(+Y),19(+Y),20(+Y)
3	21(+Y),1(+Y),2(+Y),{22(+X),23(−Z),25(+Y),26(+Y)},3(+Y),24(+Y),5(+Y),4(+Y),{27(+Y),28(+Y),31(+Y)},{6(+Y),7(+Y),10(+Y)},8(+Y),9(+Y),{29(+Y),30(+Y),32(−X)},13(+Y),{11(+Y),12(+Y),16(+Y),17(+Y)},{15(+Y),14(+Y)},18(+Y),19(+Y),20(+Y)

(2) 机械装备再制造拆解序列优化

下面以机械装备拆解序列优化为例，验证本章所提出的多人异步拆解和人机异步拆解序列优化方法。各零件的拆解信息如表 3-23 所示，包括各零件的工人和机器人的执行时间、工具准备时间和拆解工具编号，以及边界框中心坐标值。拆解工具和编号如表 3-24 所示，其中，工具编号“1108”“1110”中的“11”指的是气批和套筒，“08”“10”指的是螺纹紧固件的型号；工具编号“81”“82”中的“8”指的是机器人用的夹具，“1”“2”指的是夹具型号。这里的工人执行时间是根据多次实验统计得到的，机器人执行时间是从企业获取数据后处理得到的。遗传算法在 MATLAB R2019a 中实现，所有实验均在 Intel(R)Core(TM)i5-6500 3. 20GHz 3. 19GHz 处理器、8GB 内存、Windows10 操作系统的计算机上进行。

表 3-23　各零件的拆解信息

零件编号	工人执行时间/s	工人工具准备时间/s	拆解工具	机器人执行时间/s	机器人工具准备时间/s	拆解工具	位置坐标/mm
1	5	0	0				[98,66.8,64.3]
2	3	0	0				[98,62.8,64.3]
3	5	2	2				[40.3,113.3,182.3]
4	3	0	0	5	6	81	[58.5,90.3,41.7]
5	3	0	0				[72.5,83.5,245.4]
6	2	0	0	5	6	82	[−115.8,61.0,−231.8]
7	2	0	0	5	6	82	[−115.8,−61.0,−231.8]
8	18	0	0				[−76.9,24,20.5]
9	3	0	0	5	6	82	[−323.6,−6.6,−244.1]
10	9	0	0	20	6	82	[9.3,41.7,81.6]
11	18	0	0	40	6	82	[47.0,0.0,408.4]
12	18	0	0	40	6	82	[47.0,0.0,21.4]
13	36	0	0	80	6	82	[9.3,55.3,257.6]
14	36	0	0	80	6	82	[9.3,−55.3,257.6]
15	20	0	0				[9.3,−0.6,259.7]
16	320	0	0				[38.5,0.0,257.8]
17	320	0	0				[−20.0,0.0,257.8]
18	40	0	0				[30,−1.8,147.0]
19	3	0	0				[−98.4,−21.0,62.0]
20	5	0	0				[−98.4,−28.0,62.0]
21	21	6	1108	108	6	1108	[−349.5,66.8,64.3]
22	2	0	0				[55.3,113.3,182.3]
23	4	0	0				[58.5,104.8,−134.3]
24	5	6	1108	24	6	1108	[60.8,96.6,164.1]
25	8	2	3				[58.5,96.8,−178.3]
26	7	6	1110	36	6	1110	[140.5,66.8,64.3]
27	10	6	1110	48	6	1110	[140.5,66.8,−258.9]
28	8	2	3				[−151.4,31.3,68.4]
29	20	6	1110	96	6	1110	[−12,−53.3,431.3]
30	9	6	1108	42	6	1108	[137.6,3.5,306.3]
31	33	6	1110	72	6	1110	[9.3,71.3,88.8]
32	20	6	1108	96	6	1108	[8.2,0.0,106.5]

表 3-24　拆解工具和编号

序号	拆解工具	工具编号
1	气批＋套筒	11＋螺纹型号
2	气批＋批头	12＋螺纹型号
3	一字螺丝刀	2
4	扳手	3
5	吊具	4
6	尖嘴钳	5
7	切割机	6
8	模块抓取工具	7
9	夹具	8＋夹具型号

遗传算法中需要确定两个主要参数：交叉率 Pc 和变异率 Pm。基本参数可设定为：种群大小 Nind＝100，最大遗传代数 Maxgen＝500，对给定的 Pc 和 Pm 进行了 3 次模拟，设置执行者数量 WN＝3。表 3-25 列出了这些实验的平均完工时间和最优完工时间。从表中可以看出，WN＝3，Pc＝0.6，Pm＝0.7 时，可以得到近似最优解，其拆解方案如表 3-26 所示，收敛曲线如图 3-24 所示。

表 3-25　Pc 和 Pm 对算法结果的影响（WN＝3）

Pc	Pm	平均完工时间/s	最优完工时间/s
0.8	0.7	580	572
	0.6	586	581
	0.5	576	573
	0.2	580	572
	0.1	583	577
	0.05	572	570
0.7	0.7	575	569
	0.6	579	567
	0.5	577	573
	0.2	582	575
	0.1	573	567
	0.05	578	572
0.6	0.7	578	562
	0.6	581	575
	0.5	580	574
	0.2	577	574
	0.1	582	574
	0.05	578	577

表 3-26 最优拆解方案（WN=3）

零件编号	拆解方向	拆解工具	工人编号
21	3	1108	1
1	3	0	2
2	3	0	2
26	3	1110	1
22	1	0	2
25	3	3	1
3	3	2	2
23	6	0	1
24	3	1108	2
5	3	0	2
27	3	1110	1
4	3	0	2
6	3	0	1
28	3	3	2
7	3	0	1
31	3	1110	2
8	3	0	1
10	3	0	2
32	2	1108	1
29	3	1110	1
9	3	0	1
13	3	0	2
16	3	0	1
11	3	0	2
12	3	0	1
17	3	0	2
15	1	0	1
30	3	1108	2
14	3	0	1

续表

零件编号	拆解方向	拆解工具	工人编号
18	3	0	2
19	3	0	2
20	3	0	2

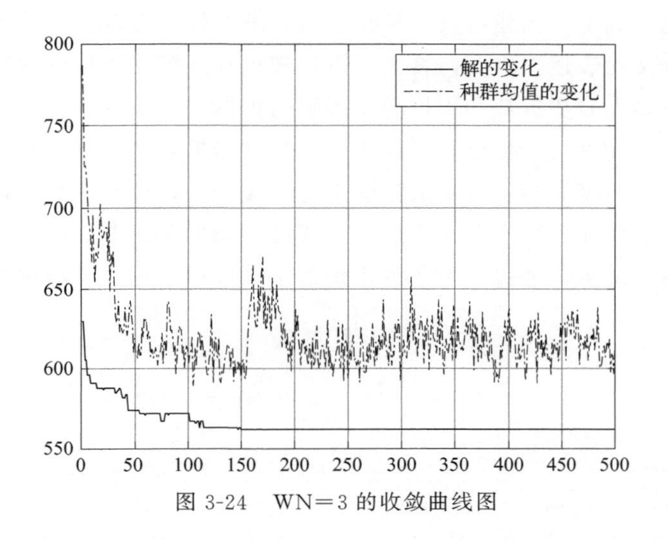

图 3-24　WN＝3 的收敛曲线图

从表 3-27 中可以看出，优先法线方向拆解的最优拆解时间远小于优先＋Y 方向拆解的时间，而优先法线方向拆解的平均拆解时间大于优先＋Y 方向拆解的时间。原因在于：优先法线方向拆解的序列生成方法每次都先搜索法线方向可拆卸零件，若搜索为空再搜索＋Y 方向可拆卸零件，这种方式可多生成一些符合实际拆解情况的序列，但也容易增加迭代结果的不确定性，导致优先法线方向拆解的序列生成方法稳定性较差。此对比验证了所提出的多人异步拆解可行序列生成方法的有效性。

表 3-27　优先拆解方向对序列拆解时间的影响

优先拆解方向	法线	＋Y
1	590	579
2	562	572
3	583	575
4	575	579
5	585	577
平均拆解时间	579	576
最优拆解时间	562	572

本章小结

本章首先通过研究装备的组成结构和拆解过程特性，分析影响零件拆解顺序的诸多因素和因素之间的耦合关系，采用精简的矩阵描述装备层次结构和零件约束关系，在此基础上，构建可共享和扩展的拆解本体，实现人工拆解机械装备知识和经验的语义化表达。然后，将人工拆解知识和经验用于构建拆解案例库和规则库，并考虑多人异步拆解和人机异步拆解两种模式，实现基于 CBR/RBR 的拆解序列生成方法。其次，提出多人异步和人机异步拆解装备完工时间的序列优化方法，将人员疲劳度对拆解效率的影响进行集成分析，有利于从批量装备层面上实现拆解序列的优化，也有助于拆解企业通过微调拆解作业方案，降低工人职业病发生的概率。最后，通过企业实际案例对本章所提方法与模型进行了验证。

参考文献

[1] Guo X，Zhou M C，Abusorrah A，et al. Disassembly sequence planning：Asurvey [J]. IEEE/CAA Journal of Automatica Sinica，2020 (99)：1-17.

[2] Ren Y，Zhang C，Zhao F，et al. An asynchronous parallel disassembly planning based on genetic algorithm [J]. European Journal of Operational Research，2018，269 (2)：647-660.

[3] Tian G，Ren Y，Feng Y，et al. Modeling and planning for dual-objective selective disassembly using and/or graph and discrete artificial beecolony [J]. IEEE Transactions on Industrial Informatics，2019，15 (4)：2456-2468.

[4] Tian G，Zhang X，Fathollahi-Fard A M，et al. Hybrid evolutionary algorithm for stochastic multiobjective disassembly line balancing problem in remanufacturing [J]. Environ Sci Pollut Res，2023，4：1-16.

[5] Li S，Zhang H，Yan W，et al. A hybrid method of blockchain and case-based reasoning for remanufacturing process planning [J]. J. Intell. Manuf.，2021，32：1389-1399.

[6] Chen D，Jiang Z，Zhu S，et al. A knowledge-based method for eco-efficiency upgrading of remanufacturing process planning [J]. The International Journal of Advanced Manufacturing Technology，2020，108：1153-1162.

[7] Jiang Z，Jiang Y，Wang Y，et al. A hybrid approach of rough set and case-based reasoning to remanufacturing process planning [J]. Journal of Intelligent Manufacturing，2019，30 (1)：19-32.

[8] Gerbers R，Wegener K，Dietrich F，et al. Safe，Flexible and Productive Human-Robot-Collaboration for Disassembly of Lithium-Ion Batteries [J]. Recycling of Lithium-Ion Batteries，2018：99-126.

[9] Hellmuth J F，DiFilippo N M，Jouaneh M K. Assessment of the automation potential of electric vehicle battery disassembly [J]. Journal of Manufacturing Systems，2021，59：398-412.

[10] Xing Y F，Wu D M，Qu L G. Parallel disassembly sequence planning using improved ant colony algorithm [J]. The International Journal of Advanced Manufacturing Technology，2021，113 (7)：2327-2342.

[11]　马新一，匡增彧，卓晓军，等．考虑不确定性条件的退役装备拆解柔性调度 [J]. 工业工程，2023，26 (04)：144-153.

[12]　解潇晗，朱晓春，周琦，等．低能耗柔性作业车间调度研究 [J]. 机电工程，2020，37 (02)：132-137.

[13]　郭洪飞，陆鑫宇，任亚平，等．基于强化学习的群体进化算法求解双边多目标同步并行拆解线平衡问题 [J]. 机械工程学报，2023，59 (07)：355-366.

[14]　Kolus A，Wells R，Neumann P. Production quality and human factors engineering：A systematic review and theoretical framework [J]. Applied Ergonomics，2018，73：55-89.

[15]　Glock C H，Grosse E H，Kim T，et al. An integrated cost and worker fatigue evaluation model of a packaging process [J]. International Journal of Production Economics，2019，207：107-124.

第4章

再制造加工技术及应用

再制造加工是再制造过程中非常关键的环节之一，其目的是将检测后可再利用的废旧零部件加工成符合相关技术要求的零部件。由于废旧零部件再制造具有多样化、个性化和复杂化特点，因此相比新品制造，再制造加工前期处理更为繁琐，成形过程更为复杂，质量控制更为困难，制造过程也更加柔性化。在这种情况下，对再制造加工的智能控制提出了更高的要求，需要更高的科技含量和先进的技术。

4.1 再制造加工概述

4.1.1 再制造加工基本概念

再制造加工是指对废旧零部件进行几何尺寸和力学性能恢复或升级的过程，旨在将经检测后可再制造的零部件加工成符合相关技术要求的零部件。

再制造加工需要具备适用于非对称、曲面等复杂结构零件的加工能力，以满足现场多维约束条件下零部件的再制造需求，例如现场抢修和大型或难拆卸部件的在线再制造。通过再制造加工，可以有效恢复失效零部件的几何尺寸和性能要求，从而减少原材料和新备件的使用，降低投入成本。该技术已广泛应用于车辆、舰船、重载机械、能源化工、航空航天等领域。再制造加工可以充分挖掘损伤零件所蕴含的附加价值，避免废旧零件的直接回炉和再成形等一系列加工过程中的资源能源消耗和环境污染，因此不仅可以有效减少资源浪费，而且在降低环境污染方面也具有重要意义。

4.1.2 再制造加工技术特征

虽然新品制造和再制造都可以利用材料逐层堆积的方式进行零件加工，但再制造是在损伤零部件基础上进行的修复活动。这种修复活动需要根据废旧零件因失效形式、零件结构、基体材质、性能需求等不同而产生的个性化修复需求进行动态调整，因此与新品制造工艺流程存在明显的区别，具体差异可参见表 4-1。

表 4-1　新品制造加工与再制造加工区别

内容	新品制造	再制造
加工性质	“无中生有”	“坏中修好”
加工对象	服役前，新品的制造过程	服役后，废旧损伤零部件，对其失效部分进行处理
加工条件	在工厂条件下进行，所受约束较少	在现场条件下进行，存在能源、材料、时效、装配特征等多维约束
所需设备	采用三维坐标操作机	有时需要采用智能机器人进行成形控制
工艺流程	一般采用同一种熔敷工艺对同质材料进行加工	大多属于异质成形，需要根据成形材料、性能要求等选用激光、等离子、电弧等多种熔敷工艺
建模过程	直接通过 CAD 模型分层、路径规划即可成形	需要经过缺损零件的反求建模、与标准 CAD 配准与对比、再制造建模分层、路径规划等才可完成

再制造加工的技术特征主要表现在前期处理更繁琐，成形过程更复杂，质量控制更困难，制造过程更加柔性，修复成形过程所需科技含量更高，对精度和稳定性的智能控制要求也更高。

4.1.3　再制造加工的质量要求

再制造加工质量要求可以分为三类：再制造毛坯质量要求、再制造工艺过程质量要求和再制造成品质量要求。为了确保再制造装备质量，需要通过再制造加工实现相关指标要求，预防再制造设计、加工方案和工艺等因素引起的质量缺陷，并及早发现和解决这些问题。通过提高再制造装备的质量，实现资源的最佳循环利用。

由于服役环境、失效形式以及零部件质量的不确定性，再制造毛坯的内部性能也存在不稳定性。因此，对其进行质量检测是再制造质量控制的首要环节。对于废旧装备零部件，需要进行全面的质量检测，并根据检测结果及综合再制造性评价来确定零件是否适合再制造，确定再制造方案。再制造毛坯的内在质量检测主要采用无损检测技术，以检查是否存在裂纹、孔隙、强应力集中点等可能影响再制造零件使用性能的缺陷。通常采用超声检测技术、射线检测技术、磁记忆效应检测技术、涡流检测技术、磁粉检测技术、渗透检测技术、工业内窥镜等方法。再制造毛坯的外观质量检测主要包括对零件的外形尺寸、表层性能的变化等情况的检测。对于简单形状的再制造毛坯，可以采用一般常用工具进行几何尺寸测量；而对于复杂的三维零件，可采用专用设备，如三坐标测量机等。

再制造工艺过程需要满足一系列严格的质量要求，涉及加工对象、再制造工艺方法、再制造设备以及工艺装备（如刀具、夹具等），同时也涉及工艺操作人员，是一个复杂且动态的过程。再制造工艺路线的随机性和不确定性，零部件损伤信息的不确定性，以及再制造工艺的特殊性等特点，使得再制造工艺过程相比制造工艺过程有更高的要求。在规定的条件和时间内，再制造工艺过程必须确保再制造装备及零部件达到规定的质量标准，包括尺寸精度、位置精度、表面粗糙度以及各项性能指标等。实施零部件再制造工艺过程质量控制及可靠性保证必须贯穿整个工艺过程，并进行更为严格的检验检测，以确保再制造零部件达到新零部件的出厂标准。

再制造成品的质量通常需要按照新品检测标准进行检测，或者更严格的质量检验标准。再制造成品检验是指对加工后的再制造装备在准备入库或出厂前所进行的检验，包括外观、精度、性能、参数以及包装等的检查与检验。再制造成品质量检验的目的是判断装备质量是否合格，并确定其质量等级。质量检验过程主要包括测量、比较判断以及符合性判定等步骤。

4.2 再制造加工技术

再制造加工技术根据零件的损失形式进行分类，包括面向表面失效、面向结构损伤和面向功能升级的再制造加工技术。其中，面向表面失效的再制造加工技术主要是通过喷涂、涂覆、电镀等操作来修复或保护零件的表面；面向结构损伤的再制造加工技术则分为增材再制造加工和减材再制造加工，分别适用于修复零件的尺寸变化和结构断裂或变形的情况；面向功能升级的再制造加工技术则是通过更换或升级功能模块来恢复或提升装备的功能。

4.2.1 面向表面失效的再制造加工技术

机械零部件的表面失效主要分为表面磨损和表面腐蚀两种形式。随着表面工程技术的不断发展，涌现出了一系列在机械零部件再制造领域应用的表面工程技术。利用这些技术对表面失效的零部件进行再制造加工，使原本已经无法使用的零件得以重新投入使用。相比新品制造，这种再制造方式极大地降低了生产成本。面向表面失效的再制造加工技术主要包括以下四种。

(1) 离子镀膜技术

将离子镀膜技术应用在再制造装备加工中，当带有高能量的粒子移动到工件表面时，会对工件表面的原子产生轰击效应，在表面原子脱离基体的瞬间，又被电离赋能，再次回到工件表面上。在此过程中，残存在工件表面的污物会在高能粒子轰击下脱落，实现了工件表面边镀膜边净化的过程，最终在工件表面形成膜-基共混层。新形成的膜层具有更高的致密性，可大幅提高再制造零件表面的性能，使再制造后的零件具有更高的耐磨性和耐腐蚀性等。

（2）高速电弧喷涂技术

电弧喷涂技术是用电弧产生热量，用高速气流将金属丝熔化，再将瞬间形成的液态金属雾化，并喷射到工件表面上，在工件表面形成一层致密的涂层。高速电弧喷涂技术是在电弧喷涂的基础上，应用空气动力学原理，将压缩空气通过特有的喷嘴得到一个高速的气流，高速气流作用在液态金属上，能够使液态金属高速雾化且加速喷射到工件表面而形成电弧喷涂层。

高速电弧喷涂具有成本低、效率高、操作容易、能耗低、涂层致密及结合力强等优点。高速电弧喷涂技术作为先进的表面工程技术，其在发动机再制造、装备防腐工程、电厂锅炉管道防护等领域有众多应用。

（3）超声速等离子喷涂技术

超声速等离子喷涂技术以非转移型等离子弧作热源，喷涂材料主要是金属粉体。将电源的正极接入喷嘴，负极接入喷枪，给喷枪供应压缩气体，再由高频火花引燃电弧，电弧产生的高温使金属粉体电离熔化，在压缩气体的作用下使雾化粉体形成高速等离子流；等离子流在遇到工件表面时，会逐渐地累积在其表面而形成涂层。超声速等离子喷涂具有高速的气流、致密的膜层等优势，在再制造领域得到了广泛应用。将超声速等离子喷涂技术与其他表面处理技术结合，利用其组织致密、性能优良等优点，能够制备出更加优质的复合涂层，制备的复合涂层在零件表面磨损、失效修复等再制造领域有着重要的应用。

（4）电刷镀技术

电刷镀技术是电镀技术中的一个重要分支，是表面维修技术中的一种，主要偏重工件的应用修复和中小批量工件的功能性表面强化。其原理是镀液中的金属离子在直流电源作用下逐渐在工件表面放电结晶，从而在工件表面形成一层金属镀层。形成的镀层可以强化和提高工件表面性能，修复因磨损而报废的工件。

电刷镀技术近些年在再制造领域得到广泛应用。针对磨损量较小的零件表面，可以通过电刷镀技术来恢复其尺寸精度和几何精度。再制造零件表面的划伤沟槽、压坑等，也常用电刷镀加其他工艺修补。此外，电刷镀还用于强化零件表面性能，减少零件表面的摩擦因素，提高零件表面防腐性，恢复生产中加工超差的产品。

4.2.2　面向结构损伤的再制造加工技术

废旧机械装备的结构损伤是指在使用过程中，由于各种因素的作用，导致其内部或外部部件遭受破坏、腐蚀、磨损、断裂等损害。这些损伤会降低装备的性能、功能和可靠性，甚至使装备无法正常运行或报废。对于一些精密零部件的加工和修复，需要采用高精度的加工技术，例如数控加工、激光切割、电火花加工等。此外，结构损伤的修复通常需要进行表面处理以恢复完整性。再制造加工技术中的激光焊接、电子束焊接、超声波焊接等技术可以提供高强度且无损伤的表面处理。面向结构损伤的再制造加工技术主要包括以下两类。

4.2.2.1 减材制造技术

(1) 数控加工技术

数控加工是一种利用计算机控制机床进行精确加工的方法。它通过预先编写好的程序指令，使机床按照设定的路径和速度进行自动化操作，实现高精度、高效率的加工过程。由于采用了计算机控制，数控加工可以准确控制加工过程中各个参数的变化，保证了加工装备的稳定性和一致性。其次，数控加工能够实现复杂图形的加工，例如曲线、槽口等，传统加工方式很难达到这种高精度要求。此外，数控加工还具有高速度、高效率的特点，能够大幅提升生产效率和降低成本。

在再制造领域中，数控加工发挥着重要作用。通过将结构损伤的装备进行数字化扫描、模拟设计，并采用数控加工设备进行零部件的再制造减材加工，可以快速、高效地保证再制造零部件的尺寸精度、几何精度。

(2) 磁力研磨技术

磁力研磨是利用磁场对导磁性研磨介质的吸引而产生的切削力来进行加工的，其研磨介质是经过特殊工艺处理的不锈钢磁针等。将磁针与工件按照一定比例放置于容器中，通过旋转磁极盘产生的旋转磁场带动容器中的磁针高速旋转，大量细小磁针无规律撞向工件表面，对其进行高频的划擦、碰撞、滚压等，完成对细小再制造零件表面的积碳、污垢、氧化皮、漆等的去除。

磁力研磨具有不受零件形状限制的突出优势，常用于解决燃油喷嘴大修再制造中积碳难去除的问题。如航空发动机在其内部的长轴类管件表面上会形成一层硬脆的物质（即“积碳”）。积碳的产生会影响长轴类管件的转动平稳性，降低其燃油效率，使尾气排放中的污染物增加，因此利用再制造磁力研磨技术及时去除积碳，有利于维持发动机的稳定运行。

(3) 电火花加工技术

电火花是一种电弧放电现象，其原理是当电压高于介质的击穿电压时，在介质中会形成电流通道，从而产生放电现象。电火花加工技术是利用电火花的能量来进行再制造机械加工的一种方法。该方法能够通过在金属表面产生电火花，瞬间产生高温和高压，使金属快速熔化和分离，从而达到加工的目的。

电火花加工技术在再制造领域具有广泛应用。其主要优势包括：电火花可以适应各种形状复杂的零件，对复杂形状和内部结构的零件进行高效加工；由于电火花的能量可以集中在一个点上进行快速熔化和分离，因此可以高效地进行小孔、窄缝甚至微小区域的加工；相较于传统的切削加工，电火花加工产生的废料较少，对环境的影响也较小。此外，电火花加工技术还可以用于去除毛刺、飞边、氧化皮等，提高零件的清洁度。

4.2.2.2　增材制造技术

(1) 激光熔覆技术

激光熔覆是指在基体表面放置涂层材料后，利用激光束辐照，使涂层材料熔化、扩展、凝固后在基体表面形成一层具有一定性能的涂覆材料的技术。通过激光熔覆技术，涂覆材料与基体结合在一起，形成具有特殊力学性能的表面复合层。但是，为了使熔覆层具有优良的质量、力学性能和成形工艺性能，减小其裂纹敏感性，必须合理设计或选用熔覆材料。

目前，利用激光熔覆技术对受损工件进行修复已然成了再制造领域重要的修复技术之一。如工业燃气轮机中的进气机匣、叶片、涡轮盘等部件，在高温高压等极端环境下服役一段时间后，容易出现工件疲劳和损伤，采用激光熔覆技术对受损端部进行修复，可以极大地降低成本。

(2) 焊接技术

焊接是一种以加热、高温或者高压的方式接合金属或其他热塑性材料如塑料的制造工艺及技术。现在常用的焊接方法有氩弧焊、激光焊、电子束焊、等离子焊等。其中，氩弧焊以钨棒为电极，氩气为保护气体，在焊接过程中不断从焊枪的喷嘴喷出氩气，在电弧周围形成保护层而隔离空气，以防止电弧对熔池和邻近热影响区产生不利影响，从而获得高质量的焊接效果；激光焊是指对加工表面进行激光辐射加热，使表面热量逐渐扩散到工件内部，通过控制激光参数，使工件表面形成特定的熔池，激光焊可以采用脉冲或连续激光束加以实现。

焊接法在再制造中应用十分广泛，能恢复各种金属材料零件的各种缺陷。再制造装备由于受到磨损、冲击、高温等极端环境影响，会产生裂纹、腐蚀等问题。在服役过程中，零件的损坏会严重影响其整体的安全性及使用寿命，因此常常使用焊接技术对各个损坏的部件进行修复。焊接设备简单，操作容易，能在任何场合下工作。焊接的结合强度高，质量好，效率高，成本低，灵活性大，能节约大量金属材料。

(3) 金属粉末喷熔技术

金属粉末喷熔的原理是把自熔性合金粉末喷涂在工件表面上，在工件不熔化的情况下，再加热涂层，使其熔融并润湿工件，通过液态合金与固态工件表面的相互溶解与扩散，形成一层涂层与基体呈现冶金结合、涂层组织致密、性能均匀、有特殊性能的表面喷熔层。喷熔对工件的热影响介于喷涂与堆焊之间。喷熔层与基体之间的结合主要是扩散型冶金结合，结合强度是喷涂结合强度的10倍左右。

粉末喷熔技术可以直接将磨损的零部件重新修复成全新的装备，大大降低了再制造的成本。由于工艺简便、成本低、灵活性高、应用范围广，其可用来制备具有耐磨损、耐腐蚀、耐高温、隔热、绝缘和导电等多种特性的涂层，已广泛应用于再制造装备修复中。

4.2.3 面向功能升级的再制造加工技术

装备升级再制造是指对装备的某些功能模块进行升级，将旧装备转变为类似新装备、具有改进功能的过程，以增强对客户的吸引力。同时，功能单元是升级再制造的关键对象，因为功能单元失效是导致装备报废的主要原因。功能升级再制造可充分利用装备的剩余寿命，允许对装备的某些功能单元进行升级，使再制造装备的功能与新技术发展保持同步，从而增强其对客户的吸引力。装备功能更新速度越快，恢复到原有规格的再制造价值越低，因此升级再制造的需求也越大。装备再制造功能升级是针对性能衰退或技术落后的废旧装备，采用先进技术应用、功能模块嵌入或更换和装备结构改进等方法，以全面的再制造生产质量要求为保证，实现旧品的性能和功能提升，最终实现装备自身的可持续发展和多属性寿命周期升级使用。

当前研究集中于解决废旧装备可升级属性和全面升级策略问题，而对于功能部件具体升级方案的决策研究相对较少。此外，基于多属性剩余寿命和客户需求构成的场景进行最优升级方案选择的决策研究也较为有限。多属性剩余寿命是升级再制造决策的关键因素，它反映了已使用功能单元的剩余利用潜力。由于新装备具有更丰富的功能且价格更为便宜，废旧装备往往在其物理、技术和经济价值终结之前就被废弃。因此，本节考虑的功能单元的多属性剩余寿命包括物理、技术和经济三个方面的剩余寿命。其中，物理寿命指的是从开始使用到终止使用的时间，受到疲劳、磨损等因素的影响；技术寿命是指从开始使用到技术过时的时间；经济寿命则是考虑到经济价值，是指该装备对所有者仍然具有实用性的时间范围。这三个寿命的价值不同，可能会对再制造功能升级的决策产生影响。

装备是由多个功能单元组成，功能单元是升级再制造的对象，功能单元的多属性剩余寿命因装备在最初使用时所处的环境、条件和状态不同而有所不同。升级方案选项为删除功能、替换功能、保留功能、添加功能，各功能单元的优化方案与其多属性寿命下的场景定制紧密相连。本节将从功能单元的多属性剩余寿命评价方法、基于多属性寿命的场景定制再制造功能升级两个方面进行详细介绍。

(1) 功能单元的多属性剩余寿命评价方法

功能单元的寿命包括物理寿命、经济寿命、技术寿命和定制寿命，多属性剩余寿命评价是功能升级方案决策的基础。因此，本节提出一种评价功能单元多属性剩余寿命的方法。

功能单元的剩余物理寿命 I_1 可计算为：

$$I_1 = I_M - I_A \tag{4-1}$$

式中，I_M 是功能单元的平均物理寿命，可以通过威布尔模型估计；I_A 是功能单元实际使用寿命。

$$I_M = \eta\Gamma\left(\frac{\beta+1}{\beta}\right) \tag{4-2}$$

$$\Gamma(x) = \int_{u=0}^{\infty} u^{x-1}\exp(-u)\mathrm{d}u \tag{4-3}$$

$$R(t) = \exp\left[-\left(\frac{t}{\eta}\right)^{\beta}\right] \tag{4-4}$$

式(4-2)～式(4-4) 中，η 是尺寸参数；β 是形状参数；$R(t)$ 是可靠性。

I_A 的值随不同的使用条件而变化，可以通过神经网络模型进行估计。神经网络的输入层是功能单元的历史工况数据，输出层是特定使用条件下的实际使用寿命，隐含层建立了使用条件与实际使用寿命之间的关系。

功能单元的剩余技术寿命 I_2 可计算为：

$$I_2 = I_L - I_A \tag{4-5}$$

式中，I_L 表示功能单元的技术寿命，可以使用装备技术增长曲线模型来估计。采用 Markow 预测方法对功能单元的稳态市场份额 p 进行预测。根据装备技术增长曲线模型，通过稳态市场份额 p 得到功能单元的增长和变化时间 t。威布尔曲线是描述事物增长和变化的曲线，其模型形式为：

$$p = \frac{L}{1+a\mathrm{e}^{-bt}} \tag{4-6}$$

式中，p 是稳态市场份额；a 表示常数；L 是函数增长的上限；b 是决定曲线斜率的形状参数；t 是预测参数的值。

根据稳态市场份额 p，式(4-6) 中的 t 等于功能单元的技术寿命 I_L，从而确定功能单元的剩余技术寿命 I_2。

功能单元的剩余经济寿命 I_3 可以计算为：

$$I_3 = I_E - I_A \tag{4-7}$$

式中，I_E 表示可以通过最小年平均成本法估计的功能单元的经济寿命。

$$AC_{(z)} = \frac{\sum_{j=1}^{z} C_j + V_0 - V_z}{z} \tag{4-8}$$

式中，z 是功能单元的使用时间；V_0 是功能单元初始值；V_z 是 z 结束时功能单元的剩余值；C_j 是功能单元的年度运营成本；$AC_{(z)}$ 是 z 年功能单元的平均总运营成本，z 的值是 $AC_{(z)}$ 最小时功能单元的经济寿命 I_E。

功能单元的定制寿命 R_0 可通过市场调研得到。根据木桶效应原理，功能单元的剩余利用潜力取决于多属性寿命的最小值。升级再制造是一个最大化使用剩余寿命、满足个体需求的过程。因此，在升级再制造决策过程中应综合考虑功能单元的剩余多属性寿命和定制寿命。功能单元的剩余物理寿命 I_1、剩余技术寿命 I_2、剩余经济寿命 I_3 和定制寿命 R_0 之间的关系构成多属性寿命下的场景定制。

(2) 基于多属性寿命的场景定制再制造功能升级

剩余多属性寿命存在很大的不确定性，客户需求具有高度的个性化。不同的用户、不同的使用场合、不同的用途会导致不同的升级再制造需求。基于多属性寿命的场景定制的功能单元升级再制造可以实现双向定制：一是适应客户个性化、多样化的需求；二是根据多属性寿命下的场景定制，充分利用已使用功能单元的剩余潜力。

再制造功能升级决策选项包括删除功能、替换功能、保留功能、添加功能，如图 4-1 所示。

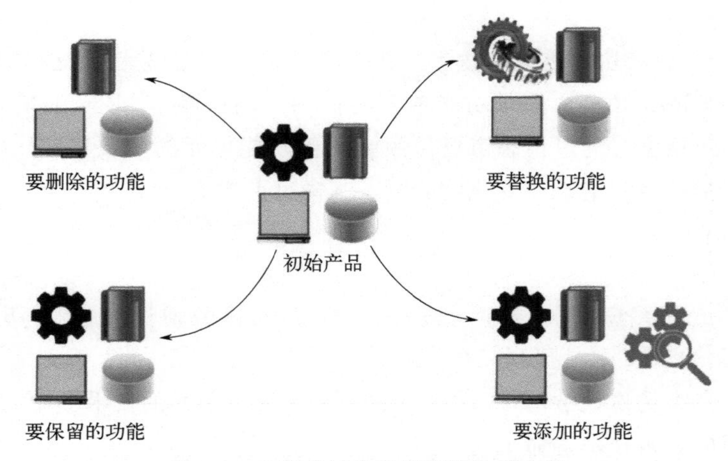

图 4-1　功能单元升级再制造决策方案

在装备的第一个使用寿命后，功能单元的多属性寿命下的场景定制存在多种可能性，通过科学的决策方法可以确定最优解。通过发现多层级决策系统与多层级决策行为之间的映射关系，可以获得一种有效的决策方法。

再制造功能升级决策是在多属性寿命的场景定制条件下选择最优解的过程，以 $Q_R=\{Q_1,Q_2,\cdots,Q_n\}$ 为输入，再制造功能升级解集｛删除功能、替换功能、添加功能、保留功能｝为输出。因此，决策方法是选择最优方案的关键。而传统的决策方法对人员经验的依赖程度高，知识重用率低，此外，涉及的因素和数据也很多。为了解决这一问题，人们采用了基于贝叶斯网络的数据驱动的决策制定方法。

在工业革命时代，数据已成为重要的生产要素，是决策的核心。它建立在数据科学的基础上，可以从历史数据中提取固有的规则或知识，可用于不确定性或动态条件下的决策。数据驱动方法以有效的历史数据为基础，对数据进行深度分析和挖掘，获得决策行为与因素之间的规律，为科学决策提供了一种新的途径。

在决策问题相关数据的支持下做出决策，而不是仅仅基于观察或直觉。这种方法可提高知识重用率，减少人员经验和主观倾向的影响。实现数据驱动的决策方法步骤如下：

① 识别和定义决策任务，并使用决策模型来描述决策过程。

② 收集和分析与决策任务相关的历史数据，将数据分解为训练样本和测试样本。

③ 选择合适的学习方法，通过训练样本估计模型参数和结构，建立决策结果与决策因素之间的映射关系。

④ 使用测试样本验证模型的准确性。将数据输入模型，预测决策结果。

对于面向功能升级的再制造数据驱动决策，决策行为与多属性寿命下的场景定制之间存在固有规律，可以通过大量的数据训练和学习来挖掘这些规律。对再制造商获取的历史数据进行有效性筛选，将有效的历史数据按比例划分为训练样本和测试样本。通过挖掘训练样本，利用贝叶斯网络建立多属性寿命下的场景定制与决策结果之间的映射关系，并使用测试样本验证贝叶斯模型的准确性。将待确定功能单元的场景 Q 输入模型，并推断出再制造功能升级的最优解。

此外，对于机械装备，精度也直接影响到其性能和使用寿命。在机械装备服役期间，由于各种原因，包括制造误差、使用磨损、环境因素等，机械装备的精度往往会发生退化。精度退化会导致装备性能下降，甚至可能导致安全问题。因此，精度升级对于废旧机械装备的再利用和回收具有重要意义。例如，机床的数控化再制造是再制造升级的重要应用领域，在国内外都开展了大量的工程实践活动。大量的老旧机床在逐步退出第一次服役寿命周期，对其进行数控化再制造升级，则可以实现其多属性寿命周期使用。

4.3 再制造工艺规划

4.3.1 再制造工艺信息构成

由于废旧零部件在其类型、物理特性和损伤状况等方面存在信息缺失，许多再制造修复工艺参数都是由操作人员根据经验选择，如磨削深度、堆焊或涂覆厚度等。废旧装备的修复时间长、质量差等问题使得再制造工艺方案的制定变得困难且复杂，同时导致再制造后零部件的质量出现差异。随着逆向工程中表面数据采集技术的发展，迅速获取废旧零部件表面精确形貌数据成为可能。因此，现今许多国内外学者将研究重点转向利用逆向工程技术实现再制造，以期实现再制造过程的数字化和自动化。

从信息处理角度，对具有多属性寿命周期的废旧零部件进行再制造，实际上是对收集到的残缺信息进行分析、恢复、处理与利用，通过研究总结出残缺信息所具有的两种信息属性，如下：

不完整性：由于在役期间受到各种因素的影响，作为毛坯件的废旧零部件的信息产生了消耗和丢失，表现出信息的不完整性。这种不完整性根据零部件材料赋予信息里几何尺寸信息和精度信息等的磨损呈现，并体现在表面信息的缺失方面，所以恢复其表面信息就能对外部损伤进行再制造修复。

模糊性：在役期间零部件受到的各种实际工况的综合影响，造成废旧零部件信息的模糊性，在对自身的内部微观结构产生影响的同时，也使废旧零部件的宏观性能产生变化，这种变化具有不确定性，表现出信息的模糊性。

由于内部信息的缺失，导致零部件内部信息具有模糊性。零部件在服役中受多种工况条件（如载荷特性、加载频率、服役温度、环境介质等）影响。零部件内部存在的残余应力、疲劳裂纹等微观结构上的不同，导致废旧零部件的内部特性不同，如化学成分、金相组织、内部缺陷、纤维方向等存在模糊性，进而使宏观力学性能（如强度、刚度、耐磨性和耐腐性等）发生变化，这种内部损伤的变化可通过零部件的寿命来衡量。正是内部信息（如力学性能等）的变化，使得内部信息的恢复成为再制造信息恢复环节中一个重要的组成部分，也是残缺信息得到完整表达的重要步骤，更重要的是，这也为零部件再制造后能否满足下一个寿命周期的使用要求提供了可靠依据。废旧零部件的残缺信息主要包括磨损状态等表面信息和残余应力等内部信息，如图 4-2 所示。

（1）废旧零部件表面信息恢复技术

针对废旧零部件的表面残缺信息，可借助逆向工程的三维扫描技术对废旧零

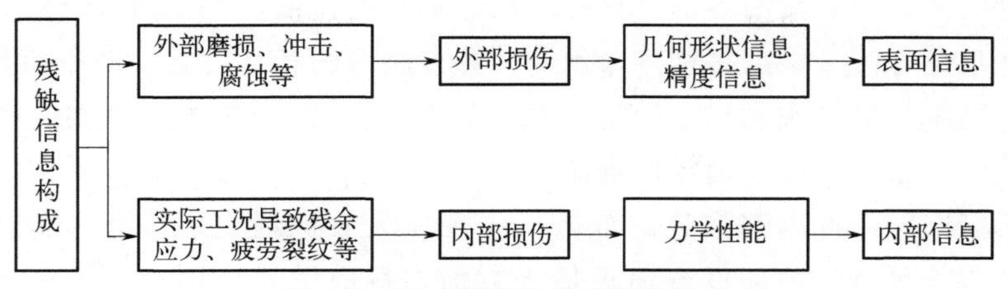

图 4-2　废旧零部件残缺信息构成

部件进行三维实体扫描并确定三维损伤模型，从而确定损伤区域和损伤量，主要过程如下。

首先，构建零部件模型。在实际的制造生产中，零部件的各项参数和性能指标可直接获取，且经过机械行业的多年发展，已经形成了相对完善和全面的标准及规范。同时，在零部件的使用与再制造过程中，制造商与再制造商储存了大量零部件信息模型，这些模型数据就是原始模型与参数。因此，对原始模型进行平均化模型划分，为进一步匹配带有残缺信息的实际模型做准备，这也有助于残缺位置的识别与获取。

其次，应用三维扫描技术和相应的计算机辅助软件采集并处理废旧零部件的表面数据，以采集的点云或三角网格面为原始数据，应用模型重构技术对数据进行分析和处理。根据实物逆向工程技术的一般流程，重点对原始模型的建立与残缺信息的恢复进行研究。

在结合逆向工程进行废旧零部件数据（点云或三角网格面）采集的基础上，通过对零部件三维模型的二维平面进行分割匹配，确定损伤区域，并通过三维重构，确定损伤深度，重构出原始点云模型，表面信息得以恢复，如图 4-3 所示。

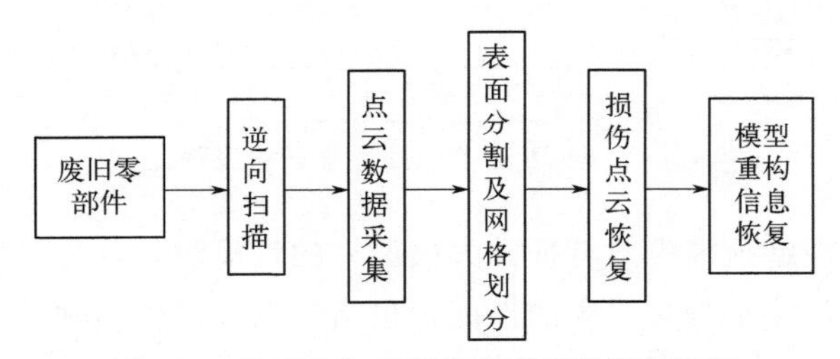

图 4-3　基于逆向工程的表面信息恢复过程

(2) 废旧零部件内部信息恢复技术

对于内部信息恢复的处理方面，由于内部损伤无法精确测定，可通过预测废旧零部件的寿命来衡量。针对废旧零部件的寿命，国内外各领域的研究者进行了深入研究，对各种研究目标、各种材料和各种检验方法进行了分析，形成了多种寿命预测理论。这些理论方法可以总结为三类：基于力学、基于概率统计和基于新的信息技术。虽然废旧零部件具有与新品不同的特征，但在预测寿命时，仍能运用这些理论方法。根据每种寿命预测计算方法中的参量类型，寿命预测可分为两大类：确定性寿命预测与不确定性寿命预测。而对于具有模糊性的内部信息进行寿命预测，就是一种不确定性寿命预测。

对于废旧零部件内部信息的分析，体现在失效机理判别、毛坯剩余寿命评估、安全服役预测、零部件寿命预估等方面，目前学者分别对结构疲劳、可靠性、金属材料断裂模式与机理、弹塑性断裂判据与安全评定、失效损伤早期检测与治愈机制、宏微观断口物理数学模型与定量分析、无损探伤检测技术、加速疲劳试验机以及可再制造性评价等基础理论进行了详细分析。

针对损伤的废旧零部件，应用现有合理且成熟的寿命预测理论，来分析废旧零部件的剩余寿命，建立基于有限元分析的废旧零部件剩余寿命预测模型。针对疲劳耐久性，采用仿真法来分析预测废旧零部件剩余寿命。仿真法是指通过疲劳寿命分析软件对研究目标进行寿命分析。该方法的最大优点是操作简单，快速，简便。它可以在载荷谱、材料特性和边界约束等条件下快速准确地获得寿命预测数据。废旧零部件寿命预测流程，如图 4-4 所示。其中由于试验法在实际生产中需要大量的样机测试试验来进行寿命分析，在资金耗费上巨大，时间跨度也较长，一般企业难以承受，所以不作考虑。

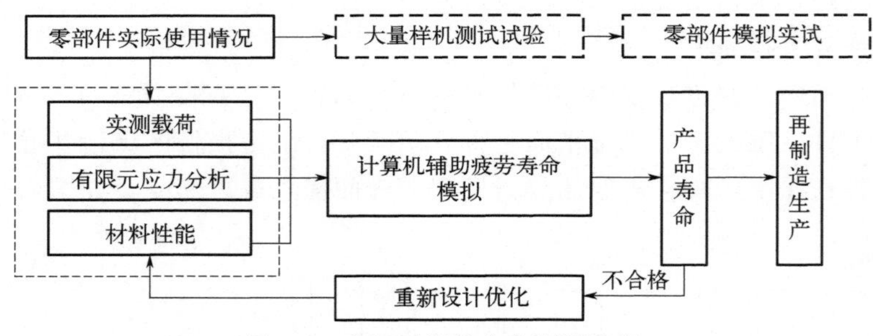

图 4-4　废旧零部件寿命预测流程

当零部件出现磨损等失效特征并失去原来的性能时，则称该零部件失效。失效是指废旧零部件完全丧失规定的性能，也指废旧零部件出现使用性能降低、自身损伤较大和使用安全性下降问题，零部件的失效也将使机械设备退役。因此，可通过失效特征来对废旧零部件的剩余寿命进行预测，从而评估废旧零部件的再制造性。

首先，根据废旧零部件信息的残缺特征，通过分析废旧零部件再制造信息的不完整性和模糊性，并分析残缺信息的构成和测定方法，建立基于残缺信息的再制造工艺方案设计框架。其次，建立废旧零部件表面信息恢复模型和内部信息恢复模型。采用逆向工程技术并通过单位阶跃积分迭代法将三维扫描的损伤点云数据与原始点云数据进行配准，构造缺失点云模型，恢复表面信息；通过有限元分析对重构损伤模型剩余寿命进行有效预测，恢复内部信息；将预测结果用于支持向量机（Support Vector Machine，SVM）模型训练，为后续回收的单一废旧零部件内部信息恢复提供模型支持。对失效特征进行准确定量化分析，作为 SVM 的输入层，将有限元分析预测的废旧零部件剩余寿命作为输出层，利用以上输入层和输出层来训练 SVM 模型。由于服役过程中载荷条件、材料等因素不同，废旧零部件最常见的失效特征是磨损、疲劳、腐蚀和变形等，如图 4-5 所示。

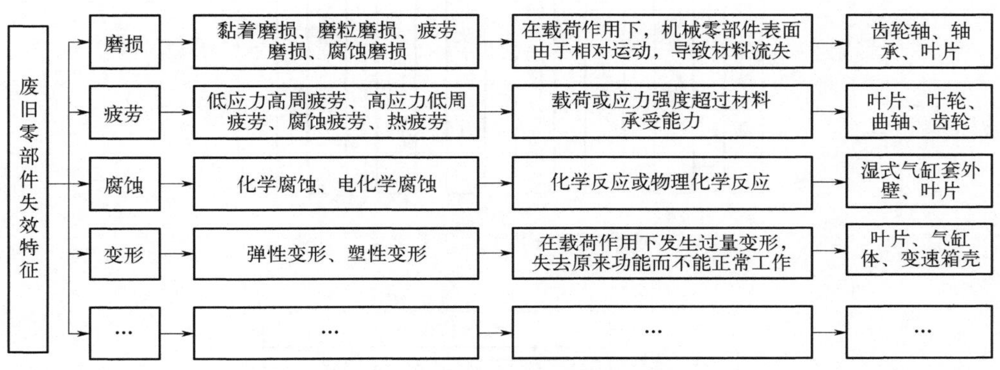

图 4-5　废旧零部件失效特征分类

4.3.2　再制造工艺方案设计

再制造工艺方案设计作为再制造过程的重要节点，影响着再制造生产中的效率、成本和质量。如图 4-6 所示，在残缺信息恢复的前提下，对再制造工艺方案选择进行决策和修复工艺分析；在确定各工序的设备资源、工艺参数和时间定额等情况下，确定满足再制造工艺要求的再制造工艺路径。

再制造以废旧零部件为毛坯件，废旧零部件在失效特征、质量水平等方面存在一定不确定性，导致每一个回收的废旧零部件在再制造工艺过程中都呈现出差异性。因此，再制造工艺方案设计有如下难题。

① 再制造工艺方案难以准确获取。废旧零部件作为毛坯件在失效特征等方面的差异性，导致其再制造工艺方案不同。废旧零部件的主要失效形式有磨损、腐蚀、疲劳裂纹和变形等，应针对不同的失效形式决策出不同的再制造工艺方案，为再制造工艺路径规划提供方案支持。

② 再制造工艺方案难以准确制定。由于废旧零部件的损伤区域和形貌不同，再制造工艺过程具有高度的随机性。在再制造工艺修复时，需要准确的再制造方案作为依托，来降低再制造过程中的成本并提高效率，使再制造装备的质量得到根本保证。废旧零部件再制造工艺方案如图 4-7 所示。

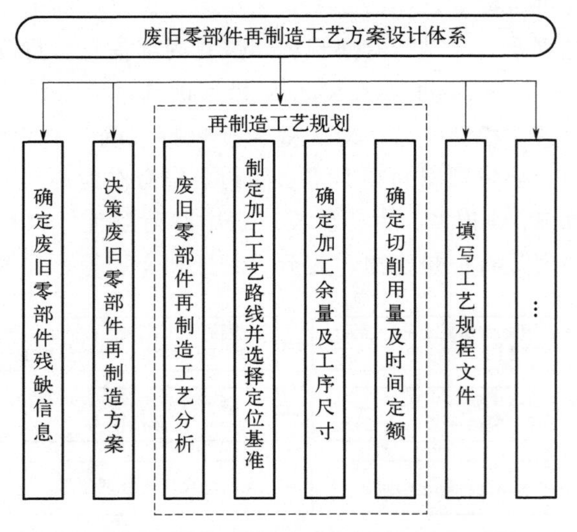

图 4-6　废旧零部件再制造工艺方案设计体系

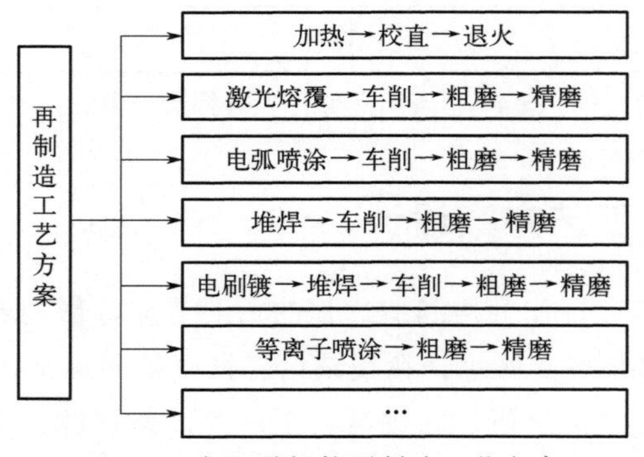

图 4-7　废旧零部件再制造工艺方案

考虑到零部件再制造前的失效形式（损伤程度）和再制造的质量要求，再制造修复工艺方案的决策可归结为数学中的组合优化问题，目标是从组合问题的可行解集中求出最优解。将通过层次分析法计算出的数值，作为 BP 神经网络的初始权重，利用相应的 BP 神经网络自适应学习进行求解，决策出最优再制造工艺方案。BP 神经网络决策再制造工艺方案如图 4-8 所示。

4.3.3　再制造工艺智能规划

由于再制造零部件在失效特征、零部件特征及历史信息等方面存在一定差异性，即使有着相同失效模式的同一零件，其修复工艺方案也可能不同，从而使得再制造零部件修复工艺具有一定的不确定性。随着再制造工程实践的规模

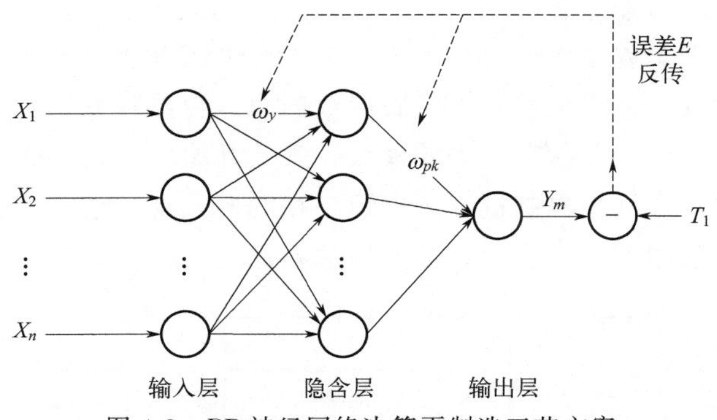

图 4-8　BP 神经网络决策再制造工艺方案

化与推广应用，如何降低工艺决策对工艺人员经验的依赖，快速准确地为不同废旧再制造零部件制定合适的修复工艺方案成为再制造工艺决策研究的重点与难点之一。

随着实例推理 CBR（Case Based Reasoning）和规则推理 RBR（Rule Based Reasoning）技术的发展，其在智能决策方面有较多的研究与应用，但从其研究领域与成果来看，再制造零件工艺决策的研究与应用较少。由于再制造零件修复工艺的不确定性，使得其知识规则提取困难，规则之间的冲突及组合爆炸问题难以规避，通过建立实例库储存各具体工艺情况下的工艺实例，并应用实例推理可有效解决再制造工艺知识规则提取困难及不确定的问题。与此同时，实例推理虽然能够学习并存储再制造过程中的成功工艺实例，但也不可能覆盖再制造零件修复工艺领域全部问题及某些工艺局部差异性问题，此时，引入的规则推理则可以更好地解决这些实际工艺及差异性问题。因此，通过 CBR 与 RBR 的结合，发挥二者优势，弥补各自缺点，探讨再制造零件修复工艺智能决策方法与模型，提高再制造零件修复工艺决策效率和准确性。

4.3.3.1　再制造工艺知识表示

再制造工艺知识是指再制造过程中与工艺有关的一系列知识集。再制造零部件在全生命周期中因工作环境、零部件更换情况、失效模式、失效部位等因素不同，导致其修复工艺存在一定的差异性与不确定性，并且对不同类型的失效特征有不同的修复工艺方法，因而再制造工艺知识具有较强的经验性。根据再制造过程中工艺知识存在的特征，再制造工艺知识表示主要有以下四种形式：①结构化形式，如 ERP 系统、CAPP 系统、DFM 系统、工艺定额管理系统等系统中的数据库及关系表；②文档形式，如以 Word 文档、Excel 文档、AutoCAD、Xml 文本等格式存在的工艺卡片、技术文件、工艺规章图纸；③网页资源的形式，如各种工艺相关知识网站与 Web 资源等；④隐性知识的形式，如操作工人的经验技能、头脑中的意识与想法等。

再制造工艺知识数据库为再制造工艺决策提供底层数据支撑，包括为再制造知识库、规则库及工艺实例库等提供底层数据源。与再制造工艺相关的信息包括零件历史信息、零件特征信息、失效模式、失效部位、失效程度、修复工艺、设备工装信息等。本章结合再制造工艺知识存在的形式及工艺实例表达，对再制造零部件工艺知识数据库进行设计，其属性关系及主要数据库如图 4-9 所示。

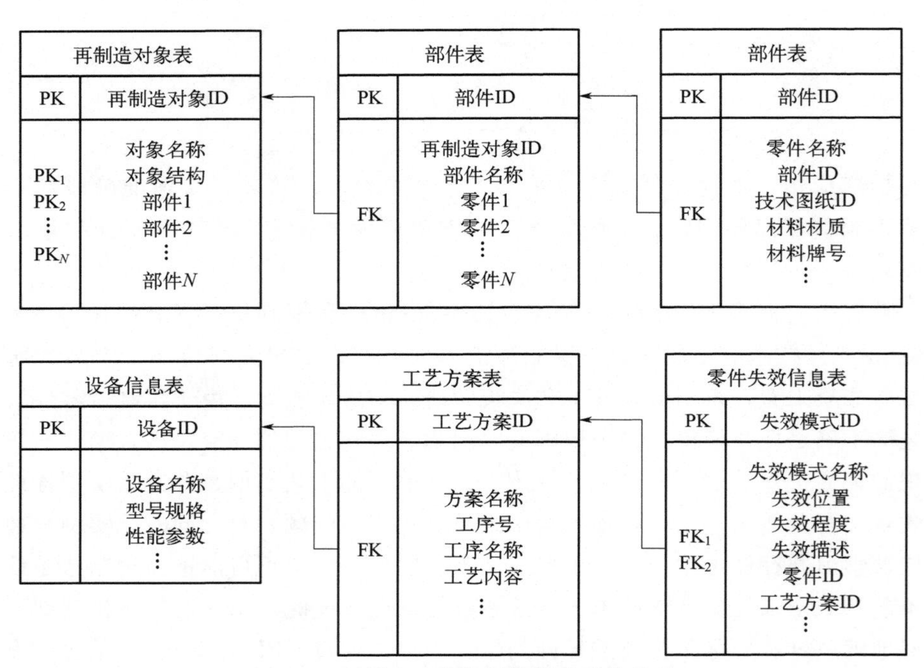

图 4-9 再制造工艺知识数据库逻辑关系

由专家或数据源归纳得到的知识，必须按照人类可理解、计算机可执行的形式表达出来。知识表达方法有多种，具有不同结构及特点的知识需用不同的表达方法来表示，目前常用的知识表达方法有产生式规则表示法、谓词逻辑表示法、面向对象表示法、框架表示法、语义网络表示法等。

(1) 产生式规则表示法

产生式规则是在条件或前件成立时，那么行为或结果即发生。产生式规则表示法具有较多优点：①自然、直观、便于推理。产生式规则表示法采用“IF-THEN”的形式，与人类判断性知识相似并且符合人类思维规律，有利于知识直观自然地表达与推理。②模块性好。用产生式方法表示的规则可以作为最基本的知识单元，并且这些规则间还可以通过全局数据库联系起来，从而使得规则具有一定的模块性。③有效性强。产生式规则表示法既可对确定性知识单元进行表达，也可对不确定性知识单元进行表达，还可用来表示启发性知识、过程性知识、元知识等多种类型知识。④灵活性好。产生式规则除了与系统总体结构及规则表示形式有一定的关联外，对系统的其他实现细节没有过多依赖，灵活性较大。⑤独立性较强。产生式规则表示法有规定的格式和形式，规则间独立性好，且只有前件匹配及后件动作。

虽然产生式规则表示法有诸多优点，但也存在一些缺点，如推理效率较低、规则间关系难以用直观方式查看、规则间不可相互直接调用等。因此，从上述分析可以看出，产生式规则适合于表示具有经验性和不确定性的知识。

（2）谓词逻辑表示法

谓词逻辑表示法是一种基于形式逻辑的知识表示方式，它通过逻辑公式来描述对象、性质及关系等相关知识。通过谓词逻辑构建的知识库通常可看成一组逻辑公式的集合。谓词逻辑表示法有以下优点：①谓词逻辑表示法可有效分离知识和处理知识程序，因此，其结构清晰；②谓词逻辑与数据库之间通常有一定的关系；③一阶谓词逻辑有较为完备的逻辑推理算法；④逻辑推理方法具有一定通用性，且知识库中新的知识与旧的知识在逻辑上具有一致性。谓词逻辑表示法也有一些缺点，如难以表示过程和启发式知识，知识表示的内容与推理过程相分离使得工作效率低，等等。

（3）面向对象表示法

面向对象表示法认为客观世界是由实体组成。实体有属性与状态，而状态可执行一定动作。对象即是对实体的一种抽象映射。对象中封装了数据和函数。数据用来描述对象的属性，对象的状态和操作则可通过封装在对象中的函数来实现。面向对象表示法有以下优点：①“继承”关系具有层次性和结构性，推理效率高。对象可封装较为复杂的行为，降低问题描述及推理复杂度，减少知识冗余度。②对象本身有较大灵活性和较好兼容性。一个对象既可以是数据也可以是方法，还可以是事实、过程等。③实体对象抽象的实质是把对象看作客观世界及映射系统的分形元，而事物由分形元构成。这种不断细分的分形特征和知识结构的扩展是一致的，利用这些分形特征可以衍生出较为复杂的系统。

（4）框架表示法

框架由若干槽结构组成，而每一个槽则可以根据需要分成若干个侧面。一个槽用来对对象的某一个方面的属性进行描述，侧面则用来对属性的某个方面进行描述。框架表示法最大优点是可以表示结构性的知识，并且具有良好继承性，可以有效减小知识的冗余度，还可以较好地保证知识一致性。

框架表示法有以下优点：①框架数据结构和问题求解过程较为接近人的思维及问题求解过程。②框架结构的表达能力较强，层次结构较为丰富，能提供有效的组织知识的手段。③能够利用历史知识进行一定的预测，既可以通过框架来描述某一类的事物，也可以通过实例来修正框架对某些事物的不完整描述。框架表示法也有一些缺点，如不善于表达过程性的知识。

（5）语义网络表示法

语义网络是一种通过概念与语义关系，用带有标志的有向图来表示知识的网络图。在有向图中，节点表示各事物、概念、属性、状态、动作等，而有向弧则表示其连接的节点间的语义联系。语义网络具有灵活、自然、易于实现以及善于表示结构性知识等优点。但语义网络表示法也有其缺点，例如，它对知识表示的非严格性，不能保证不存在语义的二义性，并且由于其自身的灵活性和非严格性，往往会导致知识处理较为复杂。

4.3.3.2 再制造工艺实例表达

再制造工艺实例库是再制造零件修复工艺智能决策的重要组成部分，其目的是将已再制造成功的零件修复工艺实例记录为计算机可识别利用的数据结构。工艺实例库由众多的再制造零件工艺实例组成，定义工艺子实例可以选择实例库中已存储的实例为父实例，父子实例之间可以建立继承关系，子实例可以继承父实例的部分特征信息，工艺子实例采用面向对象的方式组成。一个再制造零件修复工艺实例表达了再制造加工过程中涉及的一系列信息，主要包括再制造零件基本属性描述、工艺实例问题的属性描述、工艺问题的解决方案三部分。再制造零件基本属性描述根据具体零件特征及结构来记录，包括零件名称、零件类型、材料类别、材料牌号、材料硬度、表面粗糙度、直线度等特征属性；工艺实例问题的属性描述则涉及对废旧零部件失效信息的描述、技术加工要求、工艺约束条件等，如再制造零件失效部位、失效模式、失效程度、配合精度要求、磨削余量、波纹度、最大相邻误差等；工艺问题的解决方案主要包括再制造零件在修复工艺过程中所涉及的工序信息、设备信息、加工参数等，如工序号、工序名称、工序内容、设备型号、设备参数性能设置、加工技术规范与标准等具体修复工艺方案。因此，结合再制造工艺实例表达特征及要求，可以将再制造零件工艺实例表述为一个四元组集合：

$$\text{CASE}=\{\text{CaseID},<R_1,R_2,\cdots,R_n>,<Q_1,Q_2,\cdots,Q_m>,S\} \tag{4-9}$$

再制造零件修复工艺实例在实例库中以一定的组织结构存储在计算机中，而工艺实例库的组织结构直接影响着实例推理运行的绩效和解决新工艺问题的能力。实例库的组织方式主要有平面组织、网络组织、聚簇组织、分层组织等。为了有效地存储工艺实例，考虑再制造零件工艺实例的特征和检索的需要，通过对工艺实例库进行组织、整理，本章根据再制造修复工艺实例的特性及要求，提出如图 4-10 所示的工艺实例库的组织结构。

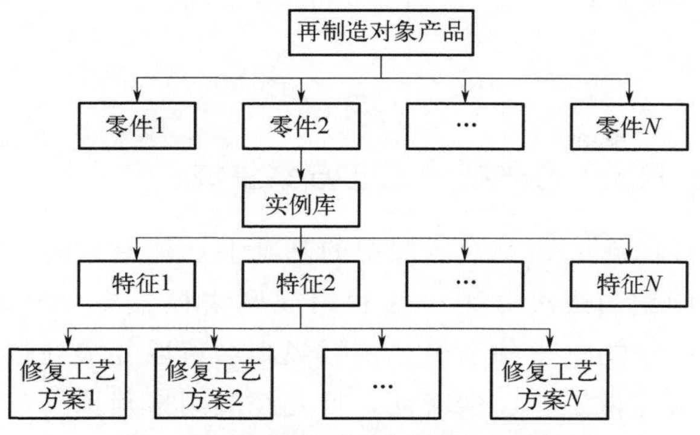

图 4-10　再制造工艺实例库组织结构

4.3.3.3　再制造工艺实例索引

再制造零件修复工艺实例的检索就是通过给定的问题描述，检索出实例库中所存储的相似度最优且合适的再制造工艺实例的过程。目前常用的三种检索方法有最近相邻法、归纳法、基于知识的方法。综合考虑再制造零件工艺实例表达特征，结合再制造工艺领域知识，采用最近相邻法来进行索引，即通过实例属性局部相似度的权数累加和来计算实例之间总体相似度。

由于再制造零件属性及其描述具有多样性，其属性可分为数值型、字符串型、枚举型等。例如，再制造零件的形状尺寸、材料硬度、精度要求等属性可以归为数值型；再制造零件名称、失效模式、失效部位等属性可描述为字符串型；而再制造零件的失效程度等属性则可通过专家判定为离散的枚举型数值域。因此，根据再制造零件属性特征，工艺实例属性之间的局部相似度计算分如下三类。

① 数值型。具有连续数值型值域的属性相似度计算：

$$\mathrm{Sim}j(i,r)=1-\frac{|R_i^j-R_r^j|}{R_{\max}^j-R_{\min}^j} \tag{4-10}$$

② 字符串型。具有描述识别关键字特性的属性相似度计算：

$$\mathrm{Sim}j(i,r)=\begin{cases}1, & R_i^j=R_r^j\\ 0, & R_i^j\neq R_r^j\end{cases} \tag{4-11}$$

③ 枚举型。具有任意判定的离散型取值的属性相似度计算：

$$\mathrm{Sim}j(i,r)=1-\frac{|R_i^j-R_r^j|}{M} \tag{4-12}$$

根据再制造零件工艺实例属性局部相似度，可以根据式(4-13) 计算出当前

新的工艺问题 i 与实例库中工艺实例之间的总体相似度：

$$\mathrm{Sim}(C_i, C_r) = \sum_{j=1}^{n} w_j \times \mathrm{Sim}j(i, r) \tag{4-13}$$

4.3.3.4 基于 RBR 的再制造工艺方案生成

规则推理是在已有的相关领域知识的基础上，把专家的经验知识显性化为规则描述，融合问题与解决方案，并利用规则来模拟专家在求解中的关联推理，其本质是从一个初始事件出发，依据规则约束以寻求到达目标条件的求解过程。根据再制造零件工艺属性特征，首先经规则推理预处理，初定主要属性参数，然后由实例推理检索出相似的再制造修复工艺实例，并按实例相似度大小排序，选取再制造修复工艺初始方案。对工艺实例中不相符或差异性较大的属性进行规则推理，并将推理结果应用于修改再制造修复工艺初始方案，对修改后的再制造修复工艺方案局部不相似的，还可以对再制造工艺方案进行再次修改，直至产生合适满意的再制造零件修复工艺方案。因此，结合再制造零件有关信息，将再制造工程实际应用过程中积累的大量经验知识、有效加工方法等零件修复工艺知识萃取后，以工艺规则的形式分类存储在各个相应规则库中，以便推理机能够有效利用这些工艺规则来推理出合适的再制造零件修复工艺方案。

（1）规则表示及规则库建立

规则表示是规则推理的前提和基础，再制造工艺的领域知识繁多且复杂，包含大量的专家经验、再制造零件图纸、再制造工艺手册与规范等，这些知识难以用精确的理论模型来描述。因此，根据再制造零件修复工艺知识特点及属性特征，采用产生式规则表示法。产生式规则表示法在语义上表示如果 A 则 B 的因果或推理关系，具有自然性、模块性、有效性、清晰性等诸多优点，适用于具有经验性、多样性及不确定性的再制造零件修复工艺知识的表达，其主要有以下三种基本形式：事实规则、计算规则、判断规则。

在结合再制造工艺规则表示方法的基础上，采用“概念-事实-规则”的三级知识体系构建规则库，并根据规则库的知识体系，构建再制造零件工艺变量表、事实表、规则表。例如，对于公式、图表等工艺知识规则，通过特殊模块存储，在推理过程中调用模块中具体规则实现。与此同时，为了有效方便地对再制造工艺规则库进行管理，把规则库知识划分为概念性知识、事实性知识和规则性知识：①概念性知识的最基本内容，是规则库的最底层，如修复工艺设备、清洗工序、检测工序、磨削工序、补焊工序等；②事实性知识由概念组成，建立了概念间的联系，如磨损缸体修整方法为镗削、磨削工序为精磨等；③规则性知识由事实组成，建立了事实间的联系，如上述用 if＜condition＞then＜action＞产生式规则表示的气缸体修复工艺。

(2) 规则推理控制策略

当规则库中存储众多再制造工艺规则时，规则的搜索与匹配过程会变得低效耗时，因此，有必要对再制造工艺规则推理策略进行控制与设计。推理控制策略主要包括推理方向、搜索策略、冲突消解三个方面。

① 推理方向：采用较为成熟的专家系统工具 CLIPS 中的正向推理机制，其推理过程采用有效且快捷的 Rete 模式匹配算法。

② 搜索策略：由于有些再制造工艺规则的前提有多个，一个规则结论也可能由多个前提事实引起，因此，可采用宽度优先的搜索策略，即在同一深度上将各个规则前提考察后，进行下一深度的搜索。

③ 冲突消解：考虑再制造工艺规则特点及规律，采用结合再制造零件工艺领域问题特点排序的冲突消解策略，即在规则属性表中设定每条规则的置信度、活性度，当推理发生冲突时，根据置信度确定规则启用顺序，若置信度相同则通过活性度确定。

再制造零件修复工艺智能决策支持系统利用人工智能专家技术，采用基于 CBR 和 RBR 相结合的混合推理方法，针对输入的再制造零件新的工艺问题，通过对修复工艺历史实例的检索和规则推理，快速准确地形成再制造零件修复工艺方案，提高再制造零件修复工艺决策的效率与准确性。基于 CBR 和 RBR 的再制造零件修复工艺智能决策过程模型如图 4-11 所示。

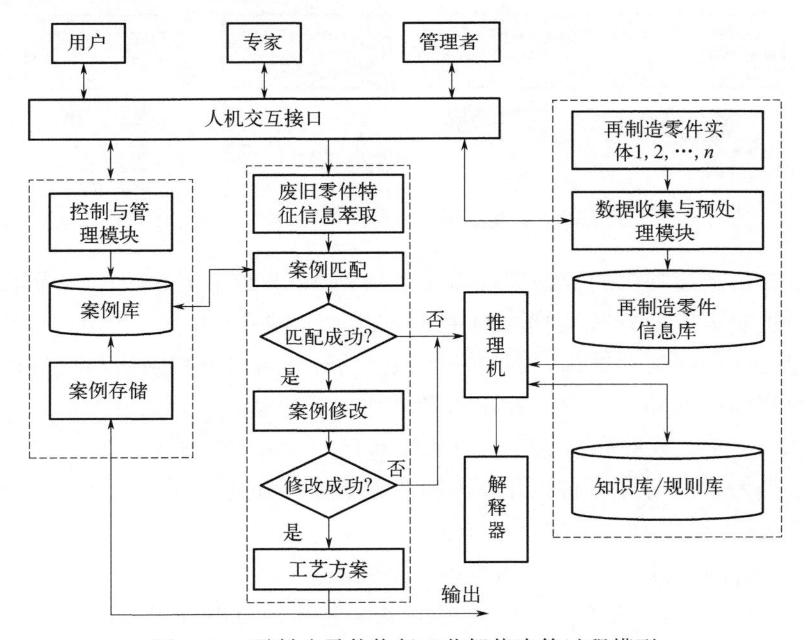

图 4-11　再制造零件修复工艺智能决策过程模型

4.4 再制造加工技术典型应用

4.4.1 机械液压助力转向装置再制造功能升级

本节以 8098 型机械液压助力转向装置功能升级再制造过程为例，对面向功能升级的再制造加工技术进行应用验证。该型机械液压助力转向装置由于技术成熟可靠、控制准确、成本低廉，应用广泛。然而，该装置存在汽车不转弯时，动力泵仍在运行并不断消耗动力的缺陷。随着科技的发展，近年来许多新型汽车都配备了电动助力转向系统，因为功能的原因该系统进入报废期，需要进行功能升级再制造。根据功能作用和工作原理分解，将机械液压动力转向系统分解为转向操纵功能单元、转向传动功能单元、动力供给功能单元和转向执行功能单元，如图 4-12 所示。以动力供给系统（图 4-12 中的功能单元 3）为对象，研究电源功能单元升级再制造的数据驱动的决策制定方法，并给出功能单元的决策方案。

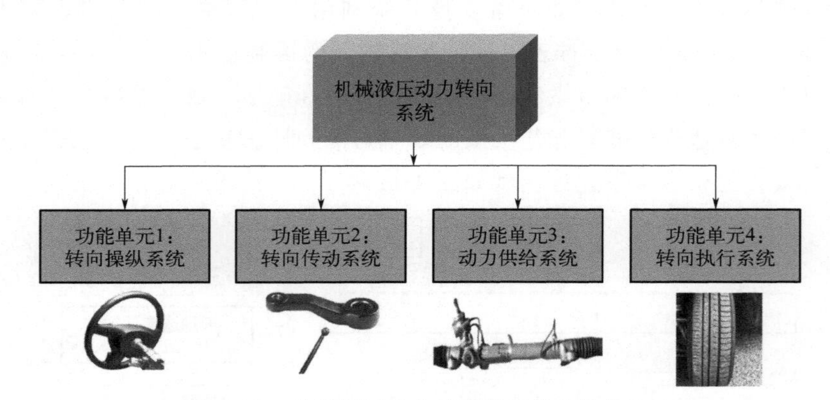

图 4-12 机械液压动力转向系统的功能单元

通过对制造商提供的数据进行筛选，得到 1368 组不同多属性寿命下的场景定制的历史决策解的有效数据。利用 MATLAB（2019 A 版）中的 FullBNT 工具箱构建贝叶斯网络的结构，利用极大似然估计学习贝叶斯网络的参数，输入电源功能单元的情景 Q，根据贝叶斯网络建立决策推理。步骤如下：

① 将 1368 组数据分为 968 组训练样本和 400 组测试样本，对训练样本中不同多属性寿命下的场景定制的升级再制造方案进行分类。计算训练样本中每个场景的频率表。

② 计算特定场景下每个解的概率。

③ 以测试样本作为输入，将推理结果与实际行为进行比较，验证贝叶斯网络的正确性。

④ 将待判定电源功能单元的场景 Q 作为新证据输入模型，计算各解的后验概率。取后验概率最大的解作为功能单元的最优解。在贝叶斯网络中输入每个场景的概率 $Q_n(n=1,2,\cdots,24)$ 及其对应的决策解概率。输入的顺序是 24 个函数被删除的概率、24 个函数被替换的概率、24 个函数被保留的概率和 24 个函数被添加的概率。

然后输入贝叶斯网络中的测试样本，并将决策结果与真实的升级再制造方案进行比较，验证贝叶斯网络的准确性。测试集的识别效果见图 4-13。横坐标代表四种决策方案，纵坐标代表样本数，灰色为实际输入测试组数，黑色为与实际解一致的组数。表 4-2 结果为贝叶斯网络推理结果与实际结果的对比，可以看出，贝叶斯网络决策推理的总体准确率为 90.5%，接近真实的世界中再制造决策方案的升级。

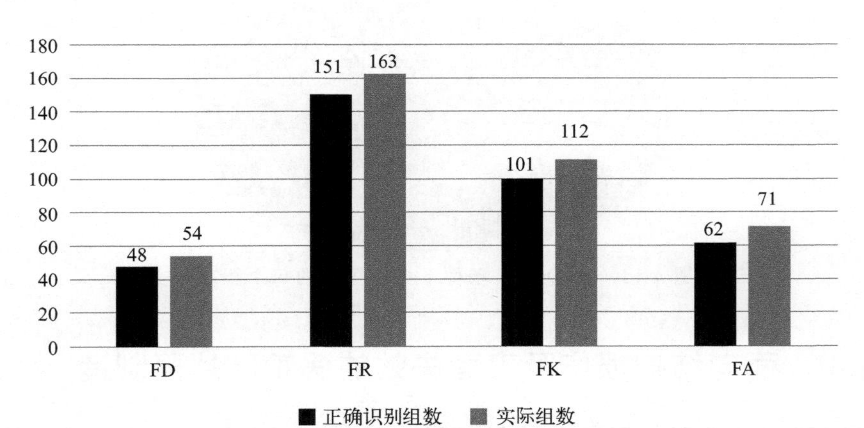

图 4-13　贝叶斯网络的识别效果

表 4-2　贝叶斯网络推理结果的准确性

决策方案	识别数量	实际数量	准确率
FD	48	54	88.89%
FR	151	163	92.63%
FK	101	112	90.17%
FA	62	71	87.32%
总数	362	400	90.50%

本案例中待确定的机械液压动力转向系统已使用了 5 年。根据本章提出的方法对电源功能单元的多属性寿命进行了预测，确定多属性寿命下的场景定制的类别。剩余的多属性寿命和定制寿命如表 4-3 所示。可以推导出 $I_2<I_3<R_0<I_1$，多属性寿命下的场景定制的范畴为 $Q=11$。利用贝叶斯网络实现了电源功能单元升级再制造的决策推理。Q 作为 MATLAB 中的新证据被输入到模型中。每

个解的概率的推断结果为 $P(\mathrm{FD}|Q=11)=0.03$，$P(\mathrm{FR}|Q=11)=0.48$，$P(\mathrm{FK}|Q=11)=0.34$，$P(\mathrm{FA}|Q=11)=0.15$，如图 4-14 所示，可以看出，“待替换功能”的后验概率最大，说明电源功能单元升级再制造的最优方案是将其更换为电动助力转向功能单元。这一结果与再制造商和客户的期望是一致的。升级后的功能单元能够跟上客户的需求，延长了电源功能单元的寿命周期。

表 4-3　电源功能单元的多属性寿命和定制寿命

属性	剩余物理寿命	剩余技术寿命	剩余经济寿命	定制寿命
值	10860h	1546h	7128h	9600h

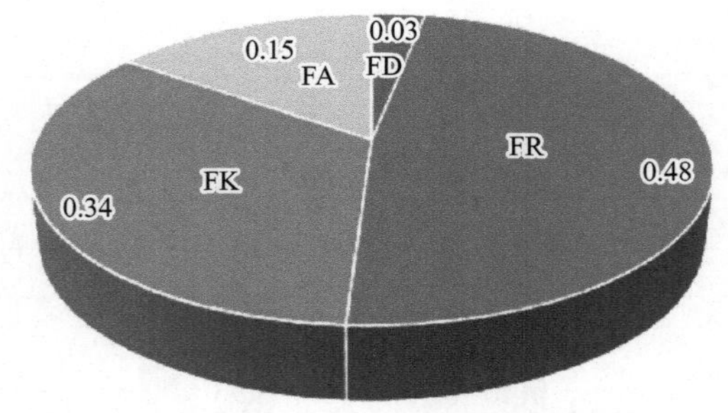

图 4-14　在 $Q=11$ 条件下推理概率的每个解占比

4.4.2　面向结构损伤及表面失效的涡轮叶片再制造

涡轮叶片作为涡轮转子核心动力部件，具有复杂的实体结构，制造周期较长且制造困难。涡轮叶片复杂的形貌结构和服役工况、材料及结构等，在离心、气动及温度载荷下，容易出现叶面疲劳破损、叶面磨损和断裂等现象，叶片实物图如图 4-15 所示。

图 4-15　涡轮叶片实物图

叶片由于工况复杂，容易在应力较大的区域产生应力集中，从而产生裂纹，在裂纹扩大的情况下导致涡轮叶片的疲劳断裂。同时，叶片经受连续反复的受热和冷却，恶劣的工作条件不仅容易造成叶片磨损、局部塌陷，还会使表面产生热疲劳裂纹、磨损、变形、热疲劳龟裂、腐蚀、氧化及表面开裂等失效形式，如图 4-16 所示。下面以某型号低压涡轮工作叶片再制造为例对面向结构损伤及表面失效的再制造加工技术进行应用验证。叶片及其轮盘的材料为 GH4133 合金，以下为叶片再制造工艺方案设计详细过程。

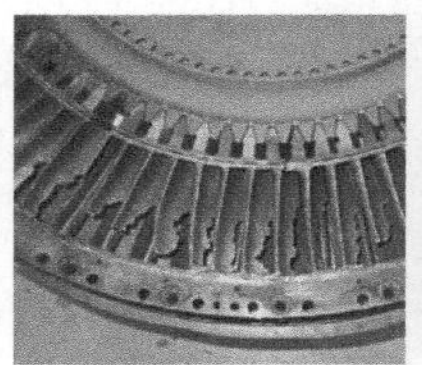  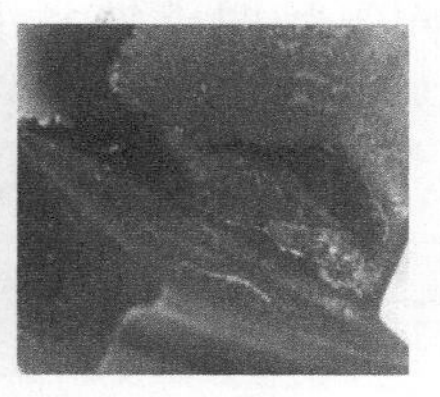

图 4-16　主要失效形式图

4.4.2.1　废旧零部件内部信息恢复

对回收的废旧叶片进行逆向工程三维扫描，对模型进行表面信息恢复，具体操作如下。

(1) 网格划分

废旧零部件原始模型和损伤模型的网格划分如图 4-17 和图 4-18 所示。按照定义的大小，原始模型具有不同坐标的节点有 1974 个。

图 4-17　涡轮叶片原始模型

图 4-18　涡轮叶片损伤模型

其中，对废旧零部件模型，所选择的网格尺寸为0.91mm，因此获得了6650个节点。

(2) 确定切点坐标

将原始模型节点的坐标导出到Excel中，获得叶片的1974个不同点的坐标，部分数据如表4-4所示。

表4-4 涡轮叶片原始模型节点坐标集

节点	X/mm	Y/mm	Z/mm
1	−0.6321	−0.8753	31.8490
2	−0.5100	−0.9314	31.8300
3	1.1562	−1.2182	31.8300
4	2.7987	−1.4582	31.8300
5	4.4950	−1.6579	31.8240
6	6.2278	−1.8425	31.8240
7	8.0275	−1.9403	31.8240
8	9.6729	−1.9945	31.8240
9	11.394	−1.9462	31.8240
10	11.305	−1.7262	29.9830

表4-5中显示了获得的损伤模型节点及其各自的坐标。

表4-5 涡轮叶片损伤模型节点坐标集

节点	X/mm	Y/mm	Z/mm
1	−0.9546	−0.7206	27.526
2	−1.1327	−0.6384	27.246
3	−1.8623	−0.5695	27.017
4	−1.8623	−1.1617	27.017
5	−1.8733	−1.7925	27.017
6	−1.1243	−1.9559	27.376
7	−0.3278	−2.1424	27.702
8	0.4678	−2.3194	27.888
9	1.2987	−2.3957	27.935
10	2.1582	−2.4958	27.809

比较原始和损伤的坐标集，运用单位阶跃积分迭代方法将叶片分成两个横截面区域，有效地将三维平面分成两个二维平面，以识别受损区域，如图4-19所示。

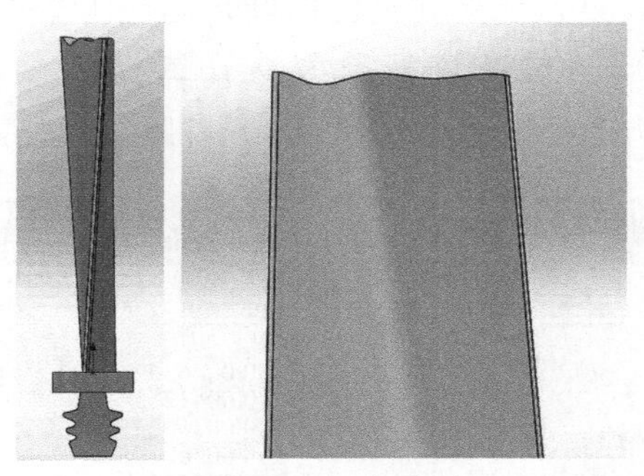

图 4-19　涡轮叶片损伤模型二维显示

使用 Geomagic Studio 2015 处理点云数据生成 STL 文件，如图 4-20 所示。损伤模型用于有限元分析。

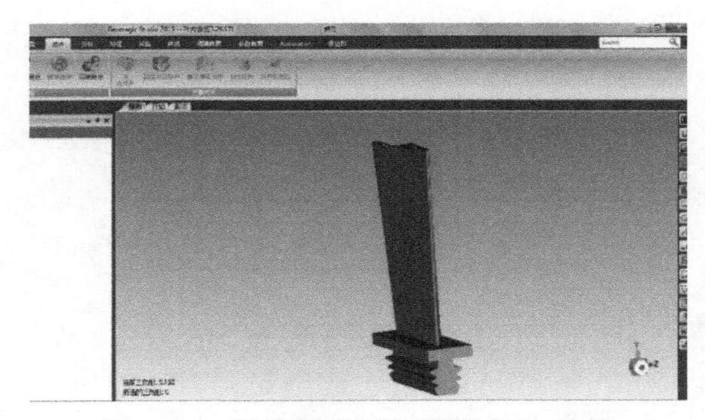

图 4-20　涡轮叶片原始模型 STL 文件

对已重构模型进行有限元分析和支持向量机（Support Vector Machine，SVM）模型训练。

(3) 有限元分析预测再制造叶片疲劳寿命

作为发动机重要的部件之一，涡轮叶片通过与涡轮盘相连来为发动机提供动力。涡轮叶片的工作环境多变，在较高转速的作用下，易产生离心载荷，同时，也会存在热应力和气动力、腐蚀氧化等方面的影响。因此，对叶片进行强度分析和寿命预测是叶片再制造的关键，得到的结果将直接影响再制造过程的实施，为叶片的再制造和使用提供参考依据和实际指导，同时，也间接降低了再制造的成本，减少了事故的发生。

一般从叶片的安全性及可靠性方面考虑，设计要求对涡轮叶片有着严格的规范，要求不允许产生疲劳裂纹。涡轮叶片的疲劳寿命只是叶片裂纹萌生阶段的寿命，本实施中根据相关资料数据和要求，主要对涡轮叶片低周疲劳寿命运用局部应力应变法进行分析，这里只针对其中一件废旧叶片进行有限元分析。使用 Workbench 作为有限元分析软件，分析废旧叶片三维损伤模型在离心载荷和温度载荷作用下的效果，从而确定废旧叶片的应力集中区域和应力应变实际特征，为废旧叶片的疲劳载荷分析及寿命计算提供参考依据。分析结果如图 4-21～图 4-23 所示。

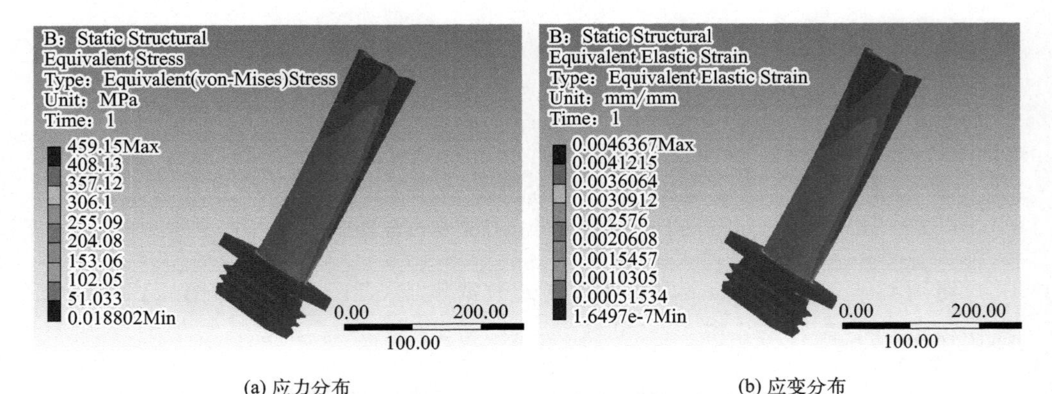

(a) 应力分布　　(b) 应变分布

图 4-21　离心载荷下应力和应变分布云图

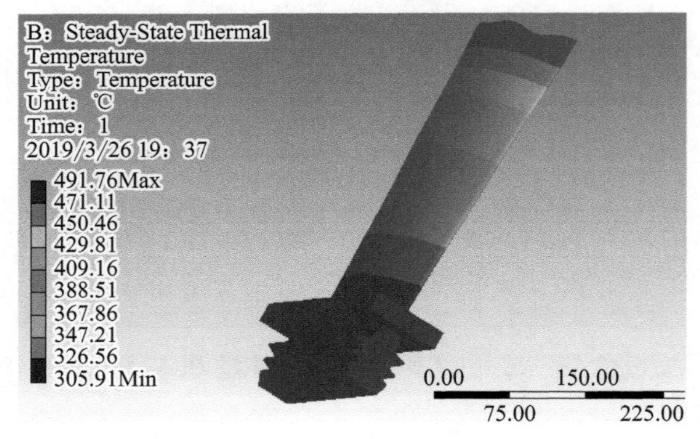

图 4-22　叶片温度场图

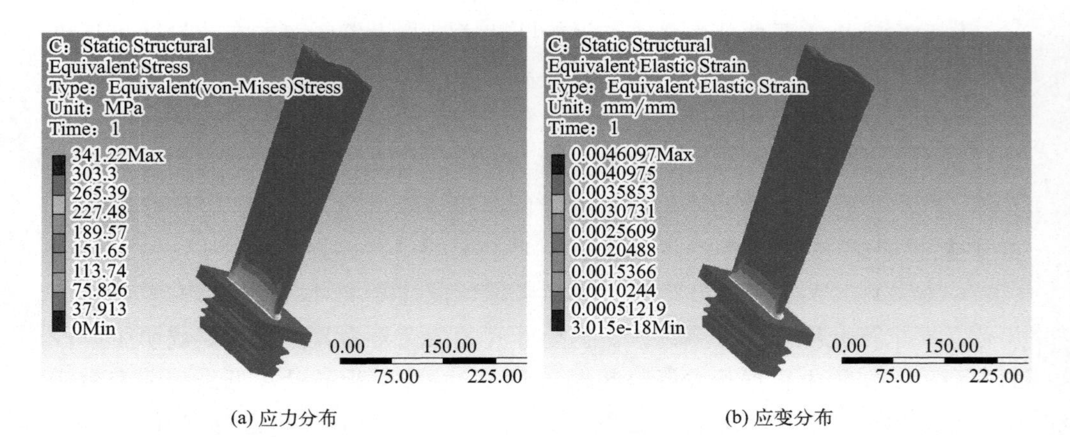

(a) 应力分布　　(b) 应变分布

图 4-23　温度载荷下应力和应变分布云图

在对废旧叶片做有限元分析时发现，废旧叶片在受离心载荷作用时，最大应力为 459.15MPa，因气动载荷所受应力相较于离心载荷太小，在对同一批废旧叶片分析时，可以不将废旧叶片的气动载荷考虑在内。

通过有限元分析，涡轮叶片可经 Manson-Coffin 公式的 Morrow 总应变修正模型计算叶片剩余寿命，剩余寿命数据用于 SVM 模型的训练。

① SVM 预测剩余寿命模型的训练。由于断裂失效等影响，碎片可能会打伤其他零部件，严重影响整机的可靠性和工作效率，其故障模式、原因和发生现象等如表 4-6 所示。

表 4-6　涡轮叶片失效分析

故障模式	故障原因	发生现象	故障影响
叶片断裂	过载	叶身叶尖掉块	叶片失效；打伤其他零部件；振动剧烈
温度蠕变	热应力	叶身变形；产生裂纹	叶片失效；打伤其他零部件
疲劳裂纹	疲劳损伤	叶身 1/3 以上或叶身叶根处断裂；榫头榫齿产生裂纹或断裂	叶片失效；叶片飞出，打伤其他零部件

对于失效叶片的评价，多是采用计算损伤量来进行的。首先根据已重构的废旧叶片损伤模型，在数据库中选择其中的失效特征，将失效特征作为输入，剩余寿命作为输出，对 SVM 模型进行自适应训练，训练后通过 SVM 模型可对损伤叶片剩余寿命进行预测。

② 训练样本输入。其中，前 15 组为训练样本，后 5 组为测试样本，如表 4-7 所示。

表 4-7　废旧叶片失效特征原始值

废旧叶片编号	输入 x				输出 y
	失效特征				
	磨损深度 /mm	腐蚀面积 /mm²	裂纹长度 /mm	变形角度 /(°)	剩余寿命 /h
1	0.831	0.678	10.746	0.155	1801.0
2	1.218	0.924	17.600	0.540	1105.0
3	2.283	0.951	14.800	1.478	987.3
4	1.640	0.462	3.360	1.134	2742.8
5	1.550	0.975	16.660	1.930	1333.3
6	1.550	0.366	14.620	0.976	1531.8
7	2.485	0.942	5.140	0.332	2709.8
8	2.268	0.713	8.840	2.274	1471.5

续表

废旧叶片编号	输入 x				输出 y
	失效特征				
	磨损深度/mm	腐蚀面积/mm^2	裂纹长度/mm	变形角度/(°)	剩余寿命/h
9	0.258	0.536	9.620	1.908	2023.0
10	1.315	0.486	12.100	1.106	1496.0
11	1.000	0.355	16.360	1.478	1175.0
12	2.040	0.253	12.520	1.816	1404.0
13	1.275	0.677	19.520	0.908	1062.3
14	0.735	0.747	11.720	1.414	1466.0
15	1.800	0.747	5.980	0.544	2462.3
⋮	⋮	⋮	⋮	⋮	⋮
26	0.743	0.605	11.160	0.902	1809.2
27	1.750	0.606	6.260	1.534	2684.2
28	0.930	0.480	7.920	1.966	2490.4
29	0.855	0.382	5.200	0.592	2085.4
30	1.343	0.780	13.960	1.281	1448.2

表 4-7 中，x 为废旧叶片的四个失效特征值，是根据损伤叶片的失效特征量化而得到的；y 是损伤叶片的剩余寿命，这些数据是从废旧叶片再制造商的历史数据库中得到。

对 SVM 模型进行训练时，考虑到叶片损伤状况和质量要求的模糊性特征，需对其做直观描述。因此，对进行再制造的损伤叶片剩余寿命预测，经清洗和扫描后，根据具体损伤的失效特征，可通过训练出的 SVM 模型确定其剩余寿命，为再制造工艺方案设计提供参考依据。

4.4.2.2 再制造工艺方案设计

目前，退役损伤叶片再制造的修复方式为“加式修复”，采用增材制造工艺来修复叶片裂纹失效或叶尖断裂失效部位，这样必然会在叶片上产生“加材料”部分，与新叶片的区别在于，损伤叶片的再制造工艺方案和损伤区域不同，需要对再制造工艺方案及区域进行规划设计。

(1) 再制造工艺方案决策

将从残缺信息中得到的废旧零部件损伤得分和质量要求参量值作为输入，通过 BP 神经网络的训练输出最优再制造工艺方案，为下一步叶片的再制造工艺路径规划提供方案依据，如表 4-8 所示。

表 4-8　BP 神经网络决策再制造工艺方案的输入输出值与结果（局部）

废旧叶片序号	损伤得分				质量要求参量值				再制造工艺方案
	磨损	蠕变	裂纹	变形	强度	刚度	塑韧性	耐腐性	
	p_1	p_2	p_3	p_4	q_1	q_2	q_3	q_4	
X_1	4.1	4.6	2.4	2.8	6.5	4.5	4.1	2.3	加热→较直→退火
X_2	4.2	6.7	7.8	6.7	6.9	5.8	5.6	2.5	激光熔覆→车削→粗磨→精磨
X_3	3.6	1.0	4.5	5.5	6.9	5.7	7.5	5.4	电弧喷涂→车削→粗磨→精磨
⋮	⋮	⋮	⋮	⋮	⋮	⋮	⋮	⋮	⋮
X_{76}	2.8	5.4	5.7	3.7	6.0	2.8	4.0	5.8	电刷镀→堆焊→车削→粗磨→精磨
X_{77}	3.7	3.7	3.2	2.8	67	6.8	7.5	6.8	等离子喷涂→粗磨→精磨

通过 BP 神经网络决策，可选择叶片相应的再制造工艺方案。

（2）再制造加工路径生成

以修复中的激光熔覆再制造技术为代表，规划待再制造区域的加工路径，实现废旧叶片的再制造修复。

通过算法获取缺失节点，确定涡轮叶片原始模型。共 390 个节点被确定为原始模型的一部分，表 4-9 是叶片损伤部分节点坐标。

表 4-9　涡轮叶片损伤部分节点坐标集

节点	X/mm	Y/mm	Z/mm	节点	X/mm	Y/mm	Z/mm
1	−0.6358	−0.9025	31.9460	11	11.2170	−1.1582	28.1070
2	−0.5200	−0.9273	31.8200	48	−0.9248	−0.7326	28.1070
3	1.5901	−1.2148	31.8200	49	−0.7828	−0.8264	29.9810
4	2.8173	−1.5149	31.8200	117	5.2036	−1.3755	27.2070
5	4.5200	−1.6726	31.8640	118	7.0358	−1.4914	27.2170
6	6.3051	−1.7986	31.8640	119	9.2251	−1.5165	27.1960
7	7.9375	−1.9503	31.8640	120	1.1517	−1.1275	29.1280
8	9.5859	−2.0164	31.8640	121	3.1528	−1.3614	29.3070
9	11.3940	−1.9652	31.8640	122	5.2527	−1.5316	29.0970
10	11.3650	−1.7562	29.9800	123	7.1678	−1.6674	29.2760

通过已经确定的缺失点云生成残缺实体，利用 MATLAB 软件编程算出熔覆点的具体坐标，并求出设备加工激光头各点的坐标值和状态，来模拟激光熔覆加工修复路径，以废旧零部件作为毛坯进行再制造加工，如图 4-24、图 4-25 所示。

相比新叶片的制造，废旧叶片再制造具有更大的难度。首先，废旧叶片信

(a) 激光熔覆设备图

(b) 熔覆材料现场测试

(c) 涡轮叶片激光熔覆

图 4-24　激光熔覆加工

图 4-25　激光熔覆后的涡轮叶片

息存在的不确定性和模糊性，会导致再制造叶片结构差异和失效特征的不确定性非常显著，因此，需要构造缺失点云模型，恢复表面信息。其次，工作环境状况多变、工况复杂，使得废旧叶片的内部信息无法准确获取，导致难以测算废旧叶片的剩余寿命。因此，叶片再制造前具有预期的剩余寿命，成为退役叶片甚至整个叶片可再制造的先决条件。最后，由于废旧叶片的失效特征存在差异性，致使废旧叶片的再制造工艺方案不同，如果处理不得当就会对叶片的质量产生一定影响。所以，再制造工艺方案设计研究对废旧叶片再制造有重要意义。

本章小结

本章通过对再制造加工的基本概念、技术特征和质量要求进行综合分析，归纳了影响再制造加工质量的主要因素。针对装备表面失效、结构损伤和功能升级三种典型损失形式，对各种失效特征下的先进再制造加工技术进行了详细的分析和探讨。同时，在考虑加工工艺规划过程的综合性方面，提出了再制造装备残缺信息修复模型，并进一步探索和设计了工艺方案设计以及智能规划的流程框架。最后，以机械液压助力转向装置和涡轮叶片为案例，建立了再制造功能升级决策模型和再制造工艺规划过程，并验证了各阶段方案的有效性。

参考文献

[1] 徐滨士，董世运，史佩京．中国特色的再制造零件质量保证技术体系现状及展望［J］．机械工程学报，2013，49（20）：84-90．

[2] 杜彦斌，李聪波，刘世豪．基于GO法的机床再制造工艺过程可靠性分析方法［J］．机械工程学报，2017，53（11）：8．

[3] Kanishka K, Acherjee B. A systematic review of additive manufacturing-based remanufacturing techniques for component repair and restoration [J]. Journal of manufacturing processes, 2023, 89: 220-283.

[4] Aziz N A, Adnan N A A, Wahab D A , et al. Component design optimisation based on artificial intelligence in support of additive manufacturing repair and restoration: Current status and future outlook for remanufacturing [J]. Journal of Cleaner Production, 2021 (3): 126401.

[5] Bin W, Zhi G J, Shuo Z, et al. Data-Driven Decision-Making method for Functional Upgrade Remanufacturing of used products based on Multi-Life Customization Scenarios [J]. Journal of Cleaner Production, 2022, 334: 130238.

[6] Wu B, Jiang Z, Zhu S, et al. A customized design method for upgrade remanufacturing of used products driven by individual demands and failure characteristics [J]. Journal of Manufacturing Systems, 2023, 68: 258-269.

[7] Huang W H, Jiang Z G, Wang T, et al. Remanufacturing Scheme Design for Used Parts Based on Incomplete Information Reconstruction [J]. Chinese Journal of Mechanical Engineering, 2020, 33: 1-14.

[8] 江亚，江志刚，张华，等. 基于失效特征的废旧零部件再制造修复方案优化研究 [J]. 机床与液压，2016，44 (21)：5.

[9] 薛臣，江志刚，张华，等. 基于信息熵的废旧产品再制造方案复杂性测度及应用 [J]. 现代制造工程，2018 (5)：7.

[10] Zhang W, Zheng Y, Ahmad R. An energy-efficient multi-objective integrated process planning and scheduling for a flexible job-shop-type remanufacturing system [J]. Advanced Engineering Informatics, 2023, 56: 102010.

第5章

装备再制造装配技术及应用

再制造装配是装备再制造的重要环节。装配件公差带的差异、不同质量等级的零部件装配方案的多样化、质量控制的不确定性等，使得再制造装配过程极具复杂性，对再制造装配技术提出了更高要求。本章主要从再制造装配尺寸链公差再分配技术、再制造装配零部件选配技术及典型再制造装配应用案例三个方面展开，系统且深入地分析装备再制造装配相关要求及关键技术。

5.1 装备再制造装配概述

5.1.1 再制造装配的基本概念

再制造装配是将再制造加工后性能合格的零件、可直接利用的零件以及新零件组装成组件、部件或再制造装备，并达到再制造装备所规定的精度和使用性能的整个工艺过程。再制造装配是再制造的重要环节，其装配的质量对再制造装备的性能、再制造工期和再制造成本有着重要的影响。

再制造装配有三种装配过程，按照制造过程的模式，分为组装、部装和总装。再制造装配的顺序一般是：首先是组件和部件的装配，最后是总装配。做好周密的准备工作以及正确选择与遵守装配工艺规程是再制造装配的两个基本要求。

再制造装配的准备工作包括零部件清洗、尺寸和质量分选、平衡等，再制造装配过程中的零件装入、连接、部装、总装，以及检验、调整、试验，装配后的试运转、涂装和包装等都是再制造装配工作的主要内容。再制造装配的工艺规程是指针对再制造装配的整个过程和细节制定的指导性文件。它通常包括对装配步骤、操作方法、质量控制、安全措施等方面的详细说明，以确保再制造装配的准确性和可靠性。

5.1.2 再制造装配的质量要求

再制造是在原废旧装备的基础上进行的性能恢复和升级，再制造装配是装备再制造过程的重要环节，若装配质量得不到保证，即使是高质量的零件，也不能得到满足性能要求的装备。再制造装配工艺质量、再制造装配精度、再制造装配成本与选配方案对再制造装备的质量有重要影响。

(1) 再制造装配工艺质量要求

① 确保辅助工作的质量。准确细致地完成清洗、去毛刺等辅助工作，并按规范进行再制造装配，是达到装备质量要求的前提，并且还可以争取得到较大的精度储备，以延长再制造装备的使用寿命。

② 尽量降低手工劳动的比重。做到合理安排再制造作业计划与装配顺序，采用机械化、自动化等手段进行再制造装配。

③ 尽可能缩短装配周期。再制造装配周期的缩短，对加快再制造企业资金周转、扩大再制造装备服务市场十分重要。

④ 提高再制造装配效率。生产量高的再制造发动机企业，可以组织部件、组件平行装配，总装则在可移动的流水线上按严格的工序进行，这样可以提高装配效率，提高车间利用率。

(2) 再制造装配的装配精度要求

再制造装配的装配精度是指装配后装备质量与技术规格的符合程度，一般包括距离精度、相互位置精度、相对运动精度、配合表面的配合精度和接触精度等。距离精度是指为保证一定的间隙、配合质量、尺寸要求等，相关零件、部件间距离尺寸的准确程度；相互位置精度是指相关零件间的平行度、垂直度和同轴度等；相对运动精度是指装备中相对运动的零部件间在运动方向上的平行度和垂直度，以及相对速度上传动的准确程度；配合表面的配合精度是指两个配合零件间的间隙或过盈的程度；接触精度是指配合表面或连接表面间接触面积的大小和接触斑点分布状况。影响再制造装配精度的主要因素是零件本身加工或再制造的质量、装配过程中的选配和精度保持、装配后的调整与质量检验。

(3) 再制造装配的成本及选配方案要求

主要包括三点：

① 再制造装备的尺寸精度要不低于新品。如果没有考虑到新品尺寸精度的约束，在成本指标的影响下进行选配，往往会导致再制造装备的尺寸精度不如新品。

② 零部件质量不能存在问题。受装备尺寸链中增、减环的影响，随着装备尺寸精度的提升，可能会出现部分零部件尺寸精度下降的情况，此时要重新分配尺寸链公差，避免零部件“以次换好”的问题。

③ 受尺寸精度、毛坯情况和成本影响的选配方案要求最优。再制造装备零部件的来源形式、尺寸精度与成本的选配方案取决于废旧装备零部件的尺寸精度损失情况以及是否存在有精度要求的再制造升级目标，并在多重影响因素下要求选配方案最优。

5.1.3 再制造装配的技术特征

再制造件、再利用件与新件之间的不确定性，在很大程度上决定再制造产品的质量。因为在产品装配时，再制造件与再利用件之间可能会存在较大的公差带偏离，或者是尺寸超差，使得再制造件、再利用件与新件三者在装配时会与新品装配存在明显不同。再制造装配需要特别考虑如下技术特征：

（1）差异化

由于新件、再利用件及再制造件在成本和质量属性等方面存在差异，不同质量等级的零部件装配在一起导致装配方案呈现多样化、质量控制点属性不确定等特点，从而导致装配的高度个性化。

（2）非标准化

由于再利用件和再制造件原料均是废旧装备，它们的尺寸公差带较标准件更大，尺寸中心偏移，增大了再制造装配过程的质量不稳定性。再利用件和再制造件的公差带离散程度大且中心偏移，当与其他零部件装配在一起时会造成装配质量误差波动范围增大，难以保证装配质量稳定性和服役安全性。此外，由于缺乏系统的质量控制标准，往往采用传统装配质量控制方法，忽视了再制造零部件和新品属性差异，最终对再制造装配精度和装配效率产生了较大的负面影响。

（3）复杂化

装配过程中由于再利用件、再制造件和新件混合装配，导致不确定因素存在动态非线性关联，这种关联以装配误差的形式存在。误差随着装配过程不断积累，最终影响再制造装备的质量。在非线性、动态、复杂的再制造装配过程中，如何实现动态、实时的装配操作指导，确保再制造装配质量，保障再制造装备服役性能，是当前再制造装配过程质量控制面临的挑战。

（4）智能化

随着再制造装配的快速发展及其高度个性化特征，对再制造装配技术提出了更高要求。在再制造装配过程中，装配体系分散、装配质量波动大、数据采集效率不高和装配技术人员匮乏等问题依旧存在。为此，依托大数据、云计算、物联网、人工智能等技术，在对再制造装备进行装配时，可采取一系列智能化装配技术，如自动化流程、人机协作装配、大数据分析技术，来解决再制造装备在装配过程中的质量保障问题。

5.2　再制造装配尺寸链公差再分配技术

再制造装配尺寸链，既可以直观地评价再制造装备生产成本与各组成环零部件间的性能均衡程度，又能够借助封闭环尺寸与公差再分配方案反映出各组成环零部件的尺寸精度水平，是解决现阶段再制造装备局部最优与整体最优之间、尺寸恢复与装配精度之间矛盾的关键要素。

5.2.1　再制造装配尺寸链公差再分配特点

不同于新品制造，再制造装备由于各零部件在服役环境、失效程度以及剩余寿命等方面的不确定性，在进行零部件装配尺寸链公差再分配时具有以下三个特点。

(1) 零部件重用方式的独立性

个体废旧零部件在进行重用方式决策时，只会受制于失效程度、剩余寿命、企业备件库存及自身再制造价值，而不会受到其他零部件影响，具有明显的独立性特点。

(2) 零部件重用方式选择的耦合性

由于再制造装配尺寸链“木桶效应”的存在，废旧零部件在进行重用方式选择时应考虑零部件间的性能均衡。避免因个体零部件性能过高造成性能冗余，浪费资源与成本，或因个体性能过低导致装配尺寸链整体性能下降，由此零部件间具有明显的耦合性特点。

(3) 零部件重用组合数量的多样性

再制造装配尺寸链由有限个零部件组成，每个零部件最多拥有四种重用方式且必须选择一种进行重用，当装配尺寸链零部件数量为 $n(n\geqslant 1)$ 时，可选重用组合的数量 m 满足 $m\in[n,4n]$。因此，再制造装配尺寸链零部件重用组合具有多样性的特点。

5.2.2　再制造装配尺寸链公差再分配流程

通过对再制造装配尺寸链公差再分配设计特点的分析，采用自顶而下（top-down）的设计方式，建立再制造装配尺寸链公差四级分配体系，实现对再制造装配尺寸链公差再分配方案的设计与优化，如图 5-1 所示。

再制造装配尺寸链公差四级分配体系各层级的设计原则如下。

(1) 在装备层对再制造装配尺寸链封闭环精度进行确认

由于再制造装备要求在各项性能上均不低于原装备，因此在该层中需要从原

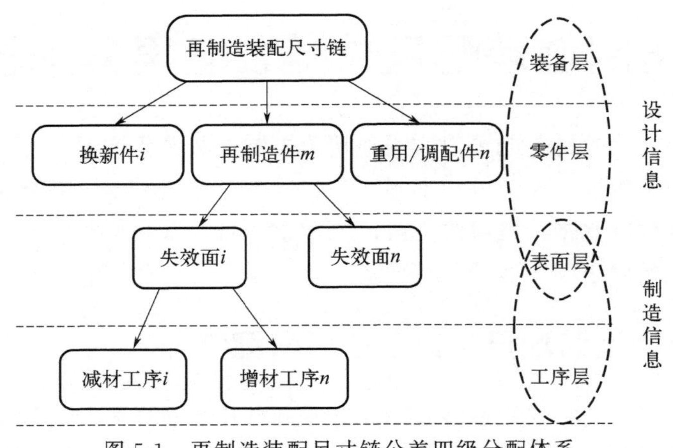

图 5-1　再制造装配尺寸链公差四级分配体系

始装配尺寸链结构出发，借助 CAD 模型进行相关参数提取，明确再制造装配尺寸链的封闭环精度要求，为后续公差再分配多目标优化模型的构建提供准确的约束参数与评价依据。

（2）在零件层对再制造装配尺寸链零部件具体重组方式进行确认

制定再制造装配尺寸链零部件重组策略，以消除零部件重组方式多样性对公差再分配方案制定的影响。同时，通过对装配尺寸链中需要进行公差再分配设计的再制造零件进行标记与编号，为后续公差再分配多目标优化模型提供相应编码依据。

（3）在表面层对失效面再制造精度价值进行量化

失效面的再制造精度价值是指失效面随加工精度的提高所带来的经济、工艺以及环境资源等方面收益的提升程度。在该层中需要根据再制造零部件的回收状态与企业要求，以及再制造零部件各失效面在不同加工精度下的经济、工艺与环境资源收益的精度价值量化，消除再制造精度价值的不确定性对公差再分配方案制定的影响，对后续公差再分配多目标优化模型形成修正。

（4）在工序层建立再制造公差再分配多目标优化模型

针对再制造工艺方案中的不同工序类型（增材工序/减材工序），并基于企业实际加工能力与工艺稳定性要求，建立以制造成本、质量损失与工序过程能力为目标的公差再分配多目标优化模型，最终实现再制造装配尺寸链公差再分配方案的制定。

对再制造装配尺寸链进行公差再分配设计的目的是：在满足封闭环精度要求的前提下，在废旧装备再制造设计阶段综合考虑零部件回收质量、企业加工能力与生产要求等工艺条件约束，对各再制造零部件公差进行再分配方案设计优化，以期最大程度地降低生产成本、提高装备质量与工艺稳定性。为此，本章提出一种基于工艺条件约束的再制造装配尺寸链公差再分配设计方法，总体设计流程如图 5-2 所示。

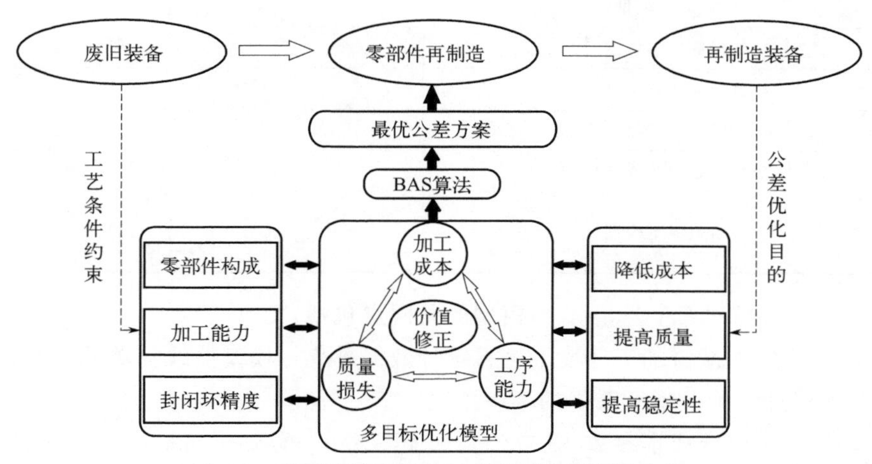

图 5-2　再制造装配尺寸链公差再分配设计流程

整个再制造装配尺寸链公差再分配方案设计过程以降低加工成本、提高装备质量与工艺稳定性为优化目标，以装配尺寸链零部件构成方式、加工能力与封闭环精度为约束，建立公差再分配多目标优化模型。同时，综合考虑不同再制造零部件的精度价值，对模型形成修正，提高优化模型合理性。借助天牛须搜索算法（BAS）对模型进行求解寻优，最终在设计阶段获得再制造装配尺寸链公差再分配最优方案。

5.2.3　再制造装配尺寸链公差再分配优化模型

针对再制造装配尺寸链公差再分配的特点，在满足设计目标的基础上，将整体再制造成本、质量损失与工序过程能力作为评价再分配方案成功与否的关键。

在对再制造零件进行再制造处理时，再制造工序按照加工方式不同可分为减材工序与增材工序两类，当失效面 i 存在 n 道加工工序时，该失效面的总加工成本为：

$$C_i=\sum_{j^-=1}^{a}C_{ij}^-+\sum_{j^+=1}^{b}C_{ij}^+ \tag{5-1}$$

式中，C_{ij}^- 与 C_{ij}^+ 分别为失效面 i 采用的工序 j 为减材工序与增材工序时的加工成本，a 与 b 分别为减材工序数与增材工序数，$a+b=n$。其中，减材工序成本随着加工精度的提高而增加，国内外学者提出了多种经典减材工序公差-成本模型，其中比较成熟的包括指数成本模型、幂指数成本模型以及负平方成本模型等。经典减材工序公差-成本模型如表 5-1 所示。

表 5-1　经典减材工序公差-成本模型

减材工序公差-成本模型	模型表达式
指数成本模型	$C(t)=c_0+c_1 e t^{-tc_2}$
幂指数成本模型	$C(t)=c_0+c_1 t^{-c_2}$
负平方成本模型	$C(t)=c_0+c_1 t^{-2}$
倒数成本模型	$C(t)=c_0+c_1 t^{-1}$
倒数幂指数混合成本模型	$C(t)=c_0+c_1 t^{-c_2} e^{-tc_3}$
多项式成本模型	$C(t)=\sum_{k=0}^{n}(c_k t^k)$

这些经典减材工序公差-成本模型的共同点包括：

① 在稳定的减材加工环境下进行统计数据采集，模型曲线为单调递减函数，且分布曲线处于 C-t 坐标系中的第一象限。

② 模型中固定成本参数 c_0 与公差成本参数 c_1 需要使用最小二乘法进行数据拟合获得，拟合难度与拟合精度会随模型复杂程度的增加而增加。

③ 各公差-成本模型中，不同减材工序下的公差-成本关系一般以非线性形式呈现。

本章采用负平方成本模型对再制造的减材工序公差-成本模型进行构建：

$$C_{ij}^{-}=a_{0ij}^{-}+\frac{a_{1ij}^{-}}{T_{ij}^{2}} \tag{5-2}$$

式中，C_{ij}^{-} 与 T_{ij} 分别为失效面 i 减材工序 j^{-} 的加工成本与公差；a_{0ij}^{-} 与 a_{1ij}^{-} 分别为失效面 i 减材工序 j^{-} 的固定加工成本与公差成本系数，a_{0ij}^{-} 与 a_{1ij}^{-} 的值可通过最小二乘法对统计样本进行拟合获得。

对于再制造增材工序，不同设备、参数间的精度与成本相差较大。对同一增材加工设备而言，当主要参数（堆覆速度、输出功率、送料速度等）保持稳定时，加工尺寸的偏差相对稳定且满足正态分布。因此，在经济参数下将增材工序成本视作增材厚度相关的参数：

$$C_{ij}^{+}=a_{0ij}^{+}=f(h_{ij}^{+}) \tag{5-3}$$

式中，C_{ij}^{+} 为失效面 i 增材工序 j^{+} 的加工成本；a_{0ij}^{+} 和 $f(h_{ij}^{+})$ 分别为经济加工参数下增材固定成本和与失效面尺寸恢复时增材厚度 h_{ij}^{+} 相关的成本函数，h_{ij}^{+} 可根据原始 CAD 模型获得，之后通过数据拟合得到 $f(h_{ij}^{+})$。

当再制造装配尺寸链存在 N 个失效面需要进行再制造公差设计时，总生产成本为：

$$C=\sum_{i=1}^{N}\sum_{j=1}^{n}\left(\sum_{j^{-}=1}^{a}C_{ij}^{-}+\sum_{j^{+}=1}^{b}C_{ij}^{+}\right) \tag{5-4}$$

依照田口（Taguchi Genichi）质量理论，当零件加工存在尺寸偏差时，这些偏差最终会影响装备质量。采用指数方程对再制造工序质量损失函数进行构建，如下所示：

$$L = K_{ij}(A_{ij0} - A_{ij})^2 \tag{5-5}$$

$$K_{ij} = \frac{B_{ij}}{\Delta_{ij}^2} \tag{5-6}$$

式中，K_{ij} 为失效面 i 工序 j 尺寸超差时质量损失系数；B_{ij} 与 Δ_{ij} 分别为尺寸超差时的总损失与极限偏差尺寸。将质量损失建立到工序级，其物理意义为当工序产生尺寸偏差时，该偏差对后续加工及服役过程造成的经济损失。A_{ij0} 与 A_{ij} 分别为设计尺寸与实际加工尺寸。当公差呈对称分布时，$(A_{ij0} - A_{ij})^2 = \frac{T_{ij}^2}{4}$。此时，再制造装配尺寸链总质量损失为：

$$L = \sum_{i=1}^{N}\sum_{j=1}^{n}\frac{K_{ij}T_{ij}^2}{4} \tag{5-7}$$

在再制造加工过程中，各加工工序的工序能力指数 C_p 反映了加工处于稳定状态时，当前工序能否稳定生产符合要求装备的能力。C_p 值较高，表明该工序可以在满足加工精度要求的基础上，允许较大的设计公差与较小的制造波动；较低的工序能力指数 C_p 则表明该工序可以在满足加工精度要求的基础上，允许较小的设计公差与较大的制造波动。

在规定范围内的 C_p 最大化，可以最大程度地保证在公差设计方案下再制造生产的工艺稳定性，C_p 是协调再制造生产成本与质量的关键因素。再制造失效面 i 工序 j 的工序能力为：

$$C_{\mathrm{p}_{ij}} = \frac{T_{ij} - \varepsilon_0}{6\sqrt{\sigma_{ij}^2 - (y^2 - m^2)}} \tag{5-8}$$

式中，σ_{ij} 为失效面 i 工序 j 下尺寸偏差标准差；m 与 y 分别表示当前工序尺寸输出特征值与目标值；ε_0 为分布中心相较设计中心的偏移程度。当输出工序呈对称型公差分布且分布中心与设计中心重合时，$C_{\mathrm{p}_{ij}} = \frac{T_{ij}}{6\sigma_{ij}}$。此时，再制造装配尺寸链总工序过程能力为：

$$D = \sum_{i=1}^{N}\sum_{j=1}^{n}C_{\mathrm{p}_{ij}} \tag{5-9}$$

在进行新品制造时，由于毛坯件的质量稳定性，零部件随加工精度提高带来的收益提升也相对稳定。而在对再制造装配尺寸链进行公差再分配设计时，再制造失效面作为公差的基本设计与加工单元，在回收时便存在较大的质量差异，这种源于毛坯件的质量差异性，导致失效面随加工精度提高所带来的收益提升具有明显的波动性。因此，需要对失效面进行再制造精度价值量化，以提高最终公差方案的合理性。

再制造失效面的不同加工精度在加工过程中会带来经济成本、加工难度、环境污染、能源消耗等方面的差异，从而影响最终装备的价值收益。例如，相同精度等级下，剩余寿命大小会影响再制造零部件的市场认可度，从而影响市场价格；基准面的失效程度则通过影响失效面的定位与检测难度，影响高精度加工的工艺难度并可能导致额外加工时间。此外，失效面采用不同再制造工艺方案进行各精度等级加工时，物料消耗与污染排放也有所不同，绿色属性作为再制造生产的显著特点，也应在公差设计时予以考虑。

为此，建立失效面精度价值指标评价体系，包含经济价值、技术价值与环境价值三个一级指标，并考虑各一级指标的子影响因素集，将一级指标进一步细分为利润收益、时间成本、拆装难度、工艺难度、物料消耗、污染排放等六个二级评价指标。失效面精度价值指标评价体系如图 5-3 所示。

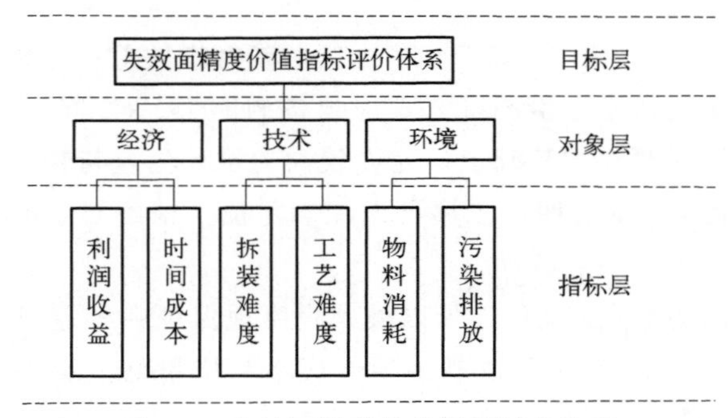

图 5-3　失效面精度价值指标评价体系

在失效面精度价值指标评价体系中，各二级指标受市场波动（如利润收益）、人员素质（如时间成本、拆装难度）、设备性能（如工艺难度、物料消耗）等因素影响，难以做到准确量化，因此借助模糊评价法对失效面精度价值进行评价。其基本思想是运用数学理论中研究模糊性问题的方法模型，将影响评价对象的各评价指标进行性质与程度上的等级划分，并将每个等级视作独立的评价子集，再由相关人员针对评价子集做出模糊评判后，通过模糊集合与隶属函数等方式，实现评价对象精确与模糊量化上的逼近。再制造装配尺寸链失效面精度价值模糊量化由以下四部分组成。

（1）主观评价因素集 U

构建失效面精度价值指标评价体系，及主观评价因素集与各指标映射关系。其中，一级指标 $U=(U_1,U_2,U_3)$，二级指标 $u_i=(u_1,u_2,\cdots,u_6)$，再制造失效面精度价值体系一级、二级评价指标具体映射关系如下所示：

$$U=(U_1,U_2,U_3)=\{\text{经济性,技术性,环境性}\}$$
$$U_1=(u_1,u_2)=(\text{利润收益,时间成本})$$
$$U_2=(u_3,u_4)=(\text{拆装难度,工艺难度})$$
$$U_3=(u_5,u_6)=(\text{物料消耗,污染排放})$$

(2) 评价集 V

对评价指标按照一定等级进行主观量化评价，形成指标量化集合。根据再制造失效面加工特点，将主观评价集设为极好、较好、中、较差、极差五级，如式(5-10) 所示，为方便后续计算，所有指标在进行评价时均为收益性指标。

$$V=(V_1,V_2,V_3,V_4,V_5)=(\text{极好,较好,中,较差,极差}) \tag{5-10}$$

(3) 隶属度矩阵 R

在明确评价标准后，对各二级指标进行评价，即得到评价因素对应评价集的模糊隶属度，并最终得到隶属度矩阵 $\boldsymbol{R}$：

$$\boldsymbol{R}=\begin{bmatrix} r_{11} & r_{12} & \cdots & r_{15} \\ r_{21} & r_{22} & \cdots & r_{25} \\ \vdots & \vdots & & \vdots \\ r_{61} & r_{62} & \cdots & r_{65} \end{bmatrix} \tag{5-11}$$

式中，r_{ij} 为二级指标 i 在评价等级 j 下的隶属度。

(4) 评价指标量化

对各评价指标进行量化可以简化计算，使不同评价对象的比较变得更为直观。分别对评价集等级进行赋值，如下所示：

$$V=(V_1,V_2,V_3,V_4,V_5)=(\text{极好,较好,中,较差,极差})=(0.9,0.7,0.5,0.3,0.1)$$

因此，失效面精度价值指标评价体系各指标量化值为：

$$\boldsymbol{E}=(V_1,V_2,V_3,V_4,V_5)\circ\begin{bmatrix} r_{11} & r_{12} & \cdots & r_{15} \\ r_{21} & r_{22} & \cdots & r_{25} \\ \vdots & \vdots & & \vdots \\ r_{61} & r_{62} & \cdots & r_{65} \end{bmatrix}^{\mathrm{T}}=(e_1,e_2,\cdots,e_6) \tag{5-12}$$

式中，$\boldsymbol{E}$ 为失效面精度价值二级指标量化矩阵；e_i 为二级指标 i 的最终量化值；"$\circ$"表示模糊算子 M，本节使用平均加权算子 $M(\cdot,\oplus)$进行计算。

对于任何评价方法而言，权重的判断都将直接影响最终的结果，在对再制造失效面精度价值进行评价时，需要综合考虑回收件客观回收质量与企业主观设计倾向。传统层次分析法反映了专家的经验意向与企业标准，具有一定的主观性。为了更为客观地讨论同一尺寸链中不同失效面的内在联系，在利用层次分析法确定权重的基础上，引入熵权法进行相对性权重修正，以增强最终所得指标权重的合理性。过程如下：

(1) 层次分析法确定指标权重

层次分析法通过指标间的两两比较，以指标间重要程度比值的形式来映射指标在评价体系中的相对重要程度。当以 u_{ij} 表示指标 i 相比于指标 j 的重要程度量化值时，不同等级下的量化值如表 5-2 所示。

表 5-2 指标重要性比较量化

重要性	同等重要	稍微重要	较强重要	极为重要	极端重要	相邻中间值
u_{ij}	1	3	5	7	9	2/4/6/8

根据表 5-2 对评价体系中各指标的重要程度进行两两比较，得到指标间重要程度判断矩阵：

$$u_{ij}=\begin{Bmatrix} u_{11} & u_{12} & \cdots & u_{1j} \\ u_{21} & u_{22} & \cdots & u_{2j} \\ \vdots & \vdots & & \vdots \\ u_{i1} & u_{i2} & \cdots & u_{ij} \end{Bmatrix} \tag{5-13}$$

其中，$u_{ij}=\dfrac{1}{u_{ji}}$。此时指标 i 的权重 λ_i 为：

$$\lambda_i=\frac{\overline{W_i}}{\sum_{i=1}^{6}\overline{W_i}} \tag{5-14}$$

式中，$\overline{W_i}=\sqrt[j]{M_i}$，$M_i=\prod_{j=1} u_{ij}\ (j=1,2,\cdots,6)$。

最终，通过层次分析法得到失效面精度价值指标评价体系各评价指标权重为：

$$\lambda_j=\{\lambda_1,\lambda_2,\cdots,\lambda_6\}$$

(2) 熵权法确定指标权重

熵权法能够客观反映出同一再制造装配尺寸链中不同失效面之间的优劣关系，符合再制造装配尺寸链各失效面间回收状态不确定性的特点。

构建再制造装配尺寸链失效面评价集量化最优矩阵 $\boldsymbol{E}^*=\{e_1^*,e_2^*,\cdots,e_6^*\}$，$e_j^*=\max\{e_{ij}\}$，其中 i 为该再制造装配尺寸链所包含的失效面个数，e_j^* 为再制造装配尺寸链失效面指标量化矩阵 $\boldsymbol{S}$ 每列的最大值，即 j 指标下该再制造装配尺寸链表现最优的失效面的量化值。此时，其他 s_{ij} 对 s_j^* 的接近程度为 $H_{ij}=\dfrac{s_{ij}}{s_j^*}$。对 H_{ij} 进行归一化处理，即 $h_{ij}=\dfrac{H_{ij}}{\sum_{i=1}^{N}\sum_{j=1}^{6}H_{ij}}$。由此得到评价指标 j 的熵值

E_j 为：

$$E_j = -K\sum_{i=1}^{N}\frac{h_{ij}}{h_j}\ln\frac{h_{ij}}{h_j} \tag{5-15}$$

式中，$h_j=\sum_{i=1}^{N}h_{ij}, j=1,2,\cdots,m$；$K=\frac{1}{\ln m}$。此时，评价指标 j 的熵权为：

$$\theta_j=\frac{1-E_j}{\sum_{j=1}^{6}(1-E_j)} \tag{5-16}$$

最终，通过熵权法得到失效面精度价值指标评价体系各评价指标权重为：

$$\theta_j=\{\theta_1,\theta_2,\cdots,\theta_6\}$$

(3) 评价指标综合权重

在获取主观标准权重 λ_j，以及尺寸链中失效面内在联系客观权重 θ_j 后，指标 j 的综合权重 w_j 为：

$$w_j=\frac{\lambda_j\theta_j}{\sum_{j=1}^{m}\lambda_j\theta_j} \tag{5-17}$$

此时失效面 i 的再制造价值系数 β_i 为：

$$\beta_i=\frac{\sum_{j=1}^{6}w_je_{ij}}{\min(\sum_{j=1}^{6}w_je_{ij})} \tag{5-18}$$

式中，e_{ij} 为失效面 i 再制造精度价值指标 j 量化值。

综上，再制造装备公差设计优化函数被修正为：

$$\begin{cases}C(T_{ij})=\sum_{i=1}^{N}\frac{1}{\beta_i}(\sum_{j=1}^{j^-}C_{ij}^- + \sum_{j=1}^{j^+}C_{ij}^+)\\ L(T_{ij})=\sum_{i=1}^{N}\sum_{j=1}^{n}\beta_i\frac{K_{ij}T_{ij}^2}{4}\\ D(T_{ij})=\sum_{i=1}^{N}\sum_{j=1}^{n}\beta_i\frac{T_{ij}}{6\sigma_{ij}}\end{cases} \tag{5-19}$$

对再制造装配尺寸链进行公差再分配方案制定时，需要符合再制造企业实际加工能力并满足装备精度与加工稳定性等设计要求，由此建立再制造公差再分配模型约束函数。

在再制造加工过程中，不同再制造企业由于设备精度与人员熟练度的不同，加工能力具有显著的差异性。因此，在进行公差设计时应满足再制造企业的加工能力约束：

$$T_{ij\min} \leqslant T_i \leqslant T_{ij\max} \tag{5-20}$$

式中，$T_{ij\min}$ 与 $T_{ij\max}$ 分别表示失效面 i 在当前加工能力下工序 j 所能达到的公差最小值与最大值。

封闭环公差决定了装配尺寸链的最终装配精度，需要在设计阶段予以确认。对于再制造装配尺寸链而言，由于再利用件不存在公差，因此封闭环尺寸由再制造件与新件决定。考虑到再制造装备批量小、个性化程度与价值高等特点，采用极值公差法将封闭环精度约束表示为：

$$\sum \zeta_i T_i + \sum \zeta_{\text{new}} T_{\text{new}} \leqslant T_0 \tag{5-21}$$

式中，$\sum T_i$ 和 $\sum T_{\text{new}}$ 分别表示再制造装备中失效面最终公差和与新件公差和；ζ_i 与 ζ_{new} 分别为再制造失效面与新件的公差传递系数；T_0 为封闭环公差。

根据上述分析，建立再制造装配尺寸链公差再分配多目标优化模型，在满足工艺条件约束的基础上，以最小化制造阶段成本与质量损失、最大化工艺稳定性为目标，对模型进行求解，如下所示：

$$\begin{cases} f_1(T_{ij}) = \dfrac{C(T_{ij}) - C_{\min}}{C_{\max} - C_{\min}} \\ f_2(T_{ij}) = \dfrac{L(T_{ij}) - L_{\min}}{L_{\max} - L_{\min}} \\ f_2(T_{ij}) = \dfrac{D_{\max} - D(T_{ij})}{D_{\max} - D_{\min}} \end{cases} \tag{5-22}$$

$$F(T_{ij})_{\min} = w_1 f_1(T_{ij}) + w_2 f_2(T_{ij}) + w_3 f_3(T_{ij}) \tag{5-23}$$

$$\text{s. t.} \begin{cases} T_{ij\min} \leqslant T_{ij} \leqslant T_{ij\max} \\ C_{\text{p}ij\min} \leqslant C_{\text{p}ij} \leqslant C_{\text{p}ij\max} \\ \sum \zeta_i T_i + \sum \zeta_{\text{new}} T_{\text{new}} \leqslant T_0 \\ w_1 + w_2 + w_3 = 1 \end{cases} \tag{5-24}$$

在使用优化算法对模型进行求解寻优之前，需要对模型做如下假设：

① 待设计的再制造装配尺寸链为平面尺寸链。

② 失效面在进行再制造处理时需要整面加工。局部修复的失效面在经再制造处理时，由于需要与主基面重合，因此在公差再分配方案制定时可视为再利用零部件。

在进行再制造装配尺寸链公差再分配设计时需要综合考虑制造阶段成本、质量损失与工序过程能力，而这三个目标又受到装备精度、加工稳定性等设计要求与工艺条件的共同约束，是一个典型的多约束多目标优化问题。处理此类问题时，传统优化算法通常首先将多目标问题转换为单目标问题，然后利用预设种群对目标进行迭代寻优以获得最优解。由于需要对种群中多个个体的适应值进行逐代筛选，收敛速度慢，求解效率低。针对传统多目标优化算法的不足，可采用天牛须搜索算法（Beetle Antennae Search Algorithm，BAS）对再制造公差再分配多目标优化模型进行求解寻优。

天牛须搜索算法模拟自然界中天牛的觅食行为，通过左右触须搜寻气味信息，根据接收触须间气味的强度不同调整前进方向，最终在反复迭代后找到食物。在求解公差再分配优化模型时，相较于遗传搜索算法（GA）、粒子群搜索算法（PSO）等传统多目标优化算法，BAS 可以在不需要梯度信息与函数具体形式的情况下，仅由个体天牛通过左右两触须适应度大小的比对不断调整前进方向，具有计算量少、搜索速度快等优点，是一种高效的逼近搜索算法，求解效果已在各类工程多目标优化问题中得到验证。

在使用 BAS 对再制造公差多目标优化模型进行求解前，首先对模型做如下简化：

① 将天牛简化为一个质点，左右触须分别位于质点两侧。

② 天牛运动步长 $step$ 与触须间距离 d_0 的比值为常数，即 $step=c\times d_0$。

③ 天牛在运动一步之后，头的朝向随机。

在完成上述简化后，BAS 对再制造机械装备公差优化设计模型的求解过程如下：

① 天牛位置初始化。在再制造公差再分配优化模型 f 的解空间中随机选取一组解，并将其坐标作为天牛的初始位置 x。

② 天牛触须与距离设定。分别用 x_l、x_r 表示天牛左右触须所搜索到的点，用 d_0 表示两触须间距离。将 x、x_l、x_r 置于同一直线，此时 $d_0=\text{norm}(x_l-x_r)$。由简化条件③可知，天牛朝向任意方向，即 x_l 指向 x_r 的方向向量任意，使用随机向量 $dir=(x_1,\cdots,x_i,\cdots,x_n)$表示此方向向量，在对其做归一化处理后 $dir=dir/\text{norm}$（dir）。此时 $x_l-x_r=d_0\times dir$。当使用质心表达时，x_l、x_r 可表示为：

$$\begin{cases}x_l=x+d_0\times dir/2\\x_r=x-d_0\times dir/2\end{cases}$$

③ 天牛前进方向与步长。对于待求解的目标函数 f，求取左右两触须的气味值：$f_{\text{left}}=f(x_l)$；$f_{\text{right}}=f(x_r)$。判断两值大小，然后以 $step$ 为步长进行活动：

$$\begin{cases}x=x+step\times \text{norm}(x_l-x_r), & f_{\text{left}}<f_{\text{right}}\\x=x-step\times \text{norm}(x_l-x_r), & f_{\text{left}}>f_{\text{right}}\end{cases}$$

每次前进一个 $step$ 后，对 $step$ 进行更新，$step=step\times eta$，取 $eta=0.95$。

当到达精度要求或规定步数后，天牛停止运动。此时天牛的位置即为模型最优解。BAS 求解流程如图 5-4 所示。

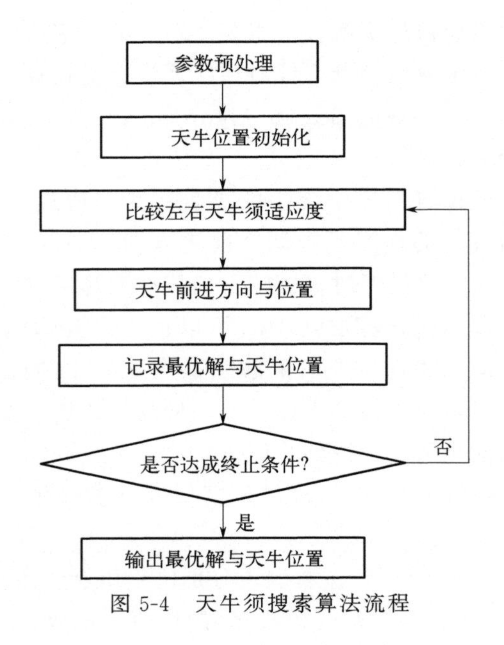

图 5-4　天牛须搜索算法流程

5.3　再制造装配零部件选配优化技术

合理选配再利用件、再制造件以及新件等不同来源形式的零部件，是保障再制造装备质量与成本的关键环节。针对待选配零部件尺寸公差对再制造装备质量损失、成本的双重影响特征，通过设计零部件尺寸公差的精度分级机制，实现再制造装备各零部件尺寸精度不低于原新品，获取可行选配方案集。

5.3.1　再制造装配零部件选配特点

与新品装配过程相比，再制造装配是混合装配（装配过程包括新件、再利用件、再制造件三种类型的零件），由于再制造件与再利用件公差带离散程度大，导致再制造机床的装配精度低、再制造资源利用率低及成本高等问题。而传统的分组选配法和互换法，仅适合新件间的相互匹配，并不能解决再制造装配过程中所遇到的问题。其特点主要体现在：

① 多品种小批量生产模式下的现有零件随时可能由于装备的个性化更改而被淘汰，即无法再重新利用，此时就要求进行最优化选配以确保每次装配的剩余零部件最少。

② 零件配合尺寸分布的随机性和不同装备需求数量的不确定性，使得传统的分组装配无法在这种不确定性环境中获得最优的装配组合和装配效率。

③ 在对不同种类零件进行装配时，各零部件之间的多种装配精度互不相同或相互影响，要求各零部件之间的多对配合尺寸满足某一特定关系。

④ 在装备的装配过程中，分组装配只是针对某一处的装配精度分别进行分组设计，只考虑独立满足某一处的装配精度。但当同一零件上几处装配精度相互关联甚至相互制约时，分组装配无法同时满足各处的装配精度要求。

因此，研究再制造装配过程的选配对于提高装配精度和装配效率，降低再制造成本有着重要的现实意义。为实现上述目标，在实际生产中往往使用分组选配的方法，但在现代生产模式下，传统的分组选配方法自身存在的局限性也日益暴露出来：

① 由于加工中的一些随机因素影响，各种零件尺寸分布不一定均满足无偏正态分布，分组后各装配组的孔、轴零件的数量常常不均衡，导致不适配零件较多甚至浪费，造成生产成本上升，无法满足现代生产的要求。

② 分组会增加零件测量、分类、保管和运输的工作量，使得生产组织工作复杂化，降低生产效率。

③ 分组数目不能过多，分组的公差不能小于零件表面的形状误差。

④ 分组方案确定后，一旦装配精度要求变化，就需要进行重新分组设计，灵活性较差，无法快速响应市场中多变的客户要求。

5.3.2　再制造装配零部件选配流程

再制造装配零部件选配是以待选零部件尺寸精度不低于同类新件尺寸精度为前提，在装配初期对再制造装备零部件进行选配。在分析并获取再制造装备零部件尺寸精度损失、待选配零部件尺寸公差以及再利用件和新件尺寸公差等信息的基础上，以再制造装备零部件精度不低于原新品尺寸精度为下限，以再制造企业加工能力约束为上限，形成再制造零部件尺寸提升约束区间，并建立再制造装备零部件选配尺寸链精度损失、再制造装备零部件选配总成本之间的目标函数，从而构建再制造装备零部件选配多目标优化模型。基于尺寸精度约束的再制造装备零部件选配过程如图 5-5 所示。

再制造装备零部件选配主要包含两个步骤：

① 由于再制造装备由新件、再制造件、再利用件等不同来源形式的零部件组合而成，通过综合分析待选配零部件的尺寸精度状态信息，引入精度分级机制，以新件尺寸精度三级为最低标准，将待选配零部件尺寸精度与同类新件比较，根据其是否存在再制造精度升级目标，制定再制造装备零部件的初步选配方案。

② 以再制造装备不低于原新品尺寸精度为下限，以再制造企业加工能力约束为上限，根据再制造装备选配精度的要求，封闭环的实际公差小于或等于封闭环的规定公差，建立再制造零部件尺寸精度提升约束区间，以再制造装备零部件

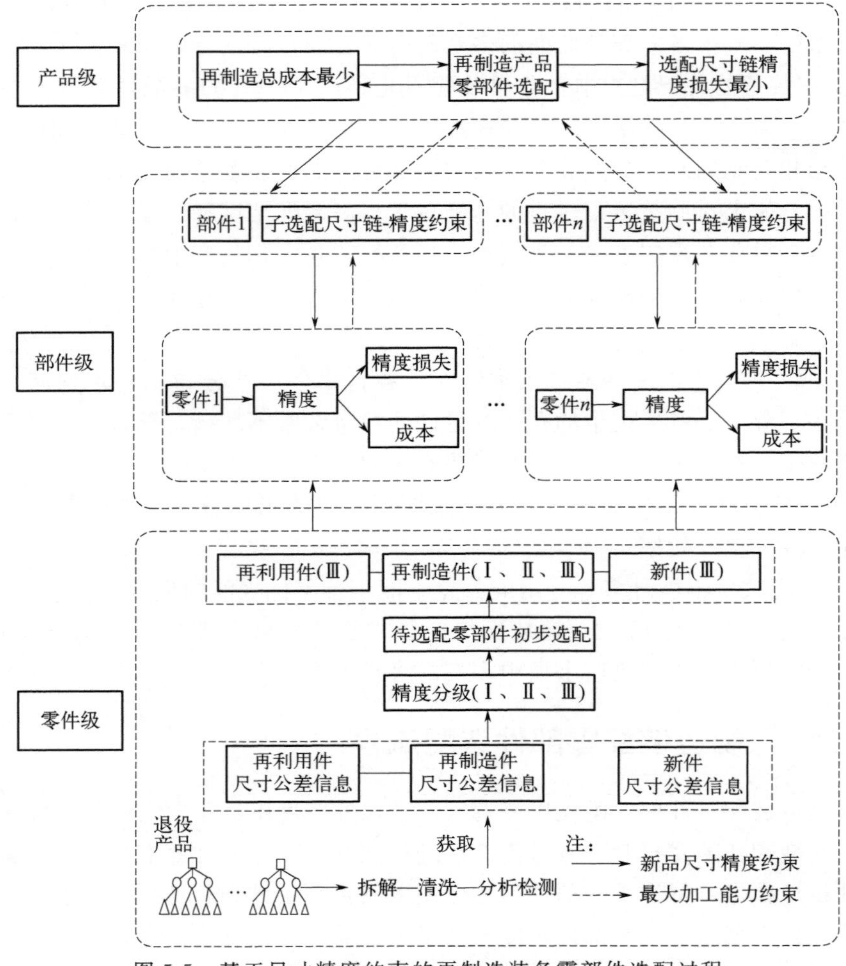

图 5-5 基于尺寸精度约束的再制造装备零部件选配过程

选配尺寸链精度损失最小、再制造装备零部件选配总成本最少为目标对再制造装备零部件进行选配，保障再制造装备尺寸精度不低于新品的尺寸精度。

5.3.3 再制造装配零部件选配优化

再制造装配零部件选配优化过程主要由零部件精度分级机制与方案初选、零部件选配尺寸链精度损失函数构建、成本函数确定、选配约束目标选择、优化模型建立、模型求解六部分组成。下面将详细介绍各部分内容。

(1) 零部件精度分级机制与方案初选

为了达到再制造装备零部件质量不低于新品的要求，针对待选配零部件尺寸特性所具备的提升潜力，建立基于再制造装备零部件精度分级的初步选配模型，如图 5-6 所示。

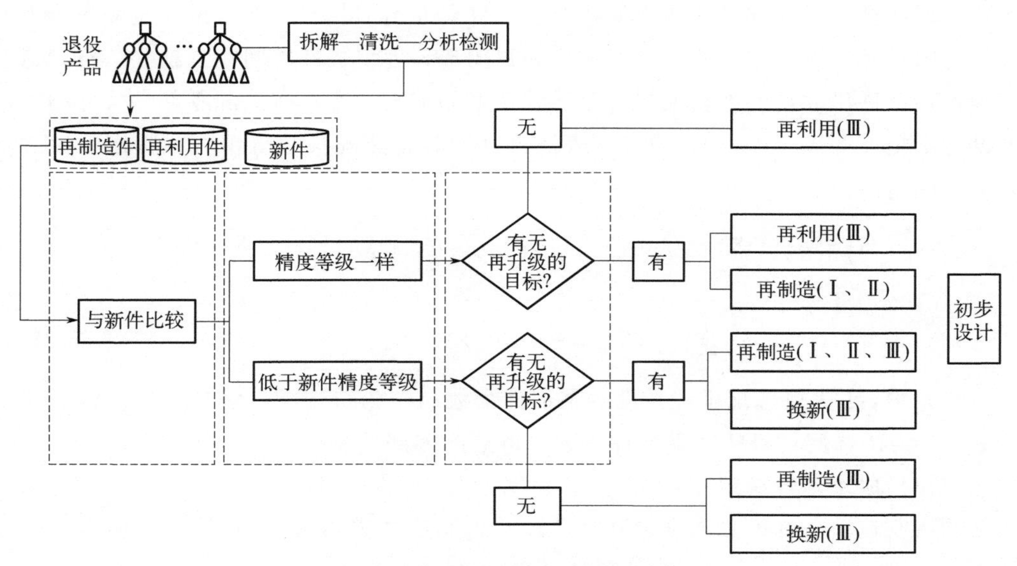

图 5-6　基于精度分级的初步选配机制

结合再制造企业的生产数据来设计精度分级机制，以不低于新品零部件尺寸精度为基准，以再制造企业最优加工能力为目标，设计再制造零部件尺寸提升区间，将零部件分为三个精度等级（Ⅰ，Ⅱ，Ⅲ），T_{i1}、T_{i2}、T_{i3} 分别为零部件 T_i 对应的一、二、三级精度，各等级精度对应不同的选配质量尺寸。其中，三级零部件的公差比二级零部件的公差宽放 β（与新品零部件公差相同），二级零部件的公差比一级零部件的公差宽放 α，一级零部件的公差为最高加工能力公差（设计目标值）。公差缩小量 α 和 β 根据企业历史加工能力水平确定，且 $0<\alpha<\beta<1$。

(2) 零部件选配尺寸链精度损失函数构建

再制造装备零部件选配过程受到待选配零部件的尺寸精度特性的限制，同时面临原始尺寸参数、功能等方面的干涉，加大了待选配零部件尺寸精度提升难度。因此，待选配零部件尺寸精度的改变与选配尺寸链精度的波动关系需要建立合理的映射机制。再制造装备由不同来源的零部件经选配组合后，精度分级提升后零部件尺寸精度的波动会存在一定的精度损失。为保证待选配零部件的质量损失最小，建立精度损失函数，从定量的角度分析再制造零部件的精度损失。

$$F(T)=\sum_{i=1}^{n}[f(T_{ij})-f(T_i)] \tag{5-25}$$

式中，$f(T_i)$ 表示第 i 个待选配零件设计目标公差函数；$f(T_{ij})$ 表示第 i 个待选配零件精度等级为 j 的公差函数；n 表示待选配零件个数；公差设计值 T

由尺寸链中的组成环公差 T_i 和封闭环公差 T_0 组成。其中 $j=1,2,3$。

再制造装备选配尺寸链由待选配零部件尺寸组成相互联系且按一定顺序排列的封闭尺寸组合，按性质分为组成环和封闭环，各组成环之间相互独立。再制造装备零部件尺寸精度恢复或提升会导致精度的损失。考虑待选配零部件尺寸精度设三个精度等级（Ⅰ，Ⅱ，Ⅲ），表征再制造装备选配尺寸链精度在特定精度等级下的精度损失关系式为：

$$F(T)=\sum_{i=1}^{l}[f(T_{ij})-f(T_i)]+\sum_{i=1}^{m}[f(T_{ij})-f(T_i)]+\sum_{i=1}^{k}[f(T_{ij})-f(T_i)] \tag{5-26}$$

式中，l 为待选配Ⅰ级精度的零部件个数；m 为待选配Ⅱ级精度的零部件个数；k 为待选配Ⅲ级精度零部件个数。待选配零部件总数为 $n=l+m+k$。

(3) 成本函数确定

再制造装备选配总成本由其待选配的再制造件成本 C_R、新件价值成本 C_N、再利用件成本 C_L 构成，不同精度的再制造件、新件和再利用件的独立工序成本不同。C_M 表示由 n 个待选配零件组合而成的再制造装备所需要的总成本：

$$C_M=C_R+C_N+C_L \tag{5-27}$$

① 再制造件成本（主要包括拆卸、清洗与检测、表面修复、机械加工等费用）：

$$C_R(T_{ij})=A_{ij}+\frac{B_{ij}}{T_{ij}^p} \tag{5-28}$$

② 再利用件 k 件成本：$\sum_{x=1}^{k}C_{L_j}$（主要包括拆卸、清洗与检测、保养维护等费用）。

③ 购买 $n-i-k$ 件新件成本：$\sum_{x=1}^{n-i-k}C_{N_{(n-i-k)}}$。

④ 再制造装备所需要的总成本：

$$C_M=\sum_{x=1}^{i}\sum_{j=1}^{3}(A_{ij}+\frac{B_{ij}}{T_{ij}^p})+\sum_{x=1}^{k}C_{Lj}+\sum_{x=1}^{n-i-k}C_{N_{(n-i-k)}} \tag{5-29}$$

式中，T_{ij} 对应第 i 个待选配零件在公差精度等级 j 下的公差设计值；系数 A 和 B 均反映的是企业再制造过程能力，A 与 B 的值可通过最小二乘法对统计样本进行拟合获得；p 是工序公差指数，反映了当前工序能否稳定地生产符合要求的装备，是协调再制造生产成本与质量的关键因素，该指数也可以通过再制造装备的统计数据确定。其中 $j=1,2,3$。

(4) 选配约束目标选择

再制造装备零部件选配需要满足再制造装备市场质量需求，以不低于新品质量为最低标准制定精度设计目标。根据上述分析，对待选配零件的关键尺寸建立需求端与设计端的约束区间 $[T_0, T_{0\mathrm{def}}]$，依据再制造企业的要求，再制造选配尺寸链中的封闭环实际公差 T_0 和再制造装备的选配精度要求 $T_{0\mathrm{def}}$ 可以参考新品尺寸链封闭环实际公差和选配精度要求，并依据正态函数分布性质计算获得。

根据再制造装备选配精度的要求，封闭环的实际公差 T_0 必须小于或等于封闭环的规定公差 $T_{0\mathrm{def}}$，即：

$$T_0 \leqslant T_{0\mathrm{def}} \tag{5-30}$$

考虑到有 n_{s} 个标准件的公差已定，剩余 n_{t} 个再制造零件的公差之和为：

$$\sum_{c=1}^{n_{\mathrm{t}}} \xi_i^2 k_i^2 T_c^2 = k_0^2 T_0^2 + \sum_{j=1}^{n_{\mathrm{s}}} \xi_j^2 k_j^2 T_j^2 \tag{5-31}$$

式中，k_j 为组成环相对分布系数；T_c 为需要求解的组成环公差；T_j 为已知的组成环公差；ξ_j 为尺寸链组成环传递系数。综合式(5-29) 和式(5-30) 可得，再制造零件公差分配约束如下：

$$\sum_{i=1}^{n_{\mathrm{t}}} \xi_i^2 k_i^2 T_c^2 \leqslant k_0^2 T_{0\mathrm{def}}^2 + \sum_{j=1}^{n_{\mathrm{s}}} \xi_j^2 k_j^2 T_j^2 \tag{5-32}$$

(5) 优化模型建立

综合考虑再制造装备零部件选配总成本函数、再制造装备零部件选配尺寸链精度损失最小以及待选配零部件尺寸精度约束区间，构建再制造装备零部件选配优化模型，如下：

$$\begin{cases} \min F(T) = \sum_{i=1}^{l} [f(T_{ij}) - f(T_i)] + \sum_{i=1}^{m} [f(T_{ij}) - f(T_i)] \\ \qquad + \sum_{i=1}^{k} [f(T_{ij}) - f(T_i)] \\ \min C_{\mathrm{M}} = \sum_{x=1}^{i} \sum_{j=1}^{3} (A_{ij} + \frac{B_{ij}}{T_{ij}^{p}}) + \sum_{x=1}^{k} C_{\mathrm{L}j} + \sum_{x=1}^{n-i-k} C_{\mathrm{N}(n-i-k)} \end{cases} \tag{5-33}$$

$$\text{s. t.} \begin{cases} \sum_{i=1}^{n_{\mathrm{t}}} \xi_i^2 k_i^2 T_c^2 \leqslant k_0^2 T_{0\mathrm{def}}^2 + \sum_{j=1}^{n_{\mathrm{s}}} \xi_j^2 k_j^2 T_j^2 \\ \sum_{j=1}^{3} T_{ij} = 1, \quad i = 1, 2, \cdots, n; j = 1, 2, 3 \\ T_0 \leqslant T_i \leqslant T_{0\mathrm{def}} \end{cases} \tag{5-34}$$

式中，$\sum_{j=1}^{3} T_{ij} = 1$ 表示将第 i 个待选配零部件公差精度划分为三个等级。

(6) 模型求解

再制造装备零部件选配是在待选配零部件精度分级得到初步选配方案的前提下，实现再制造装备选配尺寸链精度损失最小、再制造装备零部件选配总成本最少的多目标问题。协同进化算法是一种新型的优化算法，它结合了遗传算法、粒子群算法和蚁群算法，将多种优化算法相结合，使用框架对复杂的优化问题进行求解。它可以有效地改善搜索空间中的最优解，降低优化问题的复杂度，并且可以有效地改善收敛性能。因此，针对尺寸精度约束下的再制造装备零部件选配的两个子目标函数，本节采用增强型协同进化算法（Enhanced Cooperative Co-evolutionary Algorithm，ECCA）对模型进行求解寻优，求解流程如图 5-7 所示。

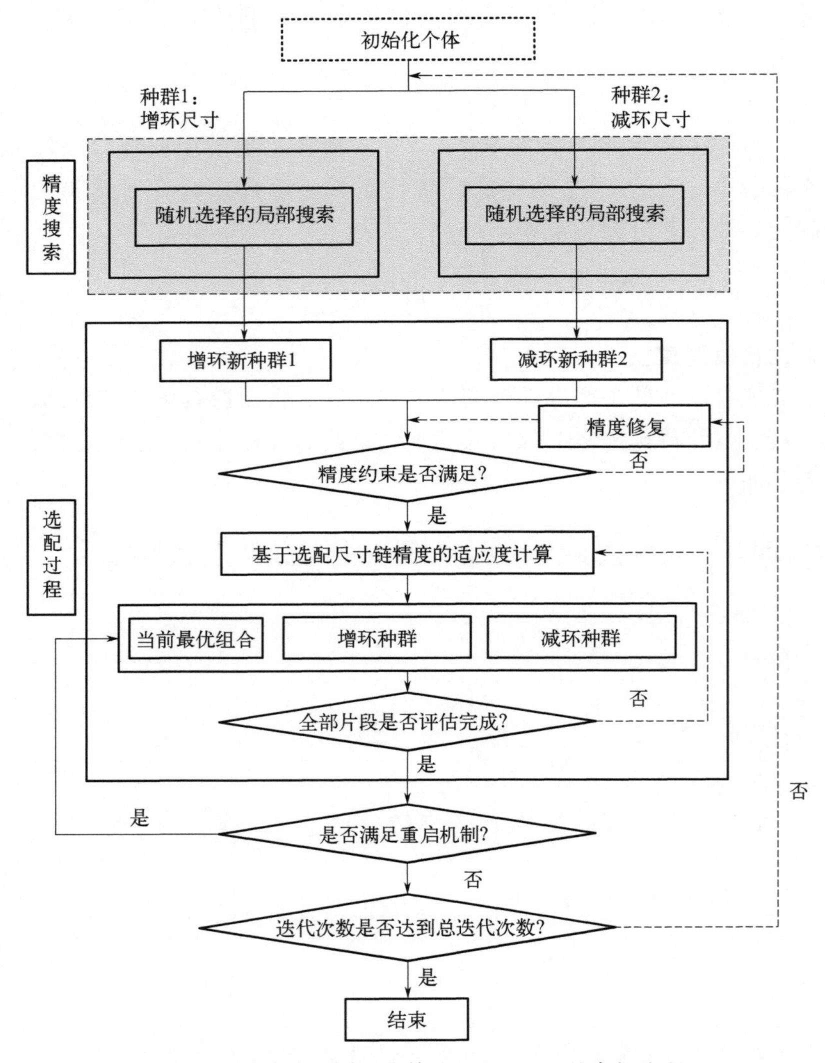

图 5-7　增强型协同进化算法（ECCA）的求解流程

步骤如下：

① 对种群进行初始化，在初始化种群中选出一个最优个体。

② 将个体通过增环和减环划分为两个种群。

③ 判断当前迭代次数是否达到总迭代次数，如果达到则输出结果，如果没有达到则执行④。

④ 分别对增环和减环种群执行局部搜索操作，并对不符合要求的解进行修复。

⑤ 随机选择固定一个种群，若选择减环种群则按照⑥、⑦执行，否则按照⑦、⑥执行。

⑥ 固定最优个体中的减环种群，评估和更新最优个体中的增环种群。

⑦ 固定最优个体中的增环种群，评估和更新最优个体中的减环种群。

⑧ 迭代次数+1，执行②。

5.4 装备再制造装配技术的典型应用

5.4.1 废旧齿轮箱的再制造装配尺寸链公差分配

齿轮箱作为一种应用广泛的机械设备，拥有巨大的再制造价值与潜力。下面以某废旧齿轮箱再制造为例，对所提方法进行验证。

该齿轮箱结构与失效面编号如图 5-8 所示。A_9、A_{10} 失效面组成封闭环，按照装备精度设计要求，封闭环公差 $T_0 \leqslant 0.4\text{mm}$。各零部件经零件层重组决策后，齿轮箱右轴瓦做换新处理，新件公差 $6_{-0.050}^{+0.050}$，左轴瓦做再利用处理。左箱体、右箱体、齿轮轴做再制造处理，需再制造的失效面为 A_1、A_3、A_4、A_5、A_8、A_9，各失效面公差传递系数 $\zeta_i=1$。

各失效面再制造工艺方案如表 5-3 所示，减材工序加工精度范围如表 5-4 所示，再制造工艺成本参数如表 5-5 所示。为保证加工稳定性，企业规定工序过程能力阈值 $[C_{pij\min}, C_{pij\max}]=[1.00, 1.33]$。

表 5-3　失效面再制造工艺

失效面	工艺方案	所属零件
A_1	粗车-冷焊-精车	左箱体
A_3	粗铣-堆焊-精铣	
A_4	堆焊-精铣	右箱体
A_5	粗车-冷焊-精车	

续表

失效面	工艺方案	所属零件
A_8	粗磨-电刷镀-研磨	齿轮轴
A_9	激光熔覆-研磨	

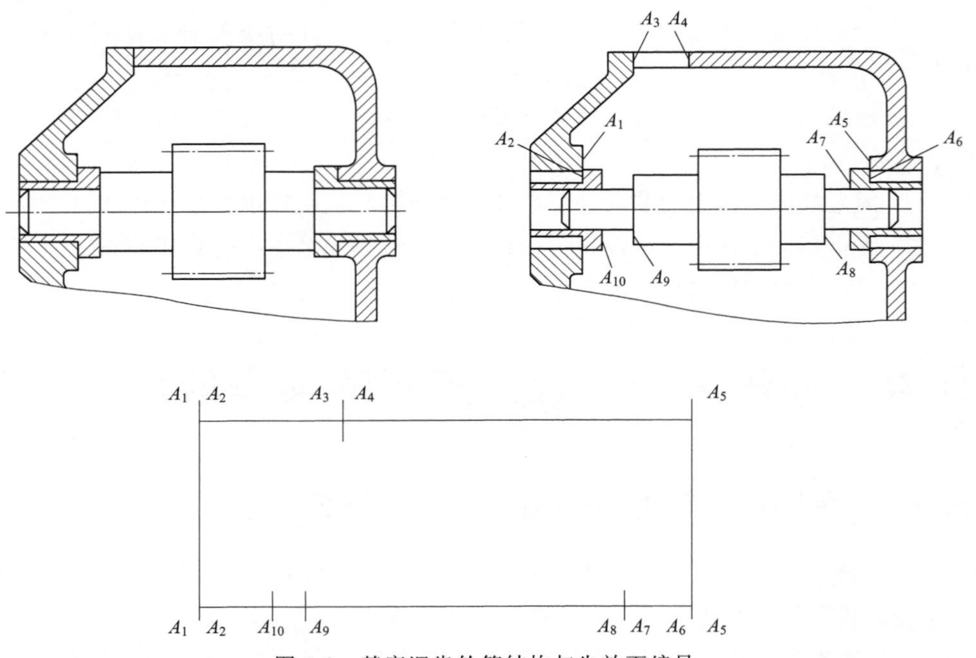

图 5-8 某废旧齿轮箱结构与失效面编号

表 5-4 减材工序加工精度范围

加工方式	设备型号	粗加工公差带/mm	精加工公差带/mm
车削	CA6120	0.072～0.120	0.040～0.069
铣削	X5032	0.055～0.100	0.036～0.054
磨削	M7350	0.054～0.072	0.018～0.052

表 5-5 再制造工艺成本参数

失效面	工序	a_0/元	a_1/元	σ/mm	K_{ij}/(元·mm^{-2})
A_1	粗车	9.72	0.040	0.012	2416
	冷焊	14.64			
	精车	10.34	0.0120	0.007	4096
A_3	粗铣	12.61	0.047	0.010	2848
	堆焊	28.25			
	精铣	24.65	0.0103	0.006	3712

续表

失效面	工序	a_0/元	a_1/元	σ/mm	K_{ij}/(元·mm^{-2})
A_4	堆焊	20.32			
	精铣	24.65	0.0105	0.006	12368
A_5	粗车	9.72	0.037	0.012	12720
	冷焊	17.45			
	精车	20.34	0.0120	0.007	12480
A_8	粗磨	11.91	0.044	0.009	11200
	电刷镀	25.00			
	研磨	23.31	0.0108	0.006	11520
A_9	激光熔覆	20.00			
	研磨	23.31	0.0112	0.0060	11920

对各失效面进行精度价值评价以形成模型修正。首先邀请来自企业设计、生产、市场部门的 9 位专家成立专家组，对各失效面精度价值指标进行评价赋分。该齿轮箱各失效面精度价值评价指标量化如表 5-6 所示。

表 5-6　失效面精度价值评价指标量化

失效面	经济		技术		环境	
	利润收益 u_1	时间成本 u_2	拆装难度 u_3	工艺难度 u_4	物料消耗 u_5	污染排放 u_6
A_1	0.13	0.19	0.47	0.23	0.75	0.79
A_3	0.15	0.23	0.25	0.55	0.19	0.17
A_4	0.22	0.18	0.23	0.59	0.16	0.14
A_5	0.20	0.21	0.49	0.27	0.76	0.71
A_8	0.71	0.66	0.69	0.45	0.53	0.57
A_9	0.78	0.63	0.67	0.47	0.55	0.52

使用 AHP 与熵权法分别确定指标权重，得到的失效面精度价值评价指标权重如表 5-7 所示。齿轮箱各再制造失效面的精度价值系数如表 5-8 所示。

表 5-7　失效面精度价值评价指标权重

评价指标	利润收益	时间成本	拆装难度	工艺难度	物料消耗	污染排放
AHP	0.250	0.175	0.153	0.197	0.117	0.108
熵权法	0.173	0.174	0.142	0.181	0.190	0.140
综合权重	0.257	0.181	0.129	0.212	0.132	0.089

表 5-8　再制造失效面精度价值系数

失效面	A_1	A_3	A_4	A_5	A_8	A_9
精度价值	1.07	1.00	1.10	1.22	1.75	1.90

使用天牛须搜索算法对模型进行求解，具体参数设置如下：天牛初始步长 $step=1$，比值常数 $c=2$，迭代次数 $n=50$，优化目标权重根据企业要求为 $w_1=0.5$，$w_2=0.2$，$w_3=0.3$。算法收敛过程如图 5-9 所示，最终得到各失效面公差及加工成本、质量损失与工序过程能力，如表 5-9 所示。

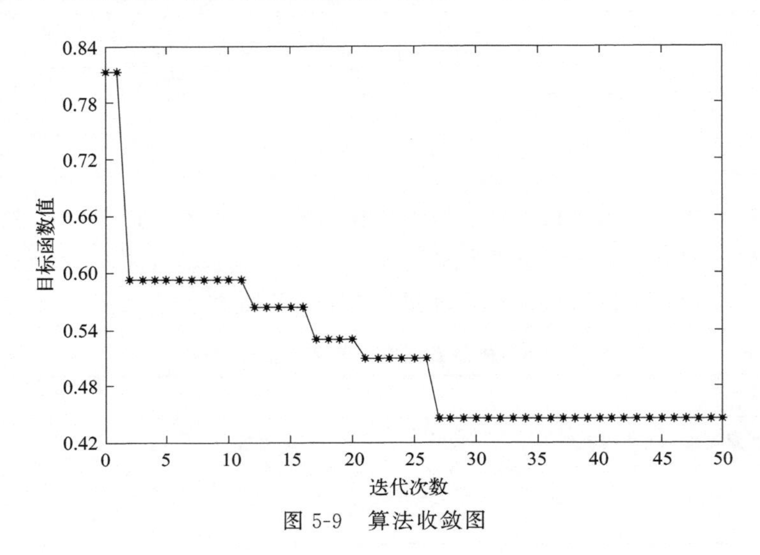

图 5-9　算法收敛图

表 5-9　齿轮箱再制造公差优化方案

失效面	T_{ij}/mm	C/元	L/元	D
A_1	粗车(0.107)→冷焊→精车(0.049)	275.6	103.3	16.7
A_3	粗铣(0.075)→堆焊→精铣(0.046)			
A_4	堆焊→精铣(0.044)			
A_5	粗车(0.097)→冷焊→精车(0.052)			
A_8	粗磨(0.070)→电刷镀→研磨(0.031)			
A_9	激光熔覆→研磨(0.030)			

该方案下，再制造齿轮箱装配尺寸链最终封闭环公差 $T_0=0.352$mm，满足设计精度要求。

企业针对此废旧齿轮箱的原公差方案为在最终工序对再制造零件进行尺寸与公差恢复以保证装配精度与成功率，前置工序公差采用最低加工成本原则。该方案下，齿轮箱再制造成本、质量损失及工序过程能力如表 5-10 所示。

表 5-10　齿轮箱再制造原公差方案

失效面	T_{ij}/mm	C/元	L/元	D
A_1	粗车(0.120)→冷焊→精车(0.040)	299.2	114.5	15.1
A_3	粗铣(0.100)→堆焊→精铣(0.040)			
A_4	堆焊→精铣(0.040)			
A_5	粗车(0.120)→冷焊→精车(0.040)			
A_8	粗磨(0.072)→电刷镀→研磨(0.020)			
A_9	激光熔覆→研磨(0.020)			

比较表 5-9 与表 5-10 可知，经所提模型优化后的废旧齿轮箱再制造公差再分配方案相较原方案各目标均有所提升。其中，生产成本相比原方案降低 23.6 元（7.90%），质量损失降低 11.2 元（9.78%），总工序过程能力提高 1.6（10.60%）。

相比以零部件尺寸精度恢复为基础的传统再制造公差方案，当新件、再利用件与原零部件公差存在较大差异时，本章所提方法可以有效降低装配阶段试配与二次加工造成的额外成本与质量波动，从而进一步降低再制造成本，提高装备质量。

5.4.2　机床进给箱传动轴的再制造选配优化

本节以某机床再制造进给箱传动轴为例，进行零部件选配优化方法验证。该机床再制造进给箱传动轴零部件主要包括传动轴齿轮安装轴轴颈、左齿轮、右齿轮、止推片和中间隔环。机床进给箱传动轴齿轮安装轴轴向间隙是影响刀具进给精度的重要因素，也是机床再制造过程质量控制的关键环节。再制造机床进给箱传动轴轴向间隙选配示意图如图 5-10 所示。

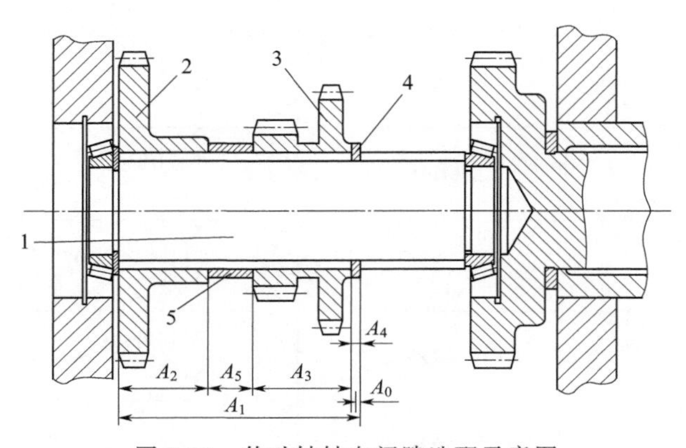

图 5-10　传动轴轴向间隙选配示意图

1—轴颈；2—左齿轮；3—右齿轮；4—止推片；5—中间隔环

图中，A_1 表示轴颈宽度，A_2 表示左齿轮宽度，A_3 表示右齿轮宽度，A_4 表示止推片厚度，A_5 表示中间隔环厚度。A_0 表示传动轴轴向间隙，它是由尺寸链中组成环 A_1、A_2、A_3、A_4 和 A_5 共同确定的。已知该型号新品进给箱的传动轴轴向间隙必须控制在 0.01～0.20mm，轴颈宽度 $A_1=84^{+0.10}_{-0.10}$mm，左右齿轮宽度 $A_2=A_3=35^{+0.10}_{-0.10}$mm，止推片厚度 $A_4=2.5^{+0.04}_{-0.04}$mm，中间隔环厚度 $A_5=11.5^{+0.05}_{-0.05}$mm。

基于机床再制造企业加工该再制造进给箱传动轴零部件的历史加工精度数据，对各待选配零部件进行精度分级，将各零部件的再制造升级需求作为一级精度目标，以各零部件的原新品精度作为三级精度，并基于企业对该零部件的加工能力，将一级精度适当宽放作为二级精度，如表 5-11 所示。

表 5-11　待选配零部件精度等级信息

零件名称	一级精度/mm	二级精度/mm	三级精度/mm
轴颈 A_1	$84^{+0.06}_{-0.06}$	$84^{+0.07}_{-0.07}$	$84^{+0.10}_{-0.10}$
左齿轮 A_2	$35^{+0.06}_{-0.06}$	$35^{+0.07}_{-0.07}$	$35^{+0.10}_{-0.10}$
右齿轮 A_3	$35^{+0.06}_{-0.06}$	$35^{+0.07}_{-0.07}$	$35^{+0.10}_{-0.10}$
止推片 A_4			$2.5^{+0.04}_{-0.04}$
中间隔环 A_5	$11.5^{+0.035}_{-0.035}$	$11.5^{+0.04}_{-0.04}$	$11.5^{+0.05}_{-0.05}$

再制造零部件在尺寸链中的增减环属性以及原新品即三级精度的再利用件和新件成本，如表 5-12 所示。

表 5-12　待选配零部件的成本参数

零部件名称	增减环	三级精度选配成本/元
轴颈	增环	再利用件　5.8 新件　6.0
左齿轮	减环	再利用件　1.8 新件　2.03
右齿轮	减环	再利用件　1.8 新件　2.03
止推片	减环	再利用件　6.5 新件　7.4
中间隔环	减环	再利用件　3.7 新件　4.2

基于表 5-11 和表 5-12，以再制造零部件的损失情况同新品相比较，除止推片外，各零部件都有再制造升级的目标，得到表 5-13 所示的零部件初步选择方案。

表 5-13　零部件初步选择方案

再制造零部件名称	同新品比较	有无再制造升级目标	初选方案
轴径	精度等级一样	有	再制造Ⅰ/Ⅱ/Ⅲ级 再利用Ⅲ级
左齿轮	精度等级一样	有	再制造Ⅰ/Ⅱ/Ⅲ级 再利用Ⅲ级
右齿轮	精度等级一样	有	再制造Ⅰ/Ⅱ/Ⅲ级 再利用Ⅲ级
止推片	低于新品精度等级	无	再制造Ⅰ/Ⅱ/Ⅲ级 换新Ⅲ级
中间隔环	精度等级一样	有	再制造Ⅰ/Ⅱ/Ⅲ级 换新Ⅲ级

进一步以再制造装备零部件选配尺寸链精度损失和再制造装备零部件选配总成本为目标，建立再制造装备零部件选配优化模型，采用 ECCA 对选配模型进行求解，两个最优解空间的变化如图 5-11 所示。

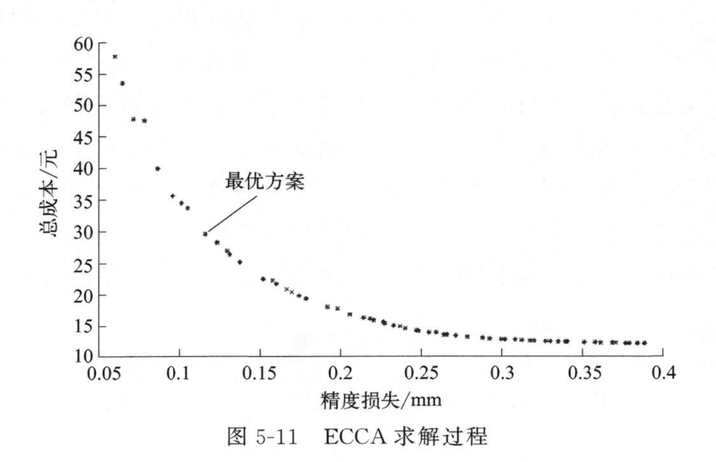

图 5-11　ECCA 求解过程

在将再制造装备零部件选配尺寸链精度损失和再制造装备零部件选配总成本两个目标视为同等重要的情况下，根据对各自最优解的接近程度，选择出权重相同情况下的最优方案，如表 5-14 所示。

表 5-14 选配最优方案及结果

优化结果	机床进给箱传动轴选配方案					总成本/元	精度损失/mm
	轴颈	左齿轮	右齿轮	止推片	中间隔环		
精度等级	再制造精度Ⅰ	再制造精度Ⅰ	再制造精度Ⅰ	换新精度Ⅲ	再制造精度Ⅰ		
尺寸/mm	83.949	35.016	34.988	2.520	11.522	29.7	0.121

表 5-14 所得方案即为再制造装备零部件选配优化模型中的最优方案。该最优方案中，再制造零部件精度比原新品精度高，精度损失比原新品小，轴向间隙为 0.0102mm，小于新品进给箱的传动轴轴向间隙尺寸，满足轴向间隙的约束。轴颈尺寸通过再制造提升到一级精度；左、右齿轮宽度尺寸通过再制造提升到一级精度；止推片考虑成本因素换新件；中间隔环尺寸精度达到原新品三级精度水平进行回收再利用。

本章小结

本章通过分析再制造装配的基本概念、装配要求与技术特征，针对传统废旧装备再制造串行生产模式缺少统筹设计，导致零部件局部最优与装备整体最优、零件尺寸恢复与装配精度之间的矛盾问题，提出了再制造装配尺寸链公差再分配关键技术，并考虑来源不同的再制造件、再利用件和新件的尺寸精度特性对再制造装备质量和成本的影响，以不低于新品质量为基准和待选配零部件精度升级为目标，对待选配零部件公差进行综合分析，建立零部件精度分级初步选配机制，以期提升再制造装备零部件尺寸精度。在初步选配方案基础上建立了再制造装备零部件选配尺寸链精度损失最小和再制造装备零部件选配总成本最少的多目标优化模型，并采用一种协同进化优化算法对模型进行寻优求解，可获得再制造装备零部件选配最优方案。最后以废旧齿轮箱的再制造装配尺寸链公差再分配与某机床再制造进给箱传动轴选配为例，验证了本章所提方法的有效性和可行性。

参 考 文 献

[1] 姚巨坤，杨俊娥，朱胜．废旧装备再制造质量控制研究 [J]．中国表面工程，2006，19 (z1)：115-117.

[2] 王子生，姜兴宇，刘伟军，等．再制造机床装配过程误差传递模型与精度预测 [J]．计算机集成制造系统，2021，27 (5)：1300-1308.

[3] 薛臣，江志刚，张旭刚，等．废旧机械装备零部件重用组合多目标优化模型及应用 [J]．机械工程学报，2017，53 (5)：10.

[4] Liu M Z，Liu C H，Xing L L，et al. Study on a tolerance grading allocation method under uncertainty

and quality oriented for remanufactured parts [J]. The International Journal of Advanced Manufacturing Technology，2016，87 (5/8)：1265-1272.

[5] 于嘉鹏，袁鹤翔，杨永华，等. 基于自适应天牛须算法的航空发动机管路布局优 [J]. 机械工程学报，2020，56 (20)：174-184.

[6] Zhang W，Zheng Y，Ma W，et al. Multi-task scheduling in cloud remanufacturing system integrating reuse，reprocessing，and replacement under quality uncertainty [J]. Journal of Manufacturing Systems，2023，68：176-195.

[7] Fadeyi J A，Monplaisir L. Instilling lifecycle costs into modular product development for improved remanufacturing-product service system enterprise [J]. International Journal of Production Economics，2022，246：108404.

[8] Wu B，Jiang Z，Zhu S，et al. A customized design method for upgrade remanufacturing of used products driven by individual demands and failure characteristics [J]. Journal of Manufacturing Systems，2023，68：258-269.

[9] Shang Y，Li S. Hybrid combinatorial remanufacturing strategy for medical equipment in the pandemic [J]. Computers & Industrial Engineering，2022，174：108811.

[10] 邢世雄，江志刚，朱硕，等. 尺寸精度约束下再制造装备零部件选配优化方法研究 [J]. 机械工程学报，2022，58 (19)：221-228.

第6章

装备精益再制造生产技术及应用

装备精益再制造生产是一种基于精益思想的装备再制造过程，它结合了再制造领域的专业知识和精益生产的管理思想，通过消除浪费、提高价值流程和满足客户需求来推动装备再制造的持续改进。本章从精益再制造生产的概念及其技术特征出发，明确其问题点和研究意义，探索并阐述精益再制造价值流分析技术、装备精益再制造生产技术以及典型应用的实施方法，系统深入地分析精益再制造生产基本思想及其关键技术。

6.1 装备精益再制造生产概述

6.1.1 装备再制造生产精益思想

再制造活动的诸多不确定性，包括回收数量和时间、拆卸率以及再制造加工路线等的不确定性，给装备再制造生产控制和生产决策带来了困难。在这种不确定的环境下，如何选择合理有效的控制方法来协调两种生产活动，并制定最佳的生产决策以避免因生产不足而导致的缺货损失，或者因生产过量而增加库存费用，成为实现装备再制造利润最大化亟须解决的关键问题。精益生产作为一种先进的生产管理工具和生产控制方式的综合体，在改善生产环境、避免生产浪费方面具有一定的优势。

精益生产以消灭一切无效劳动和浪费为根本目标，集合全面质量管理、并行工程、全面生产维护等生产管理工具，以及拉动式准时化生产、均衡化生产、柔性生产等先进的生产组织方式，旨在减少生产系统不必要的浪费，同时提高生产系统快速、有效应对市场需求变化的能力，并对生产系统进行持续不断的改进以不断降低成本，实现以更少的投入获得更高的产出。在研究装备再制造生产控制与决策的同时，有必要将精益生产的管理工具、控制方法等思想与装备再制造相结合，通过降低生产环境的不确定性、优化生产控制，最终制定最佳的生产决策。

“精益思想”的核心是以最小资源投入，包括人力、设备、资金、材料、时间和空间，准时地创造出尽可能多的价值。装备再制造的精益思想主要体现在对装备进行回收再制造的过程中使用“标准作业、价值流、准时化生产以及自动化生产”等精益思想来降低装备在再制造过程中的各种浪费（制造过剩、库存、搬运、加工、动作、等待和不良品）。

与大批量生产的泰勒方式相反，装备再制造生产组织中不强调过细的分工，而是强调再制造企业各部门、各再制造工序间相互密切合作的综合集成，重视再制造装备设计、生产准备和再制造生产之间的合作与集成，其精益思想主要体现在下述具体特征。

（1）以人为本

在再制造的精益生产模式中，企业不仅将任务和责任最大限度地托付给再制造生产线上创造实际价值的工人，而且还根据再制造工艺中的拆解、检测、清洗等具体工艺要求和变化，以培训等方式扩大工人的知识技能，提高他们的生产能力。在精益再制造生产过程中，生产线上的每一个工人在生产出现故障时都有权让一个工作区的生产停下来，并立即与小组人员一起查找故障原因，做出决策，解决问题，排除故障。再制造生产中以再制造装备的用户为“上帝”，再制造装备开发中要面向用户，按订单组织并根据废旧产品资源及时生产，与再制造装备用户保持密切联系，快速及时提供再制造装备和优质售后服务。

（2）简化再制造生产流程

简化再制造生产流程，减少非生产性费用。在精益再制造生产过程中，凡是不直接使再制造生产过程增值的环节都被看作浪费。因此，精益再制造生产采用准时制生产方式，即从废旧装备物流至再制造工厂到再制造装备新品，最后销售进入市场，整个再制造过程采用没有中间存储（中间库存）的、不停流动的、无阻力的再制造生产流程。与此同时，工厂还需要适当撤销间接工作岗位和中间管理层，从而减少资金积压和非生产性费用。精益再制造生产应采用一体化质量保证系统，根据再制造工序的生产方式划分相应的工作小组，如拆解组、清洗组、检测组、加工组等，以这些再制造生产小组为质量保证基础，小组成员对产品零部件质量问题能够快速处理，一旦发现产品质量问题，能迅速查找到原因。同时，由于每一个小组对自己所负责的工序零部件给予高度的质量检测保证，可相应取消专用的零部件检验场所，只保留产品整体的检测区域，这不仅简化了再制造生产的检验程序，保证了再制造装备的高质量，而且可节省再制造费用。

(3) 持续优化

精益再制造生产把持续优化作为再制造生产坚持不懈的目标，不断地改进再制造生产中的拆解、清洗、加工、检测、装配等过程的工艺和生产方式，不断降低再制造成本，力争做到无废品、零库存和再制造装备品种的多样化。

以上特征说明精益再制造生产不仅是一种生产方式，更主要的是，它是一种适用于现代再制造企业的组织管理方法。在再制造生产中采用精益生产方式无须大量投资，即可迅速提高再制造企业管理和技术水平。随着它在再制造企业中不断得到重视及应用，实行及时生产、减少库存、看板管理等活动，确保工作效率和再制造装备质量，将能够推动再制造企业创造更加明显的经济和社会效益。

6.1.2 精益再制造生产的基本概念

再制造生产是以废旧产品及其零部件为生产对象，统筹考虑回收、工艺设计、再制造加工、测试等生产环节及其所涉及的硬件、软件和人员，采用再制造成形技术（包括高新表面工程技术及其他加工技术），在系统运行过程对环境污染最小、资源利用率最高、投入费用最少的情况下，使废旧品的功能和性能得以恢复或升级，获得再制造新品的输入/输出系统。精益再制造生产是指在详细分析再制造生产与制造生产异同点的基础上，借鉴制造生产中的精益生产管理模式，对再制造生产的全过程（拆解、清洗、检测、加工、装配、试验及涂装等）进行精益管理，以实现再制造生产过程的资源回收最大化、环境污染最小化、经济效益最佳化，实现再制造企业的最大综合效益。

精益再制造生产模式在再制造企业里能获得较高的再制造装备生产效率、较高的再制造装备质量和再制造生产柔性，其再制造特点与传统的新品制造和废旧产品再制造有所区别，精益再制造生产特点主要体现在以下几个方面。

(1) 原材料供应特殊性

精益再制造生产与新品制造的区别主要在于毛坯的不同。新品制造是以原材料作为输入，经过加工制成产品，供应是一个典型的内部变量，其时间、数量和质量是由内部需求决定的。而精益再制造是以废旧产品中可以继续使用或通过精益再制造技术加工可以再次使用的零部件作为毛坯输入，供应基本上是一个外部变量，很难预测。因为毛坯是从消费者流向再制造商，所以相对于新品制造活动，具有逆向、流量小、分支多、品种杂、品质参差不齐等特点。精益再制造生产具有更多的不确定性，包括回收对象的不确定性、随机性、动态性、提前期、工艺时变性、时延性和产品更新换代加快等。而且这些不确定性，不是由系统本身所决定的，它受外界的影响，因此很难进行预测，这造成实际的精益再制造生产难度比制造更高。因此，充分借鉴制造企业的精益生产方式，建立再制造企业的精益再制造生产模式，能够显著提高再制造企业的生产效率。

(2) 生产高效性

精益再制造生产主要应用精益生产的理念，结合再制造生产的特点，实现再制造生产过程的精益化控制和高效化运行。精益再制造生产强调以实现再制造生产的最大效益为目标，以生产中的员工为中心，倡导最大限度地激发人的主观能动性，并面向再制造的生产组织与生产过程的全周期，对再制造装备设计、废旧产品物流、再制造生产工艺，以及再制造装备的销售及服务等一系列的生产经营要素，进行科学合理的组合，杜绝一切无效无意义的工作，使再制造生产的工人、设备、投资、场地以及时间等一切投入都大为减少。精益再制造生产出的产品质量能更好地满足市场需求，形成一个能够适应产品市场及环境变化的管理体制，达到以最少的投入来实现最大效益的目的。

(3) 全过程质量管理

精益再制造生产需要及时地按照顾客需求来拉动生产资源流。精益再制造生产过程是再制造装备需求牵引和废旧毛坯物流推动式的生产过程。从再制造装备的质量检测和整体装配起始，每个工序岗位的每道工序，都应该按照准时制生产模式，向前一道岗位和工序提出需要的再制造零件种类和数量，而前面工序生产则完全按要求进行。同时后一道工序负责对前一道工序进行检验，保证物流数量和质量的精准性，这有助于及时发现、解决问题，减少库存。在再制造过程中持续控制质量，从质量形成的根源上来保证质量，减少再制造产品的后续质量问题。

6.1.3　精益再制造生产的技术特征

精益再制造生产技术是指基于精益思想将废旧产品及其零部件修复、升级成质量等同于或优于新品的各项技术的统称。简单地讲，精益再制造生产技术就是在废旧产品再制造过程中所用到的各种精益技术的统称。精益再制造生产技术是废旧产品再制造生产的重要支撑，是实现废旧产品再制造生产高效、经济、环保的保证，既是先进绿色制造技术，又是产品维修技术的创新发展。

精益再制造生产技术源于精益制造和精益维修技术，但是，装备精益再制造技术与工艺在应用目的、应用环境、应用方式等方面又不同于精益制造和精益维修技术，有着自身的特征。

(1) 工程应用性

精益再制造技术直接服务于再制造生产活动，其主要任务是通过精益技术恢复或提升废旧产品的各项性能参数，保障再制造产品的质量并提高其使用价值，是一门特征明显的价值工程应用技术。其既有技术成果的转化应用，又有科学成果的工程开发，具有针对性很强的应用对象和特定的工作程序。同一精益再制造技术可由不同基础技术综合应用而成，同一基础技术在不同领域中的应用可形成多种精益再制造技术，价值工程应用性决定了精益再制造技术具有良好的实践特性。

（2）综合集成性

机电装备本身的制造涉及多种学科，而对废旧装备的精益再制造技术也相应涉及产品总体和各类系统以及配套设备的专业知识，具有专业门类多、知识密集的特征，具体表现为：①精益再制造技术应用的对象为各类退役产品，大到舰船、飞机、汽车，小到工业泵、家用小电器等多类产品；②它涉及机械、电子、电气、光学、控制、计算机等多种专业，既需要产品的技术性能、结构、原理等方面的知识，又需要检查、拆解、检测、清洗、加工、修理、储存、装配、延寿等方面的知识；③需要考虑再制造过程中的成本管理与精益效益。因此，精益再制造技术不仅包括各种工具、设备、手段，还包括相应的管理经验和知识，具有综合集成性。

（3）先进适用性

精益再制造技术主要针对退役的废旧装备，要通过精益再制造技术来恢复，甚至提高废旧产品的技术性能，需要有特殊的约束条件，且技术难度很大，这就要求在再制造过程中必须采用比原产品制造更先进的高新技术。实际上，精益再制造技术的关键技术，如再制造毛坯快速成形技术、先进复合自动化表面技术、虚拟再制造技术、老旧产品的性能升级技术等，都属于高新技术范畴。精益再制造技术要与再制造生产对象相适应，落后的再制造技术可能对复杂结构的退役产品不能进行有效的再制造保障，针对复杂结构或材料损伤毛坯的精益再制造加工多采用先进的加工技术（如表面工程技术），使精益再制造技术具备先进性。同时，再制造装备的性能要求不低于新产品，且再制造过程要保障精益性，使其再制造成本不能过高。因此，采用的精益再制造技术既要适用，又要有很高的先进性，以保证再制造装备的使用性能以及较低的再制造成本。

（4）动态创新性

精益再制造技术应用的对象是各种退役的产品，不同产品随着使用时间的延长，其性能状态及各种指标也发生着相应变化。根据这些变化和产品不同的使用环境、不同的使用任务、不同的失效模式以及不同阶段的再制造成本，不同种类的废旧产品精益再制造技术保障应采取不同的措施，因此，精益再制造技术也随之不断地弃旧纳新或梯次更新，呈现出动态性的特征。同时，这种变化也要求精益再制造技术在继承传统的基础上善于创新，不断采用新方法、新工艺、新设备，以解决产品因性能落后或再制造成本过高而被淘汰的问题。

（5）经济环保性

精益再制造过程实现了废旧产品的回收利用，生成的再制造装备在参与社会流通的过程中，能够在较低的消费支出下满足人们较高的产品功能需求，并且使再制造企业具有可观的经济效益。同时，再制造装备在与新产品具备同样性能的情况下，减少了大量的材料及能源消耗，减少了产品生产过程中的环境污染，具有良好的环保效益。所以，精益再制造技术的使用，不但对生产者、消费者具有一定的经济性，还具有良好的综合环保效益。

6.2　装备精益再制造生产价值流分析技术

6.2.1　精益再制造生产价值流概念

价值流是制造产品所需一切活动的总和，包含了增值活动和非增值活动。活动范围可以包括：①从原材料到成品的生产流程；②从概念到正式发布的产品设计流程；③从订单到付款的业务流程。使用价值流分析意味着对全过程进行研究，而不是只研究单个过程，是改进全过程，而不是仅仅优化局部。

统计研究发现，企业用于增值活动的时间仅占整个活动时间的很小部分，其大部分时间是进行非增值的活动。据统计，增值活动约占企业生产和经营活动的5%，不增值活动约占 95%。图 6-1 为产品的加工过程示意图，增值活动占了很小的比例。因此，应在价值流中识别不增值活动，通过持续不断地开展价值流改进，消除各种浪费，降低成本。

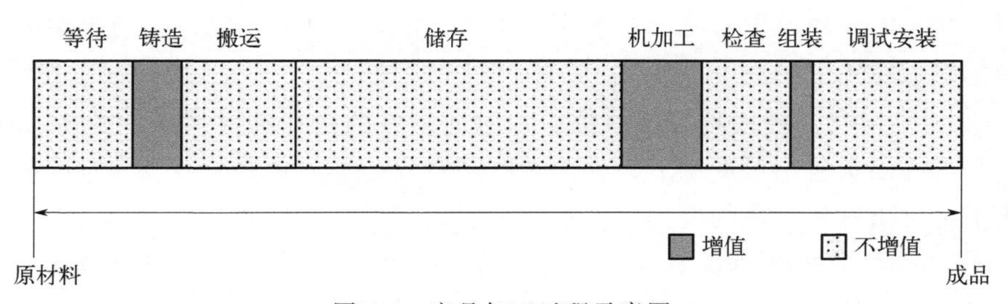

图 6-1　产品加工过程示意图

精益生产中，信息流被视为与物料流一样重要。丰田公司及其供应商的基本材料转换和大批量生产一样，如冲压/焊接/装配，但丰田公司规范其生产的方法与大规模生产方式不同。要考虑怎样流动信息才能使一个工序仅仅生产出下一道工序所需要的物料，而且是在需要的时候进行生产。

价值流改进和过程改进都是企业所需要的，价值流改进重点在于物料流和信息流，而过程改进重点在于人的操作流程。图 6-2 为这两种改进的关系。

精益再制造生产价值流是指为了把精益再制造的生产结果送交到特定顾客

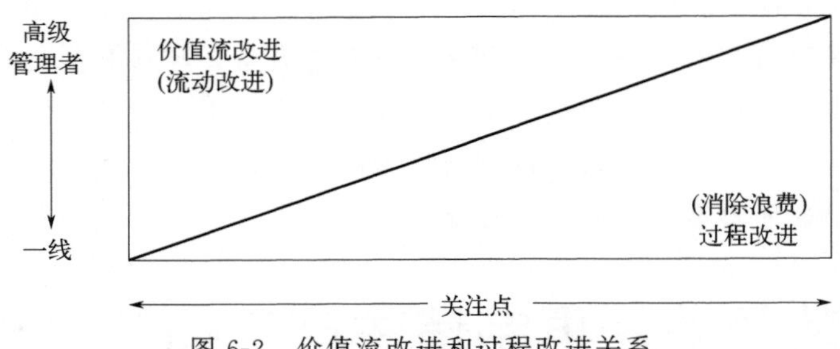

图 6-2　价值流改进和过程改进关系

（再制造企业外部或内部），物料流、信息流、知识流等并行运动所形成的一系列相互衔接的活动，它让精益再制造和满足再制造需求而进行彼此衔接的工作活动成为一个不可分割的整体。在精益再制造生产价值流中，人是知识流的载体，同时是物料流、信息流的执行者，是最重要的要素。精益再制造生产价值流也可称作精益再制造增值流、精益再制造工作流，与工作流相比，精益再制造增值流更能说明精益再制造生产价值流的内涵。

进行价值流映射和价值流分析是精益再制造中重要的工具和方法，一般步骤为：

① 确定精益再制造价值流范围，即价值流映射和分析的范围，以便更好地集中精力进行分析。

② 绘制当前状态价值流图。收集有关生产流程的数据和信息，包括物料流动、工序、等待时间、库存量等。使用流程图、价值流图或价值流映射工具，绘制当前状态的价值流图，将所有的生产步骤、信息流和物料流以及与之相关的关键指标记录在图上。

③ 识别浪费。仔细观察价值流图，识别出可能存在的浪费或非价值创造活动。常见的浪费包括过度生产、等待时间、运输、库存积压、不必要的加工等。在图上标记出这些浪费的部分。

④ 收集并分析数据。收集和记录与价值流相关的数据，如生产周期时间、加工时间、等待时间、库存量等。使用这些数据进行分析，了解各个环节的瓶颈工序、瓶颈工序产生原因和浪费的主要来源。

⑤ 制定改进目标。根据价值流分析的结果，确定改进的目标和方向。例如，减少生产周期时间、减少库存、提高生产效率等。确保目标与组织的战略目标和客户需求保持一致。

⑥ 设计未来状态价值流图。基于改进目标，设计未来状态的价值流图。重新设计生产流程，消除浪费，优化物料流动和信息流动。确保未来状态的设计能够实现更高的生产效率、更快的交付时间和更低的成本。

⑦ 制订改进计划。根据未来状态的价值流图，制订改进计划。确定需要采

取的具体改进措施和行动，包括流程优化、设备改进、技术创新、培训等。确保改进计划具有可行性，并制定时间表和责任人职责。

⑧ 实施改进和持续改进。根据改进计划，执行改进措施。跟踪改进的实施情况，并收集相关的数据和反馈信息。根据实际效果和反馈，进行持续改进，优化流程和措施。

6.2.2　精益再制造生产价值流图分析

（1）精益再制造生产价值流图

精益再制造生产价值流图是绘制整个再制造生产过程的物料流和信息流的工具。精益再制造生产价值流图是以产品族为单位，用特定的图形表示出各个再制造活动，从废旧产品回收中心到最终客户跟踪产品的加工路径，在物料流和信息流中绘制出每个活动的代表图形。图 6-3 为精益再制造生产价值流图示意。

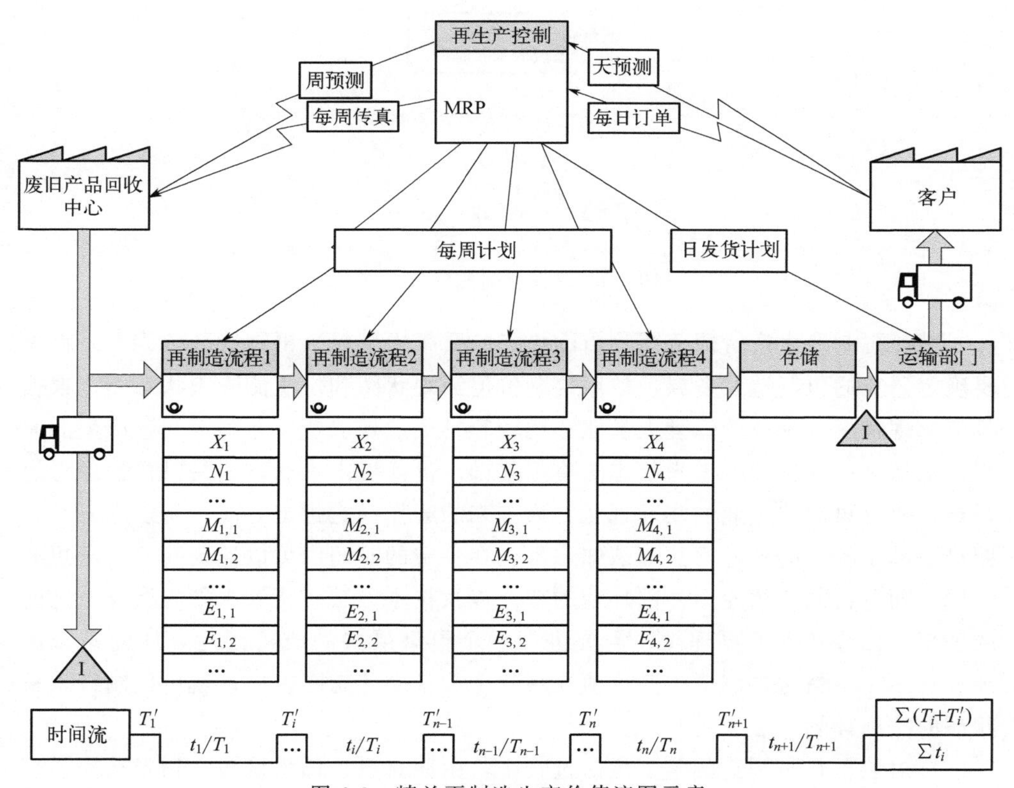

图 6-3　精益再制造生产价值流图示意

精益再制造生产价值流图分析是从顾客的角度出发，分析价值流现状图中每一项活动的必要性，再绘制出期待的价值流图，并制订实施计划。其特征为：

①绘制并简单显示出物料流和信息流；②揭示产生浪费的原因；③创建一个改善的价值流；④创建和协调一个跨部门团队方法。

(2) 精益再制造生产价值流图分析

精益再制造生产价值流图分析流程为：①绘制精益再制造生产价值流现状图；②设计未来状态图；③制订“未来状态”的实施计划。图 6-4 为精益再制造生产价值流图的分析步骤。

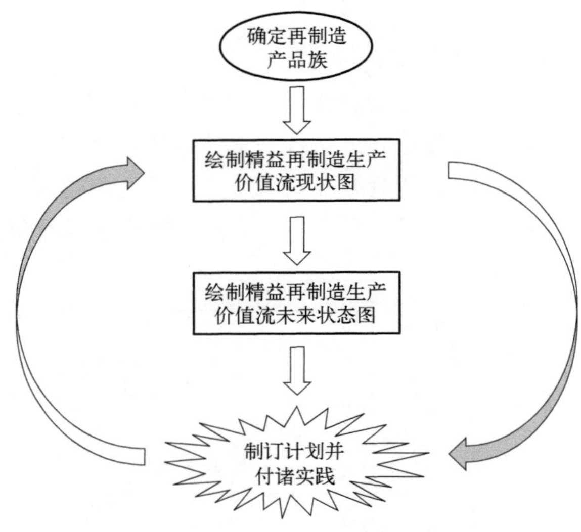

图 6-4　价值流图的分析步骤

精益再制造生产价值流图分析的焦点主要集中在单个再制造装备族上。首先要确定研究的再制造装备族，然后绘制价值流现状图和价值流未来状态图。根据价值流现状图，企业的管理人员能够比较容易地发现浪费，并确定问题产生的原因，从而为设计价值流未来状态图奠定基础。价值流未来状态图是以精益理念为指导，根据再制造企业的实际现状，为未来的运作模式指定方向，所以未来状态图只是基于眼下的技术方法和认知水平，在一定的时间内可以达到的相对理想的目标。随着再制造企业内外部环境的变化以及技术方法、认知水平的提升，之前的理想目标会变得不再理想，需要进行一个更高层次的改善优化，如此进行循环。在绘制了精益再制造生产价值流现状图和未来状态图以后，就可以制订未来状态的实施计划。

针对装备在再制造的整个生产过程中，由原材料、加工设备、物料运输、存储等产生的碳排放流，提出了装备精益再制造生产价值流图。它不仅体现了时间流的增值与非增值部分，还体现了能量流、物料流以及碳排放流增值与非增值部分。图 6-5 所示为装备精益再制造生产价值流图。

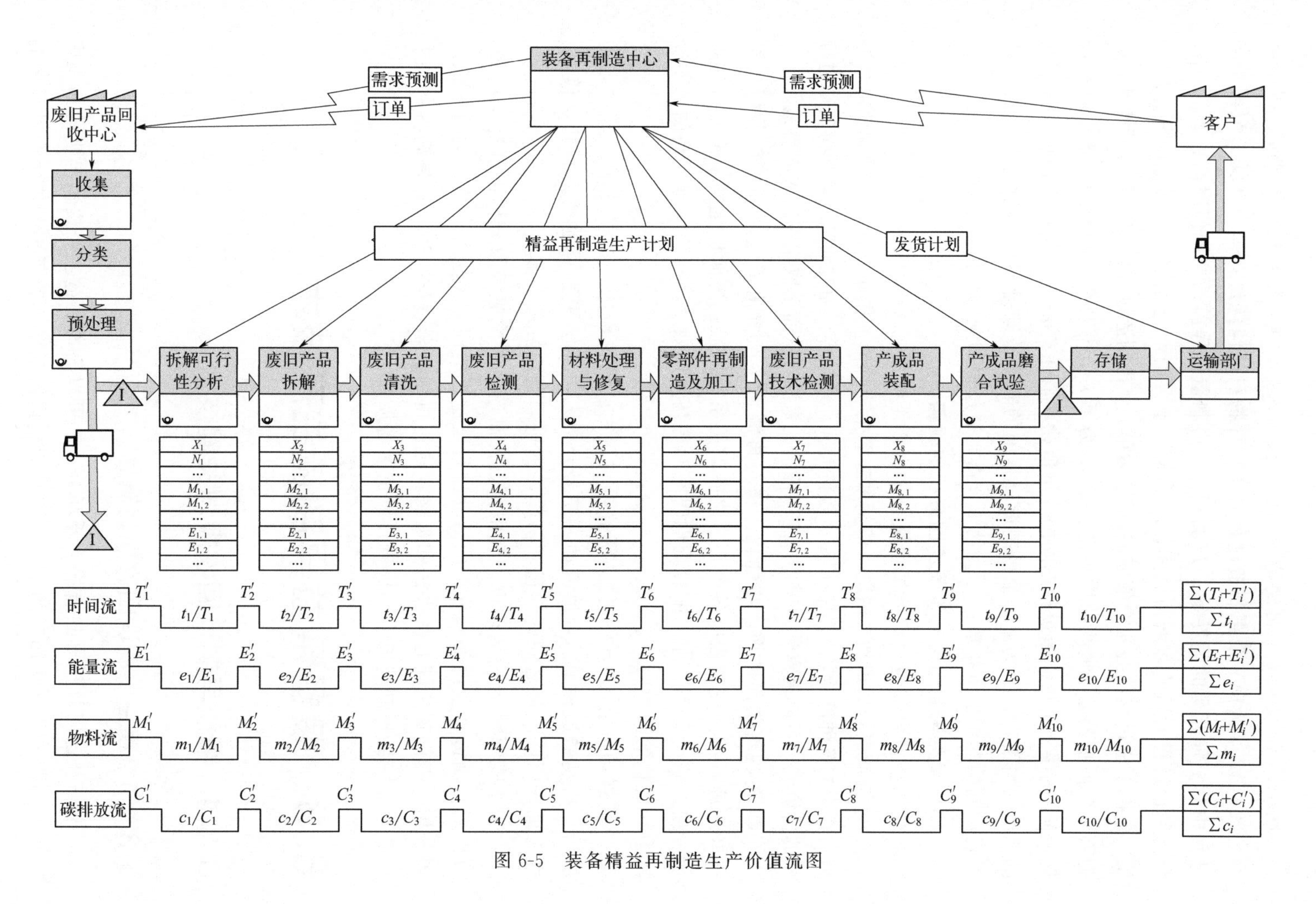

图 6-5　装备精益再制造生产价值流图

图中，X_i 为第 i 个再制造过程所需操作人数；N_i 为第 i 个再制造过程所需设备数；$M_{i,j}$ 为第 i 个再制造过程对第 j 种物料的消耗量；$E_{i,j}$ 为第 i 个再制造过程中第 j 种能源的消耗量；T_i' 为第 i 个再制造过程前的非增值时间；T_i 为第 i 个再制造过程期间的非增值时间；t_i 为第 i 个再制造过程期间的增值时间；E_i' 为第 i 个再制造过程前的非增值能耗；E_i 为第 i 个再制造过程期间的非增值能耗；e_i 为第 i 个再制造过程期间的增值能耗；M_i' 为第 i 个再制造过程前的非增值物料消耗；M_i 为第 i 个再制造过程期间的非增值物料消耗；m_i 为第 i 个再制造过程期间的增值物料消耗；C_i' 为第 i 个再制造过程前的非增值碳排放；C_i 为第 i 个再制造过程期间的非增值碳排放；c_i 为第 i 个再制造过程期间的增值碳排放。

(3) 精益再制造生产价值流图分析的优势

使用精益再制造生产价值流图分析有以下优势：

① 强调浪费的识别与消除。精益再制造生产价值流图更加注重识别和消除再制造过程中的各种浪费，如库存积压、等待时间、运输等。通过清晰地呈现再制造过程中的价值流，可以更容易地识别并定位浪费的来源，从而采取相应的改进措施。

② 重视价值流的平衡与优化。精益再制造生产价值流图能够帮助分析人员更好地理解再制造过程中各个环节之间的关系和依赖，进而优化整个价值流的平衡。通过减少瓶颈工序、缩短周期时间和提高生产效率，可以实现更高的再制造能力和更快的交付时间。

③ 强调价值流的可视化。精益再制造生产价值流图以图形化的方式清晰地展示了再制造过程中的价值流动，使得分析人员能够更直观地理解和共享信息。这有助于团队成员之间的沟通和协作，促进问题的发现和解决。

④ 问题识别与持续改进。应用精益再制造生产价值流图分析再制造全过程，可以对再制造企业内部和外部的活动进行全过程的问题识别与分析。通过价值流图分析，提供解决问题的方法和策略，进行再制造全过程改进，以提高再制造生产效率、降低再制造成本并提升再制造装备质量。

6.3 装备精益再制造生产技术

6.3.1 精益再制造回收规划关键技术

6.3.1.1 精益再制造回收规划概念

废旧装备回收是再制造的重要环节，它可以为再制造生产提供丰富的加工原材料，为制定再制造加工的生产工艺及规模提供依据，属于再制造生产过程中的基础性工作。回收是指通过建立合适的废旧产品回收网络，将顾客所持有的产品通过有偿或无偿的方式进行回收。在这个阶段还包括对回收产品进行的一些预防性处理，如将回收的废旧产品进行分类，将废旧产品中所含的废液进行无害化处理等。

精益再制造回收规划是一种综合应用精益再制造原则和方法的回收策略，旨在最大程度地减少浪费，提高资源的再利用率，将废弃产品转化为再制造的产品。其核心要素主要包括：识别并减少废弃物回收过程中的各种浪费、优化价值流程以确保价值产生的环节被最大化利用、通过实施质量控制以提高回收产品的质量和可靠性、采用持续改进和创新的方法对回收过程进行监测评估和改进，以及鼓励员工参与并提高员工的技能和意识等方面。精益再制造回收规划的主要特点是利用精益思想来优化再制造回收过程，具体包括以下几点：

① 优化再制造回收率。精益再制造致力于最大限度地回收和利用废旧产品和材料。通过有效的回收策略和技术，尽可能多地收集和回收废弃产品的各个组件和材料，以实现回收率的最大化。

② 优化资源利用。精益再制造回收过程中，注重对回收资源的优化利用。通过对回收的产品和材料进行评估和筛选，选择可再利用的部件和材料，并进行必要的修复、清洗、翻新等操作，以最大程度地恢复其原有的性能和价值。

③ 优化回收工艺和标准化处理。精益再制造强调对回收过程进行工艺优化并对其进行标准化处理。通过制定清晰的回收操作流程、标准化的工艺和规范，提高回收过程的效率和一致性，减少错误和浪费。

④ 优化质量控制。精益再制造回收过程中，质量控制和检验是非常重要的环节。通过严格把控整个回收过程中的可回收装备和不可回收装备，让可回收装备进入再制造环节，确保整个再制造过程顺利进行。

⑤ 优化数据驱动决策。精益再制造回收过程倡导优化回收数据驱动决策。通过收集和分析回收过程的数据，了解和评估回收效率、质量和成本等关键指标，以支持决策者进行优化和改进。

6.3.1.2　基于价值流分析的再制造回收规划

精益再制造回收规划价值流分析将回收资源价值细分为资源有效利用价值、废弃物损失价值、环境损害价值及资源附加价值。其核算是基于企业制造过程中材料/能源的投入、生产、消耗及转化为产品的流量管理理论，跟踪资源实物数量变化，提供资源全流程信息和价值信息的核算。在循环经济与可持续发展要求下，回收规划价值流转核算比传统会计核算更具适用性，它充分考虑了合格产品与废旧产品正、逆流向和流量，并根据合理标准将资源流转价值分配于合格产品、废旧产品之间，可以准确地确定资源流转的有效利用价值与损失价值。

(1) 精益再制造回收规划价值流图分析

结合精益再制造回收的特点，建立装备精益再制造回收规划价值流图，如图 6-6 所示。可用于评估装备在回收阶段的时间流、能量流、物料流以及碳排放流，计算废旧装备在回收过程中的能量消耗。

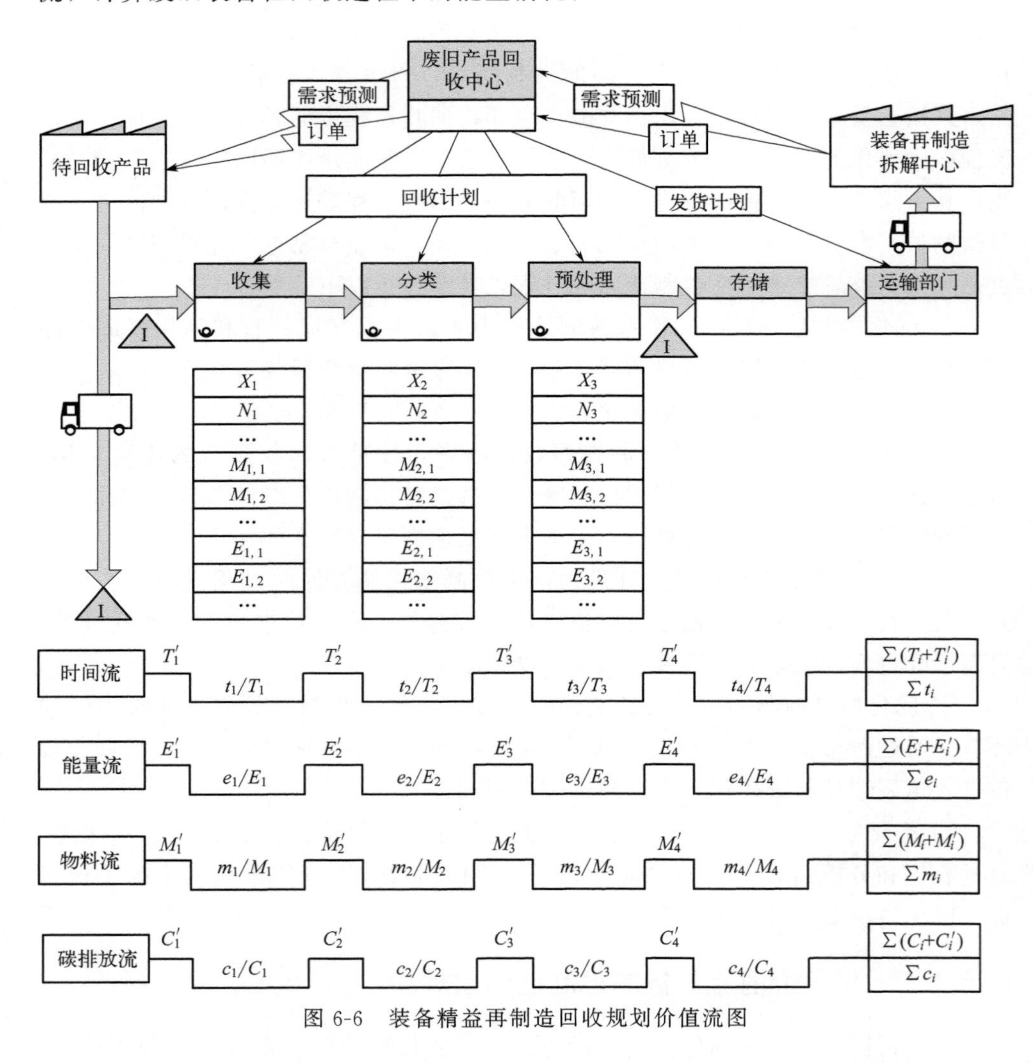

图 6-6 装备精益再制造回收规划价值流图

图中，X_i 为回收第 i 件装备所需的工人数量；N_i 为回收第 i 件装备所需的设备数；$M_{i,j}$ 为回收第 i 件装备对第 j 种物料的消耗量；$E_{i,j}$ 为回收第 i 件装备期间对第 j 种能源的消耗量；T_i' 为回收第 i 件装备前的非增值时间；T_i 为回收第 i 件装备期间的非增值时间；t_i 为回收第 i 件装备期间的增值时间；E_i' 为回收第 i 件装备前的非增值能耗；E_i 为回收第 i 件装备期间的非增值能耗；e_i 为回收第 i 件装备期间的增值能耗；M_i' 为回收第 i 件装备前的非增值物料消耗；M_i

为回收第 i 件装备期间的非增值物料消耗；m_i 为回收第 i 件装备期间的增值物料消耗；C'_i 为回收第 i 件装备前的非增值碳排放；C_i 为回收第 i 件装备期间的非增值碳排放；c_i 为回收第 i 件装备期间的增值碳排放。

装备精益再制造回收主要包括废旧产品的收集、废旧产品的分类以及废旧产品的预处理等步骤，分别对其时间流、能量流、物料流以及碳排放流进行分析。

① 时间流。装备再制造回收过程中的时间流分为收集时间（Collection Time，C_1T）、分类整理时间（Classification Time，C_2T）、废旧产品预处理时间（Preprocessing Time，PT）以及等待时间（Waiting Time，W_1T）。因此，可计算出装备在回收过程中的整个时间流为：

$$R_T = \sum_{i=1}^{n}(T_i + T'_i + t_i) = \sum_{i=1}^{n}(C_1T_i + C_2T_i + PT_i + W_1T_i) \tag{6-1}$$

式中，C_1T_i 表示收集第 i 种回收品所用的时间；C_2T_i 表示整理第 i 种回收品所用的时间；PT_i 表示预处理第 i 种回收品所用的时间；W_1T_i 表示处理完第 i 种回收品后等待处理第 $i+1$ 种回收品的时间。

② 能量流。装备再制造回收过程中的能量流主要包括增值能耗和非增值能耗，根据装备再制造回收规划价值流图可知装备在拆解过程中总的能量流：

$$R_E = \sum_{i=1}^{n}(E_i + E'_i + e_i) \tag{6-2}$$

③ 物料流。装备再制造回收过程中的物料流主要指的是装备在回收过程中对于相应物料的消耗量：

$$R_M = \sum_{i=1}^{n}(M_i + M'_i + m_i) = \sum_{i}^{n}\sum_{j}^{m} M_{i,j} \tag{6-3}$$

④ 碳排放流。装备再制造回收系统中的碳排放流，主要包括物料碳以及能源碳。因此，回收过程中产生的碳排放主要是运输设备、存储设备等所产生的碳排放。在回收过程中，需要运输回收材料、废旧零部件等，物料移动的碳排放只考虑了回收产品的运输，运输碳排放主要受运输距离的影响。存储过程中的碳排放主要是由照明等引起的电能消耗。

结合装备再制造回收规划价值流图，碳排放量的计算公式为：

$$\begin{cases} RC_{\text{total},i} = C_i + C'_i + c_i \\ RC_{\text{total}} = \sum_{i=1}^{n}(C_i + C'_i + c_i) = \sum_{i=1}^{n}(RC_{\text{v},i} + RC_{\text{nv},i}) \end{cases} \tag{6-4}$$

式中，$RC_{\text{total},i}$ 为回收第 i 件装备的总碳排放量；$RC_{\text{v},i}$ 为回收第 i 件装备的增值碳排放量；$RC_{\text{nv},i}$ 为回收第 i 件装备的非增值碳排放量。其中：

$$RC_{\mathrm{v},i}=\sum_{i=1}^{N}C_i^{\mathrm{v}}=\sum_{i=1}^{N}(C_i^{\mathrm{m}}+C_i^{\mathrm{E}})$$
$$=\sum_{i=1}^{P}\sum_{j=1}^{N}(Q_{i,j}^{\mathrm{m}}\times EF_{i,j}^{\mathrm{m}}\times M_{i,j})+\sum_{i=1}^{P}\sum_{l=1}^{S}(E_{i,l}^{\mathrm{idle}}+P_{i,l}\times t_{i,l}^{\mathrm{v}})\times EF^{\mathrm{elec}} \tag{6-5}$$

式中，C_i^{v} 为单件废旧产品在第 i 个回收过程的增值碳排放量；C_i^{m} 为单件废旧产品在第 i 个回收过程的原材料增值碳排放量；C_i^{E} 为单件废旧产品在第 i 个回收过程的设备能耗产生的增值碳排放量；$Q_{i,j}^{\mathrm{m}}$ 为单件废旧产品在第 i 个回收过程消耗的第 j 种原材料的质量；$EF_{i,j}^{\mathrm{m}}$ 为单件废旧产品在第 i 个回收过程消耗的第 j 种原材料的碳排放系数；$M_{i,j}$ 为单件废旧产品在第 i 个回收过程消耗的第 j 种原材料的材料利用率；$E_{i,l}^{\mathrm{idle}}$ 为第 i 个回收过程使用的第 l 种设备的空载能耗；$P_{i,l}$ 为单件废旧产品在第 i 个回收过程使用的第 l 种设备的额定功率；$t_{i,l}^{\mathrm{v}}$ 为单件废旧产品在第 i 个回收过程使用的第 l 种设备的有效工作时间（增值时间）；EF^{elec} 为电能的排放系数。

$$RC_{\mathrm{nv},i}=\sum_{i=1}^{N}C_i^{\mathrm{nv}}=\sum_{i=1}^{N}(C_i^{\mathrm{nm}}+C_i^{\mathrm{nE}})+\sum_{w=1}^{R}C_w^{\mathrm{T}}+C^{\mathrm{I}}$$
$$=\sum_{i=1}^{P}\sum_{j=1}^{N}[Q_{i,j}^{\mathrm{m}}\times EF_{i,j}^{\mathrm{m}}\times(1-M_{i,j})]+\sum_{i=1}^{P}\sum_{l=1}^{S}(E_{i,l}^{\mathrm{idle}}+P_{i,l}\times t_{i,l}^{\mathrm{nv}})$$
$$\times EF^{\mathrm{elec}}+\sum_{w=1}^{R}E_w^{\mathrm{T}}\times EF^{\mathrm{elec}}+E^{\mathrm{I}}\times EF^{\mathrm{elec}} \tag{6-6}$$

式中，C_i^{nv} 为单件废旧产品在第 i 个回收过程的非增值碳排放量；C_i^{nm} 为单件废旧产品在第 i 个回收过程的原材料非增值碳排放量；C_i^{nE} 为单件废旧产品在第 i 个回收过程的设备能耗产生的非增值碳排放量；C_w^{T} 为单件废旧产品在第 w 段运输距离的碳排放量；C^{I} 为单件废旧产品在存储过程消耗的碳排放量；$t_{i,l}^{\mathrm{nv}}$ 为单件废旧产品在第 i 个回收过程使用的第 l 种设备的无效工作时间（非增值时间）；E_w^{T} 为第 w 段运输距离单件产品能耗；E^{I} 为单件废旧产品存储过程能耗。

（2）精益再制造物流

在废旧产品回收过程中，物流网设施分布的位置、回收中心的处理能力、回收设备的等级以及回收中心的规模大小等因素都会对回收产品的数量、质量以及回收时间等有重要影响。因此，需要对再制造回收过程中的物流进行研究。

① 精益再制造回收物流。

精益再制造回收物流过程为：消费者将废旧产品运往回收中心进行回收处理后，回收中心将废旧产品运往预处理中心预处理；预处理中心对回收的废旧产品进行一系列的处理，包括分类、检测、拆解等；能用于再制造的零部件被运往制造/再制造中心，不能用于再制造的废弃物被运往处理中心进行焚烧、掩埋等废弃处理；制造/再制造中心采用一定的技术修复零部件，并将其用于新产品的制造，通过分销中心将标明来源后的再制造新产品再次销售给消费者。根据上述过程建立如图 6-7 所示的精益再制造回收物流结构图。

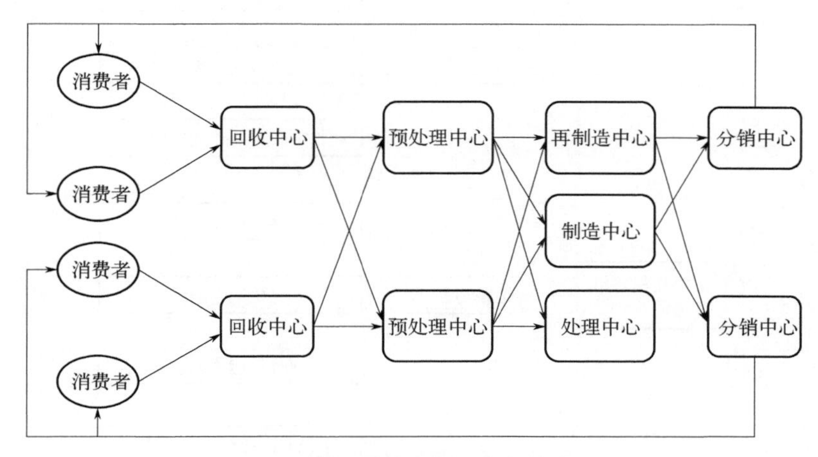

图 6-7　精益再制造回收物流结构图

a. 准时化精益再制造回收物流。在研究精益再制造回收物流时，废旧产品的准时化回收是一个不可忽视的问题，它是整个再制造回收物流系统的基础，只有准确地对其进行预测、分析，才能达到效益最大化。与传统的制造-分销物流不同的是，准时化精益再制造回收物流受其自身特点的限制，比如废旧品的质量未知、废旧品的回收机理未知等，所有这些都会为准时化精益再制造回收物流的研究带来一定的麻烦，阻碍了精益再制造回收物流的发展。

在精益再制造回收物流的基础上，进行准时化研究能体现企业物流的较高水准，它通过准时供应，减少回收环节以外的库存，从而达到降低成本的目的。在精益再制造回收物流规划中，准时化物流回收规划是依托精益再制造原则和准时化物流回收的思想，综合考虑回收和物流过程中的效率和准时交付要求，以实现高效、可持续的废弃物回收和再利用。它通过优化废弃物回收和再利用的流程，来提高废旧产品的回收效率、降低废旧产品的回收成本，并确保物资和废弃物能够按时处理和交付。

在精益再制造回收规划价值流分析体系中，对于废旧产品的回收强调其时间的准时性，精益再制造回收过程是一个以准时化和高效运作为目标的流程，旨在将回收物品重新利用并最大化其利用价值。图 6-8 为准时化精益再制造回收物流组成部分。准时化精益再制造回收物流主要包括回收与收集的准时性、运输与配送的准时性以及分拣与分类的准时性。回收与收集的准时性是指消费者能够及时提供废旧产品到回收中心，回收中心能及时处理客户提供的废旧产品；运输与配送的准时性是指回收中心将收集的废旧产品及时准确地运输到产品分拣中心；分拣与分类的准时性是指分拣中心能及时地将废旧产品进行可再利用性分类处理。

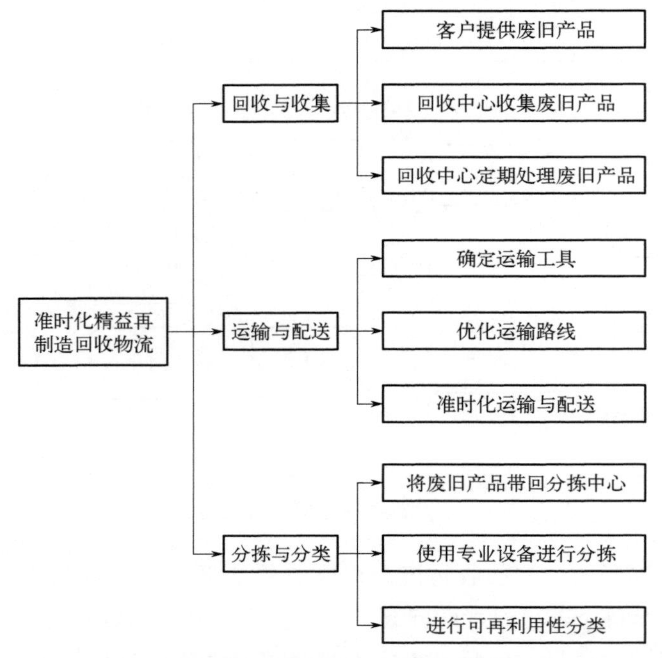

图 6-8　准时化精益再制造回收物流组成部分

准时化精益再制造回收物流具有准时化的物流特征。传统观念中，时间是一个“段”的概念，即使在经典的市场营销理论中，也没有多少有关时间的新论述。尽管日本企业界提出了“时间顾客跟踪”“时间信息反馈”“时刻产品改进”三位一体的生产经营模式，重视对时间的控制，但其中所谓的“时刻”，只是强调尽可能缩短用于收集信息，传递信息、产品的时间，而并没有做到真正意义上的“实时”。在准时化精益再制造回收物流中，时间更多地带有“时点”的含义，不能早也不能晚。在从获取再制造企业的需求信息到废旧产品重新利用的整个物流过程中，始终强调的是一个准确的时间点，而不是一个时间段。从这种意义上讲，时间就是再制造企业的核心竞争力，很好地把握准时化中时间的价值，就把握了再制造企业成本的关键所在，就把握了再制造企业立足于市场的关键所在。

b. 精益再制造回收物流体系。精益再制造回收物流在准时化的基础上，为适应再制品的回收变得多样化、个性化，建立了一种为回收系统服务的物流体系。在回收过程中，将可回收的废旧产品以必要的品种、数量和质量，在正好需要的时间送到回收生产线及再制造企业手中，达到消除浪费、节约时间、节约成本和提高物流服务质量的目的。传统的物流回收观念认为，库存是一种安全保障，是企业的资产。精益再制造回收物流体系则与之相反，它认为库存是浪费，是负债，是再制造企业的非必要费用，因此要尽量实现“零库存”。与物料需求计划（Material Requirement Planning，MRP）中的“推动”系统正好相反，精益再制造回收物流体系是一个“拉动”系统（Pull System），如图 6-9 所示。

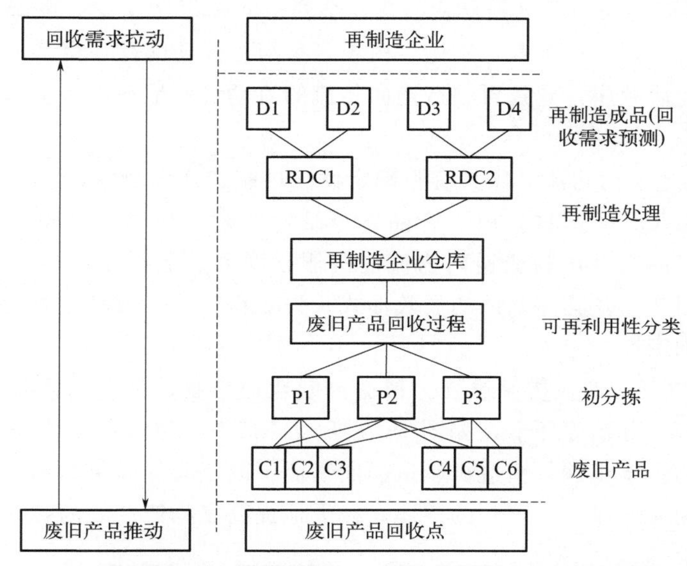

图 6-9 在物流回收供应链中的“推动”系统和“拉动”系统

在精益再制造回收物流体系中，再制造企业通过回收需求拉动让废旧产品回收点提供足够多的废旧产品用于再制造，废旧产品回收点通过推动式提供废旧产品促进再制造企业进行再制造生产。这种推动系统和拉动系统的结合让供应链体系类的库存量大大降低，同时还能充分保证供货需求，极大地降低了回收过程中的库存成本，提高了废旧产品的回收再制造效率。

② 精益再制造逆向物流回收。

逆向物流是为了回收资源或处理废弃物，在有效和适当成本下，对原料、在制品、成品及相关信息，从消费点到原始产出点的流动和储存，进行规划、执行和控制的过程。逆向物流的关键环节包括反向供应链模式的建立、回收与再利用模式的设计、回收与再利用管理系统的运营等。逆向物流的配送系统是由人、过程、计算机软件和硬件以及承运商组成的集合，它们相互作用共同实现物品从终结地到来源地的流动。

a. 精益再制造逆向物流。精益再制造逆向物流是指在逆向物流回收过程中，消除物流回收过程中的无效或不增值作业，用尽量少的投入来实现回收的最大价值，并获得高效率、高效益的物流。根据精益再制造逆向物流的定义可以看出，其主要具有以下特点：

ⅰ. 再制造逆向物流的参与主体众多。废旧品的来源包括原始制造商中未通过质检而需要返工的半成品/成品，销售商由于商业返还、库存调整等产生的退货，以及用户或消费者使用后的报废产品等。产品原始制造商、产品供应商、用户、再制造商等主体均可能参与到废旧品回收中。

ⅱ. 再制造逆向物流过程复杂。在一系列逆向物流活动中，废旧品需要从一个参与主体流通到另一个参与主体，由于各参与主体功能存在交叉，且其间并无严格的流动先后顺序，导致再制造逆向物流的流动过程呈现出多主体交叉的复杂闭环结构。

ⅲ. 再制造逆向物流对象具有不确定性。再制造逆向物流的流通对象主要是各类废旧产品及其零部件，由于产品本身结构复杂，型号、组成零部件类别众多，且这些产品进入再制造逆向物流前的服役时间、服役工况、维修状态等各异，导致废旧产品及其零部件的失效形式、失效程度、失效时机等千差万别，具有很强的不确定性。

b. 精益再制造逆向物流过程。精益再制造逆向物流涉及众多环节，包括供应市场、制造、分销等环节，如图 6-10 所示，其中，虚线部分为精益再制造逆向物流回收的主要步骤。精益再制造逆向物流不同于其他简单的物流活动，它与再制造正向物流形成一个统一的整体，极大地提高了物流活动的效率。

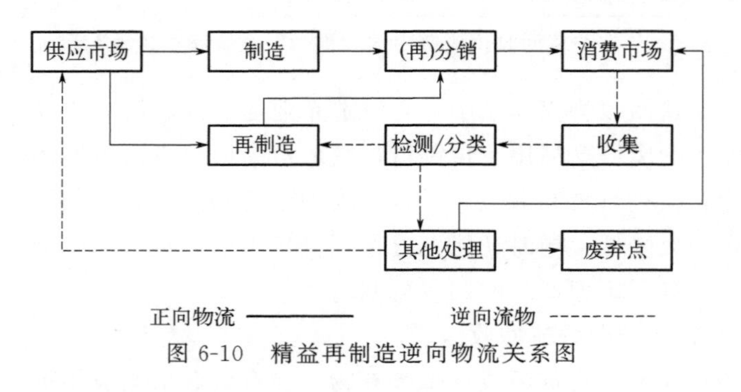

图 6-10　精益再制造逆向物流关系图

精益再制造逆向物流需要在废旧产品回收再利用时运用精益生产的思想来简化回收再制造流程，以避免在再制造过程中出现浪费现象。再制造逆向物流中的收集、检测/分类、再制造、其他处理以及（再）分销等关键环节使用精益思想来对其进行改进，可以极大程度地提高逆向物流的流动效率，避免废旧产品在逆向物流回收再制造过程中出现浪费现象。

ⅰ. 收集：作为精益再制造逆向物流系统的基础环节，收集占有重要的象征意义，它是将废旧产品运输到生产商处。在废旧产品的收集过程中采用流程化的收集方式能极大提高废旧产品的回收效率，使得废旧产品能源源不断地为再制造厂提供原材料，保障整个收集过程能持续平稳地进行。

ⅱ. 检测/分类：检测/分类是整个精益再制造逆向物流系统中最为繁杂的一个环节，分类检测的好坏决定着再制造的经济效益，如果将可利用的废旧品当作不可利用的废旧品，将大大减少它的利用价值，无形中增加了检测分类的成本。在检测/分类中使用标准化作业的精益生产方式，能提高废旧品分类时的作业精度，保障不同废旧程度的产品能及时地进行分类再制造，减少可利用废旧品的报废处理，降低物流活动费用，提高废旧品的再利用价值。

ⅲ. 再制造：再制造为精益再制造逆向物流系统的核心环节，主要对回收的废旧零部件进行物理或化学的高新技术处理，令废旧产品零部件的性能达到与新品一样的程度。此环节对于技术要求比较高，是精益再制造发展尤为关键的一环。

ⅳ. 其他处理：其他处理主要针对不适合再制造的废旧产品或者废旧产品零部件。主要包括维修、再循环或者废品处理等处理方式。对于既不能再制造也不能再利用的废旧品进行原材料回收，继续当作原材料或为制造新品提供原材料。通过精益化管理，对不能进行回收的废旧品或废旧品零部件进行绿色报废处理，对能够回收的废旧品进行回收再利用，以降低环境污染，提高零部件的再利用率。

ⅴ. （再）分销：再分销是将生产的再制造装备投入到销售系统中，销售给消费者或者机构。再分销的作用与传统分销基本上没有差异，只是在不同的销售系统中采用不同的称呼。在此阶段采用再分配的方式对再制造品进行分类销售，提高再制造品的重复利用率，实现绿色循环经济。

精益再制造逆向物流系统运行之后，回收的废旧产品在经过一系列环节之后成为新的产品，进入销售系统，销售给不同的消费者。在此过程中，精益再制造逆向物流具有明显的再回收作用，能够很好地将废旧资源进行整合，极大地提高了废旧产品的再利用价值。

6.3.2　精益再制造拆解优化关键技术

6.3.2.1　精益再制造拆解概念

精益再制造拆解是指将废旧产品及其部件有规律地按顺序分解成零部件，并保证在拆解过程中最大化预防零部件性能进一步损坏的过程。精益再制造拆解作为实现高效再制造的重要手段，不仅有助于零部件的重新使用和再制造，而且有助于材料的再生利用，实现废旧产品的高品质回收策略，降低再制造过程中的成本和环境影响。

(1) 精益再制造拆解的特性

① 精益再制造拆解的经济性。拆解产生的收益与拆解过程产生的成本支出之间的差值代表拆解的经济性。在计算拆解成本的情况下，拆解的目的在于获取收益，当拆解进行到一定程度，支出大于收益时，就没有必要再进行拆解作业。影响拆解经济性的因素有很多，包括拆解程度、废弃物的处理、零部件拆解的难易程度等。因此，在拆解过程中要权衡拆解收益与拆解成本之间的关系，进行拆解的经济性分析，若拆解到一定程度时拆解的经济性开始降低，那么就停止对产品的拆解。

② 精益再制造拆解的不确定性。由于产品在报废后，其结构特性与其初始状态相比可能会发生很大的改变，在对产品进行拆解之前拆解人员对产品不能完全掌握清楚，在产品拆解过程中会遇到诸多无法预料的难题，这便是拆解过程中的不确定性问题。在服役过程中产品会发生零部件的磨损、腐蚀，在维修过程中可能存在零部件的更换或者连接结构的改变，另外产品中的部分零部件采用焊接、锻造等连接方式，在解除这些连接关系时，不可避免地要破坏某些零部件等，这些情况都增加了产品拆解的不确定性。

(2) 精益再制造拆解目标

在废旧产品的再制造回收拆解过程中，明确再制造的精益拆解目标有助于降低拆解的复杂性，确定重点关注的组件和功能，优化工艺和流程，有效管理资源和时间，识别风险和问题，并促进团队的协作和沟通。针对废旧装备的拆解，其精益拆解目标主要包括：

① 废旧装备的识别与分类。将废旧装备进行识别和分类，确定其类型、规格和特征，有助于对不同类型的废旧装备进行有效的拆解和处理。

② 可回收组件的回收与再利用。其目标是拆解废旧装备，分离和回收可再利用的组件和材料。通过精益拆解，可以确定哪些组件和材料可以回收和再利用，从而减少资源浪费并降低环境影响。

③ 再回收件的价值评估。通过拆解过程，确定废旧装备中有价值的部件，如电子元件、机械零部件等。这些有价值的部件可以用于修复、再制造或作为备件，节约成本并延长使用寿命。

④ 废弃物的处理。废旧装备中可能含有有害物质，如重金属、化学物质等废弃物。精益拆解的目标之一是安全处理这些毒害物质，确保环境安全。

⑤ 资源识别与再回收。除了组件和材料回收外，精益拆解还有助于识别和回收废旧装备中的其他有价值的资源，如稀有金属、稀缺材料等，有助于实现资源的循环利用和可持续发展。

6.3.2.2　基于价值流分析的再制造拆解序列规划

(1) 精益再制造拆解价值流图分析

在精益再制造拆解序列规划中使用价值流分析技术对整个装备拆解过程进行分析。首先，需要了解装备的整个拆解过程，装备在拆解过程中主要包括解除约束和从某方向拆下，要实现产品拆解，拆解人员须获得尽可能多的产品拆解信息；其次，确定待拆零部件的阻碍或约束关系，并确定这种阻碍或约束关系采用的是何种连接方式；然后，需要了解待拆零部件在产品整体中的空间位置信息，以及需要使用什么样的拆解工具、所需要的拆解时间等；最后，要衡量待拆零部件的拆解难易程度及经济性等相关信息。

依据精益再制造拆解技术对废旧装备进行拆解，采用价值流分析技术构建装备精益再制造拆解价值流图，如图 6-11 所示，可用于评估装备在拆解阶段的时间流、能量流、物料流以及碳排放流，计算装备在拆解过程中的能量消耗。

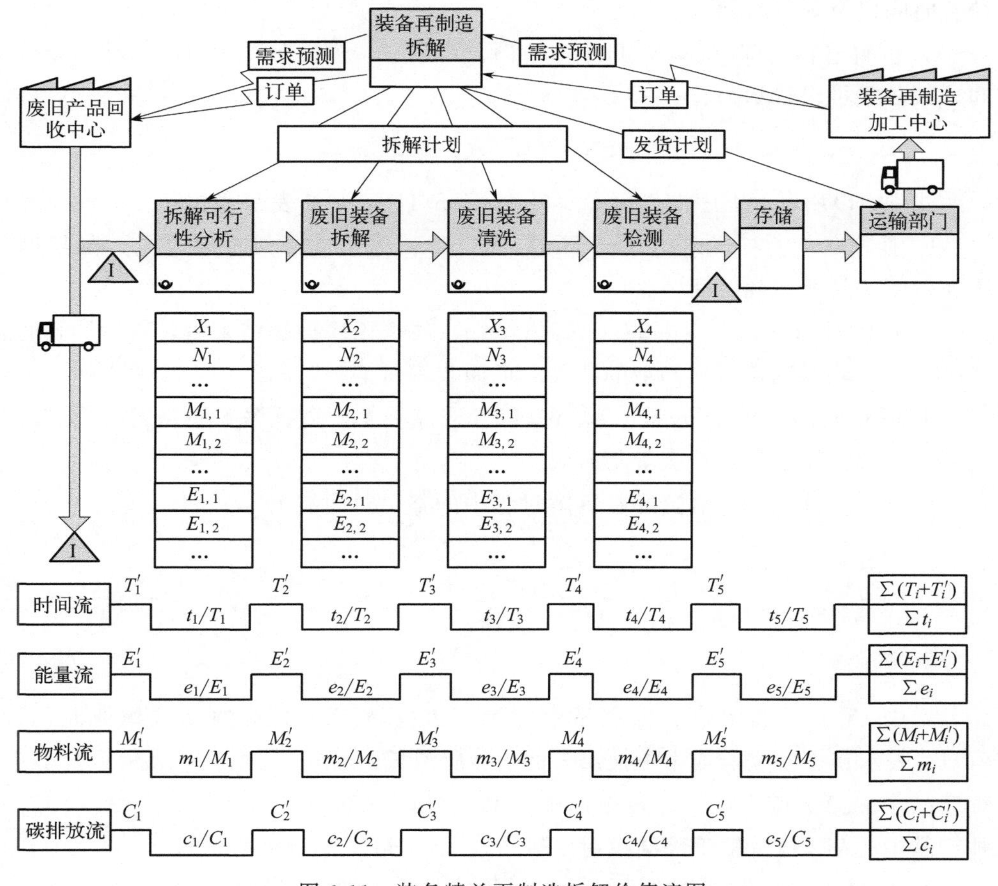

图 6-11　装备精益再制造拆解价值流图

图中，X_i 为拆解第 i 件装备所需的工人数量；N_i 为拆解第 i 件装备所需的设备数；$M_{i,j}$ 为拆解第 i 件装备对第 j 种物料的消耗量；$E_{i,j}$ 为拆解第 i 件装备期间对第 j 种能源的消耗量；T'_i 为拆解第 i 件装备前的非增值时间；T_i 为拆解第 i 件装备期间的非增值时间；t_i 为拆解第 i 件装备期间的增值时间；E'_i 为拆解第 i 件装备前的非增值能耗；E_i 为拆解第 i 件装备期间的非增值能耗；e_i 为拆解第 i 件装备期间的增值能耗；M'_i 为拆解第 i 件装备前的非增值物料消耗；M_i 为拆解第 i 件装备期间的非增值物料消耗；m_i 为拆解第 i 件装备期间的增值物料消耗；C'_i 为拆解第 i 件装备前的非增值碳排放；C_i 为拆解第 i 件装备期间的非增值碳排放；c_i 为拆解第 i 件装备期间的增值碳排放。

装备精益再制造拆解主要包括拆解可行性分析、废旧装备拆解、废旧装备清洗、废旧装备检测等步骤，下面分别对其时间流、能量流、物料流以及碳排放流进行分析。

① 时间流。装备再制造拆解过程中的时间流分为拆解节拍时间、换模时间、校验时间以及等待时间。

a. 拆解节拍时间（Cycle Time，CT）：产品在一道拆解工序内的标准作业时间。其公式可以表示为：

$$CT = OT \times (1+\beta) \tag{6-7}$$

式中，OT 表示工序操作用时（Operation Time）；β 表示宽放率。

b. 换模时间（Change Over Time，COT）：停止或开始拆解不同产品期间更换拆解工具所消耗时间。

c. 校验时间（Test Yield Time，TYT）：每道工序拆解结束后，对所拆解的产品进行检验以确定可再制造的产品的可回收率所消耗时间。

d. 等待时间（Waiting Time，$\mathrm{W_2T}$）：产品在上一道拆解工序完成后，进入下一道拆解工序的生产线旁等待时间。

因此，可计算出再制造品在拆解过程中的整个时间流 D_{T} 为：

$$D_{\mathrm{T}} = \sum_{i=1}^{n}(T_i + T'_i + t_i) = \sum_{i=1}^{n}\sum_{j=1}^{m}(CT_{i,j} + TYT_{i,j} + W_2T_{i,j}) + \sum_{j=1}^{m}COT_j \tag{6-8}$$

式中，$CT_{i,j}$ 表示第 j 种产品中的第 i 道拆解工序花费的标准作业时间；COT_j 表示在拆解生产线中更换第 j 种产品所消耗的时间；$TYT_{i,j}$ 表示检验第 j 种产品中的第 i 道拆解工序拆解出的产品的可回收率的时间；$W_2T_{i,j}$ 表示第 j 种产品中的第 i 道拆解工序结束后，等待第 $i+1$ 道工序开始的时间。

② 能量流。装备再制造拆解过程中的能量流主要包括增值能耗和非增值能

耗，根据装备再制造拆解价值流图可知，装备在拆解过程中总的能量流为：

$$D_{\mathrm{E}}=\sum_{i=1}^{n}(E_i+E'_i+e_i) \tag{6-9}$$

③ 物料流。装备再制造拆解过程中的物料流主要指的是装备在拆解过程中对相应物料的消耗量：

$$D_{\mathrm{M}}=\sum_{i=1}^{n}(M_i+M'_i+m_i)=\sum_{i}^{n}\sum_{j}^{m}M_{i,j} \tag{6-10}$$

④ 碳排放流。装备再制造拆解系统中的碳排放流，主要包括物料碳、能源碳以及拆解工艺过程中所产生的直接碳排放。因此拆解过程产生的碳排放主要是由于原材料以及拆解设备、运输设备、存储设备能源等的消耗所产生的碳排放。拆解设备能耗包括空载能耗 DE_{idle} 和载荷能耗 DE_{load} 两部分。在拆解流程中，需要运输原材料、零部件等，物料移动的碳排放只考虑了产品的运输，运输碳排放主要受运输距离的影响。存储过程造成的碳排放主要是由照明等引起的电能消耗。

结合装备再制造拆解价值流图，碳排放量的计算公式为：

$$\begin{cases}DC_{\mathrm{total},i}=C_i+C'_i+c_i\\ DC_{\mathrm{total}}=\sum_{i=1}^{n}(C_i+C'_i+c_i)=\sum_{i=1}^{n}(DC_{\mathrm{v},i}+DC_{\mathrm{nv},i})\end{cases} \tag{6-11}$$

式中，$DC_{\mathrm{total},i}$ 为拆解第 i 件产品的总碳排放量；$DC_{\mathrm{v},i}$ 为拆解单件产品 i 的增值碳排放量；$DC_{\mathrm{nv},i}$ 为拆解单件产品 i 的非增值碳排放量。其中：

$$\begin{aligned}DC_{\mathrm{v},i}&=\sum_{i=1}^{N}DC_i^{\mathrm{v}}=\sum_{i=1}^{N}(DC_i^{\mathrm{m}}+DC_i^{\mathrm{E}})\\ &=\sum_{i=1}^{P}\sum_{j=1}^{N}(DQ_{i,j}^{\mathrm{m}}\times DEF_{i,j}^{\mathrm{m}}\times DM_{i,j})+\sum_{i=1}^{P}\sum_{l=1}^{S}(DE_{i,l}^{\mathrm{idle}}+DP_{i,l}\\ &\quad\times t_{i,l}^{\mathrm{va}})\times DEF^{\mathrm{elec}}\end{aligned} \tag{6-12}$$

式中，DC_i^{v} 为单件回收产品第 i 个拆解过程的增值碳排放量；DC_i^{m} 为单件回收产品第 i 个拆解过程的原材料增值碳排放量；DC_i^{E} 为单件回收产品第 i 个拆解过程的设备能耗产生的增值碳排放量；$DQ_{i,j}^{\mathrm{m}}$ 为单件回收产品第 i 个拆解过程消耗的第 j 种原材料的质量；$DEF_{i,j}^{\mathrm{m}}$ 为单件回收产品第 i 个拆解过程消耗的第 j 种原材料的碳排放系数；$DM_{i,j}$ 为单件回收产品第 i 个拆解过程消耗的第 j 种原材料的材料利用率；$DE_{i,l}^{\mathrm{idle}}$ 为第 i 个拆解过程使用的第 l 种设备的空载能耗；$DP_{i,l}$ 为单件回收产品第 i 个拆解过程使用的第 l 种设备的额定功率；$t_{i,l}^{\mathrm{va}}$ 为单件回收产品第 i 个拆解过程使用的第 l 种设备的有效工作时间（增值时间）；DEF^{elec} 为电能的排放系数。

$$DC_{\mathrm{nv},i}=\sum_{i=1}^{N}DC_{i}^{\mathrm{nv}}=\sum_{i=1}^{N}(DC_{i}^{\mathrm{nm}}+DC_{i}^{\mathrm{nE}})+\sum_{w=1}^{R}DC_{w}^{\mathrm{T}}+DC^{\mathrm{I}}$$
$$=\sum_{i=1}^{P}\sum_{j=1}^{N}[DQ_{i,j}^{\mathrm{m}}\times DEF_{i,j}^{\mathrm{m}}\times(1-M_{i,j})]+\sum_{i=1}^{P}\sum_{l=1}^{S}(DE_{i,l}^{\mathrm{idle}}+DP_{i,l}$$
$$\times t_{i,l}^{\mathrm{nva}})\times DEF^{\mathrm{elec}}+\sum_{w=1}^{R}DE_{w}^{\mathrm{T}}\times DEF^{\mathrm{elec}}+DE^{\mathrm{I}}\times DEF^{\mathrm{elec}} \tag{6-13}$$

式中，DC_{i}^{nv} 为单件回收产品第 i 个拆解过程的非增值碳排放量；DC_{i}^{nm} 为单件回收产品第 i 个拆解过程的原材料非增值碳排放量；DC_{i}^{nE} 为单件回收产品第 i 个拆解过程的设备能耗产生的非增值碳排放量；DC_{w}^{T} 为单件回收产品第 w 段运输距离的碳排放量；DC^{I} 为单件回收产品在存储过程产生的碳排放量；$t_{i,l}^{\mathrm{nva}}$ 为单件回收产品第 i 个拆解过程使用的第 l 种设备的无效工作时间（非增值时间）；DE_{w}^{T} 为第 w 段运输距离单件回收产品能耗；DE^{I} 为单件回收产品存储过程能耗。

(2) 精益再制造拆解过程不确定性分析

在装备拆解过程中，导致产品拆解过程不确定性问题产生的因素主要包括以下几方面：

a. 连接件的老化。例如，螺纹连接处生锈，则拆解复杂性会大大增加，这样拆解人员在评估各拆解步骤的拆解时间时便会有一些误差，可能会影响拆解序列规划。

b. 零部件的更换。例如，在维修期间对失效零部件进行更换，可能存在所用更换件与原始型号不同的情况。

c. 连接结构的改变。例如，维修过程中将原来的螺纹连接改为焊接，这种情况在拆解中便不能做到无损拆解。

d. 零部件发生损坏或变形。若连接件发生损坏或变形，有可能影响非破坏性拆解；若非连接件发生损坏或变形，则可能影响零部件之间的运动阻碍关系。

废旧产品再制造拆解后，零部件可分为三类：可直接利用的零部件，指经过清洗检测后不需要再制造加工即可直接在再制造装配中应用的零部件；可再制造的零部件，指通过再制造加工可以达到再制造装配质量标准的零部件；报废件，指无法进行再制造或直接再利用，需要进行材料再循环处理或者其他无害化处理的零部件。

(3) 基于价值流分析的精益再制造拆解序列规划

拆解序列是指在拆解产品过程中，组成产品的零部件从产品上拆解分离出的先后顺序。一般产品由多个零部件构成，所以同一产品进行拆解时，存在多个可行的拆解序列，且随着零部件数目的增加，产品的拆解序列数目呈指数级增长。

精益再制造拆解序列规划是产品拆解价值流中的重要环节，在进行拆解设计和拆解价值流分析之前，首先要建立待拆产品的拆解模型，提取重要的拆解信息，为产品拆解的工艺设计提供信息基础。拆解模型蕴含了待拆产品中所有零部件的基础信息及各零部件之间的关系，反映了产品拆解过程需要解决的相关因素及关系。建立正确的产品拆解模型是实现拆解序列价值流优化的前提，拆解序列规划的好坏会对产品的再制造成本及资源回收率产生直接影响。

通过分析可行的装备再制造拆解价值流，得到所有具有可行性的拆解序列，最后通过评价从中获取最佳拆解序列。图6-12所示为依据拆解价值流中的拆解可行性分析建立的拆解序列规划过程模型。对于选择性拆解，可行的拆解序列一般是通过确定拆解的零部件集合和确定零部件的拆解方式，最后分析获得可行的拆解序列。拆解序列不仅反映了零部件拆解的先后次序，同时也是拆解操作逻辑性的体现，是再制造拆解价值流分析的前提。

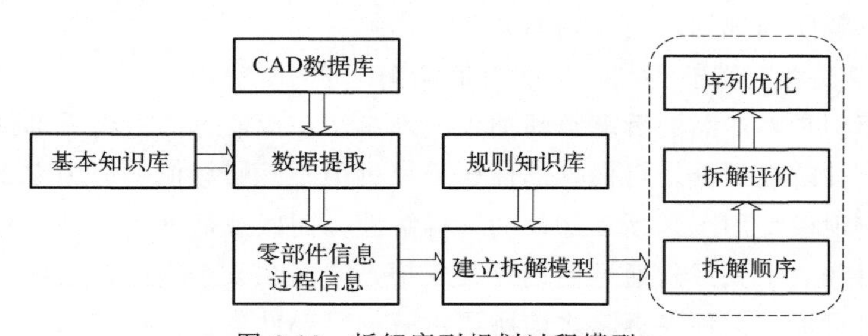

图6-12　拆解序列规划过程模型

研究装备再制造拆解序列规划时，需要了解装备的拆解思路，从而对装备的拆解序列进行优化。图6-13所示为装备再制造拆解优化设计路线。针对装备再制造拆解优化设计，首先需要分析产品（CAD模型）并结合产品的过往工况和质量现状，找出产品拆解的不确定性问题，提取详细的产品拆解信息，进而建立拆解信息模型；其次是针对拆解信息模型运用不同的算法生成拆解序列，由于产品包含多个零部件，数目越多对应生成的拆解序列也越多，因此需要结合相关拆解知识和信息对生成的产品拆解序列进行优化（包括经济性分析和不确定性分

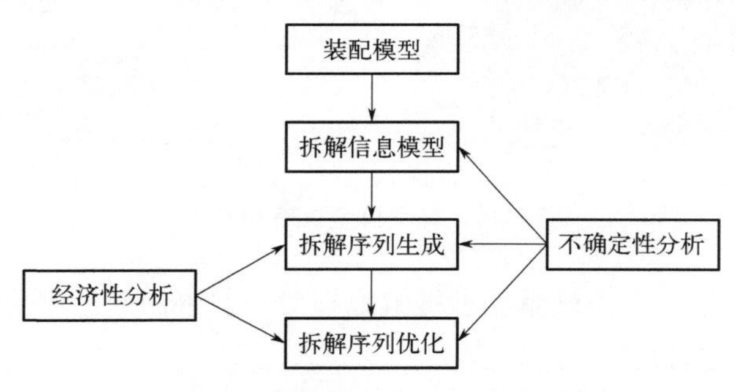

图6-13　装备再制造拆解优化设计路线

析），即确定经济可行的最佳拆解序列；最后按照最佳拆解序列并采用合理的工艺对产品进行拆解。

基于价值流分析的精益再制造拆解序列规划不仅需要获取全部的可行拆解序列，还要对拆解过程中的价值流进行优化改进，进而对拆解序列进行优劣评价，以获取最佳拆解序列。因此，拆解序列规划会涉及拆解优先关系的获取、组合最优以及拆解价值流优化等多种计算，其本质就是一个多重复杂的逻辑计算复合体。在常见的计算方法中，基于种群的算法是目前多数再制造拆解序列价值流优化过程中普遍采用的计算方法，常见的有蚁群优化算法、遗传算法等。在拆解价值流分析中，精益再制造拆解序列规划问题不仅是复杂的数值计算，规划过程还包括对产品涉及的工艺信息进行处理和利用。基于知识进行智能推理的拆解序列规划方法，具有更强的符号推理和逻辑推理的功能性特点，能够准确地利用知识进行问题判断。因此，基于“知识推理＋图模型”的模式是基于价值流分析的精益再制造拆解序列规划广泛应用的方法。

① 蜂巢模型在精益再制造拆解价值流中的应用。

蜂巢模型是将产品的拆解空间抽象成蜂巢，在拆解方向上将零部件依次模块化，将模块按阶级划分，目标零部件作为蜂巢中心。蜂巢模型分为宏观模型和微观模型，宏观模型用于判断零部件的可拆解性，而微观模型用于判断相邻零部件之间的位阻和约束关系。通过使用蜂巢模型，产品在某个截面离散化，这能够直观地反映出目标零部件在拆除之前所要拆解的零部件集合。拆解蜂巢是拆解体中零部件之间的一种拓扑关系，反映了零部件之间的相邻几何形态及阻碍关系，能够直观地评定零部件的拆解可行性。图 6-14 为蜂巢模型拆解原理图。

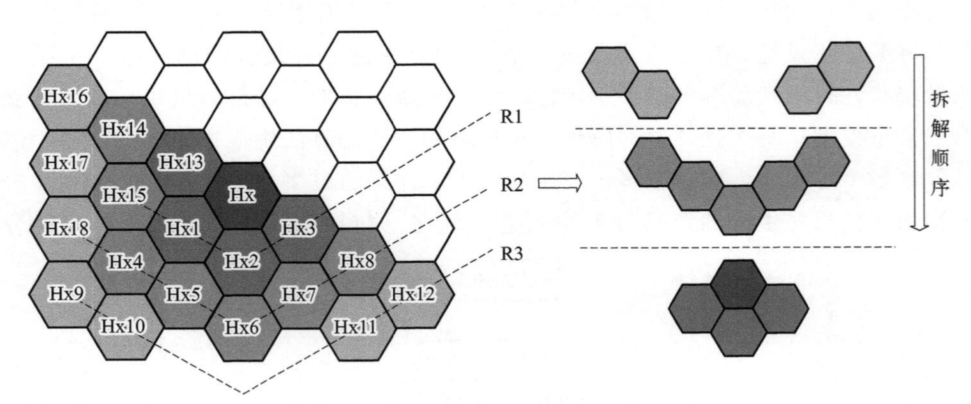

图 6-14　蜂巢模型拆解原理图

如图 6-15 所示，利用蜂巢模型拆解原理对精益再制造拆解价值流进行分析，一般分如下几步进行：

a. 拆解模型建立。确定目标零部件，提取拆解模型中零部件的相关信息，提取零部件的基础信息和装配信息，并确定各节点拆解对象的拆解半径和阻碍关系等信息。同时，优化拆解价值流中的物料流，建立基于物料流分析的精益再制造拆解模型，以降低拆解过程中的物料损耗。

b. 模块化处理。按照模块划分准则将拆解体中部分零部件划分为模块，减少拆解模型节点数目，以优化拆解过程中工人的拆解时间，降低拆解价值流中的非增值时间。

c. 拆解体划分。根据拆解蜂巢模型定义对拆解体进行划分，并对零部件拆解难度进行判定，进而生成拆解单元列表，以优化再制造品的拆解流程，从而降低拆解价值流中的非增值能耗，提高再制造品拆解期间的增值能耗。

d. 拆解可行性分析。拆解可行性分析是拆解价值流分析中的重要一环，关系到后续拆解过程能否顺利进行。拆解可行性分析需要将生成的拆解单元按照拆解半径从大到小依次进行拆解分析，同时基于工艺信息和知识研究对拆解单元进行拆解价值评估，以确定其拆解价值和拆解可行性。

e. 拆解序列生成。按照拆解可行性，将可拆除单元拆下，并依次存入拆解序列。

f. 拆解序列解集空间形成。将生成的可行性拆解序列集合，形成解集空间，以确定再制造品的拆解顺序。

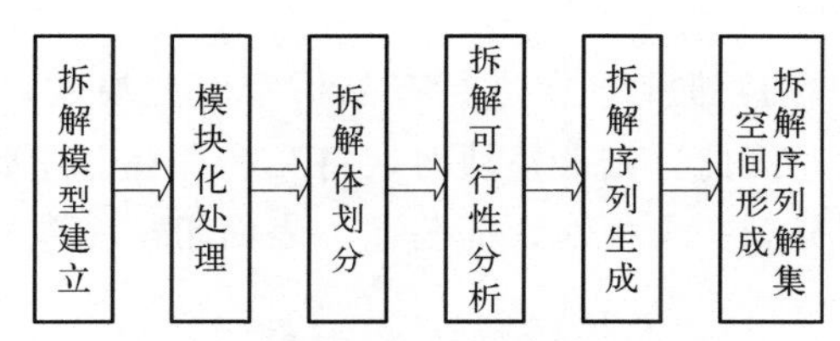

图 6-15　精益再制造拆解价值流分析过程

② 精益再制造拆解价值流模块划分准则。

在建立再制造拆解模型的过程中，如果能把多个零部件划分成一个模块，就能减少拆解模型的节点数，进而提高拆解模型的建立精度和刷新效率。拆解序列规划过程的计算效率也随着模型节点数目的减少而提高，进而提高拆解规划过程的整体效率。

模块是与零部件功能结构相对应的实体结构，图 6-16 所示为精益再制造拆解价值流模块划分准则及优先度。

在价值流分析过程中，再制造装备拆解应遵循以下准则：

a. 相邻零部件融合准则。在模块划分过程中，将某些关系密切的相邻零部件（不一定连接）合并为一个新的组件，形成模块，而模块之间只存在较弱的联系，即模块之间具有松耦合性。当进行产品价值流分析时，通常会忽略模块内部的联系，把模块作为一个整体来考虑，从而简化了分析过程，优化了整个拆解过程。

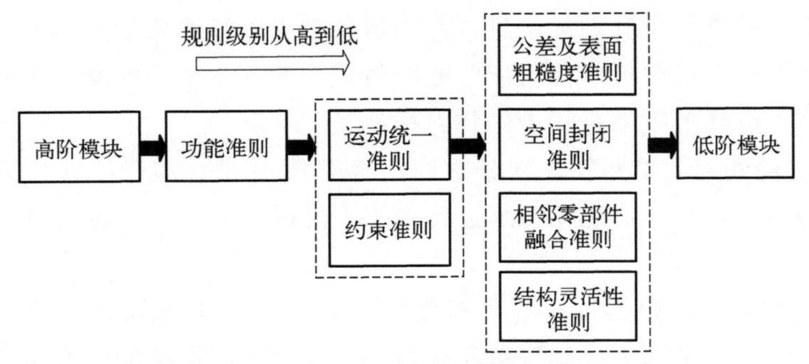

图 6-16　精益再制造拆解模块划分准则及优先度

b. 结构灵活性准则。产品的模块划分是通过结构组织形式来表达的。模块划分是在保持模块结构完整性的基础上，确保模块间的接合要素便于连接与分离，以便于再制造品的拆解，同时有利于对拆解工序进行优化，提高产品的拆解灵活性。

c. 功能准则。拆解是为了再利用或再制造，模块划分要明确模块是为了实现或优化哪一项或哪几项具体的功能。因此，在进行拆解时，要考虑按部件功能对产品进行模块划分。

d. 空间封闭准则。在了解产品结构组织形式的情况下，封闭空间及其边界可以作为一个模块考虑。

e. 公差及表面粗糙度准则。在进行产品拆解时，通常尺寸精度要求高的零部件的拆解难度也大。因此，划分模块时，将互相存在公差要求的零部件或公差差异较小的零部件划分到一个模块，而公差、表面粗糙度差异较大的零部件不宜划分到一个模块中。

f. 运动统一准则。机械产品的具体功能通常是需要几个或几组机构的协同配合来实现的，对于不同的机构，其运动速度也不尽相同。在进行模块划分时，可将结构相邻、运动速度相同的部件看作一个模块。

g. 约束准则。约束分为完全约束和不完全约束，不完全约束一般和运动统一准则一起考察，彼此完全约束的零部件可以放入同一模块考察。

进行功能模块划分时，还需要了解功能模块的构成和产品的设计理念。在精益再制造拆解价值流规划过程中，可以根据产品的功能分解模型将零部件合并划分为功能模块。功能模块应具有如下特征：具有明确的功能；在结构上具备多样性，可以是实现功能、传递运动或者达成某个特殊目的的结构体；可拆分，几个低阶模块可以组合成一个高阶模块，同样一个高阶模块也可以划分为几个低阶模块；在拆解模型中，模块作为一个整体考虑，一个模块由一个节点代表；在结构上是零部件的组合，该组合并不完全能实现某功能，但是高阶模块的划分要考虑功能因素；随着模块依次从高到低划分阶层，模块的功能性逐渐减弱。

6.3.3 精益再制造加工过程优化关键技术

6.3.3.1 精益再制造加工关键技术

精益再制造加工是指在精益再制造过程中对废弃、退役或损坏的产品和零部件进行加工、修复和翻新的过程。它是通过利用现有资源和材料，将这些废弃的产品和零部件转变为具有原始性能和质量的新产品。精益再制造加工的核心目标是延长产品的使用寿命和价值，减少资源的消耗和环境的负荷。

精益再制造加工涵盖了多个关键技术，这些技术在实现再制造生产加工过程中起到重要作用。根据对废旧产品精益再制造生产加工过程的分析以及精益再制造工程生产实践，精益再制造加工关键技术如图 6-17 所示。

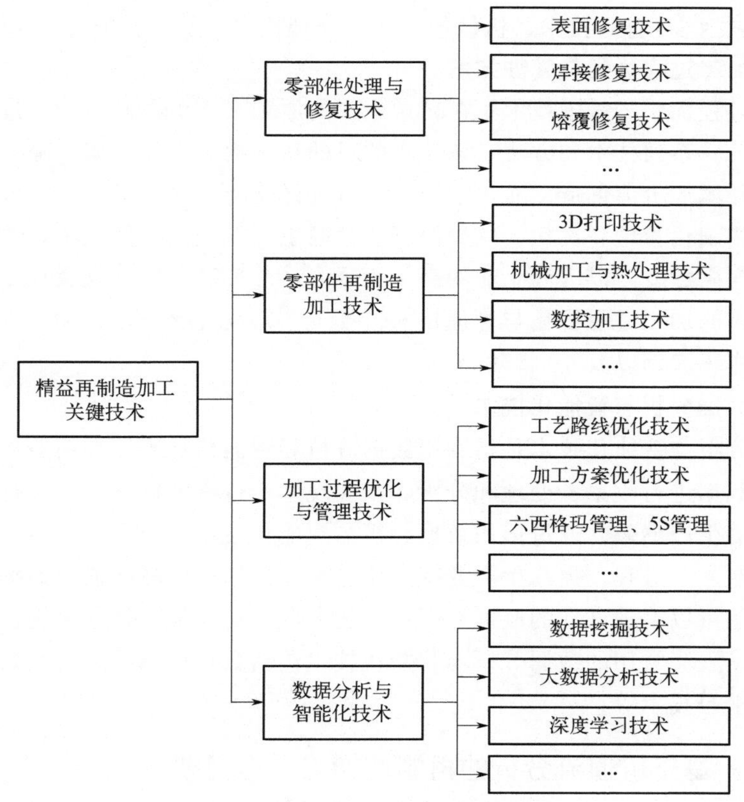

图 6-17　精益再制造加工关键技术

(1) 零部件处理与修复技术

零部件处理与修复技术是在精益再制造原则的指导下，应用各种方法和技术对废弃零部件进行处理和修复，使其重新获得价值和功能的过程。零部件处理与修复技术的核心原则是减少资源消耗、最大程度地利用废弃零部件，并将其转化为有价值的产品。通过这种方式，可以减少废弃物的产生，降低环境污染，并提高资源利用效率，从而推动可持续发展和环境保护。常用的零部件处理与修复技术包括表面修复技术、焊接修复技术以及熔覆修复技术等。

（2）零部件再制造加工技术

零部件再制造加工技术是指对废旧或磨损的零部件进行处理和改造，使其恢复到满足要求的使用状态的技术方法和流程。该技术旨在延长零部件的使用寿命、减少资源浪费，并促进可持续发展。零部件再制造加工技术的优势在于节约资源、降低成本和环境友好，通过对废旧或磨损的零部件进行再制造和加工，可以减少对原材料的需求，减少废弃物和污染物的产生，同时延长零部件的使用寿命和减少能源消耗，这对于推动循环经济和可持续发展具有重要意义，同时也提供了经济和环境效益。根据原始零部件的设计规格和要求，常用的零部件再制造加工技术包括 3D 打印技术、机械加工与热处理技术以及数控加工技术等。

（3）加工过程优化与管理技术

加工过程优化与管理技术是在精益生产的原则下，对再制造生产过程进行优化和管理的一系列技术和方法。该技术的目的在于提高生产效率、降低成本、减少浪费，并增加价值创造。通过采用加工过程优化与管理技术，企业可以实现加工过程的精细化管理和优化，减少浪费、提高生产效率、降低成本，并提高产品质量和客户满意度，以提升企业的市场竞争力，并推动可持续发展和循环经济的实现。常用的加工过程优化与管理技术包括工艺路线优化技术、加工方案优化技术、六西格玛管理以及 5S 管理等。

（4）数据分析与智能化技术

数据分析与智能化技术是指利用数据分析和智能化技术，在精益再制造生产中对生产数据进行收集、处理和分析，以实现生产过程的优化、智能化并提高精益再制造的生产绩效。通过运用数据分析与智能化技术，企业可以更好地监测和控制再制造生产过程，提高生产效率、质量和灵活性。同时，通过数据的挖掘和分析，企业可以发现潜在的改进空间和优化方向，从而推动精益再制造的持续改进和创新发展。常用的数据分析与智能化技术包括数据挖掘技术、大数据分析技术、深度学习技术等。

6.3.3.2 基于价值流分析的再制造加工过程规划

精益再制造加工规划是一种再制造管理方法和策略，通过精益生产原则和技术来优化再制造过程，实现高效、低成本、高质量的再制造生产。它结合了精益生产和再制造的理念，以最小化资源消耗和环境影响的方式，提升再制造装备的价值和可持续发展性。利用价值流分析方法对再制造加工过程进行规划，能有效识别再制造加工过程中的瓶颈工序、库存浪费以及非增值环节，从而有效改善整个再制造过程。

(1) 精益再制造加工价值流图分析

在装备再制造加工规划的基础上，运用价值流分析技术，对精益再制造加工进行价值流分析，建立装备精益再制造加工过程价值流图，如图 6-18 所示。可用于评估装备在再制造加工阶段的时间流、能量流、物料流以及碳排放流，计算装备在再制造加工过程中的能量消耗。

图中，X_i 为加工第 i 件装备所需的工人数量；N_i 为加工第 i 件装备所需的设备数；$M_{i,j}$ 为加工第 i 件装备对第 j 种物料的消耗量；$E_{i,j}$ 为加工第 i 件装备期间对第 j 种能源的消耗量；T'_i 为加工第 i 件装备前的非增值时间；T_i 为加工第 i 件装备期间的非增值时间；t_i 为加工第 i 件装备期间的增值时间；E'_i 为加工第 i 件装备前的非增值能耗；E_i 为加工第 i 件装备期间的非增值能耗；e_i 为加工第 i 件装备期间的增值能耗；M'_i 为加工第 i 件装备前的非增值物料消耗；M_i 为加工第 i 件装备期间的非增值物料消耗；m_i 为加工第 i 件装备期间的增值物料消耗；C'_i 为加工第 i 件装备前的非增值碳排放；C_i 为加工第 i 件装备期间的非增值碳排放；c_i 为加工第 i 件装备期间的增值碳排放。

装备精益再制造加工主要包括废旧产品的材料处理与修复、零部件再制造及加工、产品技术检测、产品再装配、产品磨合试验等步骤，下面分别对其时间流、能量流、物料流以及碳排放流进行分析。

① 时间流。装备再制造加工过程中的时间流分为加工节拍时间、换模时间、校验时间以及等待时间。

a. 加工节拍时间（Processing Time，PT）：产品在一道加工工序内的标准作业时间。其公式可以表示为：

$$PT = P_1T \times (1+\omega) \tag{6-14}$$

式中，P_1T 表示实际生产加工用时（Production Time）；ω 表示宽放率。

b. 换模时间（Change Over Time，OT）：停止或开始加工不同再制造品期间更换加工工具所消耗时间。

c. 校验时间（Test Yield Time，YT）：每道工序加工结束后，对所加工的产品进行检验以确定再制造品的合格率所消耗时间。

d. 等待时间（Waiting Time，W_3T）：产品在上一道加工工序完成后，进入下一道加工工序的生产线旁等待时间。

因此，可计算出再制造品在再制造加工过程中的整个时间流 P_T 为：

$$P_T = \sum_{i=1}^{n}(T_i + T'_i + t_i) = \sum_{i=1}^{n}\sum_{j=1}^{m}(PT_{i,j} + YT_{i,j} + W_3T_{i,j}) + \sum_{j=1}^{m}OT_j \tag{6-15}$$

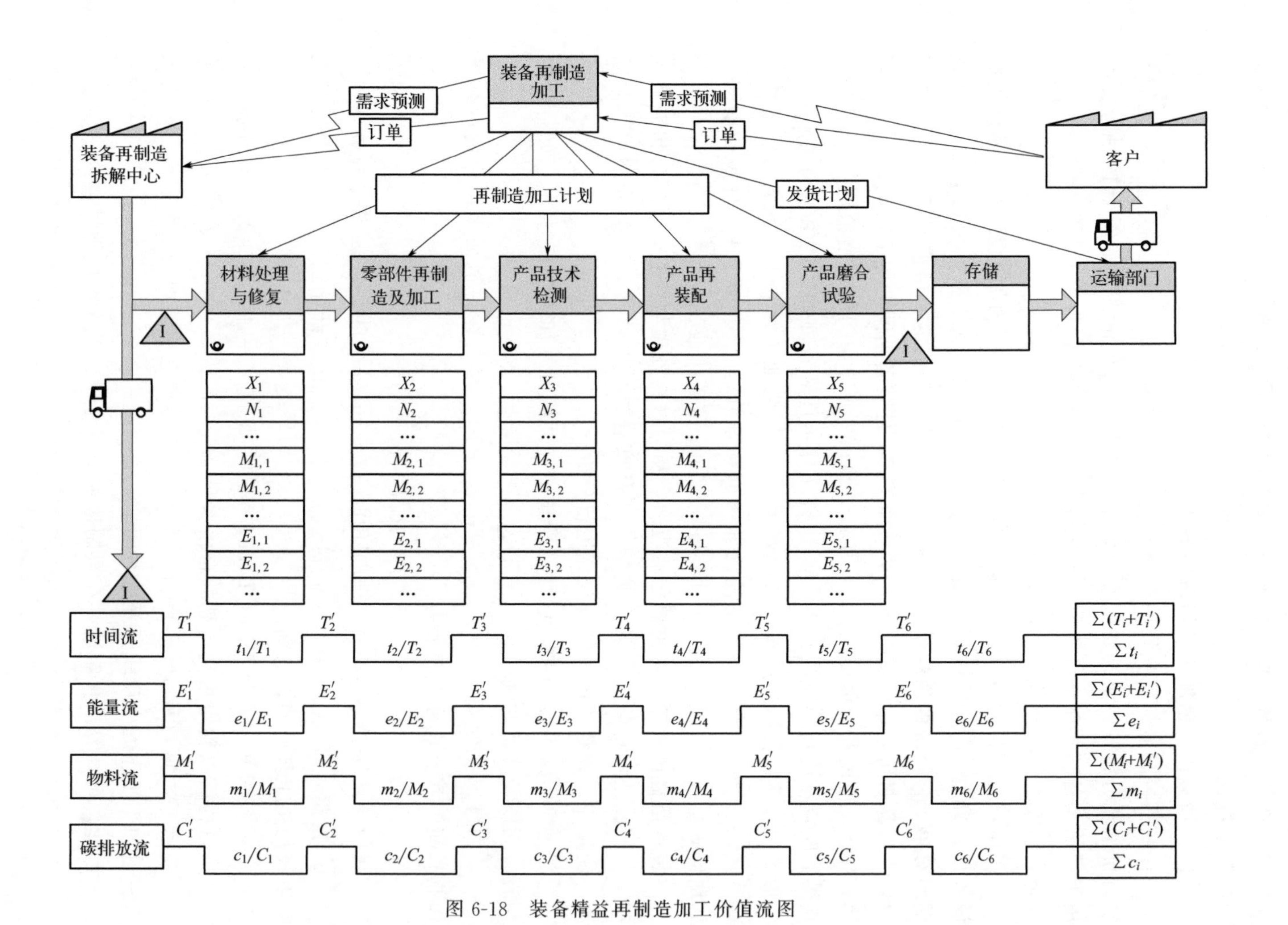

图 6-18　装备精益再制造加工价值流图

式中，$PT_{i,j}$ 表示第 j 种产品中的第 i 道加工工序花费的标准作业时间；OT_j 表示在加工生产线中更换第 j 种产品所消耗的时间；$YT_{i,j}$ 表示检验第 j 种产品中的第 i 道加工工序加工出的再制造品合格率所花费的时间；$W_3T_{i,j}$ 表示第 j 种产品中的第 i 道加工工序结束后，等待第 $i+1$ 道工序开始的时间。

② 能量流。装备再制造加工过程中的能量流主要包括增值能耗和非增值能耗，根据装备再制造拆解价值流图可以知道装备在拆解过程中总的能量流：

$$P_E=\sum_{i=1}^{n}(E_i+E'_i+e_i) \tag{6-16}$$

③ 物料流。装备再制造加工过程中的物料流主要指的是装备在加工过程中对相应物料的消耗量：

$$P_M=\sum_{i=1}^{n}(M_i+M'_i+m_i)=\sum_{i}^{n}\sum_{j}^{m}M_{i,j} \tag{6-17}$$

④ 碳排放流。装备再制造加工系统中的碳排放流，主要包括物料碳、能源碳以及再制造加工过程所产生的直接碳排放。因此加工过程产生的碳排放主要是由于原材料以及加工设备、运输设备、存储设备能源等的消耗所产生的碳排放。加工设备能耗包括空载能耗 PE_{idle} 和载荷能耗 PE_{load} 两部分。在加工流程中，需要运输原材料、零部件等，物料移动的碳排放只考虑了产品的运输，运输碳排放主要受运输距离的影响。存储过程造成的碳排放主要是由照明等引起的电能消耗。

结合装备再制造加工价值流图，碳排放量的计算公式为：

$$\begin{cases}PC_{total,i}=C_i+C'_i+c_i\\PC_{total}=\sum_{i=1}^{n}(C_i+C'_i+c_i)=\sum_{i=1}^{n}(PC_{v,i}+PC_{nv,i})\end{cases} \tag{6-18}$$

式中，$PC_{total,i}$ 为加工第 i 件产品的总碳排放量；$PC_{v,i}$ 为加工单件产品 i 的增值碳排放量；$PC_{nv,i}$ 为加工单件产品 i 的非增值碳排放量。其中：

$$\begin{aligned}PC_{v,i}&=\sum_{i=1}^{N}PC_i^{v}=\sum_{i=1}^{N}(PC_i^{m}+PC_i^{E})\\&=\sum_{i=1}^{P}\sum_{j=1}^{N}(PQ_{i,j}^{m}\times PEF_{i,j}^{m}\times PM_{i,j})\\&\quad+\sum_{i=1}^{P}\sum_{l=1}^{S}(PE_{i,l}^{idle}+PP_{i,l}\times Pt_{i,l}^{v})\times PEF^{elec}\end{aligned} \tag{6-19}$$

式中，PC_i^{v} 为单件产品第 i 个加工过程的增值碳排放量；PC_i^{m} 为单件产品第 i 个加工过程的原材料增值碳排放量；PC_i^{E} 为单件产品第 i 个加工过程的设备能耗产生的增值碳排放量；$PQ_{i,j}^{m}$ 为单件产品第 i 个加工过程消耗的第 j 种原材料的质量；$PEF^{\mathrm{m}}_{i,j}$ 为单件产品第 i 个加工过程消耗的第 j 种原材料的碳排放系数；$PM_{i,j}$ 为单件产品第 i 个加工过程消耗的第 j 种原材料的材料利用率；$PE^{\mathrm{idle}}_{i,l}$ 为第 i 个加工过程使用的第 l 种设备的空载能耗；$PP_{i,l}$ 为单件产品第 i 个加工过程使用的第 l 种设备的额定功率；$Pt^{\mathrm{v}}_{i,l}$ 为单件产品第 i 个加工过程使用的第 l 种设备的有效工作时间（增值时间）；PEF^{elec} 为电能的排放系数。

$$
\begin{aligned}
PC_{\mathrm{nv},i} &= \sum_{i=1}^{N} PC_i^{\mathrm{nv}} = \sum_{i=1}^{N}(PC_i^{\mathrm{nm}} + PC_i^{\mathrm{nE}}) + \sum_{w=1}^{R} PC_w^{\mathrm{T}} + PC^{\mathrm{I}} \\
&= \sum_{i=1}^{P}\sum_{j=1}^{N}[PQ^{\mathrm{m}}_{i,j} \times PEF^{\mathrm{m}}_{i,j} \times (1 - PM_{i,j})] \\
&\quad + \sum_{i=1}^{P}\sum_{l=1}^{S}(PE^{\mathrm{idle}}_{i,l} + PP_{i,l} \times Pt^{\mathrm{nv}}_{i,l}) \times PEF^{\mathrm{elec}} \\
&\quad + \sum_{w=1}^{R} PE_w^{\mathrm{T}} \times PEF^{\mathrm{elec}} + PE^{\mathrm{I}} \times PEF^{\mathrm{elec}}
\end{aligned} \tag{6-20}
$$

式中，PC_i^{nv} 为单件产品第 i 个加工过程的非增值碳排放量；PC_i^{nm} 为单件产品第 i 个加工过程的原材料非增值碳排放量；PC_i^{nE} 为单件产品第 i 个加工过程的设备能耗产生的非增值碳排放量；PC_w^{T} 为单件产品第 w 段运输距离的碳排放量；PC^{I} 为单件产品在存储过程产生的碳排放量；$Pt^{\mathrm{nv}}_{i,l}$ 为单件产品第 i 个加工过程使用的第 l 种设备的无效工作时间（非增值时间）；PE_w^{T} 为第 w 段运输距离单件产品能耗；PE^{I} 为单件产品存储过程能耗。

(2) 精益再制造准时化加工

在基于价值流的再制造加工规划中运用准时化的思想，站在系统的角度，打破部门之间的壁垒和“利益”，从全局的角度进行资源优化，降低浪费，提高效率，进而达到精益生产目标。为实现这一目标，必须要实现以下三个子目标，目标体系如图 6-19 所示。

① 数量目标。要在规定的时间加工出规定数量品种的再制品，这些产品的

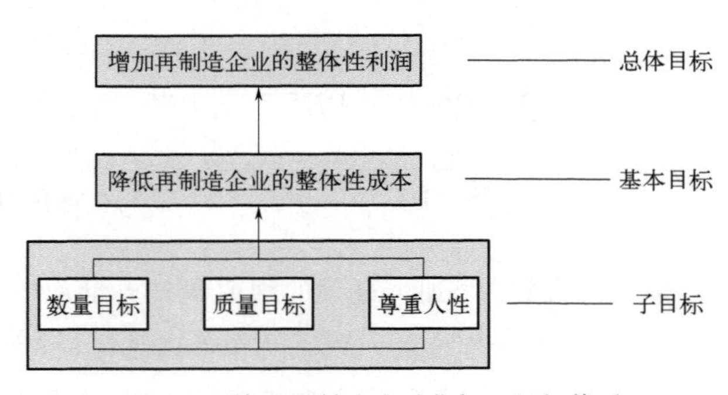

图 6-19 精益再制造准时化加工目标体系

数量及品种符合市场需要，同时要对市场的需求变化及时反映，不少量加工也不过量加工。

② 质量目标。每个工序点按照下一工序点的质量需求，提供质量合格的再制品。

③ 尊重人性。人是一切社会活动的参与者，充分调动人的积极性、主观能动性是提高效率的一个有效途径，如何调动人的积极性？关键要素之一就是充分尊重人、理解人。

(3）精益再制造加工模式

根据废旧产品回收中心与再制造生产商的距离等因素的不同，通常将再制造加工形式分为两种：废旧产品回收中心直接排序提供待回收产品和委托第三方排序提供待回收产品。

① 废旧产品回收中心直接排序提供待回收产品。

直接排序提供待回收产品方式主要针对距离较近的情况。所谓的近距离，是指在规定的时间范围内，废旧产品回收中心能够根据具体的要求，进行正常的生产、排序和供货，如图 6-20 所示。

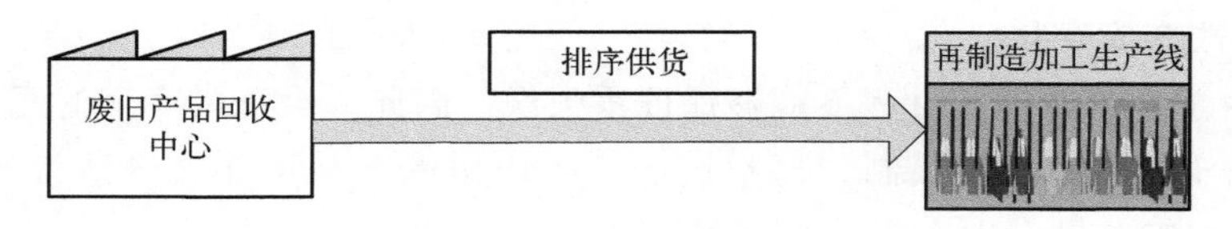

图 6-20　直接排序供货图

在这种供货方式下，废旧产品回收中心能够得到及时准确的信息。因此，废旧产品回收中心能够根据自身的具体状况安排回收流程。这样的供货方式更符合废旧产品回收中心实际的回收条件，能够顺利、准确地安排再制造加工周期。废旧产品回收中心采用此供货方式，即可实现与再制造加工生产厂商保持供需平衡。这样能够减少因库存而造成的资源和资金的浪费。同时，也能很好地规避提前加工生产所带来的风险和浪费。

若废旧产品回收中心有着较高的回收技术和管理水平，可以考虑在此基础上利用准时化的回收方式。但是此回收方式对废旧产品回收中心的回收敏捷性及柔性预处理能力要求较高，因此，只有少数回收企业能够适应此回收方式。若废旧产品回收中心能够将提前准备好的待加工产品放在成品库中，即回收中心能够利用成品库存来缓冲供需之间的冲突，在得到具体的需求顺序信息后，再依次进行配送，这样能够减少很大的再回收和管理压力，但此方式会产生一定的库存浪费。

② 委托第三方排序提供待回收产品。

采用委托第三方排序方式主要是针对距离相对较远，或供需关系非常复杂的情况。与此同时，还要求各供应商采取准时供应的方式。具体操作如下：设置一个第三方中转仓库，存放各回收中心批量运送来的待加工产品，中转仓库还承担着排序的重任。因此，可以按照每类待加工产品对应不同回收中心的数目将此供货方式细化为混排或单独准时化排序供货两种方式。

在准时化的再制造加工要求下，中转仓库方式能够保证将存储的待加工产品按照要求配送到指定再制造加工生产厂。单独准时化排序的供货过程如图 6-21 所示，混排准时化排序供货则首先要将不同回收中心运送来的同类货物进行汇总，通常将汇总的容器作为工位器具，在此基础上进行统一送货。

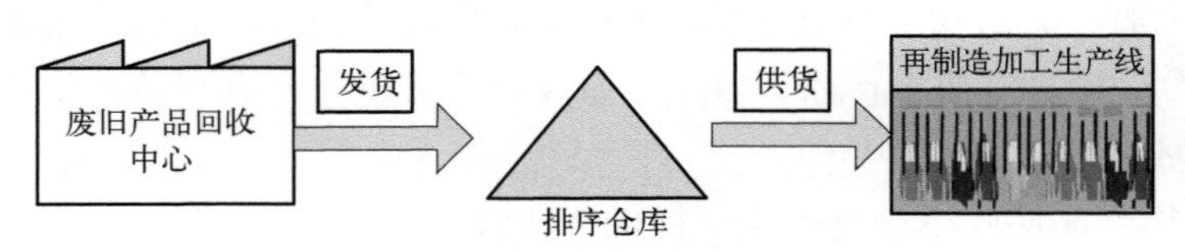

图 6-21　单独准时化排序供货图

混排准时化排序供货方式如图 6-22 所示，其风险简述如下：

a. 不同的再制造生产商会有不同的需求，一些特殊的需求会造成订单的变化，从而改变库存量。

b. 由于再制造加工过程不能够保证零失误，因此，会造成库存的冗余增加。

c. 由于技术水平的限制，再制造加工生产出的产品可能会导致订单发生变化，从而使库存量发生变化。

d. 企业的再制造加工是一个动态的过程，在形成库存的过程中可能会出现技术更新和改进，因此会产生新增可回收件，造成浪费。

e. IT 系统能区分废旧产品回收中心的差别，自动分发数据，相互独立。

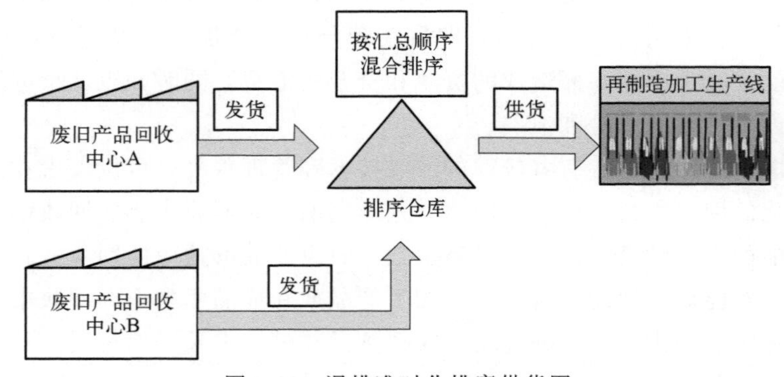

图 6-22　混排准时化排序供货图

(4) 均衡化精益再制造生产加工过程规划

在精益再制造的加工过程中，除了再制造准时化加工规划外，均衡化加工规划对于改善再制造生产加工整个价值流也起到重要的作用。均衡化生产加工规划不仅能提高废旧产品的再制造效率，优化待回收产品的配送体系，同时还能缩短再制品的加工周期。

精益再制造均衡化生产在实际应用中可以从两个方面理解：一是从广义的角度理解，再制造企业从回收到再制造，再到满足市场的需求都是均衡的，因此要求能够做到及时、适量地回收需要的可再制造产品；在再制造加工生产线中各个加工任务分配合理，做到和产能相匹配；再制造的产成品能够和市场合拍，满足客户对质量、交货期等的要求。二是从狭义的角度理解，通过混合再制造加工来生产多种产品，使每条再制造加工生产线负荷均衡，每条再制造加工生产线的每个加工工序负荷均衡，通过这种加工方式保证再制造加工生产计划被“均衡”地完成，不会产生加班或早退的现象，也能实现快速响应顾客多样化需求，提高再制造企业的竞争力。

精益再制造均衡化加工也称精益再制造平准化加工，各种再制品的加工生产节拍与对应产品的平均二次销售节拍一致。均衡化加工是使待回收产品稳定地平均流动，避免在加工过程中产生不均衡的状态。均衡化加工是实现准时化的前提条件，是实现看板管理的基础，均衡化是一种理想状态，必须采取混流再制造加工、缩短作业转换时间、一个流加工、准时提货、全面品质管理等管理手段和方法来实现。均衡化加工包括总量均衡和品种均衡两方面内容。

① 总量均衡。

总量均衡就是将一个单位期间内的总订单量平均化，将连续两个单位期间的总加工量的波动控制到最低程度。对于批量再制造加工生产的某种产品，要按照预测需求制定以月为单位的再制造加工生产总数，按这个月的劳动天数进行平均，就可以得出每天的再制造加工数量。

对于再制造加工的某产品，按照需求预测以月为单位的加工总量，按该月的实际工作日进行平均，就可以计算出每天需要定量加工的平均数量，即：每天加工量＝月加工量/实际工作日。

实行总量均衡化加工有诸多好处，最明显的就是可以最大限度地减少浪费和库存。市场总是存在着不确定性，如果按照传统的再制造加工方式，一方面把产成品尽可能提前加工好，不但要把所有的待加工产品准备好，而且由于再制造加工生产出来的成品交货期不到，还会占用一定的空间库存，不仅占用了企业资金，还额外付出了存储费用；另一方面如果市场出现变故，如市场波动、经济危机、销售行情突变等，不仅会使再制造的产成品积压，还可能会影响企业的正常运作。而采用总量均衡化再制造加工后，就可以避免这样的问题出现，在减少占用资金和存储费用的同时，还能对市场的波动做出及时的响应，在保证再制品供应的同时将损失降到最低。采用这种再制造加工生产方式也有其缺点，就是当市场的需求突然变得旺盛时，企业来不及加工生产，为了应对这种情况，可以采取的措施包括：一是企业要有一定数量的骨干员工，这样可以保证在再制造生产紧张时其能够起到带头作用，通过一定的加班、轮班、调休等方式临时增加生产；二是可以招募临时工应急，对这些临时工进行短期培训后完全可以将他们安排在简单的工序上，在骨干员工的带领下进行再制造生产；三是可以制订一些激励措施，如特殊时期的奖励等，这样可以激励员工和公司一起努力，共同获益。

② 品种均衡。

品种均衡是指在再制造生产线上混合生产各种产品的比例要和市场上再利用完成的各种产品的比例相同，也就是说再制造要按照市场的再利用情况来定，如果再制品 A 和再制品 B 在市场上的销售量比例为 1∶3，那么在混合再制造时产品 A 和产品 B 的比例也应该是 1∶3，这样既可以保证市场的需要，又可以最大限度地减少库存，节省费用。

在废旧装备的精益再制造中，均衡生产的实施主要分为两个阶段：第一阶段是适应每个月的需求变化，即每月适应；第二个阶段是适应每天的需求变化，即每日适应。图 6-23 为精益再制造实施均衡生产的两个阶段。

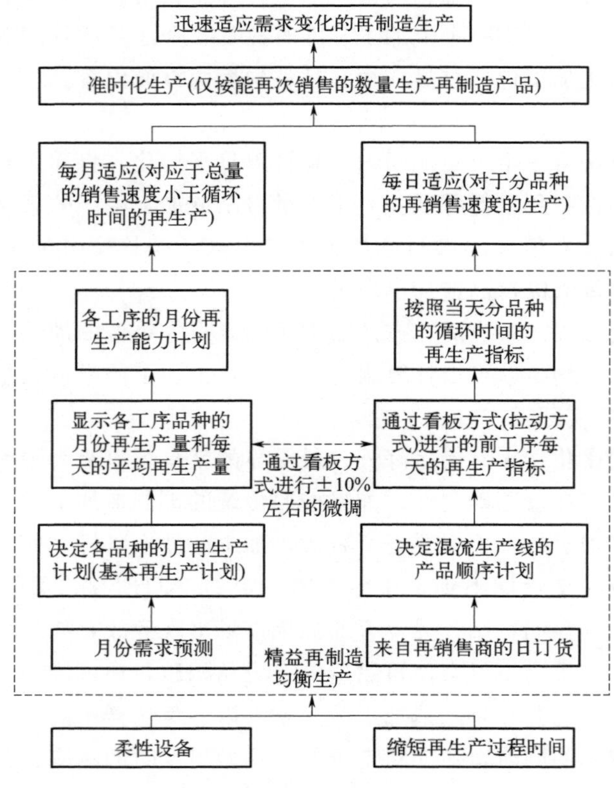

图 6-23　精益再制造均衡生产的实施阶段

a. 每月适应。按照每个月的需求预测制订月度再制造计划，即按照总量均衡的目标，制订再制造加工计划，确定并指示该厂各工序每天的平均再制造加工量。

b. 每日适应。因为每天的再制造指示是由顺序计划和看板来实行的，所以使得每日适应成为可能。而最终再制造线上的投入顺序计划则是进行看板管理的出发点，这个投入顺序计划以品种均衡为目标，根据它可以均衡地从废旧零部件处理回收点回收各种废旧零部件。

精益再制造均衡化加工绝不会一次大量再制造加工出任何产品，其更换产品的频率很高，但是经过第一次调整再制造不同种类产品的生产设备或作业工具后，在第二次调整时，不仅可以减少更换所需的准备时间，而且由于已经熟悉再生产流程，就不会浪费时间，等到完全熟悉工作流程之后，即使再制造对象不一样，准备时间也可以达到完全相同。

6. 3. 4　精益再制造车间运行规划关键技术

6. 3. 4. 1　精益再制造车间概念

精益再制造车间是应用精益生产理念和方法进行废旧产品再制造的工作场所。它是再制造过程中的核心环节，涵盖了废旧产品的接收与评估、拆卸与清洗、修复与组装、测试与质量控制等一系列再制造工作。

精益再制造车间通常包括以下重要区域：

① 废旧产品接收与评估区。这是再制造车间的入口区域，用于接收回收来的废旧产品。在这个区域，工作人员会对废旧产品进行分类、分拣和初步评估。根据产品的状况和再制造潜力，确定其进入后续流程的优先级和处理方式。

② 拆卸与清洗区。在这个区域，废旧产品会被拆卸和分解，将其分解为组成部件或原材料，准备用于后续的再制造流程。此外，对拆卸下来的部件和材料进行清洗，去除附着物和污染物，为后续的修复和组装工作提供干净的材料。

③ 修复与组装区。在这个区域，废旧产品的部件会被修复、更换或重新加工，使其恢复到可再使用的状态。修复工作可能涉及机械加工、电子修复、焊接、涂装等工艺。修复完成后，部件会被重新组装成再制造装备的形态。这个区域通常设有组装台、工作台和所需的工具和设备。

④ 测试与质量控制区。经过修复和组装的再制造装备会在这个区域进行功能测试和质量控制。测试过程可能包括性能测试、可靠性测试、电气测试等，以确保再制造装备符合标准和要求。同时，进行严格的质量控制，包括产品检验、工艺监控和质量记录，确保再制造装备的质量稳定可靠。

⑤ 资源准备与管理区。这个区域用于管理再制造所需的物料和工具。它包

括物料仓库、工具库、配件库等，确保所需资源及时、有效地供应。

⑥ 数据分析和改进区。再制造车间也需要有一个区域用于数据分析和持续改进。在该区域收集并分析再制造过程中的数据以及产品性能和质量的数据。这些数据有助于发现问题和改进问题，进一步优化再制造流程和提高再制造效率。

⑦ 培训与交流区。在这个区域，主要进行员工培训、交流和问题讨论。培训包括专业技能培训、质量标准培训等，以提高员工的能力和知识水平。

相比一般的再制造车间，精益再制造车间更加注重高效和精益的运作方式，以提高再制造效率、减少浪费和降低成本。精益再制造车间通过优化流程、强调用人方式、精细管理库存、注重质量控制和推动持续改进，实现高效、经济和质量卓越的再制造过程。这些特点使它与传统的再制造车间有一定的区别，有助于提高再制造业务的竞争力和可持续性。

6.3.4.2 精益再制造车间运行规划

精益再制造车间运行规划是指在精益再制造环境下，对车间运营进行系统性的规划和管理的过程，其首要任务是对车间内的生产流程进行分析和优化，通过细致的价值流分析，识别并消除各种类型的浪费，如物料等待、过度生产和不必要的运输等，通过精确的流程规划，将生产流程最小化，减少生产周期和物料库存。

针对精益再制造车间的运行规划问题：首先，需要对再制造车间布局进行规划，通过设计合理的车间布局，使得物料、设备和人员的流动最优化，采用紧凑的车间布局，可以减少运输距离和时间，提高生产效率，确保工作站之间协同合作和信息交流顺畅；其次，需要制定和实施标准化的作业程序和工艺，以确保在车间内执行的工作具有一致性和可重复性，从而减少变动性和错误的发生，提高生产质量和效率；然后，建立高效的物料管理系统，包括物料采购、收货、存储、发放和追溯，采用拉动式生产，根据实际需求进行物料供应，避免过度库存和浪费，以优化物料流动路径，减少等待时间和运输时间；再然后，建立全面的设备维护计划，包括定期保养、预防性维护和故障修复，以确保设备的可靠性和稳定性，减少停机时间和生产中断，同时可以采用全员生产维护（Total Productive Maintenance，TPM）方法，以培养员工参与设备维护的意识和能力；最后，建立质量控制和质量保证体系，包括质量检查、测试和纠正措施，制定质量标准和指标，监测和评估产品质量，持续改进质量管理过程，确保产品符合质量要求。

精益再制造车间运行规划面向生产任务配置过程，跨越了车间层、工艺单元层和设备层三个子系统。其中，车间层子系统包括车间库存区系统与加工区系统，执行任务批量划分；工艺单元层子系统包括工段班组库存区系统与加工区系统，负责设备指派，即指定设备并分配任务；设备层子系统包括储备库存区系统与加工区系统，实施零件派遣，即安排作业顺序。由于精益再制造车间的各层级任务配置需求与目标各不相同，再制造车间任务规划可以概括为以下三个子问题。

（1）车间层批量划分问题

批量划分是再制造企业对再制造装备的市场需求、车间的加工技术和加工能力等约束进行系统评估后，做出车间任务统筹安排。在生产周期内，以启动成本、持有成本和逾期成本等为目标，合理规划每个时间段投产再制造零部件的类型和数量，形成各时段的待加工批量任务集。

（2）工艺单元层任务分配问题

工艺单元可根据加工任务或实际生产要求的变化快速调整，适用于多品种、小批量再制造柔性生产。工艺单元层任务分配问题，要求基于批量任务集，以生产效益（加工效率、加工成本等）为目标，合理分配加工任务到每个工艺单元，同时从工艺单元中选择最优的加工设备，即为各工艺单元内部各加工设备分配最优的加工任务。

（3）设备层作业任务排序问题

作业任务排序以各设备接收到的生产效益最优的加工批量任务为对象，通过对各设备加工任务中不同零部件划分子批量，并调整子批量的加工顺序，使车间生产任务的完工时间最优。

实质上，精益再制造车间是一个多扰动事件的离散制造车间，各类扰动如突发订单、交货期变动、物料供给延迟、加工提前或延期、设备故障或维护等随机产生，随着再制造规模化发展速度的加快，扰动环境下的精益再制造车间任务规划需求也显著增长，已成为目前学术界和工业界共同关注的重点研究课题。

6.3.4.3　精益再制造车间调度优化

精益再制造车间调度优化是在精益再制造环境下，通过优化车间调度过程和资源利用方式，以最大化价值流动、减少浪费和提高生产效率为目标的一系列方法和策略。通过精益再制造车间调度优化，企业可以提高生产效率、降低成本、减少浪费、提升产品质量和客户满意度，实现持续改进和持续竞争优势。

现有的精益再制造车间调度优化方法分为精确求解方法以及近似求解方法两类。其中，精确求解方法指采用运筹学方法对车间调度问题进行求解，主要包括整数规划法、分支定界法等。从理论上来讲，该方法可以求得最优解，但存在计算复杂、运算量大等缺点，实际应用时存在局限性。近似求解方法包括构造性方法、系统仿真法、人工智能方法以及智能优化算法等。

① 构造性方法主要包括优先分配规则法。优先分配规则法包括优先选择最

短加工时间的操作、优先选择最早交货期的操作等，具有易于实现的特点，但容易陷入局部最优。

② 系统仿真法通过收集相应数据以及分析生产系统的性能，利用知识和经验调整调度规则以完成求解。该方法可以获取有效的调度方案，但它具有试验的特点，仿真准确性受到限制。

③ 人工智能方法主要包含神经网络技术。神经网络技术可以利用并行计算求解优化调度，也可以利用学习能力正确选择合适的调度策略和评价指标。该方法根据样本数据实现自我训练，合理调整内部的参数以适应问题环境，从而对问题进行求解。

④ 智能优化算法是模拟生物体进化的一种全局搜索算法，适用于解决复杂、大规模、动态的优化问题。目前，智能优化算法已广泛应用于作业车间调度问题的求解，并表现出良好的求解性能，如遗传算法、蚁群算法、人工蜂群算法等。智能优化算法具有效率高、全局优化能力强、通用性强等优势，在精益再制造车间调度研究中已有很多应用，并在实际生产中取得了良好的效果。

精益再制造车间因受再制造系统中废旧件回收数量、拆卸数量和库存数量等因素的影响，加工的零部件不仅包含新品零部件，还有再修复件和再利用件，其质量不确定性导致工位加工时间、加工成本和交货期范围波动很大。例如，在特定的加工工序中，新品零部件只需通过设定机器设备参数（如扭矩、压力等）来完成操作，再修复件或再利用件还需进行附加的工艺调整（如增加调整垫片达到所需公差配合）。

(1) 精益再制造车间问题描述

衡量精益再制造车间生产调度优化效果最常用的两个指标是成本和时间。同时，考虑成本和时间因素的精益再制造加工车间调度问题可描述为：有 n 个再制造件需要经过 k 道工序在 m 台机器上完成加工。每个再制造件由于失效程度的不同，导致在相同的工序中工件所需的设备也不相同，再制造件的加工时间和成本是由机器性能决定的。在满足工序顺序约束、机器约束和交货期约束等前提下以预定置信水平下最小化加工时间和成本为调度目标。

建立模型满足如下假设：①每个再制造件在某一时刻只能在一台机器上加工，工序开始后不能中断；②不同再制造件之间具有相同的优先级；③所有再制造件在零时刻均可以被加工；④再制造件在机器之间的转运时间忽略不计，且再制造加工准备时间包含在加工时间之内。

精益再制造加工车间调度问题变量可以描述如下：$J=\{J_1,J_2,\cdots,J_n\}$表示 n 个再制造件的集；$M=\{M_1,M_2,\cdots,M_m\}$表示 m 台机器的集；$\widetilde{C}_i$ 表示工件 J_i 的加工总成本；$\widetilde{E}_{\max}$ 表示 n 个再制造件的最大完工周期；$\widetilde{E}_i$、$\widetilde{D}_i$ 和 $\widetilde{A}_i$ 分别表

示工件 J_i 的总加工时间、交货期和客户满意度。

(2) 精益再制造车间调度模型建立

与传统制造不同，受废旧件回收质量状况的影响，再制造生产系统中不仅包含传统的机械加工操作，还包含针对废旧产品不同质量状况的特种修复技术，这造成了再制造系统中加工时间、成本和交货期的不确定性，使企业决策者经常面临时间指标和成本指标的目标冲突，因此，希望寻求在一定可能性下使各个决策目标相对达到最优。

根据再制造生产系统的特点，建立精益再制造车间调度模型。首先进行模糊机会约束规划，模糊机会约束规划是一类模糊规划，其显著特点是模糊约束条件至少以一定的置信水平成立，允许所做决策在一定程度上不满足约束条件，只要求该决策使约束条件成立的可信性不小于决策者预先给定的置信水平，它为不确定性决策问题提供了解决思路。如果决策者同时面临多个决策目标，模糊机会约束规划模型通常表示为：

$$\min[\widetilde{f}_1,\widetilde{f}_2,\cdots,\widetilde{f}_m]$$

$$\text{s. t. } C_r\{f_i(\boldsymbol{x},\boldsymbol{\xi})\leqslant\widetilde{f}_i\}\geqslant\beta_i, i=1,2,\cdots,m \tag{6-21}$$

$$C_r\{g_j(\boldsymbol{x},\boldsymbol{\xi})\leqslant 0\}\geqslant\alpha_j, j=1,2,\cdots,p \tag{6-22}$$

式中，$\boldsymbol{x}$ 为决策向量；$\boldsymbol{\xi}$ 为模糊向量；$f_i(\boldsymbol{x},\boldsymbol{\xi})$ 为目标函数；$g_j(\boldsymbol{x},\boldsymbol{\xi})$ 为约束函数；$C_r\{\ \}$ 为事件的可信性测度；α_j 和 β_i 为决策者预先给定的置信水平。

精益再制造过程中，成本是衡量生产调度的一个重要指标。以一定置信概率 β_1 下加工再制造件总成本之和最小为成本目标，用模糊机会约束描述为：

$$\min\overline{C}$$

$$\text{s. t. } C_r\left\{\sum_{i=1}^{n}\widetilde{C}_i(\boldsymbol{x},\boldsymbol{\xi})\leqslant\overline{C}\right\}\geqslant\beta_1 \tag{6-23}$$

式中，$\min\overline{C}$ 为目标函数 $\sum_{i=1}^{n}\widetilde{C}_i(\boldsymbol{x},\boldsymbol{\xi})$ 在置信概率 β_1 下的悲观目标值。

再制造加工时间是衡量生产调度的另一个重要指标。以一定置信概率 β_2 下加工再制造件最大完工周期最小为时间目标，用模糊机会约束描述为：

$$\min\overline{T}$$

$$\text{s. t. } C_r\{\widetilde{E}_{\max}(\boldsymbol{x},\boldsymbol{\xi})\leqslant\overline{T}\}\geqslant\beta_2 \tag{6-24}$$

式中，$\min\overline{T}$ 为目标函数 $\widetilde{E}_{\max}(\boldsymbol{x},\boldsymbol{\xi})$ 在置信概率 β_2 下的悲观目标值。

在精益再制造过程中，碳排放是衡量精益再制造好坏的评价指标。以一定置信概率 β_3 下加工再制造件总的碳排放量最小为碳排放目标，用模糊机会约束描述为：

$$\min\overline{C}_E$$

$$\text{s. t. } C_r\left\{\sum_{e=1}^{n}\widetilde{C}_e(\boldsymbol{x},\boldsymbol{\psi})\leqslant\overline{C}_E\right\}\geqslant\beta_3 \tag{6-25}$$

式中，$\min\overline{C}_E$ 为目标函数 $\sum_{e=1}^{n}\widetilde{C}_e(\boldsymbol{x},\ \boldsymbol{\psi})$ 在置信概率 β_3 下的悲观目标值；$\boldsymbol{\psi}$ 为模糊随机矢量。

在加工时间和交货期均为模糊变量的再制造车间中，交货期满意度约束可以描述为在一定置信水平 α 下各工件的平均满意度大于车间定义的阈值。用模糊机会约束描述为：

$$C_r\{\overline{A}-\widetilde{A}_i(\boldsymbol{x},\boldsymbol{\xi})\leqslant 0\}\geqslant\alpha, i=1,2,\cdots,p \tag{6-26}$$

$$\widetilde{A}_i(\boldsymbol{x},\boldsymbol{\xi})=\begin{cases}0, & x\leqslant d_i^{\mathrm{c}}, x\geqslant d_i^{\mathrm{d}}\\ \dfrac{x-d_i^{\mathrm{c}}}{d_i^{\mathrm{a}}-d_i^{\mathrm{c}}}, & d_i^{\mathrm{c}}<x\leqslant d_i^{\mathrm{a}}\\ \dfrac{d_i^{\mathrm{d}}-x}{d_i^{\mathrm{d}}-d_i^{\mathrm{b}}}, & d_i^{\mathrm{b}}<x\leqslant d_i^{\mathrm{d}}\\ 1, & d_i^{\mathrm{a}}<x\leqslant d_i^{\mathrm{b}}\end{cases} \tag{6-27}$$

其中，交货期用梯形模糊数 $\widetilde{D}_i(d_i^{\mathrm{c}},d_i^{\mathrm{a}},d_i^{\mathrm{b}},d_i^{\mathrm{d}})$ 来表示，如果工件在模糊时间区间 $(d_i^{\mathrm{a}},d_i^{\mathrm{b}})$ 内配送，则客户满意度 $A_i(\boldsymbol{x},\boldsymbol{\xi})$ 为 1，否则按此函数关系式变化。

综上所述，以成本、时间以及碳排放量为模糊变量的模糊机会约束规划模型可表示为：

$$\min\{\overline{C},\overline{T},\overline{C}_E\}$$

$$\text{s. t. } C_r\left\{\sum_{i=1}^{n}\widetilde{C}_i(\boldsymbol{x},\boldsymbol{\xi})\leqslant\overline{C}\right\}\geqslant\beta_1 \tag{6-28}$$

$$C_r\{\widetilde{E}_{\max}(\boldsymbol{x},\boldsymbol{\xi})\leqslant\overline{T}\}\geqslant\beta_2 \tag{6-29}$$

$$\text{s. t. } C_r\left\{\sum_{e=1}^{n}\widetilde{C}_e(\boldsymbol{x},\boldsymbol{\psi})\leqslant\overline{C}_E\right\}\geqslant\beta_3 \tag{6-30}$$

$$C_r\{\overline{A}-\widetilde{A}_i(\boldsymbol{x},\boldsymbol{\xi})\leqslant 0\}\geqslant\alpha, i=1,2,\cdots,p \tag{6-31}$$

(3) 精益再制造车间调度优化模型求解

求解模糊机会约束规划主要有两种方法：

① 转化为确定性的等价规划。这种方法要求目标函数和约束条件的参数符合某种特征分布。由于再制造车间的不确定性，导致相关参数呈现模糊性特性，无法转化为清晰等价形式。

② 逼近法。通过模拟仿真生成大量样本数据集来逼近机会约束函数，结合

智能算法来优化求解模型。

第②种方法更符合再制造生产实际。

在精益再制造车间调度模型基础上设计一种将模糊模拟技术、神经网络和遗传算法相结合的混合智能算法，用来对模糊机会约束规划进行求解。在仿真平台上，运用模糊模拟技术产生大量的输入输出样本数据；利用样本数据和改进的粒子群算法训练多层前向神经网络以逼近不确定函数；将不确定函数嵌入遗传算法中，检验染色体的可行性和计算染色体的目标值，优化再制造加工车间调度问题。

结合模糊模拟技术、神经网络和遗传算法的混合智能算法的主要步骤如图 6-24 所示。

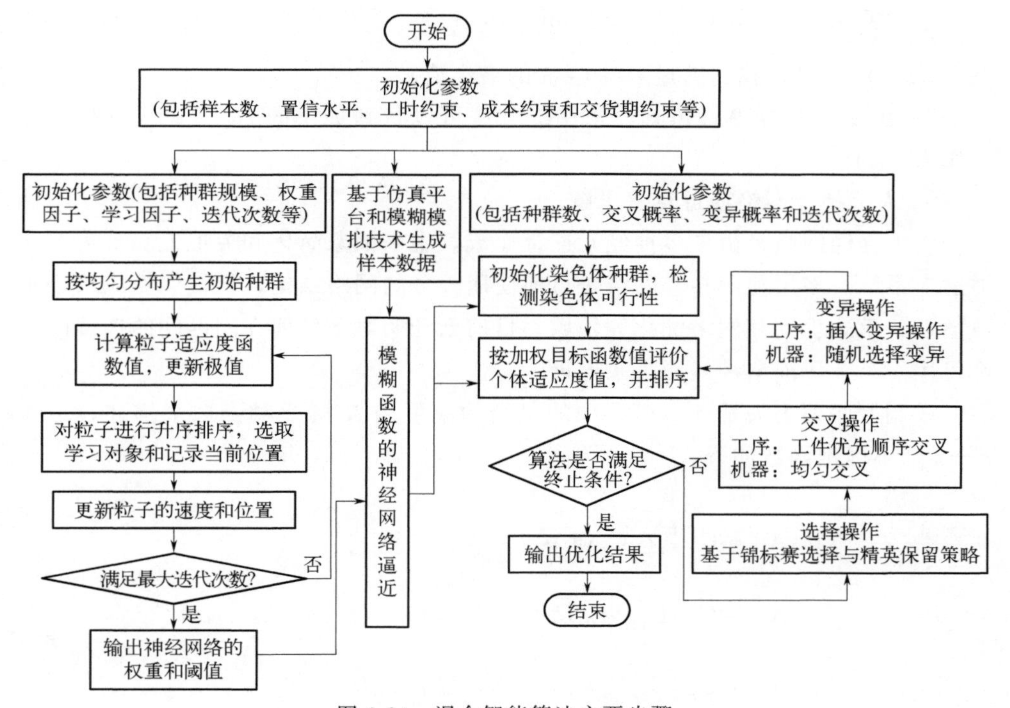

图 6-24　混合智能算法主要步骤

① 模糊模拟算法求解。

模糊模拟是对模糊系统进行抽样试验的一项技术，当模拟次数达到一定程度时，模拟值就可以无限接近精确值。下面给出需要的模糊模拟计算方法。

检验模糊模型的交货期约束条件 $L=C_r\{g(\boldsymbol{x},\boldsymbol{\xi})\leqslant 0\}\geqslant\alpha$。算法步骤如下：

a. 设 $L=C_r\ \{g\ (\boldsymbol{x},\ \boldsymbol{\xi})\ \leqslant 0\}$。

b. 分别从 θ 中均匀产生 θ_k，使得 $\mathrm{Pos}\{g(\boldsymbol{x},\boldsymbol{\xi}(\theta_k))\}\geqslant\varepsilon$，并定义 $u_k=\mathrm{Pos}$

$\{g(\boldsymbol{x},\boldsymbol{\xi}(\theta_k))\}(k=1,2,\cdots,N)$，其中 ε 是个充分小的数。

c. 计算 L，即 $L=\frac{1}{2}(\max\limits_{1\leqslant k\leqslant N}\{u_k\mid g(\boldsymbol{x},\boldsymbol{\xi}(\theta_k))\leqslant 0\}+\min\limits_{1\leqslant k\leqslant N}\{1-u_k\mid g(\boldsymbol{x},\boldsymbol{\xi}(\theta_k))>0\}$，返回 L。

d. 若 $L\geqslant\alpha$，则作为样本数据。

当采用可信性测度时，利用模糊模拟确定最小的 $\overline{f}$，使得 $C_r\{f(\boldsymbol{x},\boldsymbol{\xi})\leqslant\overline{f}\}\geqslant\beta$ 成立的算法步骤如下：

a. 设 $L(r)=C_r\{f(\boldsymbol{x},\boldsymbol{\xi})\leqslant\overline{f}\}$。

b. 分别从 θ 中均匀产生 θ_k，使得 $\mathrm{Pos}\{f(\boldsymbol{x},\boldsymbol{\xi}(\theta_k))\}\geqslant\varepsilon$，并定义 $u_k=\mathrm{Pos}\{f(\boldsymbol{x},\boldsymbol{\xi}(\theta_k))\}(k=1,2,\cdots,N)$，其中 ε 是个充分小的数。

c. 计算 $L(r)$，即 $L(r)=\frac{1}{2}(\min\limits_{1\leqslant k\leqslant N}\{u_k\mid f(\boldsymbol{x},\boldsymbol{\xi}(\theta_k))\leqslant r\}+\max\limits_{1\leqslant k\leqslant N}\{1-u_k\mid f(\boldsymbol{x},\boldsymbol{\xi}(\theta_k))>r\})$，找到满足 $L(r)\geqslant\beta$ 的最小值 r。

d. 由 $L(r)$ 的单调性可知，采用二分法可以找到最小的 r，返回 r。此 r 可以作为 $\overline{f}$ 的估计值。

② 人工神经网络逼近算法求解。

人工神经网络是由许多神经元连接而成，用来抽象简化和模拟人脑行为的一类适应系统。多层前向神经网络是目前使用较多的网络结构，已被广泛应用于函数逼近、模式识别和网络优化等领域。目前已证明对于任何在闭区间的连续函数都可用一个 3 层前向神经网络来逼近。

设调度序列为矢量 $\boldsymbol{X}$，模型中的机会约束可用 $\boldsymbol{X}$ 的模糊函数来描述，定义 $p+2$ 个不确定函数如下：

$$\begin{cases}U_1(\boldsymbol{X})=C_r\left\{\sum\limits_{i=1}^{n}\widetilde{C}_i(\boldsymbol{x},\boldsymbol{\xi})\leqslant\overline{C}\right\}\geqslant\beta_1\\U_2(\boldsymbol{X})=C_r\{\widetilde{E}_{\max}(\boldsymbol{x},\boldsymbol{\xi})\leqslant\overline{T}\}\geqslant\beta_2\\U_3(\boldsymbol{X})=C_r\left\{\sum\limits_{e=1}^{n}\widetilde{C}_e(\boldsymbol{x},\boldsymbol{\psi})\leqslant\overline{C}_E\right\}\geqslant\beta_3\\U_4(\boldsymbol{X})=C_r\{\overline{A}-\widetilde{A}_i(\boldsymbol{x},\boldsymbol{\xi})\leqslant 0\}\geqslant\alpha,\quad i=1,2,\cdots,p\end{cases}\tag{6-32}$$

用模糊模拟产生的大量样本数据训练一个 3 层前向神经网络来逼近此式中的不确定函数。该神经网络中取调度序列 $\boldsymbol{X}$ 作为输入神经元，输出层为 $p+2$ 神经元。

然而，神经网络存在收敛速度慢、容易陷入局部最优的局限性，针对这些缺点，很多研究者通过算法训练来优化神经网络。粒子群优化算法是一种模拟鸟群觅食行为的优化算法，通过群体中个体间的合作与竞争来寻找最优解。应用改进粒子群算法对神经网络进行优化，能使训练的收敛速度大大提高，同时提高神经网络的性能。

采用改进的粒子群优化算法来训练神经网络，算法流程如下：a. 初始化参数，包括种群规模、惯性权重和迭代次数等，按均匀设计方法产生初始种群；b. 计算粒子的适应度函数值，更新个体极值和种群全局极值；c. 根据个体极值的适应度函数进行排序，选取本粒子外的 n 个最优粒子作为本粒子的学习对象，记录 n 个粒子的当前位置；d. 判断最优粒子在最近 L 代内是否更新，同时更新粒子的速度和位置；e. 若满足最大迭代次数，则停止迭代，输出神经网络的最终权重和阈值，否则转到步骤 b。

③ 基于遗传算法的精益再制造车间调度优化。

利用遗传算法优化来解决精益再制造车间调度问题，编码和解码采用基于工序和机器相结合的编码方式。基于工序的编码用来表示工序加工的先后顺序。染色体的长度等于所有工件的工序总数，每个基因表示一个工件号，工件号在染色体中出现的顺序表示工件加工的顺序。基于机器的编码用来表示每道再制造工序可选择的加工机器。图 6-25 所示为一条染色体样例，表示工序顺序为（O_{21} O_{11} O_{22} O_{31} O_{12} O_{32} O_{22}），机器序列为（M_1 M_2 M_2 M_4 M_3 M_3 M_4）。

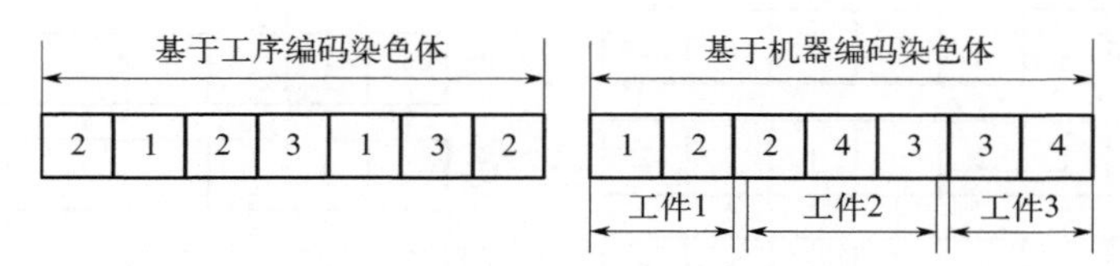

图 6-25　基于工序和机器的编码

为保证能生成主动调度，采用插入式贪婪解码算法。解码过程如下：从首道工序开始，将每道工序插入该工序可选机器上的最佳可行加工时刻，直到所有工序都安排完成为止。

a. 初始化。初始化染色体种群，设置种群大小、交叉概率、变异概率和算法迭代次数等，利用训练好的神经网络检测染色体的可行性，判断是否满足交货期机会约束。

b. 适应度的计算和评价。将训练后的神经网络嵌入到遗传算法中，根据输出数据首先判断在一定置信水平下交货期约束式(6-31) 是否满足，如不满足约束，染色体适应度为 0，淘汰该染色体，否则由式(6-30)、式(6-29) 和式(6-28) 确定最小碳排放 $C_{E\min}$、最短的最大加工周期 $E_{\min}$ 和最小成本 $C_{\min}$。由于碳排放、时间和成本的量纲不同，需要对其进行归一化处理，给出碳排放、时间和成本的权重 ω_1、ω_2 和 ω_3，定义适应度函数 $F_i=\omega_1 C_{E\min}+\omega_2 E_{\min}+\omega_3 C_{\min}$，然后计算适应度值，其值越小表示该染色体适应度越高。

c. 选择算子。选择操作是根据适应度值选择高性能的个体以更大概率遗传到下一代种群中，采用锦标赛选择与精英保留策略相结合的原则。将父代种群中1%的最优个体，不经过交叉和变异，直接复制到下一代种群中；剩下的个体通过锦标赛选择较优的个体，放到下一代种群中。

d. 交叉算子。交叉操作是遗传算法的重要操作，决定着遗传算法的全局搜索能力。基于工序的编码采用改进的基于工件优先顺序的交叉 IPXO，设父代染色体为 P_1 和 P_2，交叉后产生子代为 C_1 和 C_2。其操作过程是将工件集随机分成两个集合 J_1 和 J_2，复制 P_1 和 P_2 中包含在 J_1 和 J_2 中的工件到 C_1 和 C_2，并保留它们的位置和顺序；复制 P_1 和 P_2 中不包含在 J_1 和 J_2 中的工件到 C_2 和 C_1，并保留它们的顺序。IPXO 交叉操作如图 6-26 所示。

基于机器编码采用均匀交叉 UX，设父代染色体为 P_1 和 P_2，交叉后产生子代为 C_1 和 C_2。其操作过程是在染色体长度自然整数内，随机产生 r 个互不相等的自然数用于标识染色体的位置，复制 P_1 和 P_2 中对应位置的基因到 C_1 和 C_2 中，保持它们的位置和顺序；然后复制 P_1 和 P_2 中剩余的基因到 C_1 和 C_2 中，保持它们的位置和顺序。UX 交叉操作如图 6-27 所示。

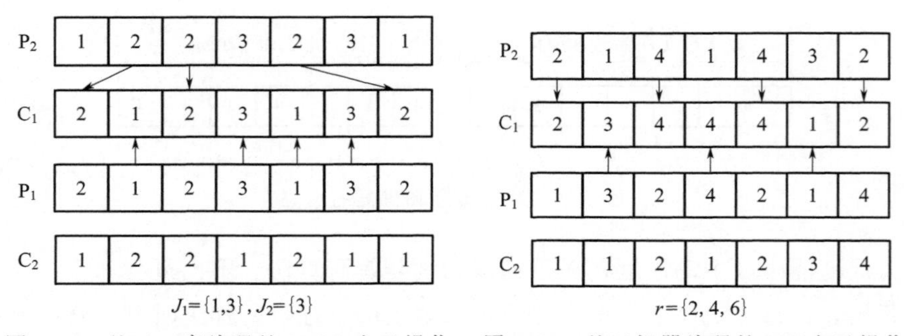

图 6-26　基于工序编码的 IPXO 交叉操作　图 6-27　基于机器编码的 UX 交叉操作

e. 变异算子。变异操作如图 6-28 所示。

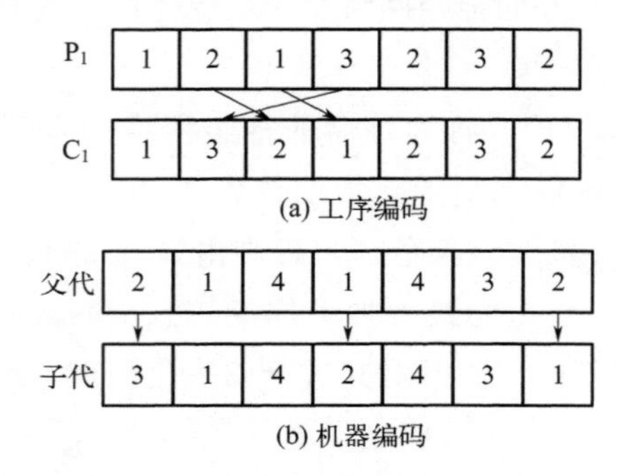

图 6-28　基于工序编码和机器编码的变异操作

通过对染色体进行较小的基因改变来生成新的染色体，增加种群的多样性。基于工序编码的变异操作采用插入变异操作，随机选取一个基因，在确保工件加工工序顺序限制的前提下，将其插入到另外一个基因前；基于机器编码的变异操作，随机选择 r 个位置，每个位置的机器选择可选机器集中负荷较低的设备。

f. 算法终止条件。满足预先设定的最大迭代次数或出现可接受解则终止。

6.4 装备精益再制造生产技术典型应用

6.4.1 基于价值流分析的某公司商用车发动机回收优化

某公司批量最大的回收产品为大型商用车发动机，该产品目前面临着日益激烈的市场竞争，加之经济下行压力，产品的利润空间不断被压缩，所以必须尽快找到更加优化的回收再制造流程。

首先绘制出产品的回收价值流程现状图，然后对该产品回收再制造过程中的各个环节进行分析，利用精益思想进行有针对性的改善和优化，以达到缩短再制造周期、降低再制造成本、提高产品质量的目的。

通过对近三年来的回收数据进行统计，发现商用车发动机回收再制造中以 A 机型为主，占据回收量的 30%，该机型也是市场需求的主力机型，所以本案例具体以该机型为分析对象。图 6-29 为 A 机型近三年的回收台数统计表，平均每个月回收 2000 台。

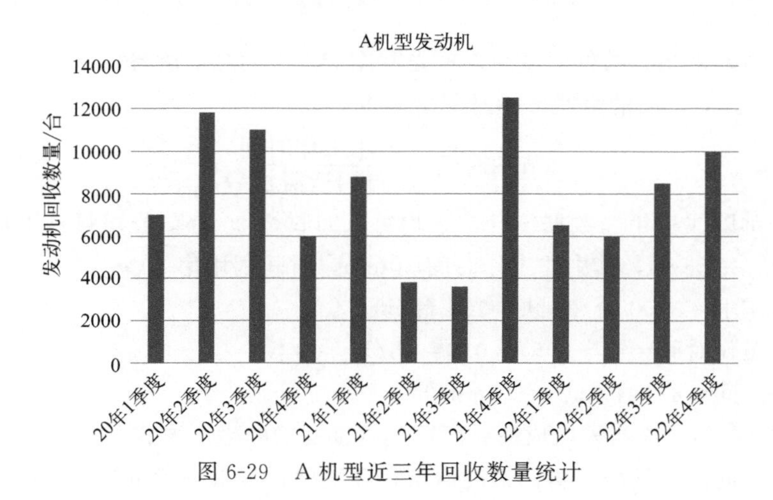

图 6-29　A 机型近三年回收数量统计

目前该机型的回收流程是由再制造计划部门根据再制造量预测及库存编制出下个月预回收的发动机数量，然后将回收计划下发到各个回收车间（公司有三个回收车间：发动机收集车间、发动机分类车间、发动机预处理车间），各车间按照计划进行回收处理。现场员工上午 8：00 上班，由班组长根据回收计划部门给的计划组织开会 15min，分配当天任务，上午 11：30 休息 60min，下午下班前 15min 进行现场 5S 清扫，下午 5：00 下班，每个月按工作 26 天计算。

目前 A 机型回收处理的顺序是：可回收性评估→分拣→可再利用性分类→装箱。结合现有工艺数据（可回收性评估 0.5 天、分拣 0.2 天、配作 0.1 天、可再利用性分类 0.3 天、装箱 0.4 天）和现场库存数据，运用价值流图的特定符号，按一天 100 台的出货量折算，可以绘制出发动机在回收阶段中的价值流现状图，如图 6-30 所示。

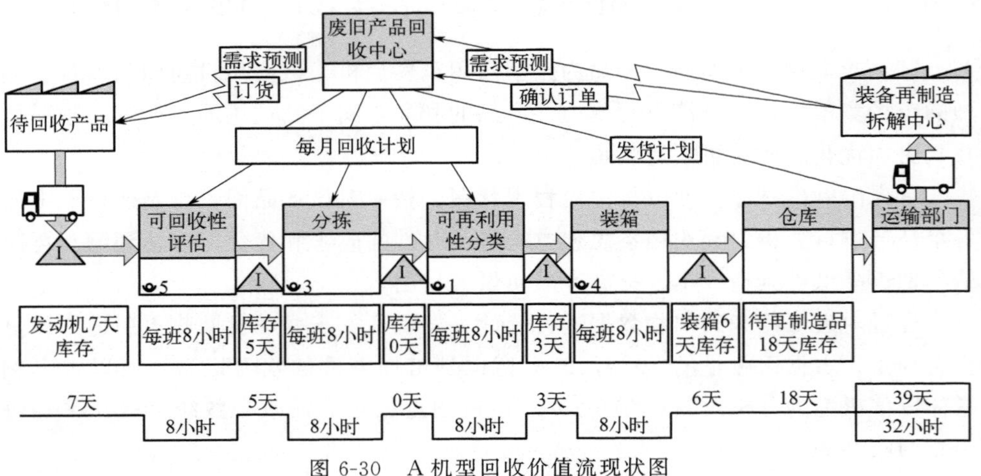

图 6-30　A 机型回收价值流现状图

要绘制未来状态的价值流图，首先需完成以下问题的解答。

问题 1：A 产品的生产节拍时间是多少？

$$节拍时间=\frac{可用工作时间}{再制造需求}$$

通过对以往三年的数据统计，平均每月回收 2700 台，公司每月工作 26 天，每天 1 班，每班 8h，其中非工作时间 30min，时间利用率 80%。

顾客需求＝2700 台/26 班＝104 台/班

可用工作时间＝(8－0.5)×0.8＝6h/班

节拍时间＝6/104×60＝3.5min/台

问题 2：公司应当采取成品仓库还是直接运输的生产方式？

每年不同的时间段，再制造的需求存在波动，且市场竞争激烈，所以在开始的时候可以选择一定库存，满足再制造的现货需求，暂时可以选定 4 天需求量，以后再经过精益的持续改善，进一步缩短制造周期，最终实现“直接运输”。

问题 3：公司应在哪个工位引入连续流？

在可回收性评估与分拣两个工位之间引入连续流，并消除可回收性评估与分拣之间的库存；在可再利用性分类和装箱之间引入连续流，消除可再利用性分类与装箱之间的库存。

问题 4：公司应该在哪里实施超市拉动？

可以在供货环节和机加环节实施超市拉动，发货超市每提供一台回收设备则将回收指令发送到装箱的回收看板上，这时就从仓库调取一批待分类产品进入分类、装箱流程。每耗用一批待分类产品则将回收指令发送到可回收性评估的回收看板上。同时建立原材料超市，可回收性评估完成后，将信息传送到回收计划部门，计划部门根据回收情况，每 3 天进行一次废旧发动机的回收。

问题 5：公司应该在哪道回收工序下发回收指令？

实施拉动回收后，正常情况下计划部门通过供货环节下达回收指令。上游需求通过拉动系统来管理。

问题 6：公司如何在定拍工序均衡回收多种类型的待回收产品？

首先要确定哪个工序为该回收过程的定拍工序。目前情况看，每个工序的周期时间为：可回收性评估 0.5 天、分拣 0.2 天、配作 0.1 天、可再利用性分类 0.3 天、装箱 0.4 天。我们希望通过改善工艺，实现可回收性评估工序 2 个班，分拣工序 2 个班，可再利用性分类工序 1 个班，装箱工序 3 个班。此时我们可以选择装箱为定拍工序，可在成品超市附近放一个回收均衡柜，回收部门按照再制造厂的再制造需求，把提取看板放在均衡柜中。发货人员从均衡柜中取出这些看板，然后将货物按顺序从成品超市运到运输区，同时将回收指令发送到装箱工序的回收看板上。

问题 7：为了实现“流动”的未来状态，必须实施哪些改善？

① 可回收性评估工序的改善，聘请专业的评估员来提高废旧发动机的评估效率；②分拣工序的改善，采用半自动化的技术提高工人的分拣效率；③可再利用性分类工序的改善，采用自动化分类技术，快速分类出发动机的可回收部件，可使可再利用性分类周期缩短为 0.1 个班的时间。

根据以上分析，可以做出价值流未来状态图，如图 6-31 所示。

改善后，发动机的回收处理情况得到有效提高，具体如下：回收周期从 39 天缩短到 12 天；交货期缩短到 4 天（从数据上看，原先的交货期并不稳定，工序之间会出现缺件的情况）；待再制造品库存从 1800 台减少到 400 台，非成品库存从 800 台减少到 400 台；用工人数从 13 人减少到 8 人。

另外，流动产品回收带来的一个改善就是品质的提升，因为流动产品回收中任何一个环节出现问题都会影响产品的回收节拍，所以流动环节中一定要保证每道工序处理的合格率。

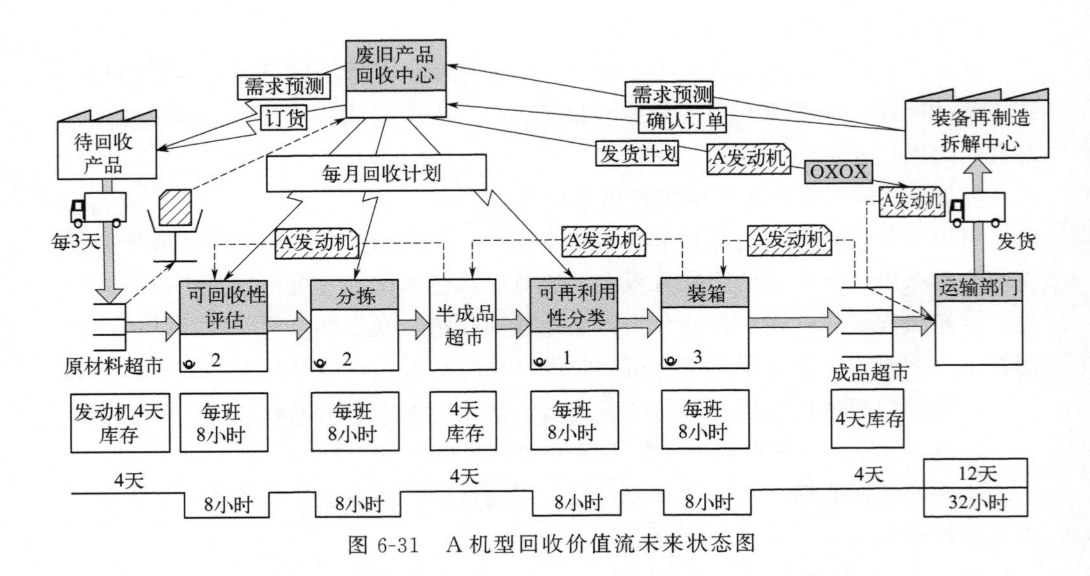

图 6-31　A 机型回收价值流未来状态图

改善效果：总体来说，均衡了回收节拍，提高了资金周转率，降低了库存、资金占用、人工费用，缩短了交货期，提升了回收产品的再制造品质。

6.4.2　基于价值流分析的某公司商用车发动机拆解优化

本案例针对大型商用车发动机回收拆解，利用价值流图分析方法，识别发动机拆解的各个流程中存在的浪费类型和精益问题。针对存在的浪费和问题，充分应用现场改善方法，制定改善措施，从而提高大型商用车发动机拆解效率，以达到提高再制造公司效益和开拓市场的目的。

通过对某大型商用车某型号发动机拆解现状进行分析，首先绘制了产品拆解工艺流程图，具体如图 6-32 所示。从图 6-32 可以看出，发动机整个拆解过程为串行拆解，一个拆解工序完成后再进行下一个拆解工序，拆解效率低，等待周期长。每道工序周期时间相差较大，拆解节拍不平衡。此外，拆解工具种类较多，寻找需花费大量时间。由于库存方式及配套方法的不合理，一部分再制造品堆积，产生不必要的寻找浪费，另一部分产品拆解不及时，产生不必要的等待浪费。

价值流管理模式彻底打破了传统拆解组织模式下各部门沟通协调不及时的窘态，为企业在不增加较多投资的基础上，解决回收产品投放、工序间半成品及成品堆积和出货延误问题，从而快速响应市场，满足客户需求提供了应对法宝。运用价值流现状图，直观绘制出一个产品从始至终的全部拆解活动，通过绘制“产品拆解价值流现状图”（见图 6-33），寻找瓶颈问题，并绘制“产品拆解价值流未来状态图”以表达价值流改善的方向和成果。最终实现消除浪费和消除拆解浪费的根源，使企业处于低成本良性运转状态，能够及时满足顾客需求，提升市场

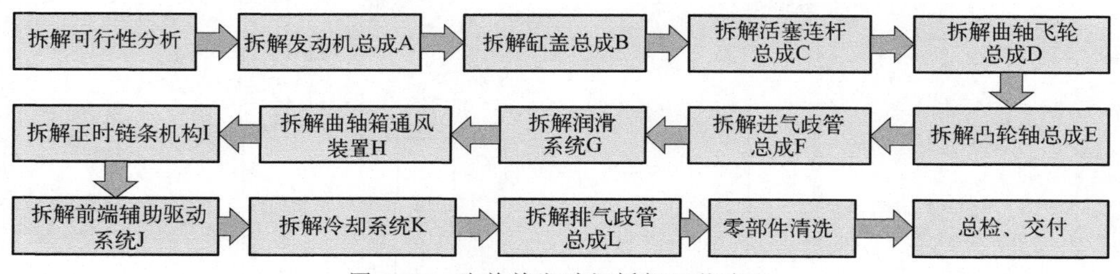

图 6-32　改善前发动机拆解工艺流程

核心竞争力。

通过对商用车发动机拆解价值流现状图进一步分析，改善主要集中在如下几方面：①施行 5S 与定置管理，调整拆解零件库存方式与供货方式，解决拆解零件误放和相互挤占位置的混乱状况，使拆解零件的配套和放置更加方便准确；②优化拆解工艺流程，灵活调整人员配置，均衡拆解生产节拍，避免工序安排不合理造成的人员闲置等待；③提高部分工序的自动化水平，减少动作浪费，降低人为误操作概率。在确定改善方向后，按精益生产思想分别制定了相应的改善措施，并绘制价值流未来状态图。

（1）施行 5S 与定置管理

库房内拆解零件库存采用 5S 与定置管理方法，通过实际分析发动机不同结构的拆解相似性，每种不同的拆解部件按照标准件依次按需整齐分类，方便拆解流程的进行，同时能节约库存管理人员分配时间，提高效率，减少库存浪费。优化产品拆解方法，根据每个拆解工序所需要的拆解工具，制作相应的“工序沙盘”，沙盘上标注了拆解工具的图号、规格和数量，出库时，将使用完的工具放置在沙盘上相应的位置，使拆解人员领取各工序所需的拆解工具的图号、规格和数量一目了然，同时有效地防止了错拆的情况发生，提高了库管人员和操作人员的效率。

建立库存预警体系，通过颜色标签来区分库存状况。正常情况下，库存为 20 台份的数量，当某个拆解产品数量少于 10 个时用黄色标签提醒订货，当拆解产品数量少于 5 个时用红色标签提醒紧急订货，通过这种方式，使原材料的缺件情况及时反馈，一方面及时订货，另一方面对上游车间下发的回收任务实现拉动，有利于高效配合及时再制造模式，减少等待浪费。

（2）优化拆解工艺流程

改善前，发动机整个拆解过程为串行拆解，拆解效率低，存在拆解浪费的现象。通过分析整个发动机结构和拆解工艺流程，采用 ESCRI（即取消、简化、合并、重排、新增，为一种常用的流程重构方法）原则，将拆解工序进行重排，具体实施过程如下。

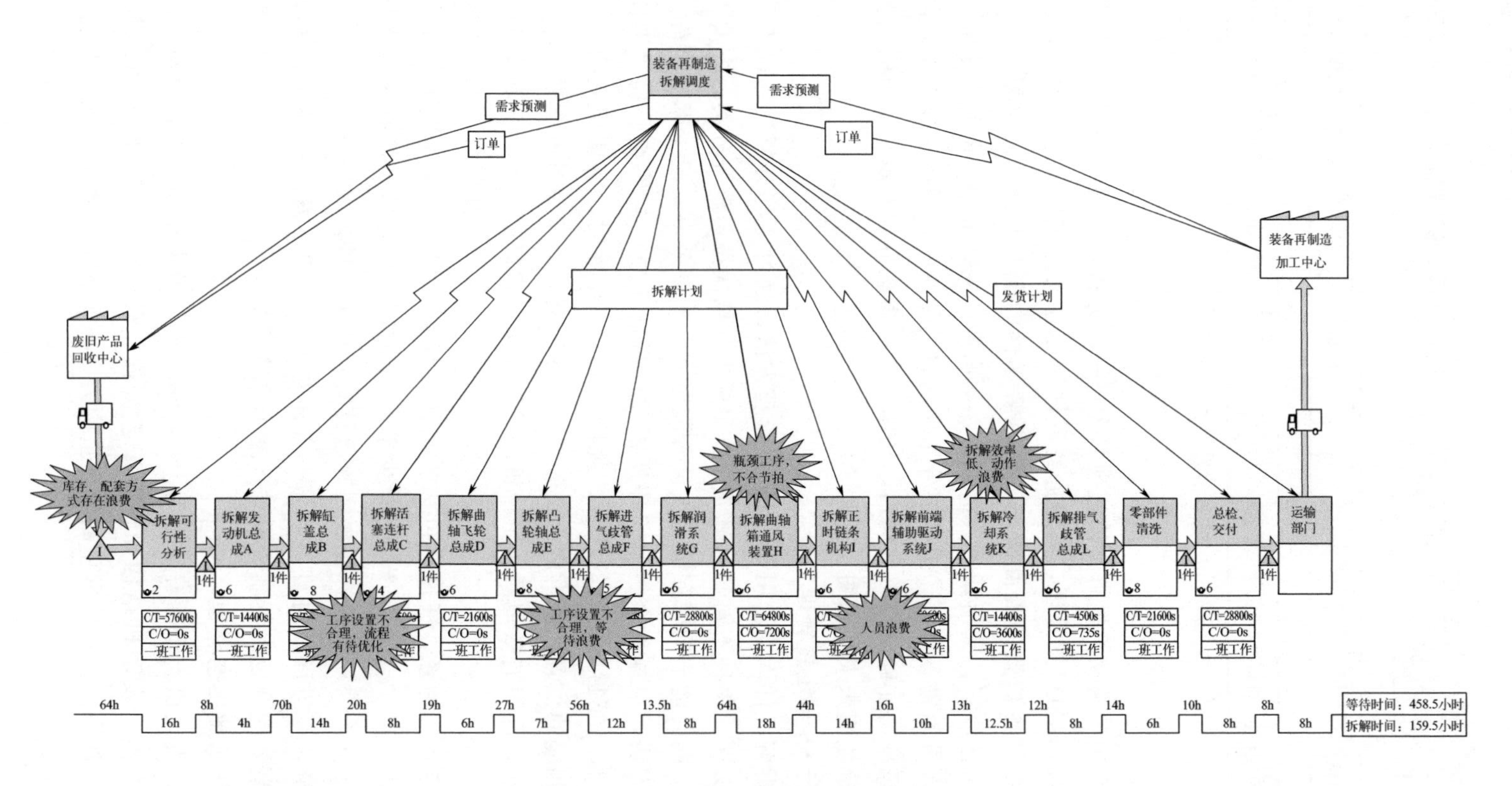

图 6-33 商用车发动机拆解价值流现状图

将拆解活塞连杆总成 C 工序、拆解曲轴飞轮总成 D 工序、拆解凸轮轴总成 E 工序和拆解曲轴箱通风装置 H 工序进行重排，将其划分为模块一；将拆解正时链条机构 I 工序、拆解润滑系统 G 工序、拆解进气歧管总成 F 工序、拆解前端辅助驱动系统 J 工序进行重排，将其划分为模块二。2 个模块可并行拆解。

将发动机分为 2 个模块，采用 2 个模块并行拆解模式，优化了拆解工艺流程（见图 6-34），缩短了发动机整个拆解周期，很大程度上减少了拆解浪费与等待浪费，提高了拆解效率。

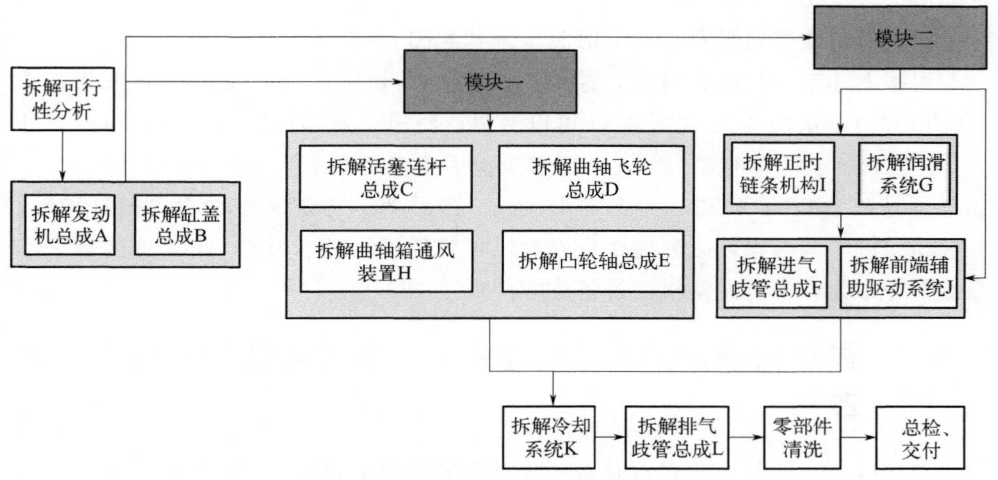

图 6-34　改善后发动机拆解工艺流程

（3）灵活配置拆解人员

80%～90%的拆解工作是由操作者手工完成的，这也显得员工技能尤为重要。人员配置完成后的另一个重要目标是进行标准作业的培训，以达到精益生产的真正目的。

改善前，拆解曲轴箱通风装置 H 到拆解冷却系统 K，整个过程由 6 名拆解工，需要 240h，一班制工作完成。车间积极推进多能工培养，对员工安排多岗位培训和实习，掌握多项技能，如连杆拆解兼曲轴拆解，链条机构拆解兼驱动系统拆解，根据能力安排适合的岗位，根据拆解进度需求，合理配置人员，避免人员的浪费。根据发动机结构原理，将曲轴箱通风装置与正时链条机构独立出来，整个拆解过程由 8 名拆解工，需要 134h，两班制工作完成。通过增加班次和灵活配置人员，6 人增加为 8 人，一班增加为两班，该部分工序拆解时间由原来的 240h 减少为 134h，很大程度上缩短了拆解周期，减少了等待浪费，平衡了拆解节拍。

（4）提高拆解自动化水平

针对拆解冷却系统 K，设计半自动化拆解系统。改善前应对拆解的零部件进行预检测以判断拆解后的零部件好坏，按下对应的按钮，指示灯亮则为合格，不亮则为不合格。检测过程中，需频繁依次进行开合动作，工作量大，工作效率低，存在大量的动作浪费。同时开关的开合为纯手工操作，存在误开或少开开关的隐患，检测结果由操作者根据指示灯的明暗来判别并记录，也存在记录错误的隐患。对此，设计了自动测试工装，将所有需检测的点应用到程序中，一次即可在电脑屏幕上查看所有检测点的情况，判断出零件的可回收性，不仅节省了检测时间，将原来零部件质量检测时间 2～3h 减少为 0.5h，减少了动作浪费，同时也降低了人员误操作概率。

(5) 拆解改善效果及拆解价值流未来状态图

根据上述制定的改善方案，绘制出商用车发动机拆解的价值流未来状态图(见图 6-35)。从图 6-33 和图 6-35 可以看出，商用车发动机的拆解周期由原来的 77.25 天缩短至现在的 50.25 天，拆解流程平衡率由原来的 159.5h/(18h×15)＝59.1%提升至 125/(15.5h×12)＝67.2%。经核算，考虑人工成本、制造成本、拆解动力成本等因素，改善前 1 台发动机单机的拆解成本为 480 元，改善后成本降低为 360 元，单台发动机的拆解成本降低了 120 元。

6.4.3 基于价值流分析的汽车用铅酸蓄电池再制造生产系统改善

本节以汽车回收企业在再制造回收过程中的汽车用铅酸蓄电池回收为例。该回收企业有三套年产 18 万吨的废旧铅酸蓄电池处理系统，年可处理再生铅 54 万吨。铅酸蓄电池的再制造过程工序繁杂，存在人员分配不合理、平衡率低、增值比低等问题，优化现有生产线，降低生产成本，改善绩效是该再制造公司进一步落实生产责任制要解决的问题。

(1) 再制造生产系统价值流现状分析

该公司汽车用铅酸蓄电池回收再制造过程复杂，涉及电池元件的分类与分离、干燥等 26 道工序，员工每天工作时间是单班制 8h。再制造产品有再生铅和塑料块。经调查，记录实际平均操作时间及等待时间，绘制现状价值流图。其中，再生铅和塑料块的生产过程时间分别为 98.77h 和 18.7h，工人数分别为 26 人和 7 人。由于该公司两种产品加工工艺及时间不同，因此分别进行分析。再生铅的增值比计算过程如下：

$$AT_1 = \sum_{i=1}^{n} (C/T)_i = 98.77\text{h} \tag{6-33}$$

$$UT_1 = \sum_{i=1}^{n} (\overline{C/T})_i = 137.68\text{h} \tag{6-34}$$

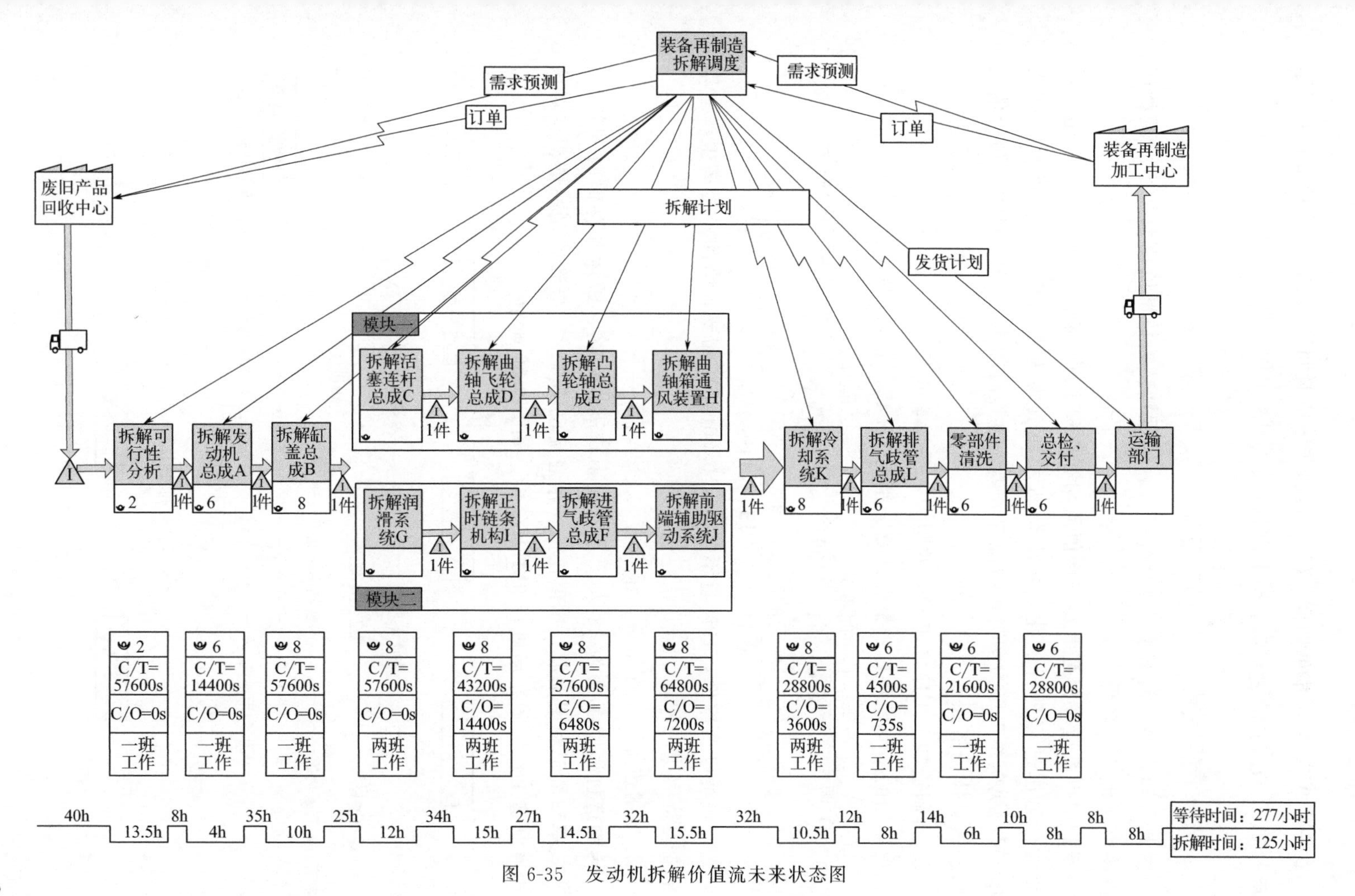

图 6-35　发动机拆解价值流未来状态图

式中，AT_1 表示增值时间；UT_1 表示非增值时间；$(C/T)_i$ 表示第 i 个工序过程时间，$(\overline{C/T})_i$ 表示第 i 个工序到第 $i+1$ 个工序的间隔时间。

$$再生铅增值比=\frac{AT_1}{AT_1+UT_1}=\frac{98.77}{98.77+137.68}=41.77\%$$

由此可知，再生铅增值比为 41.77%，同理知塑料块增值比为 21%，两种产品的生产增值比均较低。

该公司再制造过程有诸多非增值活动和瓶颈工序，在制品库存较多，迫切需要对生产运作过程进行优化。再生铅瓶颈环节为烤箱烘烤工序，过程时间为 32h；塑料块瓶颈工序为塑料块清洗并分离，过程时间为 3.6h。对该公司价值流现状图做具体分析如下。

① 再制造加工工序加工时间差距大，平衡率低。

再生铅的平衡率及日产量经计算分别为 28.42%和 0.01t/d：

$$平衡率=\frac{各工序时间和}{工位数\times瓶颈时间}\times100\%=\frac{236.48}{26\times32}\times100\%=28.42\%$$

$$日产量=\frac{每天的有效时间}{单件生产节拍}=\frac{7}{116.67\text{h/t}\times8}=0.01\text{t/d}$$

生产过程平衡率低，日产量不能满足 0.06t/d 的需要，因此，提高生产效率是企业亟待解决的问题。

② 再制造加工工序繁杂，浪费较大。

再制造过程中工人为 33 人，人力成本较高；运输、搬运和存储时间较长，生产效率和员工利用率低，增值比低；信息流动不及时，导致在制品堆积。对该公司再制造工作流程布局进行 5M1E 分析，如图 6-36 所示。

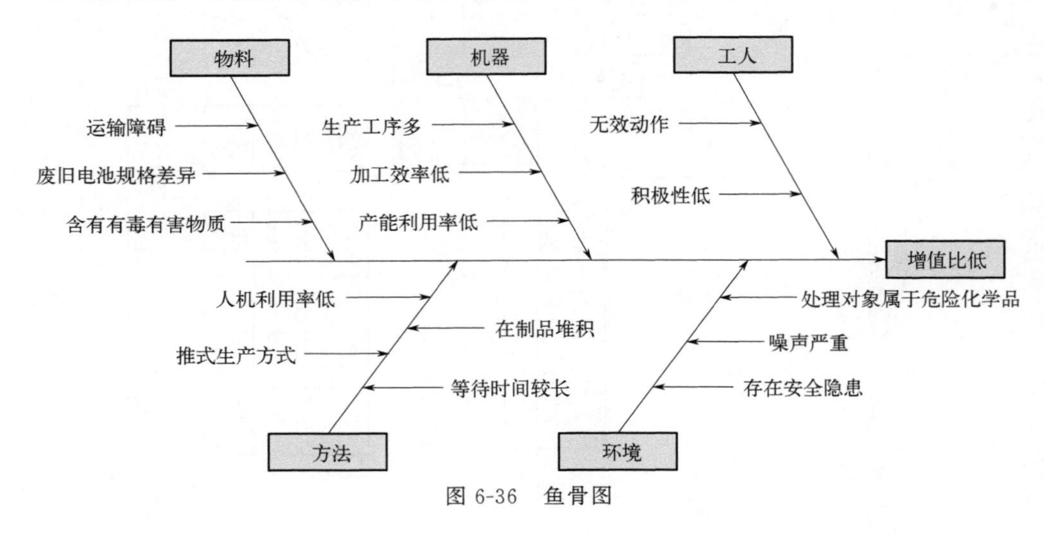

图 6-36　鱼骨图

③ 再制造回收过程被动，采用推式生产方式。

废旧铅酸蓄电池的回收采用推式生产，回收途径多，不仅回收较被动，供不应求，也阻碍了信息传递，不利于企业管理。

(2) 再制造生产系统价值流未来状态图制定

① 回收过程改善。

为改善回收率低、供不应求的情况，该企业应联合各铅酸蓄电池生产企业积极落实生产者责任延伸制，在终端建立回收中心，使回收路径单一化。同时建立电池使用数据库，对电池的使用情况进行记录，积极主动回收废旧铅酸蓄电池，使回收与生产平衡，提升品牌形象。

② 再制造过程改善。

针对该企业存在的再制造问题，从环境改善、再生铅生产改善以及塑料块生产改善等方面入手。

环境改善主要包括：a. 改善工厂整体环境，全面实施6S管理标准，增强公司软实力，同时确保物料运输顺利进行，减少运输成本；b. 改善劳动力环境，确保员工身体健康，避免有毒有害物质导致的安全问题，避免对新员工培训造成成本增加。

再生铅生产改善主要包括：a. 解决瓶颈环节，增加烤箱数量或改造烤箱空间，在烘烤之前引入超市拉动系统，转移瓶颈工序，在烤箱烘烤和组装中间加入看板，使组装和烘烤同时进行，提高效率；b. 发展连续流，通过超市拉动和添加看板建立连续流，转推式生产为拉式生产；c. 简化工序，将各相似工序进行合并，缩短各工序距离，减少运输成本，提高效率。

塑料块生产改善：a. 解决瓶颈环节，解决清洗工序耗时问题，加快塑料块清洗工序的进程，缩短加工时间，减少库存；b. 节约运输成本，通过减少运输时间实现物料流的改善，将传统运输方式改为先进先出模式，节约物料搬运和输送时间，加快生产进程；c. 减少工人数量，在塑料块生产过程中，工人大多起监控作用，可以让一个工人监控多道工序，提高人机利用率。

(3) 再制造生产系统价值流未来状态图绘制

① 系统建模与仿真分析。

根据改善方案，使用Witness软件按照该公司产线布置情况建立铅酸蓄电池再制造系统仿真模型，进行数据分析以验证设计方案的可行性。建立的仿真模型如图6-37所示。

仿真模型包含机器、传送带等8种模块及fspeed函数，其具体含义及数量等信息如表6-1所示。

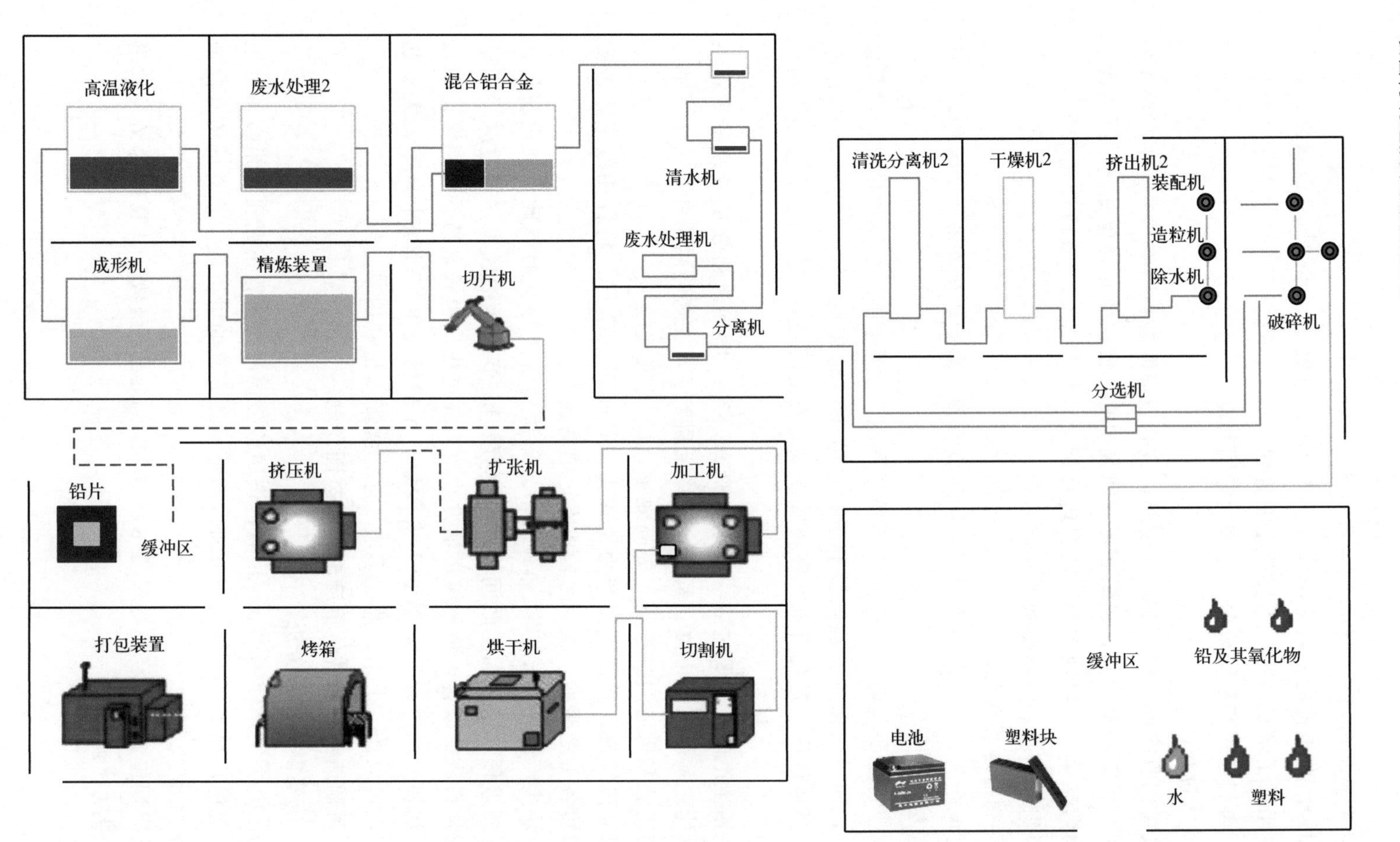

高温液化
废水处理2
混合铅合金
清水机
废水处理机
成形机
精炼装置
切片机
分离机
清洗分离机2
干燥机2
挤出机2
装配机
造粒机
除水机
破碎机
分选机
铅片
缓冲区
挤压机
扩张机
加工机
打包装置
烤箱
烘干机
切割机
缓冲区
铅及其氧化物
电池
塑料块
水
塑料

图 6-37 仿真模型

表 6-1　模块说明表

类型	数量	说明
机器	13	各工序
容器	2	液体处理，无耗时
处理机	11	液体时间处理工序
传送带	8	固体运输路径
输送液体的管道	18	液体流经路径
零部件	3	零部件和电池
液体	7	生产或需要的液体物质
缓冲区	4	临时存放场所

多次统计仿真结果，选取平均值作为工序时间。系统的运行时间单位为 s（秒），设置运行时间为 20 天。通过运行仿真模型对各机器的忙率进行统计，结果见表 6-2。

表 6-2　机器忙率表

名称	闲置率/%	忙率/%	名称	闲置率/%	忙率/%
Machine(1)	8.46	91.49	烤箱	19.11	80.89
Machine(2)	8.47	91.49	扩张机	10.91	81.80
Machine(3)	8.27	91.49	破碎机	8.13	91.76
除水机	0.00	88.80	切割机	17.88	80.49
打包装置	24.08	75.92	切片机	0.00	80.49
烘干机	19.82	80.18	造粒机	0.60	80.40
挤压机	9.23	83.30	装配机	20.21	79.79
加工机	19.21	80.79			

表 6-2 反映改善后机器处于平稳运行状态，破碎机的忙率最高为 91.76%。改善效果较好，各机器运转正常，改善方案可行。

② 价值流未来状态图绘制。

根据设计方案，绘制价值流未来状态图，如图 6-38 所示。改善后节拍时间稳定在 3.5h，明显改善了生产效率。经过改善使员工削减 8 人，生产周期减少 69%，增值比提高 30%，日产量显著提升。

③ 改善前后各指标对比分析。

经仿真模拟验证了价值流未来状态图的可行性，将改善前后的情况进行对比分析，可以看出，该公司现有再制造系统改善空间大，改善后效果显著提升，如表 6-3 所示。

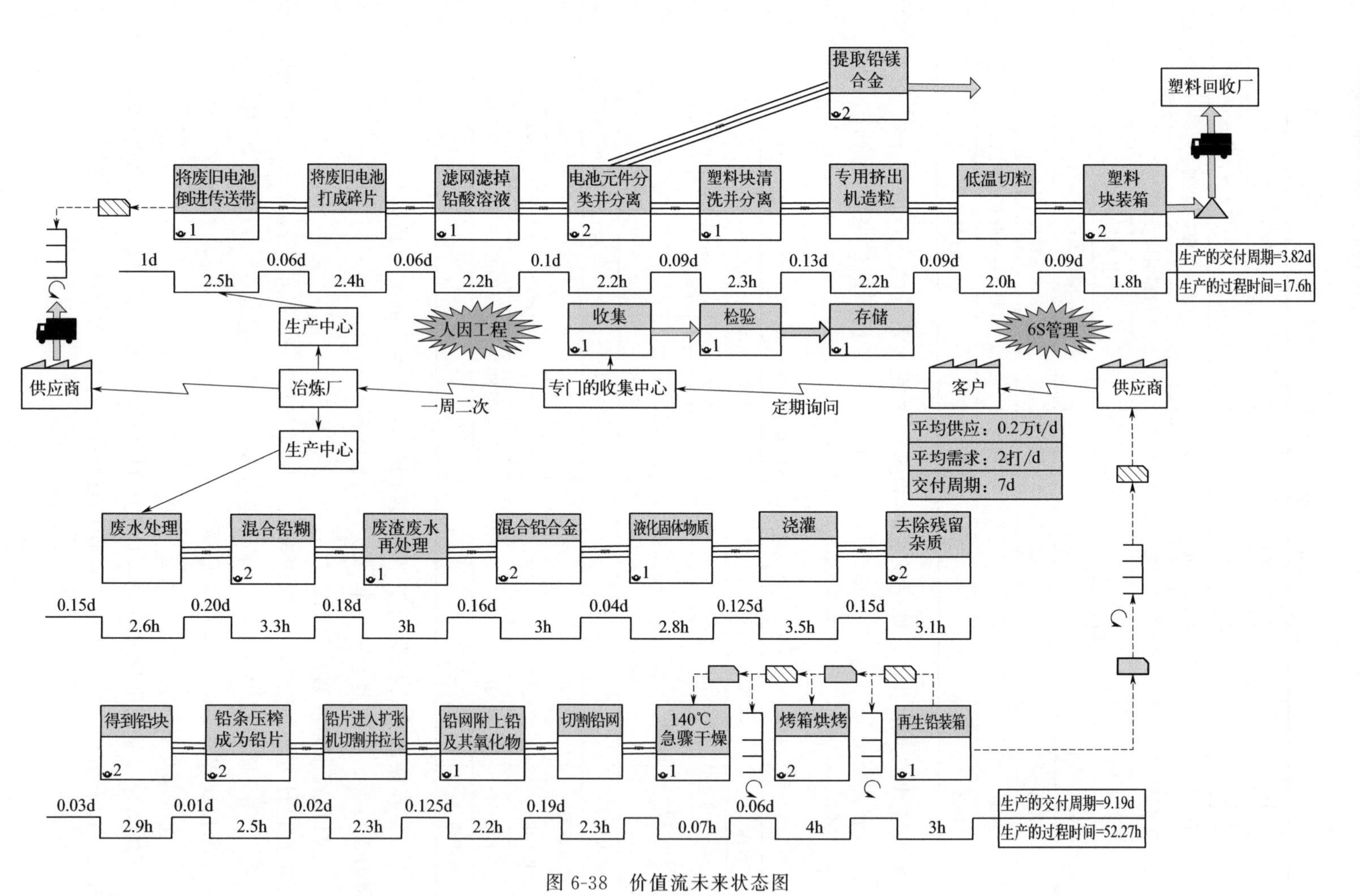

图 6-38　价值流未来状态图

表 6-3 改进前后对比表

指标	改善前		改善后	
	塑料块	再生铅	塑料块	再生铅
工人数量	7	26	5	20
交货周期/d	11.23	29.56	3.82	9.19
生产过程时间/h	18.7	98.77	17.6	52.27
增值比/%	21	41.77	57.59	71.07
平衡率/%	58.44	28.42	88	74.67
日产量/t/d	0.01		0.8	

对表 6-3 的数据进行分析，可以发现改善后塑料块再生产过程中工人数量减少了 2 人，再生铅再生产过程中工人数量减少了 6 人；改善后塑料块交货周期减少了 7.41 天，再生铅交货周期减少了 20.37 天；改善后塑料块生产过程时间减少了 1.1 小时，再生铅生产过程时间减少了 46.5 小时；改善后塑料块再生产增值比增加了 36.59%，再生铅再生产增值比增加了 29.3%；改善后塑料块再生产平衡率提高了 29.56%，再生铅再生产平衡率提高了 46.25%；改善后塑料块和再生铅的日产量比改善前平均增加了 0.79t/d。因此可以看出，相比于改善前，改善后塑料块和再生铅的生产效率和日产量都有较大提升，改善效果明显。

本章小结

针对废旧产品在再制造过程中的各种浪费现象，本章系统地分析了装备再制造的精益思想及其基本概念，并对精益再制造生产过程中的关键技术进行了详细阐述；在传统再制造生产体系基础上结合精益生产的思想理念，构建装备在整个再制造过程中的生产价值流图；分析装备在再制造的不同阶段所使用的关键技术，依次对再制造回收、拆解、加工以及车间运行等方面进行精益再制造规划，以提高装备的再制造生产效率与可靠性；最后通过再制造回收、再制造拆解以及再制造生产案例，对所提精益再制造思想进行验证。

参考文献

[1] Peng H, Wang H, Chen D. Optimization of remanufacturing process routes oriented toward eco-efficiency [J]. Frontiers of Mechanical Engineering, 2019, 14: 422-433.

[2] Zhu X, Zhang H. Construction of Lean-green coordinated development model from the perspective of personnel integration in manufacturing companies [J]. Proceedings of the Institution of Mechanical Engineers, Part B: Journal of Engineering Manufacture, 2020, 234 (11): 1460-1470.

[3] 方丹，江志刚，鄢威．基于多层级优化模型的绿色车间分批调度方法 [J]. 制造业自动化，2023，

45（03）：81-86，98.

［4］ Liu X，Chen J，Huang X，et al. A new job shop scheduling method for remanufacturing systems using extended artificial bee colony algorithm ［J］. IEEE Access，2021，9：132429-132441.

［5］ Xue R，Zhang F，Tian F. A system dynamics model to evaluate effects of retailer-led recycling based on dual chains competition：A case of e-waste in China ［J］. Sustainability，2018，10（10）：3391.

［6］ 江志刚，朱硕，张华．再制造生产系统规划理论与技术 ［M］. 北京：机械工业出版社，2021.

［7］ 崔培枝，姚巨坤，李超宇．面向资源节约的精益再制造生产管理研究 ［J］. 中国资源综合利用，2017，35（01）：39-42.

［8］ 郑汉东，陈意，李恩重，等．再制造产品服务系统生命周期评价建模及应用 ［J］. 中国机械工程，2018，29（18）：2197-2203.

［9］ 朱胜，姚巨坤．装备再制造设计及其内容体系 ［J］. 中国表面工程，2011，24（04）：1-6.

［10］ 龚本刚，程晋石，程明宝，等．考虑再制造的报废汽车回收拆解合作决策研究 ［J］. 管理科学学报，2019，22（02）：77-91.

［11］ 易晓亮，李志锋．基于价值流图析技术的精益改善 ［J］. 汽车实用技术，2018（20）：264-266.

［12］ 张铭鑫，张玺，彭建刚，等．不确定环境下再制造加工车间多目标调度优化方法 ［J］. 合肥工业大学学报（自然科学版），2016，39（04）：433-439，542.

［13］ 周鹏飞，孙谦，朱清．基于价值流图分析对折弯机的生产装配优化 ［J］. 锻压装备与制造技术，2023，58（03）：52-55.

［14］ 张雷，彭宏伟，卞本阳，等．复杂产品并行拆解建模及规划方法研究 ［J］. 中国机械工程，2014，25（07）：937-943.

［15］ 孙嘉懿，刘思思，孙成刚．基于价值流及仿真的铅酸蓄电池再制造系统改善 ［J］. 价值工程，2020，39（16）：234-236.

第7章

再制造装备全生命周期协同运维技术及应用

全生命周期协同运维是保障再制造装备质量和其稳定性的重要手段。本章依据全生命周期协同运维的定义，基于再制造装备设计制造数据和运行维护数据，阐述再制造装备全生命周期协同运维的内涵和技术特征。针对再制造装备故障要素复杂、运维难度大等特点，探讨多源运维数据的采集、传输、存储、处理等技术，以及再制造装备的运行状态评估和智能运维方案设计技术，为保障再制造装备性能和高品质运维提供模型与方法支持。

7.1 再制造装备全生命周期协同运维概述

7.1.1 再制造装备全生命周期协同运维的概念

再制造装备使用方目前建立的远程监控系统只采集再制造装备运行阶段的数据，而制造方则往往只关注再制造装备设计制造的相关信息与工艺流程。虽然也有一些再制造装备全生命周期管理的系统，但只是单纯地把数据采集到一个平台上，并没有进行两者信息的关联映射和实时交互，数据的价值发挥具有很大的局限性。如何通过各阶段数据与知识的融合集成应用，形成一种反馈机制，从而逆向地指导运维，是当前亟待解决的问题和面临的挑战。

现今物联网、大数据、云计算等技术的发展为打破再制造装备全生命周期各阶段之间的信息壁垒，实现智能运维的信息融合集成以及服务模式的变革提供了有利条件。智能设备的应用，使再制造装备在设计制造阶段和运维过程中产生的大量状态数据、文件、图像等信息可采集；嵌入式信息装置、智能传感器等新一代传感器技术的应用，推动了再制造装备运维从自动化、数字化向信息化、智能化发展。

而且，随着再制造装备的产量提升，运维压力激增，检修效率低、检修成本高、维修技术缺乏、易漏修、易过修及信息孤岛等问题愈发凸显。为实现再制造装备运维降本增效的目标，应充分利用智能化设备和信息化手段，识别、采集和整合再制造装备数据资源，形成供生产、经营及决策的高价值信息，驱动生产作业，构建基于数据驱动的再制造装备智能检修运维模式。

因此，再制造装备全生命周期协同运维是指在全生命周期数据贯通的基础上，结合数据资源触发检修运维作业。该模式实现的过程是通过对再制造装备全生命周期运维数据资源的识别，结合再制造装备运行性能监测与预测分析技术，完成对再制造装备的健康状态评估、故障诊断、可靠性分析等，并触发对再制造装备的检修运维决策及作业，形成高效、协同、低成本的运维体系。

7.1.2 再制造装备全生命周期协同运维的技术特征

影响再制造装备质量的因素众多，使得在不同再服役环境下同种再制造装备或不同再制造装备的运维服务呈现明显的、差异化的技术特征。

(1) 复杂化

再制造装备与新装备的全生命周期活动存在明显区别，如再制造加工工艺主要采用增材制造技术与表面工程技术，且国内大部分再制造企业主要还是采用换件法和尺寸修理法进行再制造，对产品的再制造加工还处于低水平，导致再制造后产品非标件多。再制造装备在全生命周期过程中受到大量不确定因素的扰动，其运维手段与方法相比新装备的更为复杂。

(2) 非标准化

目前，由于再制造尚属新兴产业，国家对再制造装备和再制造装备的工艺、材料均未制定统一的技术标准，规范的再制造企业也只是执行自定的企业标准。虽然我国市场上的再制造装备主要还是以通用型、标准化的产品为主，但下游企业的需求是多样化的，标准化的产品将难以满足客户对不同大小、不同形状、不同工艺手段的实际需求，非标准化、个性化的定制产品将逐渐成为市场主流的产品。因此，在对这样的再制造装备提供运维服务时，缺乏完善的运维知识体系，难以建立标准的、系统的运维保障流程，增加了运维难度。

(3) 智能化

随着再制造装备的产量增加和其高度个性化特征，对智能运维技术提出了更高要求。在实施过程中，运维体系分散、资源浪费、数据采集效率不高和运维技术人员匮乏等问题依旧存在。为此，依托大数据、云计算、物联网、人工智能等现代科学技术，在对再制造装备进行运维时，可采取一系列数字化运维技术，如故障分析、状态跟踪、数据挖掘及寿命预测技术，来解决再制造装备在使用过程中的运维保障支持问题。

（4）集成化

针对再制造装备故障要素复杂、故障率高、分析难度大、维护耗时长的问题，结合“事后维修”“预防性维修”“智能维修”等多种技术路线，运维服务集成化成为未来发展趋势，建立智能运维平台，系统提供装备故障报修、故障件送修、定期巡检、任务保障、技能培训、产品及部件寿命预测、运维知识库、运维数据收集、数据挖掘分析等模块，提升全过程运维质量。

7.1.3　再制造装备全生命周期协同运维的总体框架

如图 7-1 所示，利用再制造装备整个生命周期内的设计、制造、运行和维护的多级数据和信息，按照统一的标准规范化梳理，供随时调取和分析，用于再制造装备运维优化。融合设计制造数据和装备运行多阶段数据的协同运维，通过两者信息的关联映射和实时交互，发挥数据的最大价值。

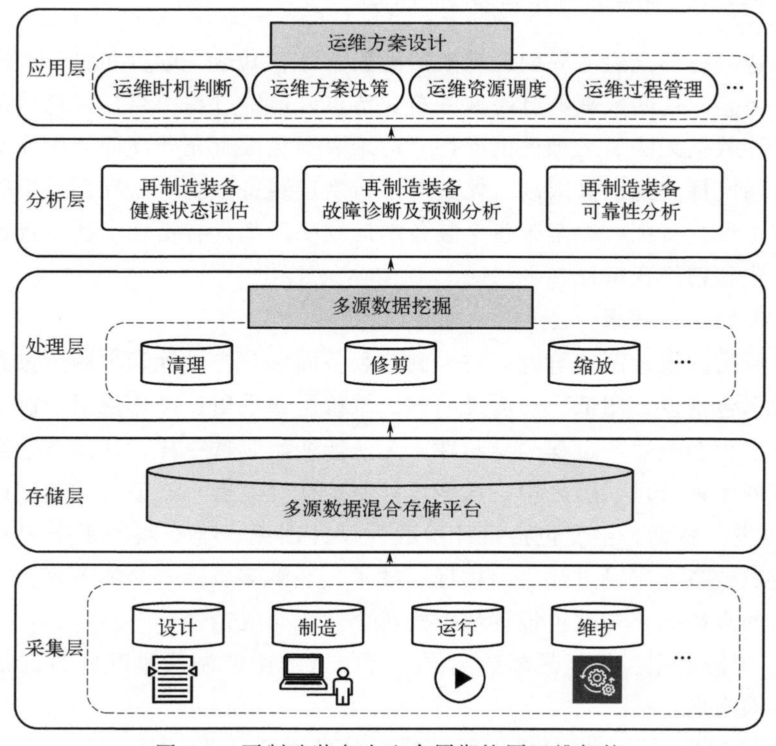

图 7-1　再制造装备全生命周期协同运维架构

运维融合制造信息、设计专家提出的潜在故障模式及其相关信息、装备历史故障信息、装备实时运行数据等，这些数据共同为再制造装备运维阶段提供支持。考虑再制造装备全生命周期内的各阶段因素，基于数据驱动的方式实现再制造装备的智能运维。

7.2 再制造装备全生命周期运维数据获取技术

再制造装备智能运维迫切需要采用网络协同、运维业务融合技术，把地理上分散的设计单位、制造企业、运维服务企业等通过资源整合、分工协作、交互联系在一起，充分挖掘数据价值，共同完成装备群组的运维工作，实现成套装备群组业务交织作用互反馈，高效运维。可根据再制造装备运维过程中的服务需求，将多源异构数据进行采集和融合，打破成套装备群组运维数据孤岛，实现运维数据的流通和资源共享。为此，本节主要分析再制造装备的多源运维数据的类型及其采集与挖掘关键技术。

7.2.1 全生命周期运维数据类型

再制造装备的全生命周期运维数据涵盖设计、制造、运行和服务等过程的多级数据和信息。这些数据具有跨域分布式特点，运维过程中存在信息壁垒，协同困难。设计数据无法为运维提供支持，运维数据也没有充分反馈给设计制造，导致装备效用发挥受到极大限制。尤其对于再制造装备，全生命周期各个阶段的数据都具有个性化特征，以至于每个装备的运维手段都具有不确定性，且运维需求存在差异化和精细化特征。

(1) 设计制造数据

本节所指的设计制造阶段，对再制造装备而言是再设计和再制造过程。两个阶段的数据包括设计图纸、功能说明书、维修服务手册、操作说明、制造工序等信息。由于再制造生产过程的异向性，无法像初始制造一样，让制造信息统一在一套固定的流程管理系统之中，这些设计制造数据具有小、散、非制式的特点。

① 再设计数据。主要包括设计参数、设计图纸、维修服务手册等相关数据信息。废旧装备在服役过程中，物理、技术、经济多属性寿命的不平衡性以及再升级需求的多样化，导致再设计数据极具个性化与复杂性。

② 再制造数据。与新品制造不同，再制造的生产制造过程的数据信息从以下五个方面提取：

a. 制造对象。再制造是在旧零件或毛坯的基础上进行修复，生产过程中会采取诸多措施和方法来消除由此产生的产品质量、可靠性的不确定性。

b. 生产流程。再制造生产的流程由最基本的“三工序”（即拆卸、再制造和再装配）组成，详细的工序过程还可继续分为产品完全拆卸和分解、分解后的零部件清洗、零部件详细检测和分类、零部件修复和更换、产品再装配、最终测试。

c. 物流管理。再制造的原料供应来源于旧产品的回收，由此产生了逆向物流管理，而生产流程中仍需新配件的补充，这就导致逆向、正向物流混合。

d. 生产技术。废旧零件的尺寸经过磨损、腐蚀而缩小，再制造机械加工通过“加法技术”使尺寸恢复或增大到技术要求标准，“恢复技术”是使金属疲劳、裂痕消除，还有“强度技术”“表层防护技术”等，这些技术由先进的激光、表面工程、等离子、纳米、热处理等技术衍生，构成了再制造加工特有的技术群，增加了生产系统的特殊性。

e. 质量控制。再制造生产过程的随机性、动态性，零配件的特殊性，产品多寿命周期等特点，使得传统的质量控制和质量改进方法不适用。

(2) 运行维护数据

再制造装备在运行和维护阶段的数据信息包括状态监测数据、运行环境数据和历史维护数据等。

① 状态监测数据。可以表征再制造装备和关键部件运行状态及性能的各种时序指标参数。随着对再制造装备健康状态要求的提高，在实时监测下，数据总量随着时间的不断推移而出现跃升，从而超出传统的数据处理与数据存储的范围。

② 运行环境数据。包括地面环境数据（如空气调节、电力设施、消防设施、给排水设备等相关信息）、监控测量数据、运行工况数据、操作数据等。

③ 历史维护数据。a. 故障数据，是指再制造装备或功能部件发生故障时产生的数据，包括故障类型、故障原因、故障现象等日志数据，一般是文本类型数据；b. 设备维修维护数据，是指再制造装备在运维过程中产生的特定事件的相关数据，包括报警、异常、维修时间、故障处理描述、维修人员、维修任务调度等。

7.2.2 全生命周期运维数据采集关键技术

全生命周期运维数据来源众多且异构，需要基于大数据来采集海量运维数据。本节针对常用的几种数据采集与监测技术进行简要介绍。

7.2.2.1 传感器技术

传感器技术是智能监测再制造装备中不可或缺的关键技术之一，通过它可以实时、高速采集具有海量性、多样性、高效性的传感数据，得到装备运行过程中的各种参数，如温度、湿度、压力、流量、速度等。

(1) 传感器选择

传感器信号通常有两种形式：数字量和模拟量。

数字量是在一定量化精度内将物理量转换为数字信号。数字量的优势在于其具有较高的精度和可靠性，不易被干扰和误判，同时也便于数字信号处理和传输。在测量再制造装备的温度、湿度、压力等参数时，通常采用数字传感器。

模拟量是将物理量转换为电压或电流等连续的信号。模拟量的优点在于其具有较高的灵敏度，可以对物理量的微小变化进行检测。但其不够可靠，易受噪声和干扰的影响。此外，模拟信号需要进行模拟信号处理，难度较大，传输也相对困难。因此，在需要检测再制造装备性能状态的微小变化时，如位移、速度、加速度等性能参数，采用模拟传感器更为合适。

(2) 传感器安装

为了实现再制造装备故障的预警及监控，可在装备中易产生故障且自身监控系统无法提供报警的监测点加装不同类型的传感器，从而对再制造装备进行多参数监控。

再制造装备大部分结构复杂、零件众多，这些零件在工作的同时，每一个零件都与其相连的其他零件发生着碰撞，因此各种信号之间相互叠加、相互调制、相互激发，形成了极其复杂的信号。同时，虽然再制造装备的零件之间相互连接，构成一个整体，但是并不是在装备的任何位置进行测量，都能得到同样的清晰可辨的信号。选择不合理的测点不仅导致所测信号中有用信息过少，还有可能因此而得出错误的结论，失去了使用价值。在检测过程中，由于不允许在装备上钻眼、打孔来加装传感器，且状态信号提取的正确与否会直接影响到分析结果，故合理地配置测试传感器就显得尤为关键。

测试部位选取的总原则是：

① 保证提取信号的完整性和真实性。如果测量某振动源的信号，测试点应该选择在尽量靠近振动源，而且信号传递路径最短、传递界面最少的位置。

② 保证传感器的安装、调试不影响再制造装备的正常运行。测试点应选择在再制造装备的外表面，为了不影响传感器的测试精度和再制造装备的正常工作，测试部件的质量与传感器的质量之比应在两个数量级以上。

③ 保证再制造装备的安全性。测试过程中应该在再制造装备重要和故障多发的部位多设检测点。以再制造机床为例，监测其加工过程时，监测对象主要是机床主轴、伺服电机主电路、刀架电机主电路等。需要采集的机床信号为机床的振动、跟踪误差、主轴电流、主轴温度、主轴位移电压信号、电流信号及温度信号等。通过采集电机主电路的电压、电流信号，可监控机床强电部分。根据电压、电流信号的波动情况也可监测主轴运行的稳定性。通过采集油箱、切削液的温度信号，可判断油液的黏度以及是否变质，为判断液压系统及冷却系统泵故障

提供参考。通过振动信号，实测的振动响应能够相对准确地反映结构的缺陷。再制造装备零部件的性能退化，会使其产生剧烈的振动和噪声。巨大的噪声和辐射会降低装备系统的效能及执行部件的精度，剧烈的振动会破坏机器的运行状态甚至缩短设备的使用寿命。另外，当运行环境较差时，再制造装备原始信号与各种干扰信号会混叠在一起。为保证传感器数据的准确性，可设计合适的信号调理电路进行去噪等预处理。

(3) 无线传感器

在大多数情况下采集数据时，是通过在再制造装备外部安装各种传感器。这种有线网络布线比较复杂，修改维护难度增加。同时，在装备外部安装传感器容易受到环境的影响，进而使得采集数据可能无法真实反映装备故障状态。无线传感器是一种状态监测的理想解决方案，利用无线信号传输传感器数据，减少有线电缆布置。然而无线传感器的供电是需要考虑的关键问题，特别是对处于封闭结构中的零部件来说。传感器技术的发展对于提高监测精度和效率非常重要。设计先进的传感器系统并将其集成到再制造装备中，可以提高对服役过程的了解，并促进服役质量的优化和控制。

7.2.2.2　物联网技术

基于多传感器信息融合技术可以采集再制造装备的监测数据，但无法采集到装备系统的内部数据。且当监测仅限于单台再制造装备时，若装备数量增加，相应的监测成本也会增加。因此，利用物联网技术，可对不同地域、不同类型再制造装备状态进行集成监测，为后续运维诊断形成系统知识库提供数据支持，实现信息共享。

物联网从狭义上来讲，主要体现在技术层面，指应用传感器技术、射频识别技术和网络通信技术等感知再制造装备的内外部信号，通过互联网技术对感知到的信号数据进行分析处理，实现再制造装备状态监测信息的智能识别。如图 7-2 所示，将物联网技术融入再制造装备远程监控系统平台中，实现再制造装备运行状态信息的局域网及广域网远程监控。

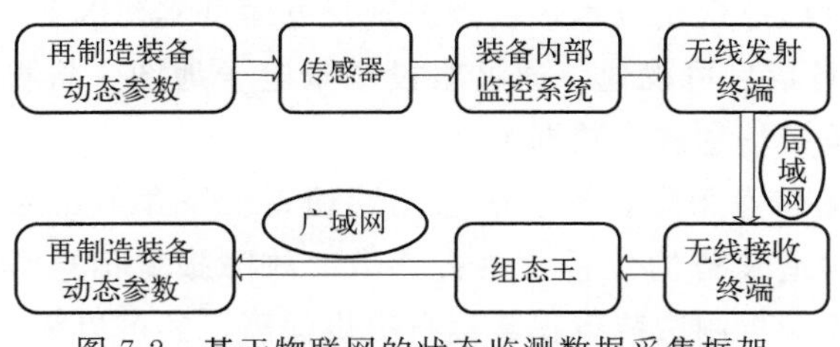

图 7-2　基于物联网的状态监测数据采集框架

首先对再制造装备运行参数进行分析，确定需要采集的动态参数类别，选择相对应的传感器对再制造装备动态参数进行采集；不同地域内的各再制造装备动态数据经其内部监控系统处理后由无线发射终端实现数据在局域网内的无线传输，并由无线接收终端接收数据；接收到的数据信息由上位机软件进行收集和显示，并通过广域网进行传输，广域网中经授权的人员可实时监控再制造装备动态参数并查看历史信息。

7.2.2.3 虚拟现实技术

虚拟现实（Virtual Reality）是一种借助于计算机技术，以三维视觉显示器、交互设备、三维建模仪器、声音设备等四类设备为依托，呈现出多源信息融合的交互式三维动态视景和实体行为的系统仿真，可构建出虚拟现实的场景，允许用户直接与环境联系。图 7-3 为一个简单虚拟现实系统的示意图。

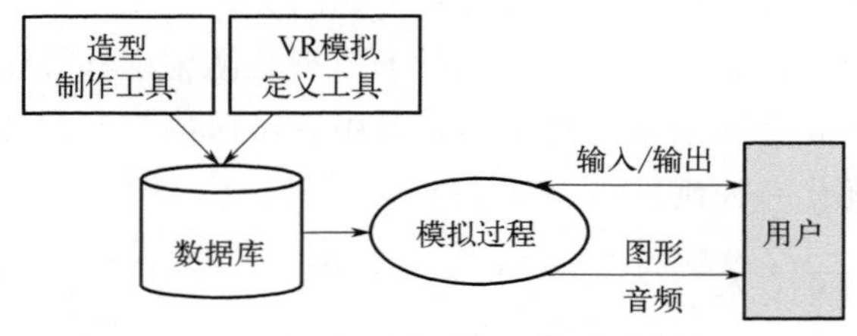

图 7-3　简单虚拟现实系统的示意图

对于结构和功能复杂的再制造装备，虚拟现实技术可以对其再服役过程实现可视化管理，准确采集服役过程数据。例如，首先通过 3Ds MAX 三维建模软件，建立与再制造装备相应的虚拟服役环境模型、虚拟场景动画和电子地图。然后利用 Monitor-based 系统，将布设的监控摄像头和各类人员、设备信息采集传感器关联到服役虚拟场景动画中，远程管理者根据监控需要点选虚拟场景中监控摄像头和设备图标，即可获得摄像头采集到的实时视频信息和传感器所获得的设备运行信息。通过三维引擎实现虚拟实物场景的呈现和用户交互。交互方式包括手动漫游、自动漫游、鸟瞰等形式，用户可以用鼠标、键盘等输入设备与三维虚拟场景中的相关设备、监控摄像头进行互动，查阅设备实时参数信息和摄像头现场监控视频。通过虚拟现实技术，在数据采集方面可实现以下两种功能：

① 再制造装备信息可视化。通过服役场景电子地图，将再制造装备运行信息、环境摄像头监控信息进行数据关联。

a. 再制造装备信息采集。基于信息化管理系统采集到的装备数据，可在电子地图中查看再制造装备的位置及运行参数、故障报警信息等。该项功能的应用，不仅能够为控制再制造装备正常运行提供保障，还可以为提高再制造装备综合效率、改善停机故障率提供必要的数据分析依据。

b. 摄像头监控信息采集。基于服役环境现有监控摄像头采集到的监控视频，可在虚拟现实场景和电子地图中查看摄像头安装位置、工作状态，并可以通过点击摄像头图标调取实时监控视频，观察现场情况。该功能的应用，不仅能够帮助安防人员、管理者实时了解车间现场的作业情况，即使离开监控室也能通过手机实现实时监控，而且能够结合人员定位系统，通过摄像头更直观地观察和研究人员在岗/离岗状态、作业行为，并辅助验证人员定位系统可靠性。

② 过程数据可视化。可视化管理系统能够根据管理者实际需求，对人员、再制造装备所产生的相关数据进行统计，并通过图表形式展现。

a. 人员数据统计。通过一定时间的积累，可实现对人员月度/年度出勤情况、在岗/离岗情况、在职/离职情况以及人员越界情况的统计。为提升运维人员工作效率、优化运维人员配置提供数据依据。

b. 再制造装备数据统计。通过再制造装备启停数据、故障记录等信息，可实现对再制造装备实际开动率、故障率、故障间隔期的精确统计。

借助这个技术，可虚拟还原再制造装备的服役过程三维场景，使管理者直观地了解到当前装备的状态参数和运行信息。目前的虚拟现实技术还存在一些缺点，如实时性差、使用范围小等，需要不断地发展三维虚拟现实技术，进一步研究虚拟现实的开发工具，融入更多的想象力和创造力，制作更高质量的三维模型。虚拟现实系统中需要一定量的数据，利用集成技术实现对系统数据的管理。

7. 2. 3　全生命周期运维数据传输与存储关键技术

7. 2. 3. 1　数据传输技术

传感器采集完数据后，需要高效、快速、及时地把数据传输到服务器上。数据传输是按照一定的传输协议，通过数据链路将数据从采集节点传输到数据服务器，选择恰当的数据传输方式可以提高数据传输的效率和及时性。

数据信息的传输方式有两种，即有线传输和无线传输。有线传输是通过铺设双绞线进行信息交互。虽然有线传输布置需要大量的劳动力和资源，而且后期维护工作量巨大，受地理地势的影响较大，但是双绞线价格低，传输速度快，重要的是有线传输稳定，不易受到其他外界因素（比如设备的作用范围、天气等）的干扰，不受距离的限制。无线传输则是利用电磁波作为传输介质，其比有线传输速度慢，无须布线，而且不用耗费多余的人和物的资源，安装成本低，并且易于维护，易查找问题所在。不过，无线传输并不适用于所有环境，距离远或隔墙等会使信号不稳定，且存在诸多不确定性因素，安全性较差，有一定的局限性，因而无线传输一般用在野外等布线不方便的环境中。因此，在应用中，需要结合实际装备运行环境来确定数据传输方式。

(1) 有线传输

① 串口通信。最有名的串口通信接口标准是RS-232，在一些通信装备上，常会看到“标准RS-232”或“RS-232兼容”的字样。其是计算机的标准配置，由于其接口和通信协议简单，价格低廉，因此主要应用在工业控制、传感器数据传输和嵌入式系统中。

串行通信标准RS-232C是美国电子工业协会（Electronic Industries Association，EIA）和BELL公司于1969年3月发布的，RS代表具体标准的标识号，全称为Recommended Standard，C是版本号。RS-232的标准连接器是DB-25，具体的引脚定义如表7-1所示。RS-232定义传输长度为8m，标称速率为0～20KB/s。

表7-1 RS-232引脚定义

引脚	操作	符号	数据流向	说明
2	发送数据	TXD	DTE→DCE	数据送Modem
3	接收数据	RXD	DTE←DCE	从Modem接收数据
4	请求发送数据	RTS	DTE→DCE	在半双工时控制发送器的开和关
5	允许发送数据	CTS	DTE←DCE	Modem允许发送
6	数据终端就绪	DSR	DTE←DCE	Modem就绪
7	信号地	SG		信号公共地
8	载波信号检测	CD	DTE←DCE	Modem正在接收另一端送来的信号
20	数据终端就绪	DTR	DTE→DCE	数据终端就绪
22	振铃指示	RI	DTE←DCE	DCE与线路接通,开始振铃

② 以太网。以太网是20世纪70年代，由XEROX公司研制开发的一种基带局域网技术，使用同轴电缆作为网络媒体，采用CSMA/CD（Carrier Sense Multiple Access/Collision Detection，载波多路访问和冲突检测）的共享方案，即多个工作站都连接在一条总线上，所有的工作站都不断向总线上发出监听信号，但在同一时刻只能有一个工作站在总线上进行传输，而其他工作站必须等待其传输结束后再开始自己的传输。如今以太网更多地被用来指各种采用CSMA/CD技术的局域网。由于以太网的帧格式与IP是一致的，因此特别适合于传输IP数据，其数据传输速率达到10Mbps。以太网通信方式具有简单方便、价格低、速度高等优点。

(2) 无线传输

① GPRS。GPRS（General Packet Radio Service，通用无线分组业务）是一种基于GSM系统的无线分组交换技术。简单地说，GPRS是一项高速数据处理技术，其是以“分组”的形式传送数据。网络容量只在需要时分配，不需要时就

释放。GPRS 移动通信网络的传输速度可达到 115KB/s。GPRS 是在 GSM 基础上发展起来的技术，是介于第二代数字通信和第三代分组型移动业务之间的一种技术，所以通常称为 2.5G。

② CDMA。CDMA（Code Division Multiple Access，码分多址），是在无线通信上使用的技术，具有扩频通信的所有特点。CDMA 允许所有的使用者同时使用全部频带（1.2288MHz），具有抗干扰能力和抗衰减能力强的特点。其自干扰系统能把其他用户发出的信号视为干扰信号，完全不必考虑信号碰撞（collision）的问题，可保证全生命周期运维数据传输过程中数据的稳定性和可靠性。

③ USB。基于多传感器的数据传输模块负责将多路传感器数据上传到上位机。为了支持下位机信号采集系统的可扩展和可配置，数据传输模块需要具备一定的负载能力，需要一套合理的组帧机制使其能够满足多通道、多速率和多精度的传输要求。USB 因其热插拔、即插即用、高速、可靠等优点成为工业信息采集常用的数据传输方式。USB 定义了四种传输事务类型，其定义和特点见表 7-2。

表 7-2　USB 四种传输事务类型

传输事务类型	用途	特点
控制传输	设备的枚举配置	复杂、开支大
批量传输	常用于大容量数据的通信，如 U 盘等	非周期地突发传输，可以占用任意带宽，并容忍延迟
等时传输	用于数据量大，对实时性要求高的场合	周期性地持续传输
中断传输	常用于对时间要求较为严格的设备，如 HID 中的鼠标、键盘等	周期性，低频率

基于多传感器的再制造装备状态参数监测的传输模块必须选择实时大容量的传输事务方式，从表 7-2 中可以看出，等时传输传输的数据量大，对实时性要求高，适合再制造装备。如图 7-4 所示，利用 USB 进行数据传输时，首先要对各通道数据进行格式调整和封装，然后进入数据入帧调度模块形成数据帧，最后用 USB 固件驱动完成数据的传输。USB 各输入通道之间没有先后顺序的约束关系，而且由于各个通道监测参数不同，所以采样速率和精度也不一定相同。对于不同

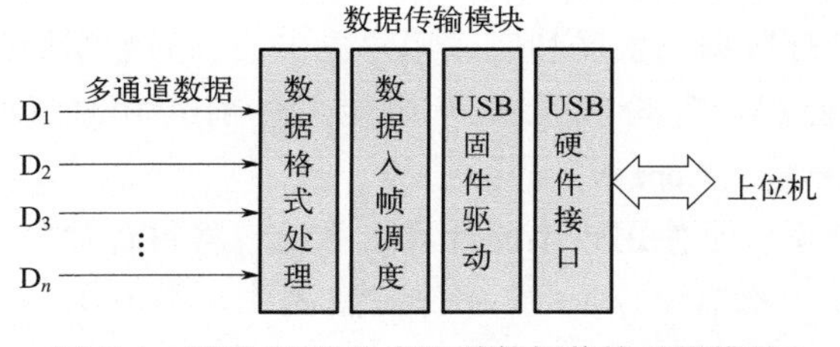

图 7-4　基于 USB 的多通道数据传输系统模型

的再制造装备，即使是相同的通道，其采样速率和精度也有可能不同。所以，传输时需要处理好多通道、多速率和多精度这三个条件的约束关系，处理好多通道的竞争关系，实现通道参数可配置，使上位机及时准确地收到各通道的数据。

④ 短程无线传输技术。表 7-3 展示了 Wi-Fi、ZigBee、Bluetooth 等无线传输技术的主要性能，它们传输距离较短，传输速率有限，仅适合传输部分基础类型的数据，无法满足图像、视频等需要高带宽数据传输的需求。

表 7-3 短程无线传输技术性能对比

无线方式	Wi-Fi	ZigBee	Bluetooth
传输速率/(Mb/s)	11～600	0.1～0.25	1～25
理论延迟/ms	1000	45	3000～10000
有效传输距离/m	100	10～100	5～10
功耗	高	低	高

7.2.3.2 基于分布式数据库的全生命周期运维数据存储关键技术

再制造装备运维需要长期的数据积累作为基础，不可避免涉及全生命周期运维数据的持续存储和使用。全生命周期运维数据具有明显的海量性、不确定性和异构性特性，数据存储方式在传统存储结构和管理方式的基础上需要进一步发展。若没有安全、规范的数据存储环境，将难以实现运维数据完整、有序地保存。同时，由于再制造装备运维数据包含了全生命周期数据，涉及不同技术人员的存储和查询，因此本节提出一种分布式数据库设计，用于对运维数据进行存储、共享。

(1) 分布式数据库概念

数据库（DataBase，DB）是按照数据结构来组织、存储和管理数据的仓库，是一个长期存储在计算机内的、有组织的、有共享的、统一管理的数据集合。数据库系统不仅包括数据库，还包括构建数据库及实现数据存储和管理的计算机软件系统，该软件系统称为数据库管理系统（DataBase Manager System，DBMS）。DBMS 是对数据库进行管理的系统软件，它的职能是有效地组织和存储数据，获取和管理数据，接受和完成用户提出的各种数据访问请求，来完成对数据库的创建、管理、备份和恢复等功能。目前常用的 DBMS 有：Oracle、MySQL、SQL Server、Access、Sybase 等。

分布式数据库系统是使用较小的计算机系统，将每台计算机放在一个单独的地方，每台计算机中都有 DBMS 的一份完整副本，并具有自己局部的数据库，位于不同地点的许多计算机通过网络互相连接，共同组成一个完整的、全局的大型数据库。分布式数据库管理系统（Distributed DataBase Management System，DDBMS）是管理分布式数据库系统的软件，它负责管理分布式环境下逻辑集成的数据和存取、一致性、有效性和完整性等。由于它的分布性，数据库管理系统除了有控制功能上的管理机制外，还必须有网络通信协议上的分布管理机制。因此，分布式数据库系统是计算机网络和数据库系统的有机结合。分布式数据库系统示意图如图 7-5 所示。

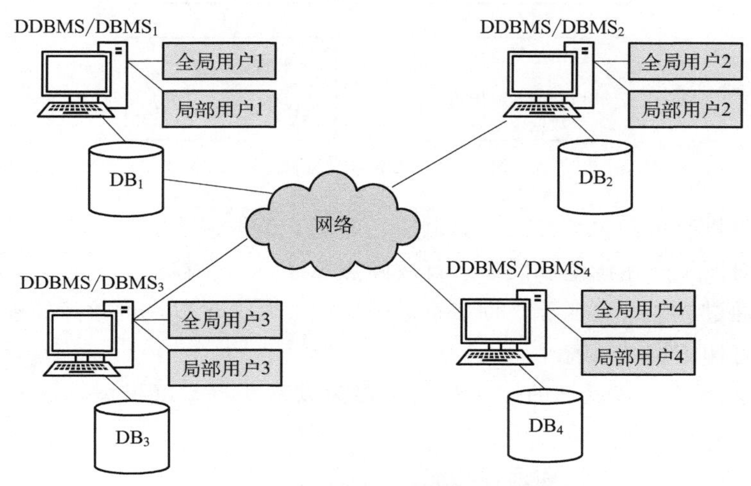

图 7-5　分布式数据库系统的示意图

(2) 基于分布式数据库的全生命周期运维数据管理系统设计

由于全生命周期运维数据涉及设计、制造、运行等不同阶段的数据，以及不同区域的运维人员对同样的再制造装备也会有着不同的维修维护经验，开发一套运维数据管理系统可以使运维人员通过分享故障案例信息，互相参考和相互学习，可大大缩短维修时间，提高设备维修的效率，节约维修成本，还能减轻技术人员工作量，很好地促进和保障了再制造装备的运行质量。

数据库承担着再制造装备运维数据管理系统的数据存储和管理任务。科学、规范的数据库设计是建立可靠性数据管理系统的基础，良好的数据库设计可以提高系统的访问效率，降低存储资源的浪费，提供给用户优质的服务体验。数据库的设计需要遵循标准化的设计流程，可按照图 7-6 所示流程进行数据库的设计。

① 需求分析。

a. 功能需求。该系统的功能需求主要为以下几点，可根据具体再制造装备进行删减：

- 可本地查询、录入、修改故障维修记录。
- 可远程查询故障维修记录。
- 可对装备图纸（电路图和实物图）进行查询、录入和修改。

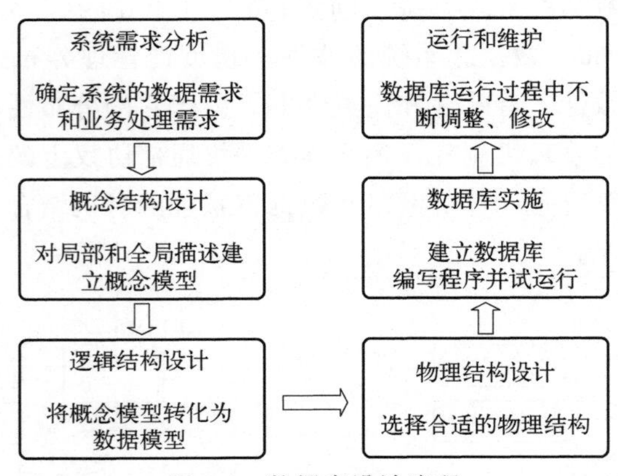

图 7-6　数据库设计流程

• 可提供装备的关键参数（如电压、电流）值、说明书。

• 可对图纸采用画笔和文字进行故障点标注，并保存。

• 可通过故障现象匹配查询装备故障原因，并显示以往的故障处理过程。

• 可打印查询结果。

b. 性能需求。该系统的性能需求主要为以下几点，可根据具体再制造装备进行修改：

• C/S 模式开发本地和远程功能。

• B/S 模式开发远程功能。

• 图纸标注可进行类似涂鸦的功能。

• 界面操作必须友好，操作响应时间必须够短。

• 可采用逻辑匹配查询其他生命周期阶段及不同区域装备的数据。

• 数据库必须采用大中型数据库。

c. 可靠性和可用性需求。该系统的可靠性和可用性需求主要为以下几点，可根据具体再制造装备进行修改：

• 该系统不能出现内存溢出的现象。

• 该系统不能出现 80%以上的 CPU 占用率。

• 该系统不能出现过高的 PF 使用率。

• 在进行各模块界面间切换时不能出现卡死现象。

• 查询其他生命周期阶段及不同区域装备信息时必须具备可接受的响应时间。

d. 出错处理需求。出错处理需求即需要解决系统对环境（操作系统）错误应该如何响应，或当本系统出现崩溃或溢出时的处理情况（例如崩溃时可自动重新启动该系统或环境）。

e. 接口需求。

• 软件接口需求，为了增强系统的性能而必须调用第三方控件或接口，该接口必须具有可接受的可靠性和稳定性。

• 通信接口需求，主要采用 TCP/IP 协议进行通信。

f. 约束。主要的约束有：精度约束、工具和语言的约束、设计约束、应该使用的标准。

g. 逆向需求。目前该系统不宜接入互联网或任何的不可靠平台，因此无须开放或制作基于互联网等不可靠平台的模块。但需要预留软件和通信接口。

h. 未来可能需求。

• 采用单片机进行发射机实时监控，对故障数据进行即时录入和匹配。

• 接入互联网，可通过互联网进行数据查询。

• 开发手机客户端。

• 通过数据分析进行设备故障预判告警。

② 结构设计。

在本系统程序开发中，兼有 C/S 模式开发和 B/S 模式开发两大部分。C/S 模式是基于 VB. NET 开发的分布式数据库管理系统，数据库采用 MSSQL 进行数据存储管理，每个再制造装备都具备独立的数据库，各部门之间通过计算机网络互联，共同组成一个完整的、全局的逻辑上集中、物理上分布的大型数据库，C/S 模式提供信息的读、写、增、删等完全功能。同时，该系统还开发了 B/S 模式，方便低权限用户通过网页访问资源，B/S 模式主要采用 PHP 进行开发，数据库依然使用 MSSQL，B/S 模式只提供信息的读取功能。图 7-7 所示为该系统的系统架构图。

③ 数据表设计。

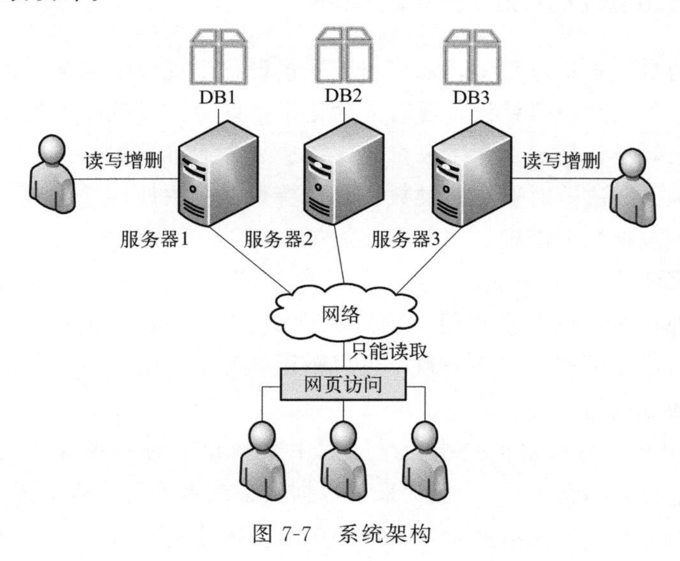

图 7-7　系统架构

数据库中需要存储大量的运维数据，这些数据存在着一定的联系，应根据数据特点和关系进行分类存储，为此进行数据表的设计。再制造装备运维数据库中需要建立大量的数据表，用于将运维数据规范化存储，数据库所建立的主要数据表如表 7-4 所示。在构建表关系时，应尽量减少冗余字段，并根据数据类型清楚明确地划分各类数据。数据库中的数据表可分为再设计信息数据表、再制造数据信息表、再服役数据表三种类型。

表 7-4　数据库数据表

数据表	名称	数据表	名称
Name_machine	再制造装备信息表	Name_user	用户信息表
Name_childsystem	子系统信息表	Name_operation	运行记录表
Name_machinetype	装备类型表	Name_toolmanage	装备介绍信息表
Name_reason	故障原因表	Name_source	故障溯源表
Name_faultrecord	故障记录表	Name_design	装备设计信息表
Name_machinetool	装备工艺表	Name_maintain	装备维护信息表

7.3　再制造装备全生命周期运维数据处理技术

运维数据虽然类型丰富，但需要进一步处理后才能应用于运维。本章主要介绍对大规模运维数据的预处理以及数据分析工作，以获取装备运行状态诊断及决策分析所需的有用信息。

7.3.1　运维数据预处理关键技术

在实际的数据采集过程中，常常由于采集设备出现故障异常、核算错误、数据传输错误、编码与解码错误，还有人为记录错误等，导致原始数据丢失、有噪声、数据冗余等异常情况。基于大量的再制造装备运维数据，在进行后续基于数据分析的运维方案决策时需要标准数据，保持数据一致性，这就涉及一些重要的预处理步骤，包括数据清理、修剪和缩放等。

(1) 数据清理

数据清理目的是填充空缺值、识别孤立点、消除噪声并纠正数据中的不一致。针对原始数据不完整和不一致，可以采用填充空缺值、纠正非法值和纠正数据不一致性的数据清理方法。

① 空值处理。残缺数值是指运维数据中某些元组的一些属性无值（如再制造装备加工过程的刀具 tool），包括采集数据设备或者人为输入造成的数据遗失。处理残缺数值的基本方法有两种，最简单的就是减小数据集，直接忽略包含丢失

值的所有样本，即删除残缺值所在的元组。如果无法直接删除存在丢失值的样本则可以填补残缺值。考虑到直接忽略再制造装备加工过程的刀具 tool 后某个元组就不能再利用该元组中其他属性值，而这些剩余属性值可能隐含更大的信息，故需采用填补缺失值的方法。对于没有数据值的属性项，对大部分数据项采取根据该数据项的含义，定义一个缺省的空缺值，然后用它去替换缺少的空缺项的方法。对于不能确定其缺省的空缺值的数据项，可用一个全局常量去替换。

a. 数据项缺省值。原始数据中的一些数据项是可以根据其含义定义其缺省项的，如 normal 项，表示的是装备是否正常运行，对于此数据项空缺的情况，可以定义其缺省值为 0/1，表示是或否。

b. 全局常量。对于不能确定其缺省空缺值的数据项，如运维人员的年龄、身高等数据项，可以采用一个全局常量去替换。有的算法（如数据挖掘算法 C4.5）可以接受值“?”为模糊值，所以可以用字符“?”作为其缺省值。

② 纠正非法值。原始数据中的数据项有的是有一定限定范围的，不在此范围的数据均视为非法数据。如果直接将这些数据作为再处理的输入，会大大影响数据处理结果和效率。假设其中一个数据项的有效范围是$[A,B]$，从原始数据中读出的数据值为V，可用如下方法纠正该数据值，使之落入该数据项的有效区间$[A,B]$（如前所述，如果用全局常量“?”替换过缺失数据，就可跳过该转换过程）：

$$\text{if}(V=='?')\text{then return} \tag{7-1}$$

$$\text{if}(V<A)\text{then set}V=A \tag{7-2}$$

$$\text{if}(V>B)\text{then set}V=B \tag{7-3}$$

③ 纠正不一致数据。原始数据中除了缺失数据外，还存在一些不一致的数据。实际上，某些数据项间存在一定的相关性，可以用这种相关性来查找并纠正这些不一致的数据。通过删除不相关的属性（或维）来减少数据量。属性子集的选择可以用基本子集选择的启发式方法，这种方法主要包括逐步向前选择、逐步向后删除、向前选择和向后删除的结合和判定树归纳技术。

（2）数据修剪

运维数据库由多个数据源集成，数据源集成中可能存在结果数据集出现冗余的现象。一个属性（如再制造机床的 gear workpiece）为冗余数据的可能性大小要看其是否能被其他属性“导出”，如命名差异，可通过相关分析检测。faulty component、gear workpiece 属性，相关分析可度量 faulty component 在多大程度上包含 gear workpiece。对于标称属性（nominal attribute），可使用卡方检验（χ^2）；对于数值属性（numeric attribute），可使用相关系数（correlation coefficient）、协方差（covariance）。

① 数值属性的相关系数。上述的两个属性 faulty component 和 gear workpiece 分别记作 A 和 B，通过计算属性 A 和 B 的相关系数来估计这两个属性的相关度 $r_{A,B}$：

$$r_{A,B}=\frac{\sum_{i=1}^{n}(a_i-\overline{A})(b_i-\overline{B})}{n\sigma_A\sigma_B}=\frac{\sum_{i=1}^{n}(a_ib_i)-n\overline{AB}}{n\sigma_A\sigma_B} \tag{7-4}$$

式中，n 是元组数；a_i、b_i 分别是属性 faulty component 和 gear workpiece 在第 i 个元组上的值；$\overline{A}$、$\overline{B}$ 分别是属性 faulty component 和 gear workpiece 的均值；σ_A、σ_B 分别是属性 faulty component 和 gear workpiece 的标准差；$\sum_{i=1}^{n}(a_ib_i)$ 是属性 faulty component 和 gear workpiece 的叉积和。相关系数要满足 $-1\leqslant r_{A,B}\leqslant 1$。

在计算出相关度后，判别相关度在哪个区间来推测 A、B 是否相关。当依次满足 $r_{A,B}>0$、$r_{A,B}=0$、$r_{A,B}<0$，说明属性 faulty component 和 gear workpiece 为正相关、独立、负相关。正相关时，$r_{A,B}$ 越大，说明 faulty component 和 gear workpiece 属性间冗余性越大。

② 数值属性的协方差。协方差可以用来评估 material waste 和 gear workpiece 如何一起变化，假设这两个属性为 A、B，有值$\{(a_1,b_1),\cdots,(a_n,b_n)\}$。期望计算如下：

$$E(A)=\overline{A}=\frac{\sum_{i=1}^{n}a_i}{n} \tag{7-5}$$

$$E(B)=\overline{B}=\frac{\sum_{i=1}^{n}b_i}{n} \tag{7-6}$$

A 和 B 的协方差定义为：

$$\mathrm{cov}(A,B)=E[(A-\overline{A})(B-\overline{B})]=\frac{\sum_{i=1}^{n}(a_i-\overline{A})(b_i-\overline{B})}{n} \tag{7-7}$$

可得到

$$r_{A,B}=\frac{\mathrm{cov}(A,B)}{\sigma_A\sigma_B} \tag{7-8}$$

式中，σ_A、σ_B 分别是属性 material waste 和 gear workpiece 的标准差。如果计算的 material waste 和 gear workpiece 的协方差为 0，则说明两者之间没有相关性，不可以作为冗余被删除。

(3) 数据缩放

数据缩放是关键的预处理步骤之一。不同方法及评价指标往往具有不同的量纲和量纲单位，这样就会产生多样的数据分析结果。为了缩小数量之间的相对关系以及消除指标之间的量纲影响，需要进行数据归一化处理，以实现数据指标之间的可比性。数据经过归一化处理后，各指标处于同一数量级，适合进行综合对比评价。以下是三种常用的归一化方法。

① 最值归一化方法（min-max normalization，MMN）。该方法也称为线性归一化或离差归一化，是对原始数据的线性变换，使结果值映射到［0,1］或某个自定的区间之间。转化函数如下：

$$X'=\frac{X-\min}{\max-\min} \tag{7-9}$$

式中，max为样本数据的最大值；min为样本数据的最小值。这种方法有个缺陷，就是当有新数据加入时，可能导致max和min的变化，需要重新定义。

② 标准分数归一化方法（z-score normalization，ZSN）。这种方法对原始数据的均值和标准差进行数据的标准化。经过处理的数据符合标准正态分布，即均值为0，标准差为1。转化函数为：

$$X'=\frac{X-\mu}{\sigma} \tag{7-10}$$

③ 中值归一化方法（median normalization，MDN）。寻找原数据的中值，然后使用最大值与最小值的差作为比例因子，将数据转化在某个区间内，一般是把零点作为区间中值，区间定为（－1,＋1）。此方法多用于数据中没有错误样本，而只是单纯地将整个数据进行等比例扩大或者缩小。转化函数为：

$$X'=\frac{X-\text{mid}}{\max-\min} \tag{7-11}$$

7.3.2 运维数据挖掘关键技术

数据挖掘是指对已经采集到的数据进行分析、建模和发现隐藏在其中的信息和模式的过程。数据挖掘利用统计学、机器学习和人工智能等技术，通过对数据进行分析和建模，提取出潜在的关联、趋势、异常等有价值的信息。数据挖掘的目的是通过发现数据中的规律和隐藏的知识，为决策和预测提供支持。

面对海量和种类繁多的再制造装备运维数据，需要采取有效的方法来合理利用它们，防止信息资源的浪费。数据挖掘技术常用的核心算法包括关联规则、粗糙集理论、决策树理论、分类算法、支持向量机、分区分配法、神经网络算法等，如图7-8所示。

7.3.2.1 主要数据挖掘技术

(1) 粗糙集法

粗糙集法是一种处理不精确、不确定和不完全数据的方法，具有操作简单的

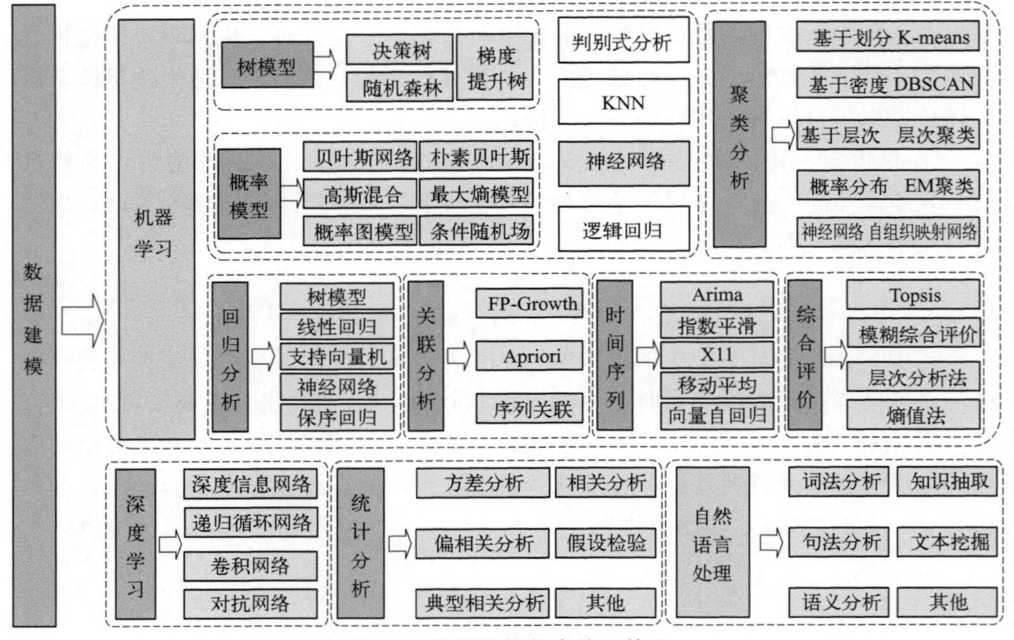

图 7-8 数据挖掘技术核心算法

特点。目前，绝大多数挖掘工具都是基于粗糙集法所建立的，主要是对先验知识不够充分以及相关数据的实际分类能力开展全方位的考察工作，或者针对一些模糊数据开展全方位的分析与处理。

（2）聚类法

这种方法就是针对分析目标开展全体性的划分，同一个群体需要具备良好的相似性，不同群体则具有简单的相似性即可。聚类法就是基于当前必须要处理的一些数据信息进行处理，但是在应用这种方法前，通常无法确定数据类目的构成。聚类法是数据挖掘过程中的主要环节，是根据群体方式进行数据分类，从而更有助于开展详细的后续分析工作。

（3）决策树法

决策树法更适用于解决分类问题，总共可以划分为两大阶段，分别为“构造树”以及“修剪树”。“构造树”指的就是通过训练数据来制作一个测试函数，根据不同的取值来建立多个分支，然后在不同分支下方再建立分支，借助这种重复的方式来生成决策树。“修剪树”则是指在构造树法应用后进行修剪作业，生成最终需要的决策树并完成转化，从而让树形的规则性更强。相较于其他方法来说，决策树法的分类更加快捷，操作规则也更加简单，同时更容易转化成对数据语言的查询，特别是可以对维数较高的一些问题进行高效化分类。

(4) 人工神经网络法

该方法是一种模拟人类大脑神经元工作方式的计算系统，它通过学习和识别数据中的模式和规律，来处理管理模式与非管理模式任务。如果通过这种管理模式能够取得良好的效果，就需要预测目前存在示例能够引发的最终结果，借助结果预测分析和答案对比来完成既定的学习任务。这种方法可以在分类、解决预测、时间序列一类问题中得到有效利用，但是在非管理模式内的神经网络往往更适合用于解决描述类的问题，不适合用来解决预测问题。借助建立合法性的验证、操作以及数据类的描述，与数据模式不产生明显关联。神经网络当中的规则需要经过长时间的实践，所以无法满足商业化的具体分析需求。

(5) 进化算法

这种方法是模仿生物进化的基础模式的一种计算方法，可分为进化计划、遗传程序、进化策略以及遗传算法等多种方法。这种方法更适用于约束度函数从而实现智能搜索的效果，通过数据搜索可以快速地贴近目标，同时可以快速提取所需数据信息。因为这种方法具有操作交叉性与操作变异性的特点，并且有着广泛的搜索范围，所以属于这几种方法当中最为优质的一种。其所采用的框架式的组织结构更适合在编码与适应度函数内应用，其他的所有操作都可以直接让系统来取代。

7.3.2.2 数据挖掘技术在再制造装备运维中的主要应用

(1) 再制造装备运维知识数据库

结合数据挖掘技术、数据库技术，可构建再制造装备运维知识数据库，获取再制造装备运维知识，开展知识管理，对后续运行状态分析、运维提供知识支持。

① 知识数据库设计流程。为了对再制造装备运维数据资源进行有效分析，自动化获取相关运维知识，本节对运维知识数据库进行设计和研究，具体设计流程如图 7-9 所示。

图中左侧部分描述了 SQL Server 平台上的具体数据处理过程，主要包括数据库的设计和构建、挖掘模块的设计和构建以及数据挖掘三大部分。右侧部分是数据库的具体构建、数据挖掘模块的具体设计，以及数据挖掘和数据库技术两者的耦合技术设计及其实现过程。

② 基于数据挖掘的知识数据库结构分析。在数据挖掘基础上设计的数据库结构一般包括三大功能模块：第一个模块是特征数据库，第二个模块是运维案例库，第三个模块是运维结果库。数据功能模块的具体结构如图 7-10 所示。特征数据库主要用于对处理后的运维数据特征集进行妥善存放；运维案例库中存放的运维案例类型是具有特殊要求的，要同时具备案例征兆表以及相应决策结果。前

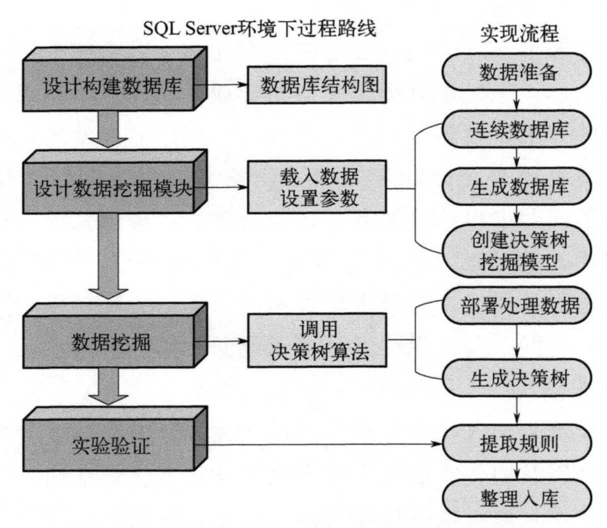

图 7-9　再制造装备运维知识数据库设计流程

者主要针对规则中的条件内容进行存放，后者则针对决策结论内容进行存放，两者均选择“案例号”实现外键关联。运维知识数据库主要由运维案例库以及运维结果库共同构成，针对知识数据库的具体维护，一般要求针对具体案例进行添加以及修改，同时做出删除处理以及保存处理。深入分析基于数据挖掘的数据库，其数据源的存储一般通过关系数据库的方式来开展。对于关系数据库来说，单一的关系就代表一个二维表，众多的二维表共同构成数据库，不同的二维表之间借助一样的属性名实现关联。

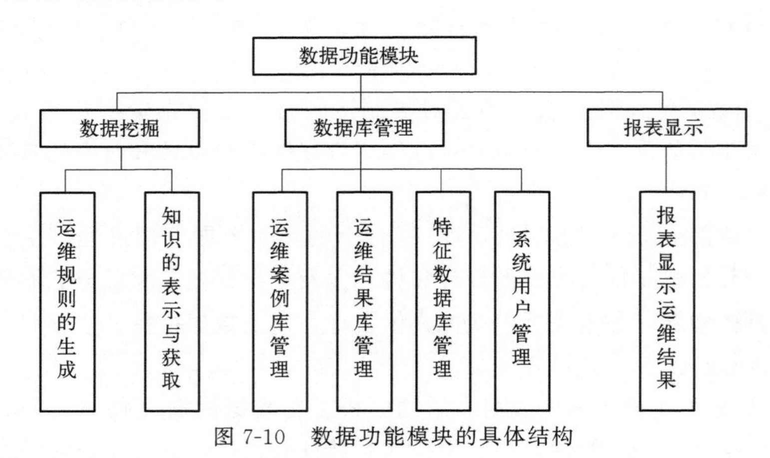

图 7-10　数据功能模块的具体结构

针对数据挖掘模块的具体设计，一般可以借助 DMX 语言实现对其的有效创建以及处理，同时针对数据挖掘模块可开展浏览管理以及有效预测。此外，可以借助可视化界面完成手动操作。本节研究以手动方式完成对数据挖掘模块的构建，通过这种方式促进人机交互，同时对再制造装备的具体运行过程进行实时监测，针对再制造装备运行中存在的问题进行诊断，科学调节再制造装备性能。

（2）其他应用

① 信息管理。利用数据挖掘，对再制造装备的所有运维信息进行统计分析，同时根据最终的结果来预测下一次运维走向。通过行为运算法则的合理应用，能够全面掌握再制造装备的运维状况，从而利用更加有效的数据支撑再制造装备相关运维活动。

② 故障数据分析。通过运维知识数据库，可以快速查阅再制造装备服役中的故障信息，如针对某一种故障类型的故障原因、故障次数、故障部位等进行查询，然后借助聚类分析等算法，全方位地掌握常见故障，从而为后续运维提供数据支撑。

③ 运维指导。借助标准性与准确性都具有较高水平的数据挖掘与处理技术，运用有效的算法进行计算与分析，为进一步明确再制造装备具体的运维手段提供数据支持。

④ 运维评价。利用数据挖掘这一技术手段，可以对运维人员技术表现、运维方法以及运维工具使用等方面进行分析，从而第一时间发现不足之处，技术修正运维人员的低效习惯，同时还有助于摆脱非运维人员在主观上可能出现的评价不公正、不公平、不客观等问题。

7.4　再制造装备运行状态分析技术

实现运维的前提是要对再制造装备进行运行状态评估及性能分析。例如，进行再制造装备健康状态评估，采用多源监测数据特征提取、运行多阶段工况统计和联合标准化处理技术，分析装备运行过程中的时序数据，建立关键部件健康诊断识别模型，以感知和识别装备在运行中的异常状况；再制造装备故障诊断及预测分析，基于跨地域同类型再制造装备历史数据的集成，分析出各种故障与运行参数之间的关系，在线对装备可能发生故障的原因、类型和程度等做出推断，对可能发生故障的部件状态进行评估。

利用智能监测与分析技术、智能计算方法等手段，对再制造装备运行状况进行评估，判断其是否在正常的状态下运行，可为后续的运维服务提供有效支持。在再制造装备运行过程中，磨损、腐蚀和疲劳等都会引起其零部件损伤和失效，导致其服役性能退化。实时监控再制造装备的运行状态，可以及时发现装备的各种异常，减少因装备故障而停产所造成的损失。再制造装备服役性能退化特征如下。

(1) 多性能退化

由于下游企业的多样化需求，再制造装备实质上是非标准化、个性化的产品，需要满足客户对不同大小、不同形状、不同工艺手段的实际需求。而且，再制造装备是旧件毛坯与新件的组合。这导致再制造装备的零部件组成结构复杂、特异性强，往往不只影响其一种性能，从而呈现多性能参数退化的特点。

(2) 多态性

在再制造装备的使用过程中，发生故障经维修后往往不能恢复到全新状态而是随着时间的累积和维修次数的增加出现一定程度的退化，从而呈现多态性。例如，再制造汽车中的发动机，其故障后往往通过翻新再次使用，由于磨损或腐蚀导致个别元件老化，一般通过更换使其系统功能恢复，但不能使其恢复到全新状态。系统的状态将受元件已工作时间和当前所处状态的影响，系统状态完好并不代表所有组件全新，系统经维修后重新投入工作的时刻并不能作为系统再生点。

(3) 退化状况多变

在大规模定制生产模式的发展趋势下，再制造装备服役过程的工况条件不是固定不变的。多工况影响下，不同的工况会导致再制造装备表现出的性能参数也不同，退化状况多变且不规律，影响再制造装备服役性能的要素多且耦合，大部分状态监测物理量的变化呈现随机性、多维性、时变性、耦合性和非线性等特点。

7.4.1 再制造装备健康状态评估关键技术

再制造装备健康状态影响着其生产力、运行效率和安全性。定期维护和监控装备的健康状况有利于防止其故障，减少运维时间。目前，再制造装备诊断过程通常是被动的，只有其出现问题时才进行维护。这种被动的检修方式可能会导致计划外的装备停机和维修，而不在计划内的维修成本高昂。缺乏准确的再制造装备健康状态监测方法，会使预测装备潜在问题变得困难。传统的再制造装备健康状态诊断优化方法往往依赖人工检测，不仅耗时长，而且容易出现人为错误。此外，随着再制造装备生成的数据量和复杂性不断增加，快速准确地分析这些数据以检测潜在问题可能具有挑战性。

本节从全生命周期运维的角度出发，结合全生命周期运维知识数据库、评估知识数据库、数据统计分析等，提出一种智能评估再制造装备健康状态的方法。

(1) 再制造装备健康状态特征

在再制造装备服役过程中，其部件执行相关指令时会产生大量的运行数据。在执行任务过程中产生的数据可以评价相应运行动作执行的优劣，进而反映出再制造装备的健康状态。再制造装备健康状态的共同特征主要有：

① 稳定性：正常情况下，处于工作状态的再制造装备具有稳定性，会产生具有一定规律并且可重复的工作效果，而不稳定的再制造装备可能会导致工作部

件的故障。

② 振动：振动信号一定程度上可以反映再制造装备的工作状态是否正常，振动骤然剧烈表明再制造装备内部某部件可能出现问题，如轴承或齿轮。

③ 功耗：功耗增加可能表明机床的电路存在问题。

④ 温度：通过监测再制造装备各部件工作时的温度，再对照正常工作情况下再制造装备各部件的标准温度范围，能够反映出再制造装备的工作状态是否正常，有助于发现潜在的过热、冷却剂流动问题或其他热相关问题。

⑤ 噪声：异常过大的噪声可能是由零部件松动、磨损、润滑不良或其他再制造装备健康问题所导致的。

总的来说，再制造装备状态健康对于维持高效和有效的工作过程至关重要。利用相应的再制造装备运行状态数据库和知识库，可以对再制造装备进行实时监控以及健康状态的评估。随着全生命周期运维模式的完善，将再制造装备各部件的状态数据资源整合起来，可开发相关再制造装备状态优化软件和知识库系统，形成再制造装备健康状态智能评估体系，为用户提供最优装备健康状态信息、优化方案、状态参数等基础数据和知识，进一步提高装备服役性能。

（2）基于智能算法的再制造装备健康状态评估方法

再制造装备状态监测是对装备每个部件的运行情况进行监测，对关键指标进行测量，获得包括再制造装备的基本信息、各种传感器数据以及通过算法计算得出的再制造装备健康状态指数在内的大量数据集。利用这些数据集，通过再制造装备健康状态评估智能匹配算法和再制造装备健康状态评估智能推理算法，实现再制造装备健康状态智能评估，如图 7-11 所示。

在再制造装备健康状态实例匹配过程中，输入的再制造装备状态信息直接影

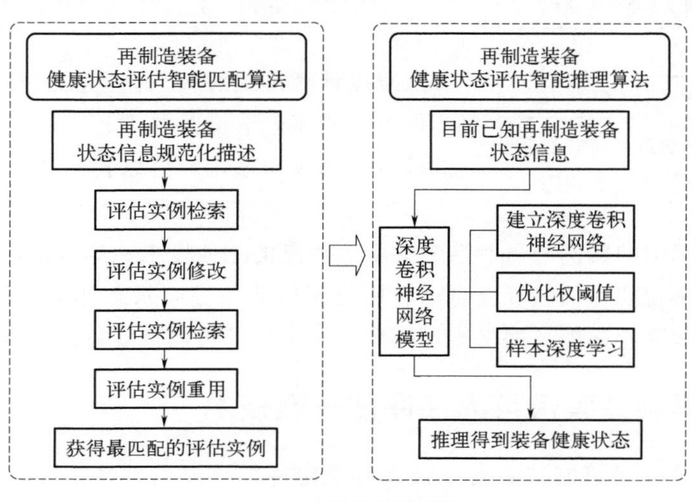

图 7-11　智能评估算法

响再制造装备健康状态评估的准确性。针对机床健康状态特征属性，提出一种灰色关联分析法，其计算分析过程如下。

参考序列是先将各备选方案属性值规范化，由规范化后的最优解组成，定义为：

$$R_0=\{r_{01},r_{02},\cdots,r_{0n}\} \tag{7-12}$$

式中，$r_{0j}=\max x_{ij}$（效益）或者 $r_{0j}=\min x_{ij}$（成本）。

计算序列的值与参考序列之差的绝对值，即计算属性值序列与参考序列的相应元素之间的汉明距离：

$$\Delta_{ij}=d(r_{0j},r_{ij}),\quad i=1,2,\cdots,m;j=1,2,\cdots,n \tag{7-13}$$

计算最大和最小汉明距离：

$$\Delta_{\max}=\max\Delta_{ij},\quad i=1,2,\cdots,m;j=1,2,\cdots,n \tag{7-14}$$

$$\Delta_{\min}=\min\Delta_{ij},\quad i=1,2,\cdots,m;j=1,2,\cdots,n \tag{7-15}$$

计算关联系数：

$$\xi_{ij}=\frac{\Delta_{\min}+\rho\Delta_{\max}}{\Delta_{ij}+\rho\Delta_{\max}},\quad i=1,2,\cdots,m;j=1,2,\cdots,n \tag{7-16}$$

式中，ξ_{ij} 代表备选方案与参考方案在第 j 个评估指标的相对值；ρ 是分辨率因子，取值在 0 至 1 之间，其值越小分辨能力越强，一般取 0.5。可利用各备选方案属性值序列和参考序列建立关联系数矩阵$(\xi_{ij})m\times n$。

计算各备选方案和参考方案之间的灰色关联度 γ_i，式中 w_j 代表 j 属性的权重值。

$$\gamma_i=\sum_{i=1}^{n}\xi_{ij}w_j,\quad i=1,2,\cdots,m \tag{7-17}$$

根据计算得到的灰色关联度大小，对各评估实例方案排序，选择关联度较大的实例。通过实例检索、修改和重用，可以找到最符合当前优化方案的实例，其算法流程图如图 7-12 所示。

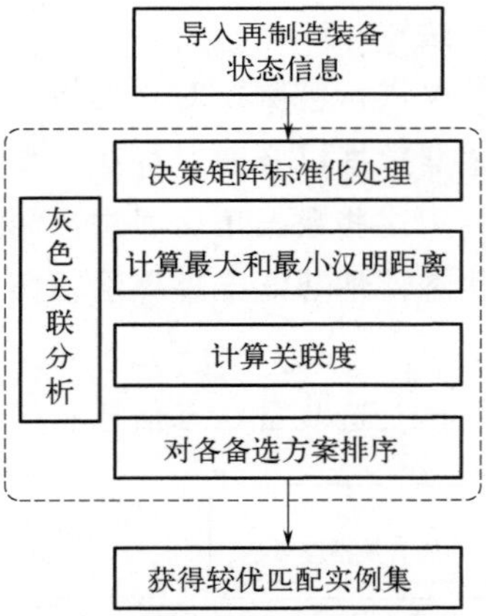

导入再制造装备状态信息
决策矩阵标准化处理
计算最大和最小汉明距离
计算关联度
对各备选方案排序
灰色关联分析
获得较优匹配实例集

图 7-12　再制造装备状态优化方案智能匹配流程图

当实例库中的实例与再制造装备状态信息的相似度未达到设定阈值，再制造装备健康状态智能评估软件会自动启用再制造装备健康状态评估智能推理算法。该算法采用深度卷积神经网络推理模型，用于推理再制造装备健康状态。

7.4.2　再制造装备可靠性评估关键技术

可靠性是衡量再制造装备质量及其稳定性的重要基础性指标，同时也是评估再制造装备能否获得社会与客户认可，是否具备市场竞争力的关键因素。再制造装备可靠性评估是基于再制造装备功能系统的结构特征以及组件来源分布类型等，以判断装备零部件实体在规定条件、规定时间内，完成规定功能的能力能否达到交付标准为目的，采用概率统计的方法，对产品在足量数据样本下的可靠性特征量进行分析的过程。其中，可靠性特征量为给定置信度下的产品可靠性参数，如平均故障时间间隔、可靠度、无故障运行时间等的下限估计值。

可靠性评估实际上是在大数据样本基础上，对产品零部件实体的功能实现能力进行评估的过程。对于批量生产的新产品而言容易实施，而再制造装备往往是单件生产模式，且再制造毛坯一般具有较高的价值，无法对其零部件实体开展大量的或破坏性的可靠性试验，造成再制造装备可靠性评估的数据样本不足，严重影响再制造装备可靠性评估的科学准确性，进而无法保证再制造装备质量。因此，数据样本少是再制造装备可靠性评估的瓶颈问题，而扩充数据样本可以从以下两方面着手：

① 引入再制造加工过程的工艺质量数据扩充样本，评估产品实体的可靠性。再制造装备的可靠性主要由再制造设计过程与再制造加工过程所决定。其中，再制造设计过程制定了再制造装备满足再服役需求或再服役环境的可靠性目标，决定了再制造装备的初始可靠性或标准可靠性。而在再制造加工过程中，任一组件、工序等出现偏差均会影响再制造装备的标准可靠性，决定了再制造装备的最终可靠性或实际可靠性。相比新产品“过墙式”的生产过程，即设计阶段、制造阶段等的相对独立，再制造装备在设计时就必须集成考虑生产过程的各个阶段，一般不允许出现由于设计偏差造成的再制造毛坯价值浪费和经济损失，因此，再制造设计方案需要具有高准确性，当废旧零部件再制造过程的工艺质量高度符合设计标准时，可以认定产品实体可靠性满足设计或交付标准，即再制造加工过程的工艺质量数据，可以作为再制造装备实体可靠性评估的数据样本。

② 融合再制造装备的多源运行数据扩充样本，评估产品功能的可靠性。再制造由于其单件生产模式与毛坯价值等方面的原因，导致再制造装备实体不可能进行大量或破坏性的现场功能运行测试；个性化再制造装备整机的系统级仿真测试模型与平台构建极为困难，成本高且难以准确模拟再服役过程中所有工况环境。基于这些问题，可以在确保再制造装备实体可靠性满足设计或交付标准的前提下，依据再制造装备设计方案，将同类或相似产品的再服役运行与维护数据、产品子功能运行的仿真实验数据等，与实际少量现场运行试验数据结合，即融合多源运行数据，使再制造装备可靠性评估的数据样本达到要求水平。

因此，再制造装备的可靠性评估框架如图 7-13 所示。

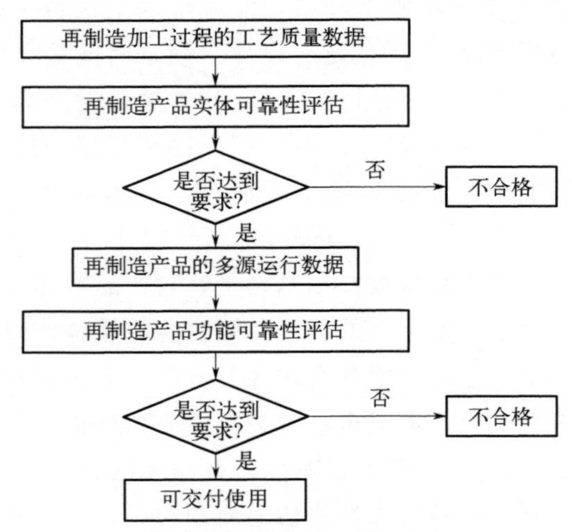

图 7-13　再制造装备可靠性评估框架

7.4.2.1　实体可靠性评估方法

再制造装备实质上是由其零部件实体按照一定的层级组织结构，为执行特定行为所形成的功能系统。由于再制造装备可靠性评估是判断其在规定的条件下、规定的时间内，完成规定功能的能力，因此，对再制造装备实体的可靠性评估也必须考虑实体与其功能系统的关系，通过功能系统将零部件实体的可靠性特征量传递到产品，从而获得产品整机的实体可靠性评估结果。根据实现功能的因果关系对产品功能系统逐级分解，可以获得各级子功能的零部件构成与关联关系，如图 7-14 所示。再制造装备功能系统一般由多级子功能组成，一级功能包括实现产品总功能所需要采取的所有手段功能及其零部件实体，二级功能包括实现一级功能所采取的所有手段功能及其零部件实体，直至分解到最小支持功能为止，获得再制造装备各级功能下的全部零部件实体。

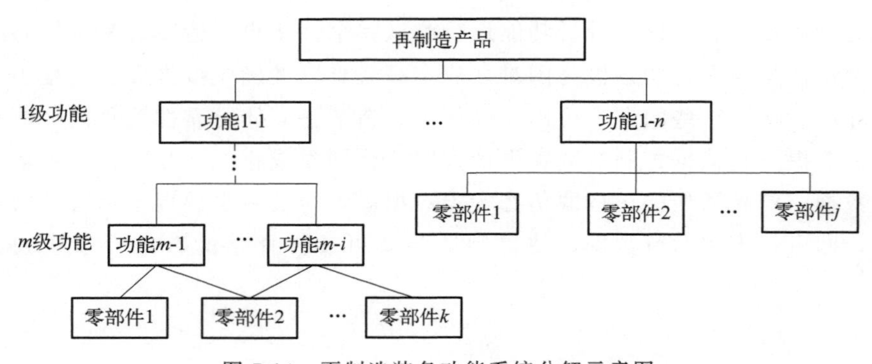

图 7-14　再制造装备功能系统分解示意图

由于再制造装备实体以零部件的工艺可靠度为其可靠性特征量，且再制造装备以废旧产品零部件为毛坯，毛坯的失效形式、失效程度等失效特征存在很大的不确定性，各类失效特征对应多条可选工艺路线，导致即使同一零部件的工艺可靠度也会存在很大差异，使得再制造装备零部件实体的工艺可靠度测算过程具有高度个性化特征。此外，需要注意的是，功能系统的实体结构形式是多样化的，主要包括串联型、并联型、混联型、冗余型与储备型五种类型，功能系统不同实体结构形式下的工艺可靠度的传递机制各不相同。基于上述考虑，设计如图 7-15 所示的再制造装备实体可靠性评估流程。通过对再制造装备功能系统的实体结构形式进行分析，针对不同结构形式分别建立其工艺可靠度传递函数，并利用工艺质量数据测算各零部件实体的工艺可靠度，从而实现对再制造装备实体的可靠性评估。

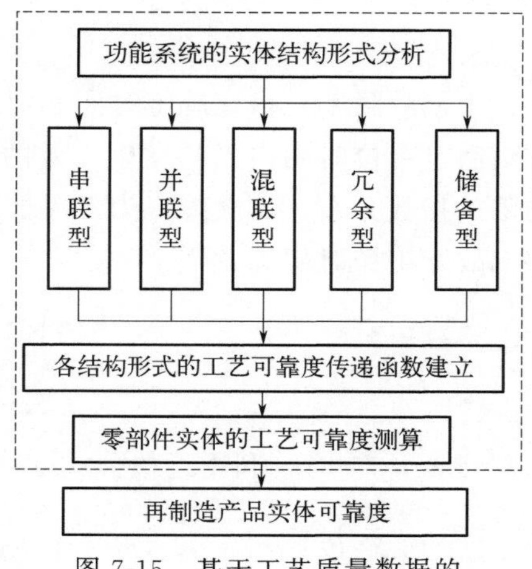

图 7-15　基于工艺质量数据的可靠性评估流程

(1) 串联型结构的工艺可靠度传递函数

串联型结构再制造装备功能系统由 n 个零部件实体($A_1, A_2, \cdots, A_n$)组成，当每个实体都正常工作时，系统正常工作，当其中任何一个实体失效时，整体系统失效。其可靠性框图为○—[R_1]—[R_2]— … —[R_n]—○，R_1，R_2，…，R_n 分别为第 1，2，…，n 个零部件实体的工艺可靠度。

在串联系统中，假设各实体相互独立，其工艺可靠度传递函数为：

$$R_s(t) = \prod_{i=1}^{n} R_i(t) \tag{7-18}$$

式中，$R_s(t)$ 为产品实体的可靠度；$R_i(t)$为第 i 个单元的工艺可靠度。工艺可靠度是指工艺在规定时间和规定条件下，保证加工质量和实现规定工艺过程的能力。例如，一定工艺条件和加工周期内，刀尖振幅位移低于失效阈值 D_μ 的数目 M 与总样本点数 N_a 的比值，记作 R，表达式为：$R=M/N_a$。

如各零部件实体的寿命分布都是指数分布，且 $R_i = e^{-\lambda_i t}$　($t>0$)，式中 λ_i 是第 i 个实体的工艺故障率，则产品实体的工艺可靠度传递函数为：

$$R_s(t) = \prod_{i=1}^{n} e^{-\lambda_i t} = e^{-\sum_{i=1}^{n} \lambda_i t} = e^{\lambda_i t} \tag{7-19}$$

$$\lambda_s = \lambda_1 + \lambda_2 + \cdots + \lambda_n = \sum_{i=1}^{n} \lambda_i$$

工艺故障率是指在规定时间和规定条件下到某一时刻尚未失效的工艺，在该时刻后，单位时间内工艺发生失效的概率。式(7-19) 表明整体系统的寿命分布仍服从指数分布，其故障率为各零部件实体的工艺故障率之和，而产品实体的平均无故障工作时间为：

$$\text{MTBF} = \frac{1}{\lambda_s} = \frac{1}{\sum_{i=1}^{n} \lambda_i} \tag{7-20}$$

当$\lambda_s t < 1$时，利用近似公式$e^{-\lambda_s t} = 1 - \lambda_s t$，则有

$$F_s(t) = 1 - R_s(t) = 1 - e^{-\lambda_s t} \approx \lambda_s t = \sum_{i=1}^{n} \lambda_i t = \sum_{i=1}^{n} F_i(t) \tag{7-21}$$

式中，$F_s(t)$为产品实体的不可靠度；$F_i(t)$为第i个零部件实体的不可靠度。可见，在这种情况下产品实体的不可靠度近似等于各零部件实体的不可靠度之和，因此可以近似求得产品实体的可靠度。由上述可见，串联型结构的产品实体的可靠度不会超过各零部件实体的工艺可靠度最小值，即$R_s \leqslant \min_i \{R_i\}$。

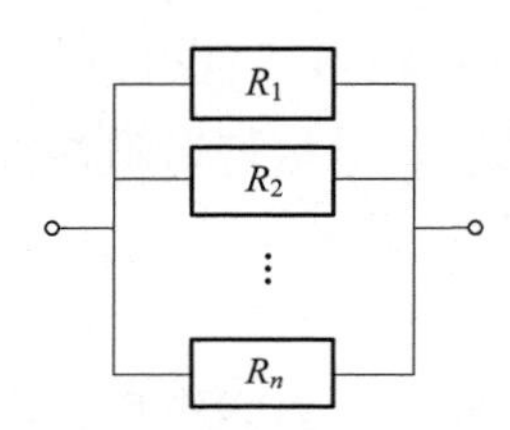

图 7-16 并联工艺系统可靠性框图

(2) 并联型结构的工艺可靠度传递函数

并联型结构的再制造装备由n个零部件实体(A_1，A_2,…,A_n)组成，只要存在实体可以工作，系统就能工作，当所有实体都失效时，系统失效。并联工艺系统可靠性框图如图 7-16 所示，图中R_1，R_2，…，R_n分别为零部件实体的工艺可靠度。

在各零部件实体相互独立的情况下，产品实体的不可靠度$F_s(t)$为：

$$F_s(t) = \sum_{i=1}^{n} F_i(t) \tag{7-22}$$

$$R_s(t) = 1 - F_s(t) = 1 - \prod_{i=1}^{n} F_i(t) = 1 - \prod_{i=1}^{n} [1 - R_i(t)] \tag{7-23}$$

如各单元的寿命分布都是失效率为λ_i的指数分布，则产品实体的可靠度$R_s(t)$可由式(7-24) 得出：

$$R_s(t) = 1 - \prod_{i=1}^{n} (1 - e^{-\lambda_i t}) \tag{7-24}$$

进一步，可表示为：

$$R_s(t) = \sum_{i=1}^{n} e^{-\lambda_i t} - \sum_{1 \leqslant i < j \leqslant n} e^{-(\lambda_1 + \lambda_2)t} + \cdots + (-1)^{n-1} e^{-(\lambda_1 + \lambda_2 + \cdots + \lambda_n)t} \tag{7-25}$$

这表明并联系统的寿命分布已不是指数分布，这时系统的平均无故障工作时间为：

$$\begin{aligned}\mathrm{MTBF}&=\int_0^{\infty} t f_{\mathrm{s}}(t)\mathrm{d}t=\int_0^{\infty} R_{\mathrm{s}}(t)\mathrm{d}t\\&=\int_0^{\infty} R_{\mathrm{s}}(t)\mathrm{d}t\\&=\int_0^{\infty}\left[\sum_{i=1}^{n}\mathrm{e}^{-\lambda_i t}-\sum_{1\leqslant i<j\leqslant n}\mathrm{e}^{-(\lambda_1+\lambda_2)t}+\cdots+(-1)^{n-1}\mathrm{e}^{-(\lambda_1+\lambda_2+\cdots+\lambda_n)t}\right]\mathrm{d}t\\&=\sum_{i=1}^{n}\frac{1}{\lambda_i}-\sum_{1\leqslant i<j\leqslant n}\frac{1}{\lambda_i+\lambda_j}+\cdots+(-1)^{n-1}\frac{1}{\sum_{i=1}^{n}\lambda_i}\end{aligned}\tag{7-26}$$

即 $R_{\mathrm{s}}(t)=\mathrm{e}^{-\lambda_1 t}+\mathrm{e}^{-\lambda_2 t}-\mathrm{e}^{-(\lambda_1+\lambda_2)t}$，则：

$$\mathrm{MTBF}=\frac{1}{\lambda_1}+\frac{1}{\lambda_2}-\frac{1}{\lambda_1+\lambda_2}\tag{7-27}$$

由上述可见，并联型结构产品实体的可靠度不会小于各零部件实体的工艺可靠度的最大值，即 $R_{\mathrm{s}}\geqslant\max\limits_{i}\{R_i\}$。

(3) 混联型结构的工艺可靠度传递函数

由串联型结构系统和并联型结构系统混合组成的系统称为混联型结构系统。根据组成不同，可将其分为以下几类。

① 串并联系统（附加单元系统）。一个串并联系统串联了 n 个组成单元，而每个组成单元都由 m 个零部件实体并联而成，该串并联系统的可靠性框图如图7-17所示。

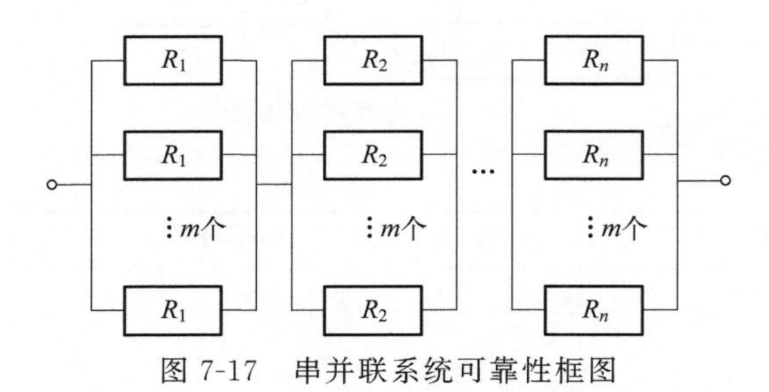

图7-17 串并联系统可靠性框图

若零部件实体 R_i 的工艺可靠度为 $R_i(t)$，则产品实体的可靠度 $R_{\mathrm{s1}}(t)$ 为：

$$R_{\mathrm{s1}}(t)=\prod_{i=1}^{n}\left[1-(1-R_i(t))^m\right]\tag{7-28}$$

② 并串联系统（附加通路系统）。一个并串联系统并联了 m 个组成单元，而每个组成单元都由 n 个零部件实体串联而成，该并串联系统的可靠性框图如图7-18所示。

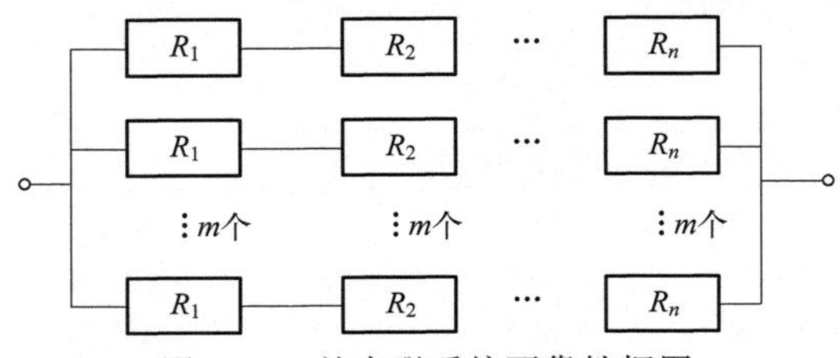

图 7-18　并串联系统可靠性框图

若零部件实体 R_i 的工艺可靠度为 $R_i(t)$，则此产品实体的可靠度 $R_{s2}(t)$ 为：

$$R_{s2}(t)=1-\left[1-\prod_{i=1}^{n}R_i(t)\right]^m \tag{7-29}$$

对于更为复杂的混联系统，如图 7-19 所示，可以利用等效可靠性框图来进行系统可靠性计算。

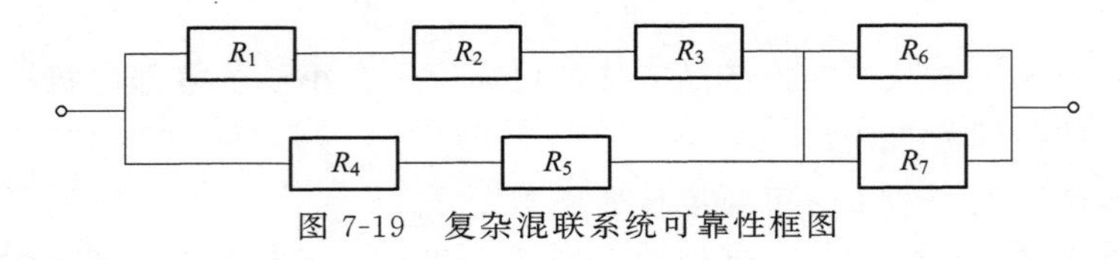

图 7-19　复杂混联系统可靠性框图

设各零部件实体的工艺可靠度相互独立，则其等效可靠性框图如图 7-20、图 7-21 所示

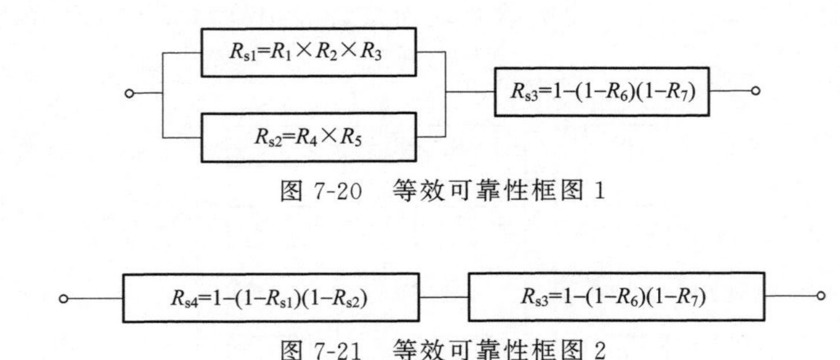

图 7-20　等效可靠性框图 1

图 7-21　等效可靠性框图 2

最终可求得产品实体的可靠度 R_s 为：

$$\begin{aligned}R_s&=R_{s4}R_{s3}=[1-(1-R_{s1})(1-R_{s2})][1-(1-R_{s6})(1-R_{s7})]\\&=[1-(1-R_1R_2R_3)(1-R_4R_5)][1-(1-R_6)(1-R_7)]\end{aligned} \tag{7-30}$$

(4) 冗余型结构的工艺可靠度传递函数

当一个产品功能系统由 n 个零部件实体组成时，只要其中可以正常工作的零部件实体数不少于 $k(k=1,2,3,\cdots,n)$ 个时，该系统就可以正常工作，这种系统便称作冗余系统，也称为表决系统，简称 $k/n(G)$ 系统（G 表示“正常”）。显然，当 $k=1$ 时，冗余系统为纯并联系统；$k=n$ 时，冗余系统为纯串联系统；$1<k<n$ 时，为 $k/n(G)$ 冗余系统，典型 $k/n(G)$ 冗余系统的可靠性框图如图 7-22 所示。

当 $k/n(G)$ 冗余系统中每个零部件实体的工艺可靠度相同且相互独立时，即 $R_i=R(i=1,2,\cdots,n)$，则 $k/n(G)$ 冗余系统的产品实体的可靠度为：

$$R_s=\sum_{i=k}^{n}\binom{n}{i}R^i(1-R)^{n-i},\quad k=1,2,\cdots,n \tag{7-31}$$

其中，$\binom{n}{i}=\frac{n!}{i!\ (n-1)!}$。

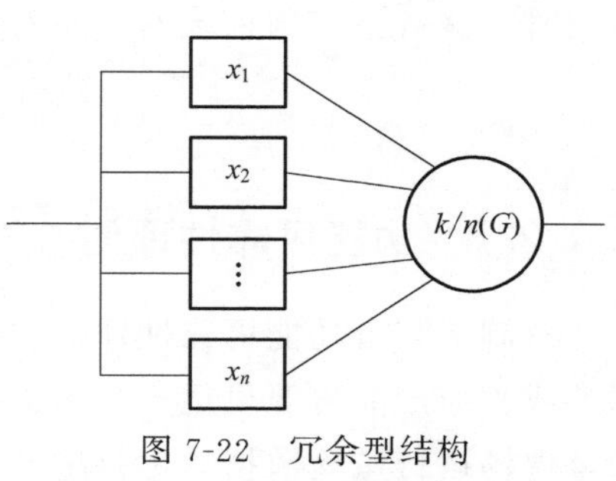

图 7-22　冗余型结构系统可靠性框图

(5) 储备型结构的工艺可靠度传递函数

若一个产品功能系统由 n 个零部件实体组成，当其中一个零部件实体可以正常工作时，整个系统便处于正常工作状态，其他 $n-1$ 个实体作为该实体的储备实体进行待命，当该实体失效时，储备实体中的一个接替其进行工作，确保系统正常运行，直到所有 n 个实体皆发生失效时，系统才会失效，这样的结构系统便为储备型结构系统。储备型结构系统可靠性框图如图 7-23 所示，其中 SW 表示开关类元件。

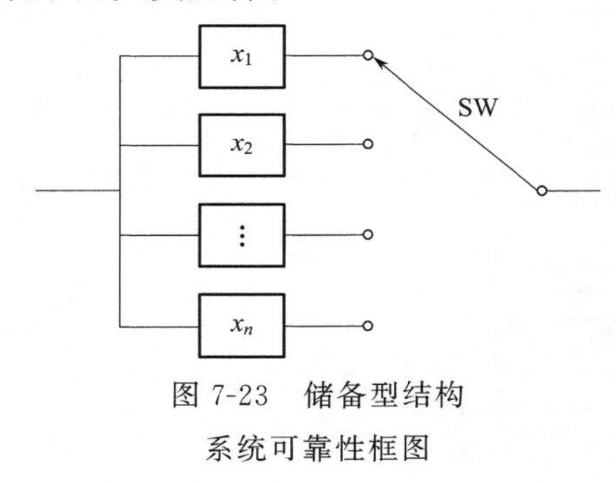

图 7-23　储备型结构系统可靠性框图

按照储备实体的状态进行划分，可将储备型结构系统分为热储备型结构系统与冷储备型结构系统，两者的不同之处为：热储备型结构系统的储备实体在系统正常工作时处于一定的工作状态，此状态下也有发生故障的可能性，但这种失效概率与工作状态时的概率不同，因此对于可靠性评估与预测而言，相较于冷储备型结构系统，热储备型结构系统更为复杂。

不同于热储备型结构系统，冷储备型结构系统储备实体处于一种完全的“停机”状态，因此也被称作旁联状态。在系统正常运行时，储备实体的性能不会发生劣化，系统整体的工作寿命也不会随着储备期时间的变化而变化。所以对于冷储备型结构系统而言，激活储备实体时需要借助相应的转换元器件实现与故障实体的转换，在进行可靠性评估与预测时，需要考虑到转换元器件的可靠性。冷储备型结构系统最大的特点为可以有效地提升整个系统的可靠性，但需要注意的是，该型系统对于转换装置的要求较高，当转换装置出现问题时，整个系统的可靠性便会发生显著下降。

在由 n 个零部件实体组成的储备型结构系统中，系统正常运行需要 k 个实体正常工作，各实体的寿命均为 λ 且服从指数分布，在不考虑转换元器件可靠性影响时，储备型结构系统的产品实体的可靠度为：

$$R_{s}=e^{-kt}\sum_{i=0}^{n-k}\frac{(k\lambda t)^{i}}{i!},\quad k=1,2,\cdots,n \tag{7-32}$$

7.4.2.2 功能可靠性评估方法

再制造装备功能可靠性评估主要采用多源信息融合技术，依据设计标准，将同类或相似产品再服役运行与维护数据、产品子功能运行的仿真实验数据、实际少量现场运行试验数据等进行融合，评估再制造装备功能的可靠性。基于多源运行数据融合的再制造装备功能可靠性评估流程如图 7-24 所示。首先收集再制造装备的多源运行数据，采用信息融合技术处理这些数据之前，需要对属于不同总体的数据进行一致性检验和数据预处理，进而对多源运行数据进行融合处理，实现对再制造装备功能的可靠性评估。

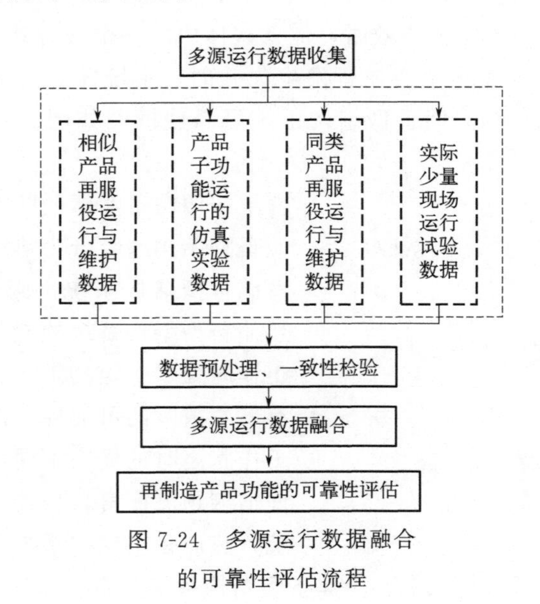

图 7-24 多源运行数据融合的可靠性评估流程

(1) 再制造装备功能可靠性评估模型参数

可靠度：再制造装备在规定时间、规定条件下无故障运行并完成关键功能的概率。以时间为计量单位，则可靠度记为 $R(t)$，其数学表达式为 $R(t)=P(T>t)=\int_{t}^{\infty}g(t)\mathrm{d}t$ 。其中，T 表示再制造装备发生故障时间，$g(t)$为再制造装备失效概率密度函数。

累积故障概率：再制造装备在规定的条件下、规定的时间内，尚未完成规定功能或因故障无法运行的概率，亦称不可靠度，记为 $F(t)$，其数学表达式为 $F(t)=P(T\leqslant t)=1-R(t)=\int_0^t g(t)\mathrm{d}t$ 。其中，$g(t)$为再制造装备故障概率密度函数。

故障率：再制造装备某一时刻尚未发生故障但在该时刻后的单位时间内发生故障的概率，记作 $\lambda(t)$，其数学表达式为 $\lambda(t)=\frac{\mathrm{d}\ln R(t)}{\mathrm{d}t}$。其中，$R(t)$为可靠度。

平均无故障工作时间：再制造装备平均正常运行多长时间，才发生一次故障，记作 MTBF(t)，其数学表达式为 MTBF$(t)=1/\lambda(t)$。其中，$\lambda(t)$为失效率。

信息融合技术：通过合理协调多源运行数据，利用特定的规则进行分析、关联及融合处理，得到比单一数据或信息源更准确、更可靠、更有价值的综合信息，提高在复杂环境中的正确分析能力。利用信息融合技术实施可靠性评估，主要涉及以下定义。

矩估计（Moment Matching）：用样本矩（已知量）去估计总体矩（含有未知参数 θ）的方法，即用样本矩度量总体矩，并由此而得到参数 θ 的过程。

熵（Entropy）：可以用来表示分布中所含的信息量的平均值。连续函数 $f(\lambda)$的熵为 $S=\int_{-\infty}^{\infty} f(\lambda)\ln(f(\lambda))\mathrm{d}\lambda$ 。

信息熵：若信息源 $X\{x_1,x_2,\cdots,x_i,\cdots,x_n\}$中单一信息 x_i 的概率为 $P(x_i)$，且 x_i 相互独立，则信息源的平均不确定性为单个信息不确定性$-\lg P(x_i)$的统计平均值，称该统计平均值为信息熵，其表达式为 $H(X)=-\sum_{i=1}^{n}P(x_i)\lg P(x_i)$ 。

再制造装备可靠性评估中常用的分布函数如表 7-5 所示，若用样本的均值和标准差（m,s）代替总体的均值和标准差（μ,σ），则可以得到总体分布中的分布参数和熵函数的估计值。

表 7-5　常见分布函数及其相关信息

项目	s-Normal Cdf（正态分布）	LogNormal Cdf（对数正态分布）	Gamma Cdf（伽马分布）
分布函数	$\mathrm{gauf}[(\lambda-\mu_x)/\sigma_x]$ $-\infty<\lambda<\infty$	$\mathrm{gauf}[(\ln(\lambda)-\mu_y)/\sigma_y]$ $-\infty<\lambda<\infty$	$\mathrm{gauf}(\beta\lambda;\alpha)$ $\alpha>0,\beta>0$
分布参数	$\mu_x=\mu$ $\sigma_x^2=\sigma^2$	$\mu_y=\ln(\mu)-\frac{1}{2}\ln(1+\sigma^2/\mu^2)\sigma_y$ $=\ln(1+\sigma^2/\mu^2)$	$\alpha=\mu^2/\sigma^2\beta=\mu/\sigma^2$

续表

项目	s-Normal Cdf（正态分布）	LogNormal Cdf（对数正态分布）	Gamma Cdf（伽马分布）
熵函数	$S=\ln(2\pi e\sigma_y^2)/2+\mu_y$	$S=\frac{1}{2}\ln(2\pi e\sigma_y^2)/2$	$S=\alpha+(1-\alpha)\Psi(\alpha)+\ln\Gamma(\alpha)-\ln(\beta)$

(2) 评估模型

① 可信度及相容性检验。

在完成多源运行数据的收集后，有些可靠性信息，如现场数据等可直接进入融合中心。而其他一些相关可靠性信息，如非工作环境下的试验数据、相似产品可靠性信息等，在参与融合之前应做进一步处理。这些处理包括一致性检验和适当的预处理工作。其中，一致性检验是将不同来源的可靠性信息与质量较高的现场数据等进行比较，并剔除那些不符合要求、不可信的可靠性信息；预处理环节的主要任务是根据不同来源可靠性信息的特点，分别对其进行必要的折合、转换等处理，为信息融合作好准备。

设$(X_1,X_2,\cdots,X_{n_1})$是再制造装备试验样本，$X_{i_1}^{(0)}$，$X_{i_2}^{(0)}$，…，$X_{i_{n_2}}^{(0)}$为再制造装备验前信息样本，则该产品检验统计假设可表述为：

H_0——两子样来自同一总体

H_1——两子样不属于同一总体

将两子样进行混合排序（由小到大排序），形成有序统计量$Z_1\leqslant Z_2\leqslant\cdots\leqslant Z_j(j=1,2,\cdots,n_1+n_2)$，其中，$j$为$Z_j$的秩。若$X_k=Z_j$，即再制造装备试验样本$(X_1,X_2,\cdots,X_{n_1})$内元素$X_k$在混合排序中的秩为$j$，记为$r_k(x)=j$。将再制造装备试验样本的秩和作为检验的统计量，即$R_1=\sum\limits_{k=1}^{n_1}r_k(x)$ [R_2为验前信息样本的秩和，由于$R_1+R_2=\frac{1}{2}(n_1+n_2)(n_1+n_2+1)$为常数，故当其中一个样本的秩和确定后另一个随之确定，因此只需考虑R_1]。在给定的显著性水平α下，由显著性检验表得R_1的值，得到满足下式的$C_{\mathrm{L}}\left(\frac{\alpha}{2}\right)$、$C_{\mathrm{U}}\left(\frac{\alpha}{2}\right)$的值：

$$p\left\{C_{\mathrm{L}}\left(\frac{\alpha}{2}\right)<R_1<C_{\mathrm{U}}\left(\frac{\alpha}{2}\right)\right\}=1-\alpha \tag{7-33}$$

若$R_1\leqslant C_{\mathrm{L}}\left(\frac{\alpha}{2}\right)$或$R_1\geqslant C_{\mathrm{U}}\left(\frac{\alpha}{2}\right)$，则拒绝接受$H_0$，即两个样本不属于同一个总体；否则两子样属于同一总体。

记A=采纳H_0的事件，若采纳H_0，H_0成立的概率，即再制造装备试验样本$(X_1,X_2,\cdots,X_{n_1})$与再制造装备验前样本$(X_{i_1}^{(0)},X_{i_2}^{(0)},\cdots,X_{i_{n_2}}^{(0)})$为同一总体

的概率，称为再制造装备验前子样$(X_{i_1}^{(0)},X_{i_2}^{(0)},\cdots,X_{i_{n_2}}^{(0)})$可信度。由 Bayes 公式得可信度的表达如下：

$$P(H_0|A)=\frac{P(A|H_0)P(H_0)}{P(A|H_0)P(H_0)+(1-P(H_0))P(A|H_1)} \tag{7-34}$$

其中，$P(A|H_0)=1-\alpha$，$P(A|H_1)=\beta$(β为采伪概率)。

② 基于信息熵法的再制造装备单元可靠性信息折合。

子功能相对于再制造装备功能系统来说，试验数据的性质是不同的，需先将该类数据进行折合处理，即将该数据映射到整体，然后再进行融合。

假设再制造装备由 $k(k\geqslant 2)$个成败型子功能单元及 $m(m\geqslant 2)$个指数型子功能单元组成，彼此相互独立，子功能单元是指可以单独验收的零部件或组件。由信息熵理论得，在成败型子功能单元中，第 $i(i=1,2,\cdots,k)$个成败型子功能单元在 n_i 次可靠性试验中总信息量为 $H_i=-[p_i\ln p_i+(1-p_i)\ln(1-p_i)]$，成功次数为 s_i；其中，p_i 为其每次试验成功的概率。则再制造装备的全部成败型子功能单元在所有可靠性试验中的总信息量为：

$$I_{\mathrm{b}}=-\sum_{i=1}^{k}n_i[p_i\ln p_i+(1-p_i)\ln(1-p_i)] \tag{7-35}$$

在指数型子功能单元中，第 $j(j=1,2,\cdots,m)$个指数型子功能单元在等效 η_j 任务数中可靠性总信息量为 $H_j=-\eta_j[R_j\ln R_j+(1-R_j)\ln(1-R_j)]$，等效故障次数为 z_j；其中 $\eta_j=t_j/t_{0j}$，R_j 为该任务中的可靠度，t_j、t_{0j} 分别为第 j 个子功能单元总可靠性试验时间、完成任务时间。则再制造装备的全部指数型子功能单元在全部可靠性试验中总信息量为：

$$I_{\mathrm{e}}=-\sum_{j=1}^{m}\eta_j[R_j\ln R_j+(1-R_j)\ln(1-R_j)] \tag{7-36}$$

假定所有子功能单元或子系统的可靠性试验信息全部折合到再制造装备整机的等效可靠性试验中，设再制造装备等效故障次数为 Z，等效完成任务时间为 t_0，整机可靠性等效试验时间为 T，整机等效任务数 $\eta=T/t_0$，各等效任务数中整机的可靠度为 R_{t0}，则再制造装备在折合为指数分布且在总可靠性等效试验时间 T 内的总信息量为：

$$I=-\eta[R_{t0}\ln R_{t0}+(1-R_{t0})\ln(1-R_{t0})] \tag{7-37}$$

由信息熵理论中信息量守恒原理可知：各子功能单元可靠性试验提供的信息量和应与折合到再制造装备整机可靠性试验中的信息量相等，即 $I=I_{\mathrm{b}}+I_{\mathrm{e}}$；且由极大似然估计理论可知，$\hat{p}_i=s_i/n_i$、$\hat{R}_j=\exp(-z_j/\eta_j)$、$\hat{R}_{t0}=\exp(-Z/\eta)$，则再制造装备基于信息熵法折合的等效任务数和故障次数为：

$$\begin{cases}\eta=\dfrac{\sum\limits_{i=1}^{k}[s_i\ln s_i+(1-s_i)\ln(1-s_i)-n_i\ln n_i]}{[R_{t0}\ln R_{t0}+(1-R_{t0})\ln(1-R_{t0})]}\\ \quad+\dfrac{\sum\limits_{j=1}^{m}\left\{\dfrac{z_j}{\eta_j}\ln\left(-\dfrac{z_j}{\eta_j}\right)+\left[1-\exp\left(-\dfrac{z_j}{\eta_j}\right)\right]\ln\left[1-\exp\left(-\dfrac{z_j}{\eta_j}\right)\right]\right\}}{[R_{t0}\ln R_{t0}+(1-R_{t0})\ln(1-R_{t0})]}\\ Z=-\eta\ln R_{t0}\end{cases}\tag{7-38}$$

③ 基于最大熵-矩估计的再制造装备多源运行数据融合。

通过最大熵-矩估计理论的多源验前信息融合方法 MEMM（Max Entropy and Moment Matching Method）将验前信息进行融合，进而得到更准确、更有价值的融合综合验前分布。该方法与其他融合方法不同的是，其可以从再制造装备少量现场试验数据本身出发，结合各类信息源的可信度及各分布优选策略，获得最保守但更可靠、更准确的融合结果。

设新研制再制造装备现场试验信息 E_s 为$\{K_s,T_s\}$，即 T_s 内发生了 K_s 次故障，故障时间依次为 $t_{sj}(j=1,2,\cdots,K_s)$；类似型号的再制造装备试验信息、单元及分系统试验折合信息等验前信息记作 E_g，表现为 N 个独立样本组$\{K_i,T_i\}(i=1,2,\cdots,N)$。其中$\{K_i,T_i\}$是指 T_i 期间内发生了 K_i 次故障，其故障时间依次为 $t_{ij}(j=1,2,\cdots,K_i)$。假设 E_g 中每组样本信息可用 Poisson 过程描述，即：

$$P\{K_i|\lambda_iT_i\}=\frac{(\lambda_iT_i)^{K_i}e^{-\lambda_iT_i}}{K_i!},\quad i=1,2,\cdots,N\tag{7-39}$$

其中，λ_i 可通过 E_g 中第 i 个样本组信息$\{K_i,T_i\}$的极大似然估计（MLE）得到，为 $\lambda=K_i/T_i$，$i=1$，2，…，N，λ 表示单位时间内发生的故障次数，即再制造装备的故障率。同时可以得到 λ 的均值和方差，分别为：

$$E(\lambda_i)=K_i/T_i,\quad \mathrm{Var}(\lambda_i)=(K_i/T_i)^2-E(\lambda_i)\tag{7-40}$$

假设各组数据已通过相容性检验，与现场试验数据属于同一总体。令第 i 组验前数据相对于现场数据均值（$\bar{t}_s$）的偏差为 s_i，则 $s_i=\dfrac{1}{k}\sum\limits_{j=1}^{k_i}(t_{ij}-\bar{t}_s)^2$，其中 $\bar{t}_s=\dfrac{1}{k_s}\sum\limits_{j=1}^{k_s}t_{sj}$，该偏差 s_i 可表示第 i 组试验数据相对于现场试验数据的偏离程度。偏差 s_i 越小表明该类验前可靠性信息的可靠程度越高，即越可信，其可信度为：$v_i=1/(1+s_i)$。由该可信度可确定该类信息在验前信息中的权重，即 $\xi_i=v_i\Big/\sum\limits_{i=1}^{N}v_i$，借助该权重，则再制造装备验前信息样本的均值和方差可表达为：

$$m=E(\lambda)=\sum_{i=1}^{N}\xi_i(K_i/T_i)$$

$$s^2=\mathrm{Var}(\lambda)=\frac{N}{N-1}\sum_{i=1}^{N}\xi_i[(K_i/T_i)-m] \tag{7-41}$$

结合矩估计法原理，利用该均值和方差 m、s^2，可依次计算出表 7-5 中三种分布形式的熵函数$\{f_j(\lambda),j=1,2,3\}$的参数值(μ_x,σ_x)、(μ_y,σ_y)、(α,β)及各自熵函数的值，熵函数的值越大，表示该分布引入的主观信息就相对越少，该验前分布可信度就越高。由此可知，各验前分布的融合权重为：

$$w_j=S_j\Big/\sum_{j=1}^{3}S_j,\quad j=1,2,3 \tag{7-42}$$

其中，S_j 为第 j 种分布形式的熵，$j=1$，2，3。则验前分布的融合熵为：

$$S=\sum_{j}^{3}w_jS[f_j(\lambda)]=\sum_{j=1}^{3}w_j\int_0^{\infty}f(\lambda)\ln f_j(\lambda)\mathrm{d}\lambda \tag{7-43}$$

由相对最大熵原理可知，如果融合熵与各验前分布的熵相差越大，则由融合熵得到的均值及方差估计也就越大，说明该估计人为假定越少，符合客观性要求。对表 7-5 中三种常见分布的熵函数进行分析可知，在样本均值、方差相同的情形下，正态分布的熵与融合熵最接近，对数正态分布和伽马分布的熵函数有相交点，故只需从后两者中选择熵最小（即相对熵最大）的分布为再制造装备的验前分布，即：

$$\pi(\lambda)=\begin{cases}f_{\mathrm{G}}(\lambda), & |S_{\mathrm{G}}-S|\geqslant|S_{\mathrm{LN}}-S|\\ f_{\mathrm{LN}}(\lambda), & |S_{\mathrm{G}}-S|\leqslant|S_{\mathrm{LN}}-S|\end{cases} \tag{7-44}$$

$f_{\mathrm{G}}(\lambda)$、$f_{\mathrm{LN}}(\lambda)$分布中的分布参数(α,β)和(μ_y,σ_y)可由式(7-41) 求得：

$$\begin{gathered}\delta_{\mathrm{r}}=\min(|(\mu_y,\sigma_y)-(\mu_y,\sigma_y)_0|)\\ \text{s. t.}\quad S_{\mathrm{LN}}(\mu_y,\sigma_y)=S\\ \text{或}\ \delta_{\mathrm{r}}=\min(|(\alpha,\beta)-(\alpha,\beta)_0|)\\ \text{s. t.}\quad S_{\mathrm{G}}(\alpha,\beta)=S\end{gathered} \tag{7-45}$$

式中，$(\mu_y,\sigma_y)_0$ 和$(\alpha,\beta)_0$ 分别是由矩估计法得到的分布函数参数值。结合融合验前分布和再制造装备现场试验样本信息，在 Bayes 理论下可得 λ 的验后分布为：

$$\pi(\lambda|E_{\mathrm{s}})\propto\pi(\lambda)P\{K_{\mathrm{s}}|\lambda\}=\pi(\lambda)\frac{(\lambda T_{\mathrm{s}})^{K_{\mathrm{s}}}}{K_{\mathrm{s}}!}\mathrm{e}^{-\lambda T_{\mathrm{s}}} \tag{7-46}$$

式中，$P\{K_{\mathrm{s}}|\lambda\}=\mathrm{Point}(K_{\mathrm{s}};\lambda T_{\mathrm{s}})=\dfrac{(\lambda T_{\mathrm{s}})^{K_{\mathrm{s}}}}{K_{\mathrm{s}}!}\mathrm{e}^{-\lambda T_{\mathrm{s}}}$。

④ 基于多源运行数据融合的可靠性评估。

依据再制造装备故障率参数 λ 的验后分布，可对再制造装备故障率 λ 及平均无故障工作时间 MTBF 进行估计。再制造装备故障率的点估计可用其期望表示：

$$\begin{aligned}\hat{\lambda}(E_s) &= E(\lambda \mid E_s) = \int_0^1 \lambda\pi(\lambda \mid E_s)\mathrm{d}\lambda \\ &= \int_0^1 \pi(\lambda)\frac{\lambda^{K_s+1}T_s^{K_s}}{K_s!}\mathrm{e}^{-\lambda T_s}\mathrm{d}\lambda\end{aligned} \tag{7-47}$$

当 λ 满足 $p(\lambda_L \leqslant \lambda \leqslant \lambda_U) = \gamma$，称 $[\lambda_L, \lambda_U]$ 是在置信度 γ 下的故障率置信区间：

$$\begin{aligned}p(\lambda_L \leqslant \lambda \leqslant \lambda_U) &= \int_{\lambda_U}^{\lambda_L} \pi(\lambda \mid E_s)\mathrm{d}\lambda \\ &= \int_{\lambda_U}^{\lambda_L} \pi(\lambda)\frac{(\lambda T_s)^{K_s}}{K_s!}\mathrm{e}^{-\lambda T_s}\mathrm{d}\lambda = \gamma\end{aligned} \tag{7-48}$$

其中，λ_L、λ_U 称为在置信度 γ 下的置信下限和上限。再制造装备平均无故障工作时间（MTBF）的点估计：

$$M(E_s) = 1/\hat{\lambda}(E_s) \tag{7-49}$$

在置信度 γ 下的 MTBF 置信区间估计为 $[1/\lambda_U, 1/\lambda_L]$。

7.4.3 再制造装备故障诊断与预测分析关键技术

随着工业技术的高速发展，再制造装备的智能化、电控化、集成化程度越来越高，部件的故障率也随之增高。再制造装备与各个机械部件、电控部件的联系非常紧密，故障原因和故障信息较为复杂，故障的发生极容易关联到其他系统部件，且由于故障信号的突变、诊断策略的缺陷等导致故障诊断结果存在不确定性以及诊断效率下降的问题。

7.4.3.1 故障诊断关键技术

(1) 故障诊断的主要理论方法

故障诊断技术发展迅速，大致可以分为三类，即基于人工智能的方法、基于信号处理的方法、基于数学模型的方法。

① 基于人工智能的方法。它是一种有前景的方法，不需要建立对象的准确数学模型。目前，这种方法主要有两种形式：基于定性模型的方法和基于症状的方法。基于定性模型的方法包括知识观测器方法；而基于症状的方法则分为模糊数学方法、图论方法、神经元网络方法和专家系统方法。

基于定性模型的方法主要包括定性模型、差异检测器、候选人发生器和诊断策略四个部分。它的本质是利用定性微分方程表示参数之间的相互关系，并使用定性变量表示系统的物理参数来构建约束模型。通过描述和模拟系统的结构，确定从给定的初始状态到系统状态的路径。与其他故障诊断方法相比，这种方法大大简化了知识获取的过程。

基于模糊数学的故障诊断方法主要适用于测量值较少且无法获得精确模型的系统。该方法通过分析系统的异常现象，由故障症状推断出故障的原因。

基于图论的故障诊断方法已经广泛应用于空间飞行器和大型工业生产过程。它的基本思想是利用系统中元件之间的普遍故障传递关系来构建故障诊断网络，通过搜索和测试技术进行故障定位。

基于神经元网络的故障诊断方法非常适合于故障诊断系统。神经元具有自组织自学习能力，能够克服传统专家系统当遇到前期未考虑到的故障出现时就无法工作的缺陷。同时，它具有处理复杂多模式问题的能力及联想、推测和记忆功能。因此，近年来在应用神经元网络解决故障问题时，大家更希望能够在神经元网络的框架下集成定性知识。

基于专家系统的故障诊断方法同样不依赖于对象的系统数学模型，它可以根据人们长期的实践经验和大量的故障信息知识，通过设计的智能计算机程序来解决复杂系统的故障诊断问题。其作为人工智能领域中最活跃的一个分支，已经广泛应用于过程监测系统。

② 基于信号处理的方法。基于信号处理的方法一般利用自回归滑动平均、相关函数、频谱等模型信号直接分析测得信号，然后提取特征值，如频率、方差、幅值等。常见的基于信号处理的故障诊断方法主要有：

a. 基于信息融合的方法。在条件允许的情况下为充分利用检测量所提供的信息，可以对每个检测量采用多种诊断方法进行诊断，称为局部诊断。而全局诊断融合就是将各种诊断方法所得结果加以综合，得到系统故障诊断的总体结果。运用模糊推理方法可以对局部-全局融合方案进行决策。其实质是通过检测量所获得的某些故障表征以及系统故障源与故障表征之间的映射关系，找出系统故障源的过程。

b. 输出信号处理法。其常用的方法包括相关分析法、概率密度法、互功率谱分析法、频谱分析法等。其核心思想是系统的输出量在相位、幅值、频率、相关性与故障源之间会存在一定的联系。通过输出量的频谱等数学形式可以对这些联系进行数学表达。当发生故障时可以借助这些输出量对信号进行分析处理，判断故障源的存在。

c. 信息校核的方法。进行系统过程检测的依据是信息，如果使用错误的信息进行计算推理容易得出错误的结论，因此系统的信息校核是进行故障诊断比较简单有效的方法。不过在诸多控制系统的故障诊断中，都没有考虑信息校核的方法。通常情况下信息的矛盾意味着信号获取上的故障，一般通过物理平衡与能量守恒定律等物理化学规律及数理统计知识来进行信息的校核。

d. 信息匹配诊断法。这种方法引入了一致性、类似矢量、类似矢量空间等概念，将系统的输出序列在类似矢量空间中划分成一系列的子集，通过分析各子集的一致性，将其按一致性强弱进行排列，一致性最差的子集表明可能已经发生故障，一致性最强的子集的鲁棒性也最强。在故障诊断过程中，类似矢量在故障相应的方向上增大，其方向给出了故障传感器的位置，类似矢量值的增加通常表明故障的发生。

e. 基于小波变换的方法。其优点是灵敏度高，克服噪声能力强，可以实现在线实时故障检测。同时，这种故障诊断方法不需要建立对象的数学模型，而且对于输入信号的要求较低，计算量小。其实质是对系统的输入输出信号进行小波变换，同时求出信号的特征值。

f. 直接测量系统的输入输出方法。这种方法的优点是简单易行，不过容易出现故障的误判和漏判。它通过测量输入输出的变化率是否突破范围来判别故障是否发生。在正常情况下，被控过程的输入与输出在正常范围内波动变化，如果超出这个范围，则可以认为故障已经发生或将要发生。

③ 基于数学模型的方法。基于数学模型的方法又包括等价空间方法、状态估计方法和参数估计方法。它们虽然是独立发展起来的，但是彼此之间相互联系。例如：参数估计方法得到的残差包含在状态估计方法得到的残差中，已经证明等价空间方法与状态估计方法在结构上是等价的。

a. 等价空间方法。主要包括广义残差产生器方法、基于约束优化的等价方程方法、基于方向性的残差系列。这种方法与基于观测器的状态估计方法等价。其基本思想是利用系统的输入输出的实际测量值检验系统数学模型的一致性（即等价性），从而检测和分离故障。

b. 状态估计方法。通常情况下如果一种方法能够获得系统的精确数学模型，则这种方法是比较直接有效的。它首先重构被控过程状态同时构造残差序列，然后通过构造适当的模型并采用统计检验法，把故障从中检测出来，进行估计、分离和决策。即状态估计方法是通过被控过程的状态直接反映系统的运行状态并结合适当的模型进行故障诊断。然而在实际过程中，精确的数学模型往往很难实现。

c. 参数估计方法。这种方法要求被控过程充分激励，同时需找出模型参数和物理参数之间的一一对应关系。它依据参数的变化来判断故障，根据参数的估计值与正常值之间的偏差情况来判定系统的故障情况。在实际故障诊断过程中，为了获得更好的故障检测和分离性能，通常将参数估计方法和其他基于数学模型的方法结合起来使用。

(2) 再制造装备故障诊断关键技术

再制造装备的故障诊断有其自身特点：一是再制造装备的故障诊断应具有很强的容错能力。由于再制造装备各部件之间具有耦合性，同时经常处于不同的环境工况，因此，信号的传递具有很强的被干扰性。二是实际工程中很难对再制造装备故障体系建立精确数学模型，主要是由于其故障的内部规律极其复杂。通常情况下，模型的建立主要取决于被诊断系统的结构，而很多再制造装备的故障会造成系统结构的变化。因此，需要大量的状态方程建立新的数学模型。

在再制造装备运维工作开展时，应当科学合理地开展故障诊断，进而采取有针对性的运维技术方案。鉴于再制造装备系统运行的特殊性，故障诊断时，主要采用以下几种技术路线：在故障树的模型支持下，实现对再制造装备运行故障的智能诊断分析；基于小波分析理论支持，实现对再制造装备运行故障的诊断；基于模糊神经网络的模型支持，进而实现对故障信息的分析处理；基于多源特征决策融合理论支持，实现对再制造装备运行故障的分析处理；基于大数据挖掘技术的支持，从而对故障的诱因进行科学判断；基于再制造装备振动特性，实现对再制造装备故障的诊断。

结合以上几种技术路线，可采取如图 7-25 所示流程进行再制造装备故障诊断。利用振动信号来判断再制造装备工作正常与否。通过振动波形可以判别再制造装备的故障类别，当再制造装备处于不同状态时，其振幅会发生一定的改变，从而为通过提取特征参数来监测诊断再制造装备提供了依据。如果直接用时域波形进行判断，显然判据不足。为了充分利用振动信号所蕴含的内在信息，对振动信号采用时域、频域及小波分析法进行分析研究，计算出相应的特征参数，并且取出其中的一部分作为人工神经网络的输入参数。

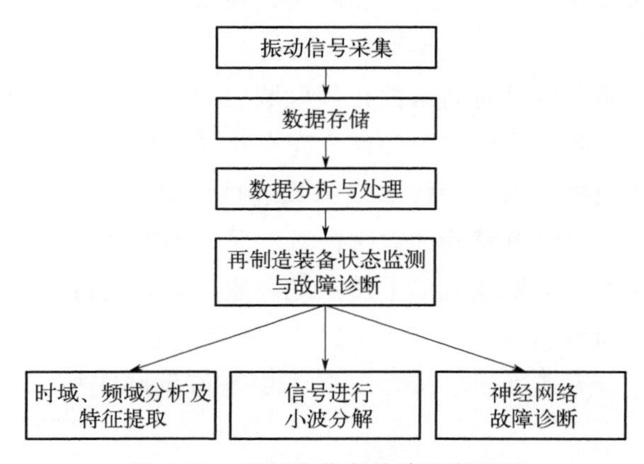

图 7-25　再制造装备故障诊断流程

① 时域分析。时域特征参数主要包括均方根、方差、平均幅值、均方幅值等，其次还有一些无量纲指标，如峭度、波形、峰值、脉冲、裕度等，如表 7-6 所示。由于这些特征参数的测量比较直接，所用的仪器也比较简单，而且这些特征参数的物理意义比较明确，因此它们很早便被人们应用于各种机械设备的故障检测与在线监测。同时它们还可以作为特征参数，为神经网络、专家系统等现代

诊断检测方法提供依据，进行辅助诊断。

表 7-6　时域特征指标

类别	描述	公式
均方根、方差	描述信号的振动能量，总体状况随时间变化的劣化程度	均方根：$\varphi_x^2=(\sum_{\tau=1}^{N}x_\tau^2)/N$ 方差：$\delta^2=(\sum_{\tau=1}^{N}x_\tau-\bar{x})^2/N$
峭度、峰值	检查信号中是否存在冲击的统计指标以及信号的强度，对早期故障信号敏感	峭度：$\beta=(\sum_{\tau=1}^{N}x_\tau^4)/N$ 峰值：$\hat{X}=E\{\max\|x_\tau\|\}$ 峰值因子：$C_f=\hat{X}/X_{RMS}$
脉冲	对异常脉冲敏感，能发掘故障，结合其他特征值可兼顾对不同故障及敏感性和稳定性的需求	脉冲因子：$I_f=\hat{X}/\|\overline{X}\|$
裕度	检测装备的磨损状况	裕度因子：$C_{lf}=\hat{X}/X_\tau$
偏度	描述某变量取值分布对称性	$f_x=(\sum_{\tau=1}^{N}x_\tau^3)/N$

② 频域分析。频域分析是故障诊断中使用最广泛的方法之一，频谱分析中可以得到功率谱、相位谱和各种谱密度等。它通过对动态信号进行频谱分析，得到以频率为坐标的各种物理量的谱线和曲线，频域分析主要是以傅里叶积分和傅里叶级数为基础。

傅里叶变换实质上就是时间函数在频率域上的表示，它所给出的频率域内包含的信息和原函数时间域内所包含的信息完全相同，所不同的仅是信息的表达方式。傅里叶积分和级数可以对一些已知函数进行计算并得到一定精确程度的解，而实际情况中曲线一般没有精确的数学函数关系式与之对应。因此，在实际的波形频谱和动态曲线中，需要在波形上逐点地离散计数，通过一些间断点来代替曲线后再进行计算。离散傅里叶变换（DFT）应运而生。由于标准的傅里叶算法工作量太大，而且运算速度慢，从而出现了快速傅里叶变换（FFT），该算法是一种有效的工具。

根据傅里叶变换的原理和相关的各项定理可以推导出标准离散傅里叶变换的计算公式，其复数形式的常用写法为：

$$X(k)=\sum_{i=1}^{N}x(i)\,\mathrm{e}^{-\mathrm{j}k\frac{2\pi}{N}i},\quad k=1,2,\cdots,N \tag{7-50}$$

则转换到频域的频谱为$\{X_1,X_2,\cdots,X_N\}=\{X_k\}$，其中$k=1,2,\cdots,N$。

相关频域统计指标如表 7-7 所示。

表 7-7　相关频域统计指标

能量特征	描述	公式
平均频率	平均频谱值，频域振动能量的大小	$\overline{f}=\frac{1}{N}\sum_{k=1}^{N}X(k)$
中心频率	反映主频带的位置变化	$f_c=\frac{\sum_{k=1}^{N}[f_kX(k)]}{\sum_{k=1}^{N}X(k)}$
频率均方根	反映主频带的位置变化	$f_{\mathrm{RMS}}=\sqrt{\frac{\sum_{k=1}^{N}[f_k^2X(k)]}{\sum_{k=1}^{N}X(k)}}$
频率标准差	表示频谱的分散或集中程度	$f_{\sigma_x}=\sqrt{\frac{\sum_{k=1}^{N}\{[f_k-f_c]^2X(k)\}}{k}}$
FFT 熵	反映频带分布的均匀性	$\mathrm{FFT}_{\mathrm{entropy}}=-\sum_{\tau=1}^{N}p[X(k)]\lg p[X(k)]$

③ 小波分析。故障信号的周期性瞬时冲击，使原来的平稳振动信号成为非平稳信号，传统的时域分析方法和功率谱方法难以检测出故障特征信号。而小波分析的多尺度性和“数学显微”特性很好地解决了这类问题，基于小波变换的信号分析能够同时在时域、频域内表征信号的局部特征，有利于故障信号的检测。

a. 小波变换。函数 $\psi(t)\in L^2(\mathbf{R})$满足如下条件：

$$C_\psi=\int\frac{|\psi(\omega)|^2}{|\omega|}\mathrm{d}\omega<\infty \tag{7-51}$$

则函数 $\psi(t)$称为小波母函数或基本小波，经由基本小波的伸缩、平移之后而生成的函数族为：

$$\psi_{a,b}(t)=|a|^{-\frac{1}{2}}\psi\left(\frac{t-b}{a}\right),\quad a,b\in\mathbf{R} \tag{7-52}$$

式中，$\psi_{a,b}(t)$称为子小波函数或子波函数；a 是尺度参数；b 是平移参数。a 决定了 $\psi\left(\frac{t-b}{a}\right)$的频率谱变化，改变 a 则影响信号函数 $f(t)$的时域分辨率和频域分辨率，改变 b 则可以选取一定范围内的区域对信号函数 $f(t)$进行分析。

b. 小波包分析。在对实际信号进行分析的时候，信号以高频和低频的形式呈现出来。我们可以采用多分辨率分析，但是这种方法只能对低频部分进行分解，而不能对高频部分做进一步的分解。小波包分析可以很好地解决这个问题，它对信号低频部分进行分解的同时还可以对高频部分进行分解。小波包分析能够提供一种比小波变换更加精细的信号分析方法，小波变换与小波包的区别如

图 7-26 所示。通过分析信号的特征，小波包能够自适应地选择响应频带，使之与信号频谱匹配，有效地克服小波变换的高频低分辨率的缺点。

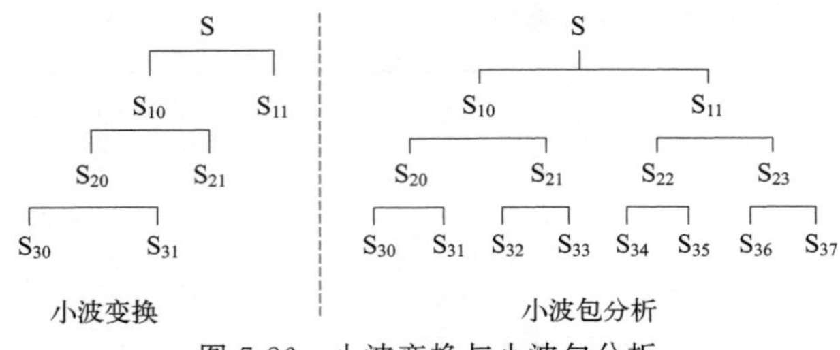

图 7-26 小波变换与小波包分析

小波包分析中，正交化的尺度函数的二尺度差分方程为：

$$\begin{cases} W_{2n}(t)=\sqrt{2}\sum\limits_{k\in \mathbf{Z}}h_k W_n(2t-k) \\ W_{2n+1}(t)=\sqrt{2}\sum\limits_{k\in \mathbf{Z}}g_k W_n(2t-k) \end{cases} \tag{7-53}$$

生成的函数组$\{W_{n,j,k}(t)=\sqrt{2}W_n(2^{-j}t-k),n\in \frac{\mathbf{Z}}{\mathbf{Z}^-},j\in \mathbf{Z},k\in \mathbf{Z}\}$称之为$\varphi(t)$的正交小波包基。

实际上，小波包变换系数$\{P_{\mathrm{f}}(n,j,k),k\in \mathbf{Z}\}$的计算过程类似于 Mallat 快速小波算法，即对信号 $f(t)$的一组低通滤波器和高通滤波器共轭正交滤波系数$\{h_k\}_{k\in \mathbf{Z}}$，$\{g_k\}_{k\in \mathbf{Z}}$进行滤波。小波包变换系数的递推公式如下：

$$\begin{cases} P_{\mathrm{f}}(2n,j,k)=\sum\limits_{l\in \mathbf{Z}}h_{l-2k}P_{\mathrm{f}}(n,j-1,l) \\ P_{\mathrm{f}}(2n+1,j,k)=\sum\limits_{l\in \mathbf{Z}}g_{l-2k}P_{\mathrm{f}}(n,j-1,l) \end{cases} \tag{7-54}$$

能够将信号频带进行多层划分，且对信号提供一种更加精细的分析，是小波包分析最大的特点，同时也是最大的优点。小波包分析能根据被分析信号的特征，自适应地选择与信号频谱相匹配的对应频段。信号 $f(t)$经过小波包分解之后，信息仍具有完整性，所有的成分均得以保留。这种特性为分析信号特征尤其是能量分布特征提供了有利的分析前提条件。

④ 基于神经网络的再制造装备故障诊断。再制造装备的振动信号和故障模式之间是复杂的非线性关系，振动信号包含了多种故障信息，从振动信号中可以提取多种故障参数，故障参数和故障模式之间是复杂的非线性映射关系。从理论上讲，再制造装备的故障诊断适宜通过人工神经网络来实现。

首先，通过振动试验获得给定工况在正常和故障状态下的过程参数，通过时域分析法提取样本集，归一化处理后作为神经网络的输入模式；然后，用已知的样本集训练神经网络系统，使其达到预设的诊断精度，得出标准状态下的故障模式；最后，输入新的征兆样本集进行测试，得到该状态下的网络输出模式，经过相关的后处理，通过与标准模式进行对比，得到诊断检测结果。

7.4.3.2　故障预测分析关键技术

复杂技术的应用带来了再制造装备的结构复杂化、功能集成化以及技术综合化，与此同时，也凸显出再制造装备故障的多样化、致命化、随机化等特点。随着装备维修水平的不断提高，人们不仅希望能够在装备发生故障之后进行快速的诊断和制订合理的预防性维修计划，还更加迫切地需要监测装备的状态，预测装备的剩余寿命，掌握装备的健康情况。装备故障预测技术能够准确预测装备的剩余寿命，既是对状态监控数据有效的使用，又可以作为制定维修决策的重要依据，通过采取及时有效的维修措施来提高装备的可靠性，减少故障导致的意外停机，是提高装备可用度和减少寿命周期费用的有效手段。

可用于故障预测的方法有很多，具体来说可以分为基于传统可靠性的预测方法、基于数据驱动的预测方法、基于统计的预测方法和基于失效物理的预测方法。

(1) 基于传统可靠性的预测方法

基于传统可靠性的预测方法主要可分为基于故障树分析和基于寿命分布模型两种。

① 基于故障树分析的故障预测方法通过建立故障树模型，进行故障树定性和定量分析来达到故障预测的目的。对于无故障征兆的情况，根据总体寿命期望值进行预测；对于有故障征兆的情况，通过分析系统内部关系来确定影响因素和容易导致的故障。

② 基于寿命分布模型的预测方法根据同类装备寿命服从的分布来对故障时间进行预测，常见寿命分布有指数分布、威布尔分布、正态分布和对数正态分布。这类方法的优点是不需要对装备进行状态监测，以及可以对同类设备的使用寿命进行大概的估计；缺点是只能针对同类装备进行预测，对于单个装备无法进行准确的预测。以往开展的很多关于维修策略的研究中，假设存在退化趋势的机电产品的寿命服从威布尔分布，电子产品的寿命服从指数分布。

(2) 基于数据驱动的预测方法

基于数据驱动的预测方法优点是不需要建立物理模型，无须假设参数和经验性估计。通常来说，复杂系统建立物理模型是相当困难的，建立数学模型进行故障预测相对简单，但是通常需要大量准确的历史数据。

其典型的方法有基于人工神经网络的预测方法，该方法不仅能用于故障诊断，还能很好地应用于故障预测。经过长期的发展与应用，人工神经网络已有

BP 神经网络、RBF 神经网络和小波神经网络等多种类型。其主要的优点在于它具有其他常规算法和专家系统不具备的自学习和自适应功能，能够处理多变量分析，提供非线性预测，并且不需要先验知识。

基于滤波器的预测方法也是一种基于数据驱动的预测方法，常见的有卡尔曼滤波器、扩展式卡尔曼滤波器、强跟踪滤波器和粒子滤波器。卡尔曼滤波器是最佳的线性估计器，可实现极小化系统状态估计误差，存在的不足是需要精确的数学模型并且对模型不确定性的鲁棒性较差。强跟踪滤波器对模型的不确定性的鲁棒性较强，且对缓变和突变状态都有极强的跟踪能力，但是只能用于解决高斯噪声系统的故障预测。粒子滤波器与强跟踪滤波器相反，其具有解决非高斯噪声系统的滤波和预测的能力，但是对于突变状态的跟踪能力较差。

(3) 基于统计的预测方法

基于统计的预测方法的最大优点在于可以通过观察到的统计数据建立所需的概率密度函数，这些概率密度函数能够给出足够的预测结果置信区间，主要包括贝叶斯网络、隐马尔可夫和隐半马尔可夫模型、回归分析方法等。

贝叶斯网络是利用对象个体的状态监控数据代替事件数据，进行可靠性评估，准确性强烈依赖于对各种趋势特征阈值的准确确定。

隐马尔可夫模型（HMM）是由马尔可夫模型发展而来的，是一种描述随机过程统计特性的概率模型，与马尔可夫模型不同，HMM 是双重随机过程，一个随机过程描述状态转移，另一个随机过程描述状态与观察值之间的统计对应关系。隐马尔可夫模型根据观察信号性质不同，可分为连续隐马尔可夫模型和离散隐马尔可夫模型。隐半马尔可夫模型（HSMM）是 HMM 的一种扩展形式，是介于连续和离散 HMM 之间的半连续 HMM。

回归分析方法的主要步骤是根据预测目标确定自变量和因变量，建立回归预测模型，进行相关分析，模型检验与修改，计算预测值。其可以分为一元线性回归分析预测法、多元线性回归分析预测法和非线性回归分析预测法。其主要优点是预测过程简单、技术成熟；存在的不足之处是误差较大，外推特性差，且要求大量样本数据。

(4) 基于失效物理的预测方法

基于失效物理的预测方法是利用装备寿命周期的载荷和故障的失效机理来评估装备的可靠性以及预测故障，其优势在于需要的数据量少。基于失效物理的预测方法主要有基于帕里斯法则的裂纹扩展建模、基于 Forman 规律的裂纹扩展建模、疲劳剥落（扩展）模型和基于刚度的损伤规律模型等。

① 基于帕里斯法则的裂纹扩展建模，利用有限元分析使得基于部件几何特征、缺陷、载荷与速度等的材料应力计算成为可能，但是计算的成本过高。

② 基于 Forman 规律的裂纹扩展建模，能够将部件的状态监测数据和缺陷扩展物理特性与寿命关联起来，但是该方法的简化假设需要验证，对于复杂状况，模型中的参数仍需确定。

③ 疲劳剥落模型和疲劳剥落扩展模型可计算剥落发生时间以及失效时间，主要用于研究循环应力作用下金属内部由非金属夹杂物、组织不均匀、碳化物等引起的裂纹，在接触表面下发生并不断扩展就导致了剥离。

④ 基于刚度的损伤规律模型可将轴承的频率、加速与运行和失效时间关联，计算时也需要确定材料常数。

(5) 集成故障预测方法

随着再制造装备结构的复杂化和故障模式的多样化，单一故障预测方法的预测精度很难满足需求，另外不同的故障预测方法都有其局限性和适用条件。因此，若能融合多种预测方法共同进行故障预测，则能在克服传统预测方法不足的同时提高预测的精确度。

再制造装备故障预测中的不确定性不仅会直接导致预测准确度下降，还会间接地影响运维策略的制定。造成故障预测不确定的因素很多，主要的因素有获取退化状态参数不准确、考虑导致故障的因素不全面、模型参数的不确定性以及模型结构的不确定性等。同时，考虑随机和动态因素产生的不确定性，以及主观不确定性和客观不确定性，采用综合量化的方法来尽量消除不确定性对故障预测产生的影响。

7.5 再制造装备智能运维方案设计技术

随着监测技术和信号处理技术的不断发展，获取再制造装备健康状态技术的逐渐提高，加之对复杂装备和重要装备可靠性、安全性和经济性的要求不断提高，视情维修（Condition-Based Maintenance，CBM）已逐渐成为可能。视情维修作为预防性维修的高级形式，其成功应用改变了以往以事件为主导的修复性维修和以时间为主导的定时维修的方式，使获得装备状态实施准确的维修活动成为可能。视情维修是主动实施的维修，可以最大化地减少装备维修的费用、增加装备可用度、提高装备的可靠性。

基于此，再制造装备智能运维方案其实是一种视情维修，需要基于数据分析、故障诊断、故障预测等支持，才可被设计出来。它包括运维时机判断、运维方案决策、运维资源和过程管理三大部分。

7.5.1 再制造装备运维时机判断关键技术

再制造装备运行频繁，若停机维修时间长会影响生产，造成较大损失。因此，为了保证一定的周转效率，再制造装备需要有较高的可用度。装备的可用度是装备在规定工作条件下，在一段时间内正常工作的概率，其取值范围是[0,1]。

再制造装备的运行过程具有随机性、非线性性以及动态性，但其运行状态总的来说包括劣化状态和维修状态，劣化状态又可分为可工作状态以及故障状态。处于劣化状态的装备通过维修活动可以回到某个劣化较轻的状态并继续运行。装备各种状态的循环往复随机过程通过概率进行表示。可见，装备的可用度就是设备在任一时刻和需要开始执行任务时，处于可工作状态的概率，可用再制造装备的工作时间来量化。

假设 1，2，…，N 为再制造装备的不同劣化状态，最后一个劣化状态 N 也是再制造装备的故障状态；进入了故障状态，则再制造装备必须进行维修后才能恢复使用，S_2，S_3，…，S_m 为预防性维修状态。t_1，t_2，…，t_{N-1} 为相应处在各个劣化状态的时间，d_N 为处在故障维修状态的时间，t_{S_2}，t_{S_3}，…，t_{S_m} 为处在预防性维修状态的时间，则再制造装备的可用度为：

$$A=\frac{\text{故障间隔}}{\text{故障间隔}+\text{修复时间}}=\frac{\sum_{i=1}^{N-1}t_i}{t} \tag{7-55}$$

式中，A 为可用度；t 为总运行时间，故障间隔即可用工作时间，修复时间即不可用工作时间。

理论上，通过求解 A 的最大值来确定最佳运维时间。然而，随着状态监测技术的发展进步，依据再制造装备退化状态的历史监测数据以及实时监测信息，对装备状态进行评估与预测，实施主动维修维护的检修管理模式可以最大化减少装备维修的费用、增加装备可用度。因此，在再制造装备运行过程中的不同劣化状态下进行预防性运维，运维时间点是确定到达各个劣化状态的时间。

7.5.1.1 再制造装备随机 Petri 网劣化过程建模

(1) 随机 Petri 网定义

随机 Petri 网定义为 6 要素（P，T，I，O，m_0，Λ）。此处：

① $P=\{p_1,p_2,\cdots,p_n\}$是库所的有限集合，$n>0$ 为库所的个数。

② $T=\{t_1,t_2,\cdots,t_m\}$是变迁的有限集合，$m>0$ 为变迁的个数；$P\cap T=\varnothing$。

③ I：$P\times T\rightarrow \boldsymbol{N}$ 是输入函数，定义了从 P 到 T 的有向弧的重复数或权的集合，$\boldsymbol{N}=\{0,1\cdots\}$为非负整数集。

④ O：$T\times P\rightarrow \boldsymbol{N}$ 是输出函数，定义了从 T 到 P 的有向弧的重复数或权的集合。

⑤ Λ：$T\rightarrow \boldsymbol{R}^+$（正实数域）是将正实数的激发率与所有变迁关联的激发函

数。一般用 λ_i 表示变迁 t_i 的激发率。

⑥ m_0 是初始标识。

若状态可逆的随机 Petri 网为 K 有界，则随机 Petri 网模型与马尔可夫链同构，且随机 Petri 网的可达标识与马尔可夫状态一一对应。

(2) 再制造装备劣化过程状态划分及建模

假设一个再制造装备有 N 个劣化状态，简单用 1，2，…，$N-1$ 来表示。系统的劣化过程为单调递增，即从状态 1 经过劣化之后，在不同的速率下，可能到达状态 2，3，…，$N-1$，状态 2 经过劣化之后，在不同的速率下，可能到达状态 3，4，…，$N-1$，其他类似，具体如图 7-27 所示。

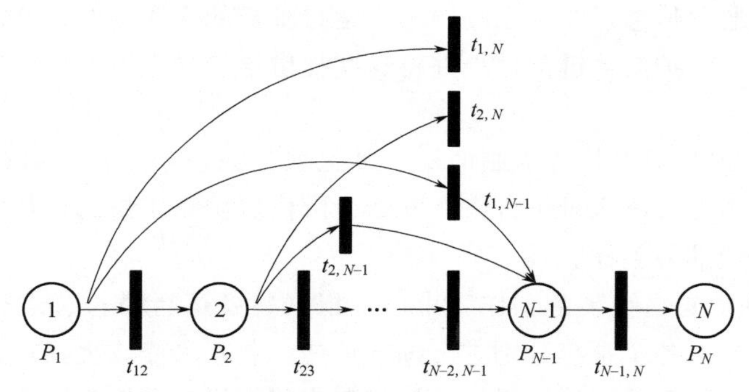

图 7-27　再制造装备运行劣化过程的 Petri 网模型

由图可知，在一般情况下，再制造装备自投运起性能便开始不断衰退，随服役时间的增加，衰退的严重程度不断上升，发展至故障状态后装备退出运行，其性能劣化可以通过连续渐变的过程来描述。

7.5.1.2　基于 Petri 网的再制造装备运维时间预测

基于 Petri 网的再制造装备运维时间预测方法具体步骤如下：

① 建立再制造装备的马尔可夫状态集和 Petri 网模型，并将指数分布时延与所有变迁关联。

② 产生可达图 $R(m_0)$。将图中的每一弧都给定该弧所对应变迁的激发率，从而得到马尔可夫链（该激发率可能是与标识有关的）。

③ 分析马尔可夫链。对于马尔可夫状态转移速率的求取，可以从统计概率意义角度出发描述再制造装备在各个状态的停留时间。对于数量和故障统计样本量较大的再制造装备，每种状态的停留时间可通过等分故障统计次数获得。

④ 基于所提模型，计算出再制造装备各个状态的转移速率，求得状态停留时间，即为各个状态的预防性运维时间。

7.5.2 再制造装备运维方案决策关键技术

再制造装备智能运维方案是指，以大量现场运维数据为基础，融合装备机制原理、图纸、操作说明、维修计划等再制造装备设计制造详细数据，结合状态评估结果，根据再制造装备状态和运维人员的工作内容，形成互联装备群组维修维护智能决策体系，提供合理的维修维护方案（包括维修维护时间和维修维护的部件），以加快维修维护效率，保障各关联装备的正常作业，提高风险防控能力。维修维护决策可分为运行维护、停机维护和大修维护。

① 运行维护主要按照再制造装备机制日保养计划及装备运行状态、实时故障分析情况，通过信息反馈，系统制定出运行维护的作业方案，给出合理的维护时间段和需维修维护的关键部件，并将这些提供给技术人员，以便提前处理异常情况。

② 停机维护是根据装备机制的周、月保养计划，结合运行阶段故障统计预测情况，制定出综合停机维护方案，并给出配件资源需求情况，技术人员可提前进行停机维护的准备工作。

③ 大修维护是指在装备工作结束后，根据装备运行时长、运行过程中的故障和状态情况，对各个系统分别进行综合评估，若需大修或更换，则自动推送出再制造装备历史信息及评估结果，并提供对应的大修或更换方案。

7.5.2.1 可靠性增长规划

在再制造装备运维阶段，可靠性增长规划是面向再制造装备多寿命周期再服役时期的一种运维手段，通过发现再制造装备缺陷源和问题，识别影响再制造装备可靠性的关键因素，设计并持续改进可靠性增长规划方案，实现再制造装备多寿命周期多阶段可靠性提升。

再制造装备在再服役过程中，质量反馈和技术改进也同时在进行，再制造装备可靠性也因此不断地提高。在使用过程中对故障信息及处理方法进行整理、统计分析，针对发现的再制造装备薄弱环节，制定并验证再制造装备的可靠性增长规划方案，有效则实施该方案，否则重新制定可靠性增长规划方案，直至再制造装备可靠性达到要求。再制造装备使用阶段的可靠性增长规划过程如图 7-28 所示。该过程的可靠性增长措施主要是针对再制造装备的子系统单元（例如主传动系统、冷却润滑系统、平衡导向子系统、电气子系统等）的使用和维护需求等来制定，通过加强相关子系统、单元等的检验，严格遵守使用时的注意事项、操作规范，保证其在使用时的可靠性。

可靠性增长模型是检验可靠性增长规划方案有效性的重要工具。在可靠性领域中，被广泛接受的可靠性增长模型主要有两种，分别是 Duane 模型和

AMSAA模型。大多数文献对Duane模型的研究只给出了模型参数的点估计，以及系统能达到的MTBF的点估计和拟合优度检验，而对于MTBF的区间估计和未来故障时间预测讨论较少。AMSAA模型分为连续型和离散型两种类型，广泛用于各类数据的处理和研究中。该模型不但适用于可靠性增长试验数据的跟踪，也适用于可靠性增长数据的预测。因此，选用AMSAA模型来对可靠性增长规划方案的有效性进行验证。

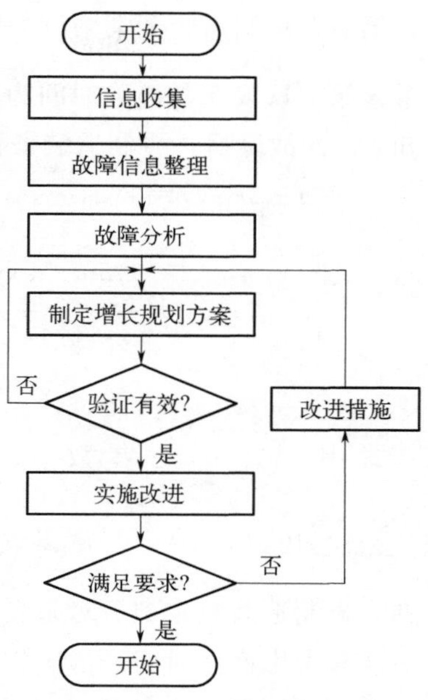

图7-28　再制造装备使用阶段可靠性增长规划过程

再制造装备可靠性增长问题描述如下：设l台同型号可维修再制造装备在可靠性增长试验期间$(0,t]$内第i台再制造装备的故障次数为$N_i(t)$，$N_i(t)$的观测值为$n_i(i=1,2,\cdots,l)$，记$n=\sum_{i=1}^{l}n_i$，记第i台再制造装备的第j次故障累积试验时间为$t_{ij}(i=1,2,\cdots,l;j=1,2,\cdots,n_i)$，假设为故障定时截尾，故障时间的观测值依次为$t_{i1}<t_{i2}<\cdots<t_{in}\leqslant T(i=1,2,\cdots,l)$，则$N_i(t)$是均值函数$EN(t)=v(t)$服从瞬时强度$\lambda(t)=\mathrm{d}EN_i(t)/\mathrm{d}t=labt^{b-1}$的非齐次Poisson过程，亦称Weibull过程：

$$p\{N_i(t)=n_i\}=\frac{[v(t)]^n}{n_i!}\mathrm{e}^{-v(t)},\quad n_i=0,1,2,\cdots \tag{7-56}$$

再制造装备研制到T时刻定型后，不再对其改进或修正，此时再制造装备故障时间可认为是服从指数分布，即$\lambda(t)=labt^{b-1}$；再制造装备能达到的MTBF为$M(t)=\frac{1}{\lambda(t)}=\frac{t^{1-b}}{lab}$。其中，$a$为尺度参数，$b$为增长参数。当$0<b<1$时，故障次数$N_i(t)$减少，故障时间间隔$t_{ij}-t_{ij-1}$随机延长，$\lambda(t)$单调下降，再制造装备处于可靠性增长阶段；当$b>1$时，$\lambda(t)$单调上升，再制造装备处于可靠性下降阶段；当$b=1$时，$\lambda(t)=la$，再制造装备可靠性不发生变化。

由上述可知l台再制造装备已发生故障时间的联合概率密度函数为：

$$f(t_{ij})=(lab)^n\exp(-lat_n^b)\prod_{i=1}^{l}\prod_{j=1}^{n_i}t_{ij}^{b-1} \tag{7-57}$$

继续进行可靠性增长试验，假设l台再制造装备n次故障后又发生了k次故障，第 i 台再制造装备未来故障发生次数为 n_i' 且 $k=\sum_{i=1}^{l} n'_i$。第 i 台再制造装备在未来第 j' 次发生故障的时间为 $t_{ij'}(j'=n_i+1,n_i+2,\cdots,n_i+n_i')$。由式(7-61)可知，$n$ 次故障后，再制造装备再出现 k 次故障的联合条件概率密度函数为

$$f(t_{ij'} \mid t_{ij}, i=1,2,\cdots,l, j'=n_i+1,n_i+2,\cdots,n_i+n_i', j=1,2,\cdots,n_i)$$
$$=\frac{(l\bar{a}\bar{b})^k \exp(-l\bar{a}t_{n+k}^{\bar{b}}) \prod_{i=1}^{l} \prod_{j=1}^{n_i+n_i'} t_{ij}^{\bar{b}-1}}{\exp(-l\bar{a}t_n^{\bar{b}})} \tag{7-58}$$

式中，$\bar{a}$、$\bar{b}$ 是参数 a、b 的无偏估计，$\bar{a}=n/(lT^{\bar{b}})$，$\bar{b}=(n-2)\Big/\sum_{l=1}^{l}\sum_{j=1}^{n_j}\ln(T/t_{ij})$。尺度参数 $\bar{a}$ 反映再制造装备初始可靠性水平，即 $\bar{a}$ 参数不变，再制造装备定型后对系统不再做改进或纠正，则增长参数 $\bar{b}$ 不变。

若只考虑截尾时间，依次将未来发生的 k 次故障时间进行排序，$t_{n+1}<t_{n+2}<\cdots<t_{n+k}$，设 $s=n+1$，$n+2$，$\cdots$，$n+k$，则式(7-58) 可化为：

$$f(t_s)=\frac{(l\bar{a}\bar{b})^k \exp(-lat_{n+k}^{\bar{b}}) \prod_{s=n+1}^{n+k} t_s^{\bar{b}-1}}{\exp(-l\bar{a}t_n^{\bar{b}})} \tag{7-59}$$

对 t_1，t_2，$\cdots$，t_{n+k-1} 依次进行积分，可得 t_{n+k} 的条件概率密度函数为：

$$f(t_{n+k} \mid T)=\int_T^{t_{n+k}}\cdots\int_T^{t_{n+k}} f(t_s)\mathrm{d}t_{n+1}\cdots\mathrm{d}t_{n+k-1}$$
$$=\frac{l\bar{a}\bar{b}t_{n+k}^{\bar{b}-1}}{(k-1)!}(l\bar{a}t_{n+k}^{\bar{b}}-l\bar{a}T^{\bar{b}})^{k-1}\exp[-(l\bar{a}t_{n+k}^{\bar{b}}-l\bar{a}T^{\bar{b}})] \tag{7-60}$$

当 $k=1$，则下一次故障时间 t_{n+1} 的条件概率密度函数为：

$$f(t_{n+1} \mid T)=l\bar{a}\bar{b}t_{n+1}^{\bar{b}-1}\exp[-(l\bar{a}t_{n+1}^{\bar{b}}-l\bar{a}T^{\bar{b}})] \tag{7-61}$$

同理，若取故障数截尾方式，则第 i 台再制造装备故障时间观测值依次为 $t_{i1}<t_{i2}<\cdots<t_{in}\leqslant t_n$，则 t_{n+k} 的条件概率密度函数为：

$$f(t_{n+k} \mid t_n)=\int_{t_n}^{t_{n+k}}\cdots\int_{t_n}^{t_{n+k}} f(t_s)\mathrm{d}t_{n+1}\cdots\mathrm{d}t_{n+k-1}$$
$$=\frac{l\bar{a}\bar{b}t_{n+k}^{\bar{b}-1}}{(k-1)!}(l\bar{a}t_{n+k}^{\bar{b}}-l\bar{a}t_n^{\bar{b}})^{k-1}\exp[-(l\bar{a}t_{n+k}^{\bar{b}}-l\bar{a}t_n^{\bar{b}})] \tag{7-62}$$

当 $k=1$ 时，有：

$$f(t_{n+1} \mid t_n) = l\bar{a}\bar{b}t_{n+1}^{\bar{b}-1}\exp[-(l\bar{a}t_{n+1}^{\bar{b}} - l\bar{a}t_n^{\bar{b}})] \tag{7-63}$$

根据式(7-66) 再制造装备未来第 k 次故障时间 t_{n+k} 的概率密度函数，可确定再制造装备未来故障发生时间、故障率、平均寿命及其对应的点估计与区间估计，并用标准差系数 V_σ 来判断预测的精度。

(1) 再制造装备点估计

确定了再制造装备未来第 k 次故障时间 t_{n+k} 的条件概率密度函数后，可用 t_{n+k} 的数学期望表示再制造装备未来第 $n+k$ 次故障时间，当再制造装备的可靠性增长试验取定时截尾时，则 T 已知，t_{n+k} 数学期望为：

$$\begin{aligned}\hat{t}_{n+k} &= E(t_{n+k}) = \int_0^{\infty} t_{n+k} f(t_{n+k} \mid T)\mathrm{d}t_{n+k} \\ &= \int_0^{\infty} t_{n+k} \frac{l\bar{a}\bar{b}t_{n+k}^{\bar{b}-1}}{(k-1)!}(lat_{n+k}^{\bar{b}} - laT^{\bar{b}})^{k-1}\exp[-(lat_{n+k}^{\bar{b}} - laT^{\bar{b}})]\mathrm{d}t_{n+k}\end{aligned} \tag{7-64}$$

令 $w = l\bar{a}t_{n+k}^{\bar{b}} - lbT^{\bar{b}}$，则 $t_{n+k}^{\bar{b}} = \dfrac{w}{l\bar{a}} + T^{\bar{b}}$，$\mathrm{d}t_{n+k} = \dfrac{1}{b}\left(\dfrac{w}{l\bar{a}} + T^{\bar{b}}\right)^{\frac{1}{\bar{b}}-1}\dfrac{1}{l\bar{a}}\mathrm{d}w$。

式(7-64) 可表示为：

$$\hat{t}_{n+k} = E(t_{n+k}) = \frac{1}{(k-1)!}\int_0^{\infty} w^{k-1}\exp(-w)\left(\frac{w}{l\bar{a}} + T^{\bar{b}}\right)^{\frac{1}{\bar{b}}}\mathrm{d}w \tag{7-65}$$

当 $k=1$ 时，有：

$$\hat{t}_{n+1} = E(t_{n+1}) = \int_0^{\infty}\exp(-w)\left(\frac{w}{l\bar{a}} + T^{\bar{b}}\right)^{\frac{1}{\bar{b}}}\mathrm{d}w \tag{7-66}$$

同理，当取故障数截尾，t_n 为已知时，有：

$$\hat{t}_{n+k} = E(t_{n+k}) = \frac{1}{(k-1)!}\int_0^{\infty} w^{k-1}\exp(-w)\left(\frac{w}{l\bar{a}} + t_n^{\bar{b}}\right)^{\frac{1}{\bar{b}}}\mathrm{d}w \tag{7-67}$$

当 $k=1$ 时，有：

$$\hat{t}_{n+1} = E(t_{n+1}) = \int_0^{\infty}\exp(-w)\left(\frac{w}{l\bar{a}} + t_n^{\bar{b}}\right)^{\frac{1}{\bar{b}}}\mathrm{d}w \tag{7-68}$$

再制造装备未来第 k 次故障出现时，其故障率及其平均无故障工作时间 MTBF 分别为：

$$\lambda(\hat{t}_{n+k}) = l\bar{a}\bar{b}\hat{t}_{n+k}^{\bar{b}-1},\quad M(\hat{t}_{n+k}) = 1/\lambda(\hat{t}_{n+k}) = \hat{t}_{n+k}^{1-\bar{b}}/(l\bar{a}\bar{b}) \tag{7-69}$$

当 $k=1$ 时，即再制造装备下一次出现故障时的故障率及 MTBF 分别为：

$$\lambda(\hat{t}_{n+1}) = l\bar{a}\bar{b}\hat{t}_{n+1}^{\bar{b}-1},\quad M(\hat{t}_{n+1}) = 1/\lambda(\hat{t}_{n+1}) = \hat{t}_{n+1}^{1-\bar{b}}/(l\bar{a}\bar{b}) \tag{7-70}$$

(2) 再制造装备区间估计

当再制造装备可靠性增长试验取故障定时截尾时，随机变量 t_{n+k} 的置信水

平为 $1-\alpha$ （$0<\alpha<1$）的预测区间 $[\underline{t}_{n+k}, \overline{t}_{n+k}]$ 可由下式求得：

$$\begin{cases} \int_0^{\underline{t}_{n+k}} f(t_{n+k} \mid T)\mathrm{d}t_{n+k} = \dfrac{\alpha}{2} \\ \int_0^{\overline{t}_{n+k}} f(t_{n+k} \mid T)\mathrm{d}t_{n+k} = 1 - \dfrac{\alpha}{2} \end{cases} \tag{7-71}$$

由 $w = l\overline{a}t_{n+k}^{\overline{b}} - lbT^{\overline{b}}$ 以及不完全伽马函数可整理得：

$$\begin{cases} \int_0^{l\overline{a}\underline{t}_{n+k}^{\overline{b}} - l\overline{a}T^{\overline{b}}} \dfrac{1}{\Gamma(k)} w^{k-1} \exp(-w)\mathrm{d}w = \dfrac{\alpha}{2} \\ \int_0^{l\overline{a}\overline{t}_{n+k}^{\overline{b}} - l\overline{a}T^{\overline{b}}} \dfrac{1}{\Gamma(k)} w^{k-1} \exp(-w)\mathrm{d}w = 1 - \dfrac{\alpha}{2} \end{cases} \tag{7-72}$$

基于概率论中卡方分布与不完全伽马函数的关系可求出：

$$\begin{cases} \underline{t}_{n+k} = [T^{\overline{b}} + \dfrac{1}{2/\overline{a}} \chi^2_{\alpha/2}(2k)]^{\frac{1}{\overline{b}}} \\ \overline{t}_{n+k} = [T^{\overline{b}} + \dfrac{1}{2/\overline{a}} \chi^2_{1-\alpha/2}(2k)]^{\frac{1}{\overline{b}}} \end{cases} \tag{7-73}$$

$k=1$ 时，有：

$$\begin{cases} \underline{t}_{n+1} = [T^{\overline{b}} - \dfrac{1}{l\overline{a}} \ln \dfrac{1+\alpha}{2}]^{\frac{1}{\overline{b}}} \\ \overline{t}_{n+1} = [T^{\overline{b}} - \dfrac{1}{l\overline{a}} \ln \dfrac{1-\alpha}{2}]^{\frac{1}{\overline{b}}} \end{cases} \tag{7-74}$$

同理，当再制造装备可靠性增长试验为故障数截尾时，t_{n+k} 在置信水平 $1-\alpha$ 下的预测区间 $[\underline{t}_{n+k}, \overline{t}_{n+k}]$ 为：

$$\begin{cases} \underline{t}_{n+k} = [t_n^{\overline{b}} + \dfrac{1}{2/\overline{a}} \chi^2_{\alpha/2}(2k)]^{\frac{1}{\overline{b}}} \\ \overline{t}_{n+k} = [t_n^{\overline{b}} + \dfrac{1}{2/\overline{a}} \chi^2_{1-\alpha/2}(2k)]^{\frac{1}{\overline{b}}} \end{cases} \tag{7-75}$$

$k=1$ 时，有：

$$\begin{cases} \underline{t}_{n+1} = [t_n^{\overline{b}} - \dfrac{1}{l\overline{a}} \ln \dfrac{1+\alpha}{2}]^{\frac{1}{\overline{b}}} \\ \overline{t}_{n+1} = [t_n^{\overline{b}} - \dfrac{1}{l\overline{a}} \ln \dfrac{1-\alpha}{2}]^{\frac{1}{\overline{b}}} \end{cases} \tag{7-76}$$

未来第 k 次故障时，在置信水平为 $1-\alpha$ 下再制造装备故障率及 MTBF 的置信区间分别为：

$$\begin{cases} \underline{\lambda}_{n+k} = \lambda(\underline{t}_{n+k}) \\ \overline{\lambda}_{n+k} = \lambda(\overline{t}_{n+k}) \end{cases}, \begin{cases} \underline{M}_{n+k} = M(\underline{t}_{n+k}) \\ \overline{M}_{n+k} = M(\overline{t}_{n+k}) \end{cases} \tag{7-77}$$

(3) 预测精度分析

用标准差系数 $V_\sigma=\sqrt{\mathrm{Var}(t_{n+k})}/E(t_{n+k})$表示预测再制造装备未来第 k 次故障发生时间的精度，它是从相对角度反映故障时间 t_{n+k} 在其期望值附近的离散程度，V_σ 越小，k 越接近期望值，预测的精度亦越高。

$E(t_{n+k})$为未来第 k 次故障发生时间的期望值，见式(7-69)；式(7-71) 为未来第 k 次故障发生时间的方差，可由式(7-79)、式(7-80) 求得。

当再制造装备可靠性增长试验取定时截尾时：

$$
\begin{aligned}
E(t_{n+k}^2)&=\int_0^\infty t_{n+k}^2 f(t_{n+k} \mid T)\mathrm{d}t_{n+k}\\
&=\int_0^\infty t_{n+k}^2\,\frac{l\bar{a}\bar{b}t_{n+k}^{\bar{b}-1}}{(k-1)!}(lat_{n+k}^{\bar{b}}-laT^{\bar{b}})^{k-1}\exp[-(lat_{n+k}^{\bar{b}}-laT^{\bar{b}})]\mathrm{d}t_{n+k}
\end{aligned}
\tag{7-78}
$$

令 $w=l\bar{a}t_{n+k}^{\bar{b}}-lbT^{\bar{b}}$，可得：

$$
E(t_{n+k}^2)=\frac{1}{(k-1)!}\int_0^\infty w^{k-1}\exp(-w)(\frac{w}{l\bar{a}}+T^{\bar{b}})^{\frac{2}{\bar{b}}}\mathrm{d}w
$$

由随机变量方差定义可知：

$$
\begin{aligned}
\mathrm{Var}(t_{n+k})&=E(t_{n+k}^2)-[E(t_{n+k})]^2\\
&=\frac{1}{(k-1)!}\int_0^\infty w^{k-1}\exp(-w)(\frac{w}{l\bar{a}}+T^{\bar{b}})^{\frac{2}{\bar{b}}}\mathrm{d}w-[E(t_{n+k})]^2
\end{aligned}
\tag{7-79}
$$

当 $k=1$ 时，有：

$$
\mathrm{Var}(t_{n+1})=\int_0^\infty \exp(-w)(\frac{w}{l\bar{a}}+T^{\bar{b}})^{\frac{2}{\bar{b}}}\mathrm{d}w-E^2(t_{n+k})
$$

同理，当取故障数截尾时，t_{n+k} 的方差为：

$$
\begin{aligned}
\mathrm{Var}(t_{n+k})&=E(t_{n+k}^2)-[E(t_{n+k})]^2\\
&=\frac{1}{(k-1)!}\int_0^\infty w^{k-1}\exp(-w)\left(\frac{w}{l\bar{a}}+t_n^{\bar{b}}\right)^{\frac{2}{\bar{b}}}\mathrm{d}w-[E(t_{n+k})]^2
\end{aligned}
\tag{7-80}
$$

当 $k=1$ 时，有：

$$
\mathrm{Var}(t_{n+1})=\int_0^\infty \exp(-w)\left(\frac{w}{l\bar{a}}+t_n^{\bar{b}}\right)^{\frac{2}{\bar{b}}}\mathrm{d}w-E^2(t_{n+1})
$$

7.5.2.2 基于知识图谱的个性化运维决策

针对企业需求以及在役再制造装备运行状态的差异化、个性化，需要由技术人员或利用智能决策算法，形成在役再制造装备实施运维的个性化决策。例如，针对再制造装备精度退化导致零部件加工精度不能满足需求的问题，就做出实施质量提升的运维；而如果是加工效率不能满足企业需求，就需要做出提高在役再制造装备加工效率的运维。因此，若是运维人员的知识储备不够或工程师专业技能欠缺，导致故障处理能力不足，故障处理精准度低，会严重影响运维任务的处理效率，使运维成本大大提高。

针对以上问题，本节提出一种基于知识图谱的个性化智能运维方法。通过构建故障领域知识图谱和运维工程师的认知技能图谱进行有针对性的运维。知识图谱技术具有良好的人机交互优势，能够增强运维人员对故障的认知，辅助工程师进行故障定位和故障维护。融合认知诊断，可以实现针对性运维派遣，提高运维效率。

如图 7-29 所示，该个性化智能运维框架主要分为三层，分别是数据获取、图谱构建及图谱应用。数据获取来源于再制造装备的全生命周期运维数据库。在图谱构建层中首先构建故障树，将某一再制造装备领域的陈述性知识进行初步规范，然后整合工程师在实际运维中的经验知识，包括故障诊断方法、维护方式等。在图谱构建层中以获取到的数据为基础抽象出故障本体模型并进行数据映射。为了表示故障间的复杂关系，设定了故障相关规则，通过规则推理实现基于故障树的动态故障诊断决策。为了便于储存故障本体与数据信息形成的知识图谱，将其导入到 Neo4j 图数据中进行知识图谱的可视化，便于直观查询故障相关信息，进行故障诊断辅助决策，且在实际运维中可对知识图谱进行实时更新。针对在现场运维工作中，由于所派遣工程师的运维经验和专业技能的欠缺导致的运维任务处理效率低、运维成本高的问题，基于实际故障的处理对运维工程师的能力和知识进行认知诊断，通过贝叶斯推理得到运维工程师个性化的认知技能图

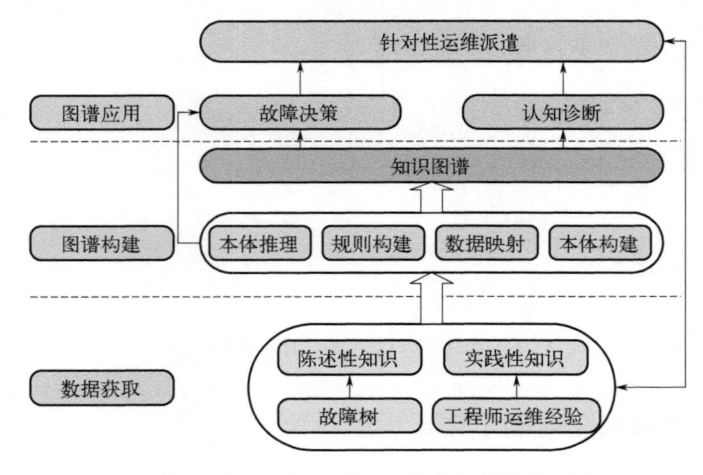

图 7-29　再制造装备个性化智能运维框架

谱，并利用决策树算法从中学习出派遣决策树，实现针对性运维派遣。同时，工程师在进行派遣任务后，也会增加相应运维经验和维修方法，实现对知识图谱的更新和完善，进而构成循环过程。

在该系统框架中涉及的技术及方法论主要有故障树分析法、本体理论、知识图谱、贝叶斯网络算法及决策树算法等。

7.5.3 再制造装备运维资源和过程管理关键技术

在再制造装备运维过程中，对运维资源和运维过程的有效管理可以提升运维效率，减少不必要的人力、物力浪费，降低运维成本。

7.5.3.1 再制造装备运维资源协同调度

再制造装备的备件往往需要大量资金支持和库存占用，备件库存过多造成资源浪费，过少满足不了需求，影响再制造装备运维的正常稳定运行。若备件需求和存储量全凭主观经验，易出现装备故障停机而维修资源不到位的状况。如果能有效预测再制造装备关键零部件需求，结合零部件采购周期长的特点，实现企业内和供应商零部件的备件协同调配，可有效提升再制造装备运维过程中的资源调配效率，降低成本。

再制造装备运维资源保障属于被动式保障，若再制造装备故障，将不能预测资源需求，研究资源优化调度体系即将被动变主动。因此，迫切需要建立资源集约化管理机制，实现资源协同、合理配置机制，基于再制造装备基本信息、故障预测信息、备件需求信息、各种备件资源信息和供应商相关信息，进行运维资源供应优化决策和协同调度。再制造装备运维资源协同调度结构如图7-30所示。

① 基于再制造装备状态评估参数，整合再制造装备在运维过程中的故障诊断与预测情况以及维修保养情况，构建备件资源的联合需求预测模型。

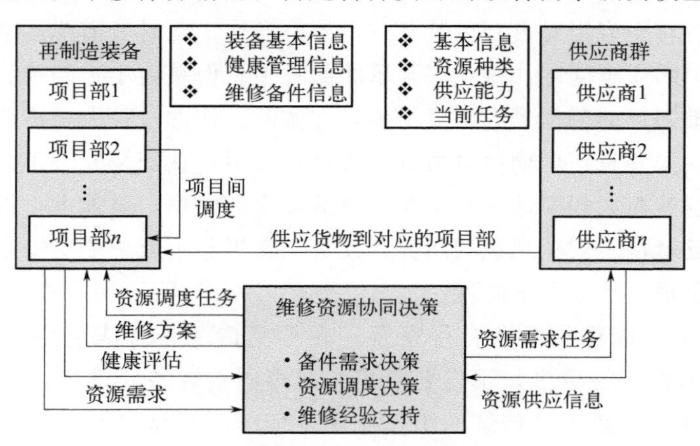

图7-30 再制造装备运维资源协同调度结构图

② 基于再制造装备零部件的实时劣化程度，提出预防性维护与备件安全库存的联合优化策略，建立综合考虑再制造装备检测成本、维修成本及备件库存成本的多目标优化模型，确定再制造装备最优检测周期、预防性维修阈值和备件安全库存阈值等最优协同决策；基于优化结果给出安全库存值，结合备件需求，以确定备件的最优库存值。

③ 整合某时段内系统采集到的所有的备件需求信息，并依据备件需求量及当前供应网络库存信息，以备件关联、到达时间等作为约束条件，在最小化成本的情况下，提高顾客满意度，建立备件资源调度模型，制定最优的调度方案，确定每种备件需求应由哪个仓库优先满足。

7.5.3.2 运维过程管理

(1) 再制造装备运维过程管理中存在的问题

① 运维人员专业技能不足。相较于传统运维，再制造装备的智能运维不仅在运维方式和工作流程上发生了变化，对运维人员的要求也产生了极大的不同，对其工作的时间、内容、方式及工作量都进行了调整与划分，在有些环节上的工作量可能较之以往会有极大程度的增加，如连续的状态监测、数据分析等，这就极易造成运维人员在思想上产生波动，严重者甚至会抵触当前的工作。一旦在人力资源配置上出现不合理的现象就会严重影响到其后期的工作质量，并使运维人员的思想负担进一步增加，进而对再制造装备的智能运维工作产生影响。

此外，再制造装备智能运维要求运维人员具备更高的综合素质。但由于在传统的运维过程中，运行与维修工作经常分开进行，使得运维人员只具备对所负责工作的专业技能，一旦问题较为复杂、综合，其就不能很好地解决这些问题。这种综合素质的缺乏也在一定程度上制约了再制造装备智能运维的发展。

② 现场作业安全性缺乏。在大部分的再制造装备智能运维工作开展的过程中，运维人员首先应当对再制造装备进行停电操作，此时就需要运维人员高度注意倒闸过程中的安全问题，避免安全事故的发生。但是由于再制造装备智能运维工作使得运维人员的工作量大幅度增加，在实际工作的过程中稍不注意就会忽略到安全问题。尤其是在后期对电力装备进行检查时，在安全管理工作的检查上就较为松懈，这就极大程度地提升了安全事故发生的概率。再加上，由于运营企业在日常也缺乏对员工安全意识的培养，使员工在思想上就未能对安全作业形成重视，也加剧了现场作业的危险性。

③ 运维工作流程及标准有待完善。在再制造装备智能运维过程中，运维人员的责任工作变得更多，不仅要承担起对再制造装备的维护，还应当负责其运行管理。在此形势下，传统的工作流程及标准已经显然不再适用于当前的运维工作，因此亟须对其进行改革及完善，并且还要使相关制度的监督作用得到

充分的发挥。通过相关标准的制定，使再制造装备维修与运营工作都能良好实现。

(2) 再制造装备运维管理系统

针对再制造装备智能运维过程的现有问题，可以建立再制造装备运维信息系统来负责采集并控制现场的运维计划、人员、设备、物料、备件、再制造装备履历等相关信息，结合多源数据，开展运维计划、作业计划、作业流程及进度控制等一系列管理。

① 运维计划管理。再制造装备运维信息系统根据不同再制造装备及部位等信息，按计划进行排程及计划调整；根据生产计划形成物料需求计划，为提前采购及备件储备提供数据依据。

② 作业计划管理。再制造装备运维信息系统基于工艺网络与工艺数据（含工序、工时、物料及资源等），对运维工单进行计划排程，形成可视化、可调整的运维作业计划建议；将班组与运维人员进行关联，将工单以班组维度派发给具体执行人员；作业人员通过工作台接收作业任务，并控制作业的实际开始及完成状态。针对异常情况，再制造装备运维信息系统可在派工环节调整工单状态，保持计划与现场执行实时同步。

③ 作业流程管理。运维现场作业人员根据工单要求领取工装工具、生产物资等，按照作业计划，指定执行人，并将任务派发至设定工位，结合作业指导文件进行运维作业，记录生产过程信息，提报生产异常，执行完毕后进行报工。

④ 进度控制管理。再制造装备运维信息系统按进度计划管理工单执行状态。工单执行完毕后，执行人须进行报工确认，进而形成计划进度闭环管理，并支撑计划进度的可视化查询，实时展示进度状态，并对完成项、执行项、延期项等进行统计呈现。

⑤ 作业质量管理。再制造装备运维信息系统根据运维质量策划及质量文件，生成质量工单，并结合生产工单，对作业执行情况进行自检、互检及专检。针对质量不达标情况，再制造装备运维信息系统形成通知单，并跟踪至处理完毕，形成再制造装备质量履历，实现质量管控闭环。

⑥ 物料管理。再制造装备运维信息系统根据检修运维计划形成采购预测及采购建议，并管理采购过程；对物料进行统一仓储管理及现场物资管理，可通过扫码等方式进行物料信息采集；对拆卸、安装进行全程记录，并更新再制造装备履历。

⑦ 人力资源及岗位管理。再制造装备运维信息系统可对运维人员基本信息及履职信息等进行管理，能辅助管理岗位设置及调整，可根据运维人员岗位及资质完成校验及派工，且具备考勤（即请假、销假）管理功能。

7.6 再制造装备智能运维技术的典型应用

以某型号再制造机床为例，从全生命周期运维的角度来对其进行运维。首先是获取其全生命周期运维相关数据，再对其运行状态进行评估，最后根据评估结果对其提出具体运维派遣决策。

7.6.1 再制造机床全生命周期运维数据

(1) 再制造机床工艺质量数据

该再制造机床的组成部件如表 7-8 所示。

表 7-8 机床 BOM 表

零部件编号	名称	是否损伤	损伤形式	损伤部位	损伤程度	
1	床身	是	磨损	床身导轨	中度	再制造
2	床脚	无	无	无	无	无
3	主轴箱	是	主轴磨损	主轴	中度	再制造
4	丝杠	是	磨损,轻微变形	滚道,丝杠外表面	中度	再制造
5	刀架	是	无回转刀架	无	无	更换
6	床鞍	是	床鞍导轨磨损	床鞍燕尾导轨接触面，底部导轨面	中度	再制造
7	滑板	是	导轨面磨损	燕尾导轨接触面	轻微	再制造
8	尾座	是	套筒磨损	套筒	轻微	清洗可用
9	电机	是	主电机老化，电机轴承损坏	电机零件	轻微	更换
10	数控系统	是	无数控系统	无	无	更换
11	伺服系统	是	无伺服系统	无	无	更换
12	电气系统	是	缺少相关电气元件	配电柜	中度	更换
13	外围电路系统	是	无相关电气元件及行程限位组件	工作台	严重	更换
14	冷却系统	是	冷却水泵及其冷却水管老化	冷却水泵及其冷却水管	严重	更换
15	润滑系统	是	无润滑系统	无	无	更换
16	机床防护	是	无机床防护	无	无	更换

表中需要再制造的零部件包括主轴箱主轴、导轨、滑板、丝杠、床鞍，再制造工艺路线分别如表 7-9～表 7-13 所示。

表 7-9　主轴工艺流程表

工序号	工序名称	工艺内容	加工设备
P1	拆解，除油	拆解，清洗主轴箱主轴	
P2	冷态重熔焊补	修复凸凹槽或磨损面	
P3	刷镀	轴承位、内锥部位	刷镀机
P4	磨削加工	精磨轴承位	磨床
P5	磨削加工	上磨床，精磨轴承位、外锥、端面、内锥	磨床

表 7-10　导轨工艺流程表

工序号	工序名称	工艺内容	加工设备
P1	拆解，清洗	拆解，清洗车床导轨	清洗机
P2	高频淬火	床身导轨淬火处理	高频淬火机
P3	磨削加工	磨削上导轨平面和山形导轨面、兜形导轨面，使其平面度、垂直度符合要求，粗糙度达到 $Ra=1.6$ 要求	导轨磨床
P4	硬度测量	导轨磨削后硬度检测	激光超声波无损检测仪
P5	上油	床身导轨上油润滑处理	无

表 7-11　滑板工艺流程表

工序号	工序名称	工艺内容	加工设备
P1	拆解	拆解车床滑板	无
P2	电刷镀	刷镀燕尾导轨接触面	刷镀机
P3	精磨	精磨燕尾两侧平面尺寸、燕尾面尺寸，粗糙度达到 $Ra=1.6$ 要求	导轨磨床

表 7-12　丝杠工艺流程表

工序号	工序名称	工艺内容	加工设备
P1	拆解	拆解丝杠	无
P2	校直	校直	无
P3	精车	精车同时适当修正中心孔，保证精度	数控车床
P4	研磨	磨削加工，粗糙度达到 $Ra=1.6$ 要求	数控磨床

表 7-13　床鞍工艺流程表

工序号	工序名称	工艺内容	加工设备
P1	拆解	拆解车床床鞍	无
P2	铣削	加工燕尾两侧平面、山形导轨两侧平面，粗糙度达到 $Ra=1.6$ 要求	数控铣床
P3	磨削加工	精磨燕尾面、溜板箱结合面，粗糙度达到 $Ra=1.6$ 要求	导轨磨床
P4	配产	与床身刮研达到精度要求	铲刀，直尺，粗糙度样板

(2) 故障数据

该再制造机床常见故障征兆及原因为：

① 主轴系统故障。主轴系统故障的发生极为普遍，约占该机床总故障行为的22.53%，如主轴系统失调、元器件损坏、零部件损坏、发出异响、运动部件失速等。表7-14中列举了该再制造机床主轴系统的故障征兆及其主要原因。

表7-14 主轴系统故障征兆及其原因

故障征兆	原因
主轴电机不动作	电机运转不良 保护开关未压合或失灵
主轴电机与轴进给不匹配	编码器线路连接不良 齿轮断裂
主轴电机转速波动	电量负载过大 电子干扰
主轴箱体噪声大	传送带长度不一致 润滑不良
主轴箱体发热	轴承损伤 润滑油含有杂质

② 电气伺服系统故障。常见故障包括元器件损坏、零部件损坏、误报警、运动部件卡死、伺服轴窜动、伺服电动机不动作、坐标轴爬行或振动等，主要原因包含参数设置不合理、电气线路连接不良、电量负载过大等。

③ 液压系统故障。液压系统通常是由电气仪表、液压、机械等结构组成的统一结构体单元，同时涉及结构特点、传动原理等多项技术，若不能及时对该类型故障进行清除，则会导致某类机械元件的直接损坏。常见故障包括液油气渗漏、零部件损坏、液油气堵塞不畅、气液控制失灵。定义j_1为硬式机械元件的故障损坏条件，j_2为软式机械元件的故障损坏条件，$\hat{j}$为全系统故障损坏条件，可将液压系统的故障判别式定义为：

$$G=A\left(\frac{j_1^2-\hat{j}}{j_2}\right) \tag{7-81}$$

式中，A为再制造机床PLC设备的连接状态判别式。

④ 刀架系统故障。常见故障形式为零部件损坏、刀架失调、定向不准、刀台不转位、误报警等。

⑤ 进给系统故障。常见故障形式包括间隙过大、回零不准、运动部件卡死、松动、零部件损坏、发出异响、机床精度丧失等。

⑥ 防护系统故障。常见故障包括护罩损坏、发出异响、零部件损坏、零部件松动等。

⑦ 冷却系统故障。常见故障包括电机损坏、液油气渗漏、零部件损坏等。

⑧ 润滑系统故障。常见故障包括油表损坏、机床漏油、液油气元器件损坏、传感部件失灵等。

⑨ 排屑故障。故障原因主要是运动部件卡死、运动部件失速等。

⑩ CNC 系统故障。包括元器件功能丧失、元器件损坏、运动部件无动作、误报警等。

⑪ 其他，如零部件损坏、线路与电缆连接不良等故障。

7.6.2 再制造机床运行状态评估

7.6.2.1 再制造机床的可靠性评估

从基于工艺质量数据的装备实体的可靠性评估和基于多源运行数据的装备功能的可靠性评估两个方面来解决再制造机床样本少、可靠性难以评估的问题。

(1) 再制造机床的实体可靠性评估

下面采用基于工艺质量数据的产品实体的可靠性评估方法，对机床实体的可靠性展开分析。

基于实际工艺路线测算零部件的工艺可靠度是高度个性化的过程。以铣削加工工艺为例，通过再制造铣床激振试验和铣削力试验，获得再制造铣床的动态特性参数和铣削力模型参数，由此确定再制造铣床铣削加工过程中的非线性动力学模型，然后采用仿真方法得到在一个加工周期内不同工艺参数条件下刀尖振动的轨迹，计算出一个加工周期内加工表面精度值，通过再制造铣床在该加工周期内加工表面精度的合格率来评估被加工件工艺可靠度。

如果刀具刀尖振幅过大，其一部分运动轨迹将超出规定的加工毛坯表面质量要求，铣削深度与铣削力之间存在非线性的耦合联系。在研究再制造铣床加工过程中刀尖振动轨迹时，可将其看作单自由度阻尼系统，其加工过程非线性动力学模型为：

$$\frac{k\ddot{x}_n(t)}{w_n^2}+\frac{2k\xi\dot{x}_n(t)}{w_n}+kx_n(t)=-\Delta F(t) \tag{7-82}$$

式中，$x_n(t)$是再制造机床铣刀刀刃相对工件在铣削表面的法向振动仿真位移；$\Delta F(t)$是铣削进给方向、宽度方向及刀具轴向方向三者的综合铣削力的动态变化部分；w_n、ξ、k 分别为再制造机床固有频率、阻尼系数、刚度系数，再制造机床的结构动态特性也是由这三个参数体现出来的。

再制造机床加工过程因各种干扰因素的影响，使瞬时铣削力成为波动铣削力和静态铣削力两者的综合表现，则 $\Delta F(t)$表达式为：

$$\begin{cases}\Delta F(t)=F_1(t)-F_2(t)+F_3(t)\\F_1(t)=Ka_{\mathrm{p}}s^u(t)\\F_2(t)=Ka_{\mathrm{p}}s_0^u\\F_3(t)=Ka_{\mathrm{p}}cus_0^{u-1}\dfrac{60\dot{x}(t)}{zN}\end{cases}\tag{7-83}$$

式中，$F_1(t)$是再制造机床总的瞬时铣削力，由瞬时铣削厚度$s(t)$引起；$F_2(t)$是再制造机床平均铣削力，由名义铣削厚度$s_0(t)$引起；$F_3(t)$为刀刃切入工件时受到的阻力；a_{p}表示铣削深度；c表示切入率系数；N为主轴转速，z为铣刀齿数；K和u为系数，可由铣削力试验得到。瞬时铣削厚度$s(t)$表达式为：

$$s(t)=\begin{cases}0, & x(t)\leqslant h(t)\\x(t)-h(t), & x(t)>h(t)\end{cases}\tag{7-84}$$

式中，$h(t)$为规定的工件表面波纹深度。若加工过程刀尖超过工件表面，$s(t)$为零，此时，切入率系数c也为零。

采用刀尖的频响函数法辨识再制造机床的结构特性参数w_n、ξ、k，将再制造机床简化成单自由度阻尼系统，其频率响应函数为：

$$H(w)=\frac{1/k}{1-(w/w_n)^2+\mathrm{i}2\xi(w/w_n)}\tag{7-85}$$

式中，w为激励频率；w_n、ξ、k分别为再制造机床固有频率、阻尼系数、刚度系数。

由此可知再制造机床的幅频、相频特性为：

$$\begin{cases}|H(w)|=\dfrac{w_n^2}{k\sqrt{(w_n^2-w^2)^2+(2\xi w_n w)^2}}\\\varphi(w)=\arctan\dfrac{2\xi w_n w}{w_n^2-w^2}\end{cases}\tag{7-86}$$

通过再制造机床动态特性实验，对刀尖进行激励并测试得到频响函数曲线，然后采用非线性最小二乘法拟合该曲线，辨识出w_n、ξ、k。

再制造机床动态特性实验原理是通过对刀具刀尖部分采用敲击的力锤激振实验，采取多点激励单点测量，通过固定在铣刀上的加速度传感器测量再制造机床结构响应，经信号处理后得到频响实验数据，采用参数辨识方法即可得到再制造机床的固有频率w_n、刚度系数k、阻尼系数ξ等动态特性参数，实验原理如图7-31所示。

由铣削力的Taylor经验公式，可得到再制造机床在铣削加工过程中的铣削力模型：

$$F=Ka_{\mathrm{p}}f^u\tag{7-87}$$

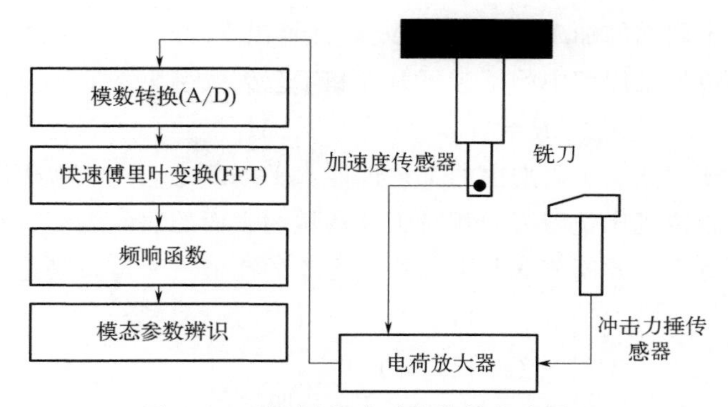

图 7-31　再制造机床动态特性实验原理

式中，F 表示铣削过程中的铣削力；a_p 表示铣削过程中的铣削深度；f 表示铣削过程中的铣削进给量；K 和 u 为系数。a_p 和 f 为可以选择的工艺参数。K 和 u 这两个系数是加工过程中各种影响因素的综合体现，通过切削力试验，得到一系列数据集(F,a_p,f)，采用线性最小二乘法可计算出系数 K 和 u。

铣削力试验原理如图 7-32 所示，采用压电式测力仪，将其安装在试件与工作台之间，铣削加工时，即可得到 X、Y、Z 方向上的铣削力。由所得实验数据，采用线性最小二乘法得到 K、u。

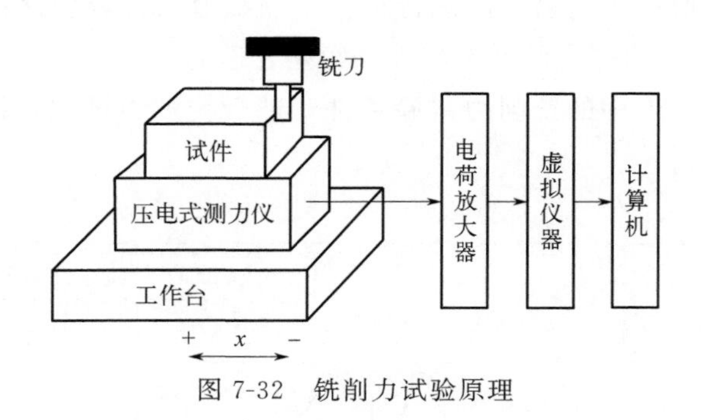

图 7-32　铣削力试验原理

利用再制造机床铣削加工过程中建立的非线性动力学模型进行仿真，即可分析再制造机床在某一个加工周期（该周期内再制造机床的动态特性和刀具参数是不变化的）内不同加工工艺条件下铣刀刀刃相对工件在铣削表面的法向振动仿真位移 $x_n(t)$，在所给该周期内的工艺条件范围，利用随机抽样法生成 N 组不同的工艺条件，将其代入所建立的非线性动力学模型中，得到 N 个粗糙度 Ra 的值。Ra 的表达式为：

$$Ra = \frac{1}{l}\int_0^l |d| \mathrm{d}x \approx \sum_{i=1}^{n} |d_i| / n \tag{7-88}$$

式中，l 为在某一种工艺条件下的加工距离；d_i 为在该段加工距离内振动位移上各点到该段振动位移曲线中线的距离。

假定该加工周期的加工失效域为 D_{μ}，计算出 $Ra \notin D_{\mu}$ 的数目 M，从而得到再制造机床在该加工周期中的工艺可靠度和工艺失效率为：

$$R=M/N_{a}, F_{R}=1-M/N_{a} \tag{7-89}$$

再制造机床在该加工周期内的工艺性能水平，即工艺性能劣化度，可用在该加工周期内再制造机床铣刀刀刃相对工件在铣削表面的法向振动仿真位移与其振幅均值之差相对于失效阈值 ρ 与振幅均值之差的比值去衡量，表达式为：

$$Z(t)=\begin{cases}1, & |x_{n}(t)-\rho| \leqslant \varepsilon \\ \dfrac{x_{n}(t)-x_{0}(t)}{\rho-x_{0}(t)}, & \text{其他} \\ 0, & |x_{n}(t)-x_{0}(t)| \leqslant \varepsilon\end{cases} \tag{7-90}$$

式中，$x_{n}(t)$是再制造机床铣刀刀刃相对工件在铣削表面的法向振动仿真位移；$x_{0}(t)$为规定振动正常值；ρ 为其规定失效阈值。

首先通过该机床动态特性实验获取再制造机床的刚度系数、固有频率及阻尼比，将测得数据导入 MATLAB 软件中，通过非线性最小二乘法拟合得到如图 7-33、图 7-34 所示的再制造机床刀尖频响函数的实部和虚部曲线，可得到 $w_{n}=7.310\times10^{3}$，$\xi=0.07454$，$k=2.7422\times10^{9}$。如图 7-35 所示，从 [600Hz，1000Hz] 段内选取一系列幅频值进行拟合，测试值与拟合值之间的平均偏差为 0.01(μm/N)，可认为拟合的动态特性参数是合理的。

然后结合表 7-15 中的铣削力试验条件，进行铣削力试验，以获取铣削力模型中的参数 K、u。

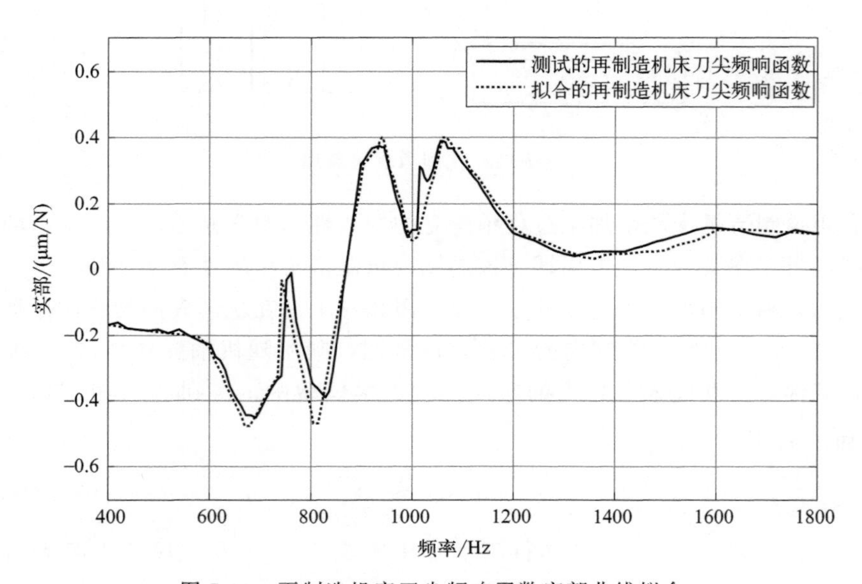

图 7-33　再制造机床刀尖频响函数实部曲线拟合

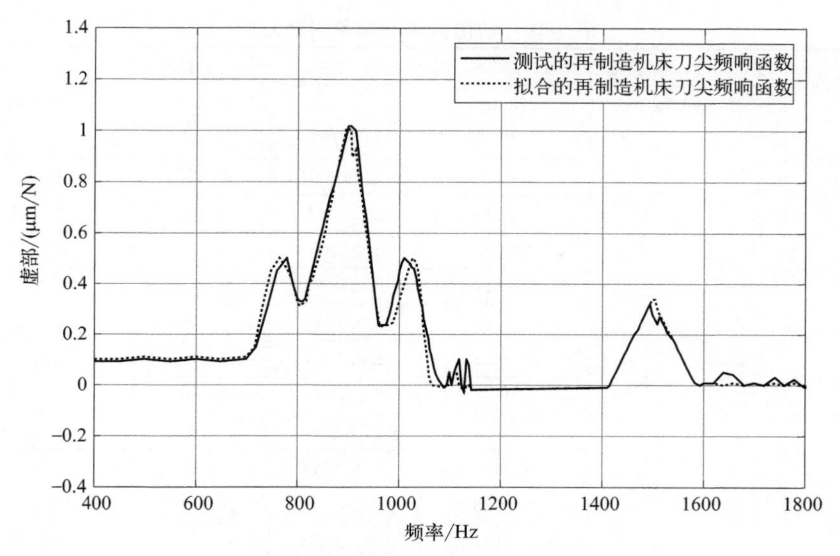

图 7-34　再制造机床刀尖频响函数虚部曲线拟合

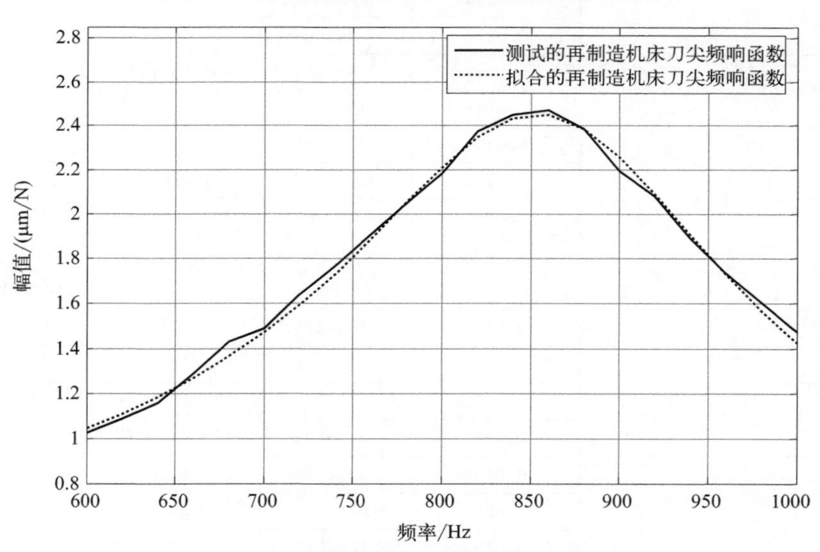

图 7-35　再制造机床刀尖频响函数幅值拟合

表 7-15　铣削力试验条件

主轴转速/(r/min)	800
进给速度/(mm/min)	100,150,200,250,300,350,400,450,500
铣刀齿数	5
铣削深度/mm	0.5,0.8,1.1
试件	45 钢尺寸 200×200×100(mm^3)

根据以上条件进行试验，经整理后部分试验结果如表 7-16 所示。

表 7-16　铣削力试验结果（部分）

试验序号	试验输入参数		试验结果		
	a_p/mm	f/(mm/r)	F_x/N	F_y/N	F_y/N
1	0.5	0.0068	51.7751	21.956	57.6844
2		0.0137	91.4645	53.8759	114.2997
3		0.0229	125.4678	71.4629	163.3531
4		0.0258	163.305	94.7242	224.56277
5		0.0347	183.0286	116.42	262.372406
6		0.0586	246.1047	147.4654	321.3187
7		0.0695	259.1237	157.327	332.4587
8		0.0758	272.6874	163.567	348.4977
9		0.0864	279.258	177.853	358.5864
10		0.0695	289.1237	172.657	372.257
11	0.8	0.0068	66.5596	36.4036	76.53076
12		0.0137	140.19346	94.7995	169.2853
13		0.0229	230.216	164.1817	299.8350
14		0.0258	255.906	181.0975	339.9567
15		0.0347	288.3953	196.9074	366.7496
16		0.0586	319.8531	212.4458	392.2203
17		0.0695	322.8624	224.587	397.207
18		0.0758	329.8527	228.98	403.852
19		0.0864	334.654	232.786	413.853
20		0.0695	339.547	242.853	421.2573
21	1.1	0.0068	96.6245	42.2852	124.2434
22		0.0137	181.4536	119.8643	234.6053
23		0.0229	239.4096	163.3254	326.6784
24		0.0258	291.9273	180.8779	370.4241
25		0.0347	334.8645	223.4637	418.3456
26		0.0586	356.4566	234.1456	446.6234
27		0.0695	366.753	246.247	456.5761
28		0.0758	376.453	247.573	467.654
29		0.0864	379.4856	259.1676	496.583
30		0.0695	386.987	267.158	499.5876

由所得试验数据，在每种铣削深度下采用线性最小二乘法得到 K、u，然后取两者各自的平均值，最终得到 $K=2462.3$、$u=0.6598$。如图 7-36 所示，当 $a_p=1.5$mm 时，铣削力模型的计算值与实测值平均偏差为 5.4623N，由此可知该铣削力模型能反映出实际加工过程中的情况。

通过以上再制造机床的动态特性参数试验和铣削力试验，得到再制造机床的

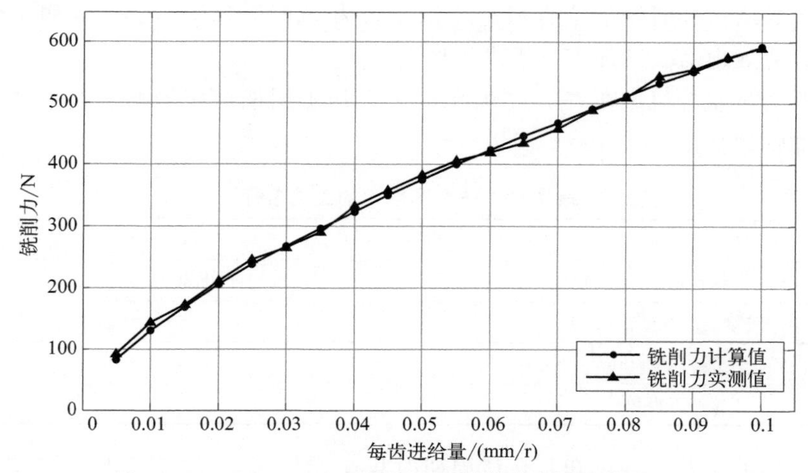

图 7-36　$a_{\mathrm{p}}=1.5\mathrm{mm}$ 时铣削力的计算值与实测值的比较

动态特性参数 $w_n=7.310\times10^3$，$\xi=0.07454$，$k=2.7422\times10^9$，铣削力模型参数 $K=2462.3$ 和 $u=0.6598$。根据这些参数及铣刀齿数 $z=3$、切入率系数 $c=0.012$，可得到具体再制造机床铣削加工过程中关于(N,a_{p},f)的动力学模型，在给定的(N,a_{p},f)下通过对该模型进行仿真计算，可获得再制造机床铣刀刀刃相对工件在铣削表面的法向振动仿真位移 $x_n(t)$。

为验证模型的正确性，在 $N=800\mathrm{r/min}$，$a_{\mathrm{p}}=2.0\mathrm{mm}$ 和 $f=0.08\mathrm{mm/r}$ 的工艺条件下进行铣削加工，实测得到再制造机床铣刀刀刃相对工件在铣削表面的法向振动位移。在同样的条件下对模型进行仿真，得到再制造机床铣刀刀刃相对工件在铣削表面的法向振动仿真位移，两者的相对振动位移如图 7-37 所示，两

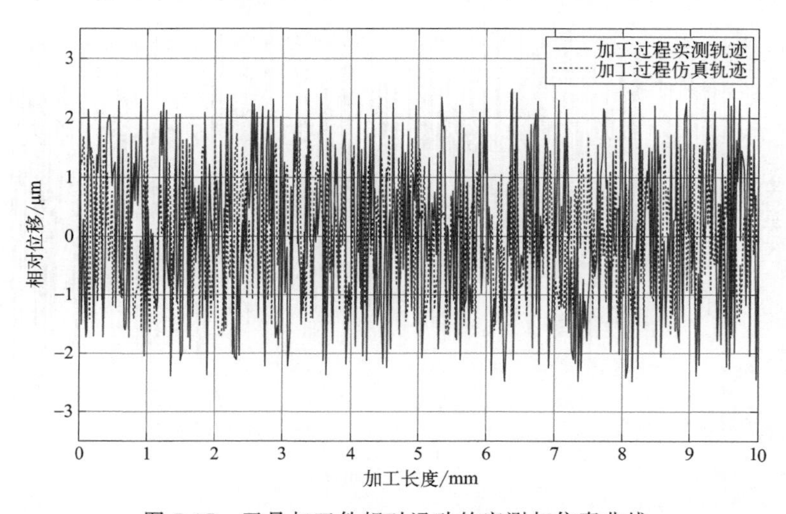

图 7-37　刀具与工件相对运动的实测与仿真曲线

者在加工长度一样时峰值或谷值平均偏差仅为 $0.037\times10^{-6}\mu m$，表明所建立的模型可以有效地对实际加工过程进行仿真。

最后对再制造机床在表 7-17 所示的一个加工周期内所给的工艺条件下进行工艺可靠性评估。

表 7-17　一个周期内的工艺条件

工艺条件	取值
主轴转速/(r/min)	600,800,900
进给速度/(mm/min)	50,100,150,200,250
切削深度/mm	0.5,1.0,1.5,2
铣刀齿数	3

由给出的工艺条件可知，在该周期内共有 $3\times5\times4=60$ 种不同工艺组合，采用随机抽样法，每次从这 60 种工艺条件组合中随机抽取一个样点，进行仿真分析，得到一个 Ra 的值。按该方法随机抽取 $N=1000$ 个点，并给定该段加工周期的失效域 $D_\mu(\rho=10\mu m)$，即加工表面粗糙度 $Ra\in D_\mu$ 时加工失效。经 MATLAB 计算后可知不在失效域中的点数 $M=896$，故再制造铣床在该加工周期内的工艺可靠度 $R=M/N_a=0.896$，大于规定的 0.85，即加工质量满足要求。该加工周期内 $x_n(t)$的变化如图 7-38 所示，该加工周期内的工艺性能劣化度变化情况如图 7-39 所示。由图可以看出，其劣化度不超过 0.3，在规定［规定 $Z(t)<0.4$］范围内。即该再制造机床满足加工过程中的工艺要求。本案例在铣削工艺条件下，铣削工艺的工艺可靠度为 $R=0.896$。

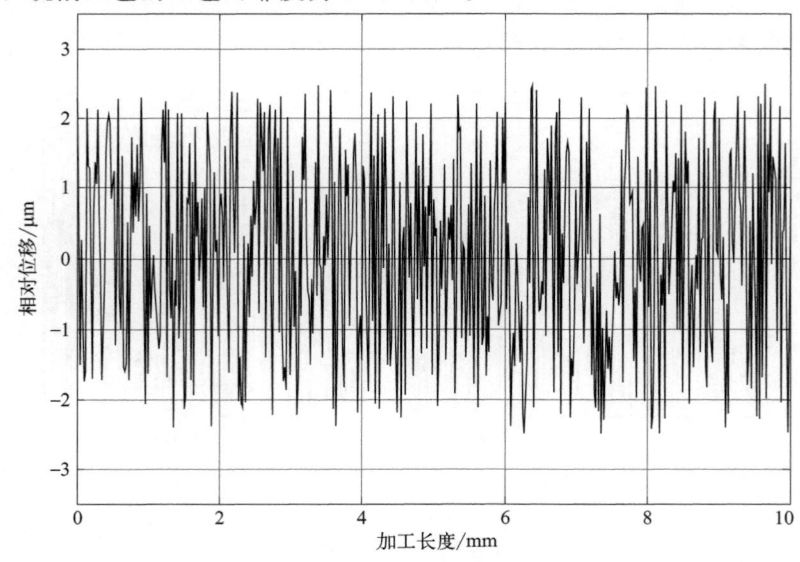

图 7-38　加工周期内振动轨迹

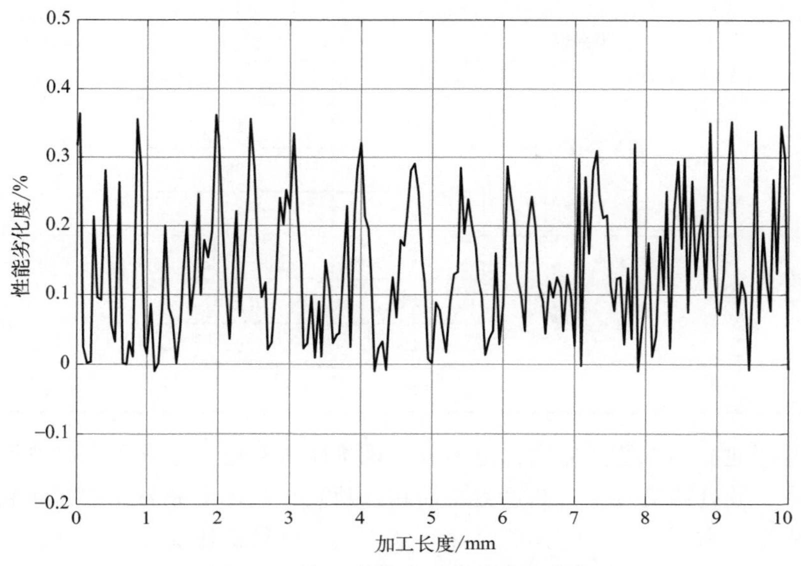

图 7-39　加工周期内工艺性能劣化度

表 7-18 对五大类主要零部件的再制造工艺过程以及该机床加工过程工艺可靠度进行了计算说明。

表 7-18　再制造机床零部件的工艺可靠度计算

序号	零部件	失效类型	工序		计算结果
1	主轴	中等磨损	P1	1	$R_1(t)=0.971$
			P2	1	
			P3	1	
			P4	0.984	
			P5	0.987	
2	导轨面	轻微腐蚀	P1	1	$R_2(t)=0.973$
			P2	0.989	
			P3	0.984	
			P4	1	
			P5	1	
3	蜗轮副	重度磨损	P1	1	$R_3(t)=0.996$
			P2	1	
			P3	0.996	

续表

序号	零部件	失效类型	工序		计算结果
4	丝杠	磨损及轻微变形	P1	1	$R_4(t)=0.989$
			P2	1	
			P3	0.997	
			P4	0.992	
5	齿轮	中度磨损	P1	1	$R_5(t)=0.892$
			P2	0.896	
			P3	0.996	
			P4	1	

参照所建立的工艺可靠度传递函数，该机床再制造工艺过程具有典型的串联结构特征，此处假设各个工艺过程之间相互独立，其正常概率应该是所有工艺过程正常概率的乘积。根据实体可靠性评估方法，可得机床实体的可靠度：

$$R_s(t)=\prod_{i=1}^{5}R_i(t)=0.8301$$

故该机床实体的可靠度大于规定的0.80，再制造机床产品的实体可靠性满足设计或交付标准。

(2) 再制造机床功能的可靠性评估

再制造机床子系统及单元折合信息、相似再制造机床及同类型再制造机床等的故障数据如表7-19所示。

表7-19 再制造机床故障数据

序号	验前信息类别	(折合到整机)故障间隔时间/h	故障数
1	工作台折合信息	35、252、347、467	4
2	伺服单元折合信息	23、786、236、15	4
3	主轴折合信息	216、141、2086	3
4	控制系统折合信息	13、263、134、57125、463、571	6
5	相似再制造机床1	478、486、85、542、186、2486、934、235	8
6	相似再制造机床2	524、876、35、1896、376、1288、1045	7
7	相似再制造机床3	496、480、64、530、192、2576、928、240	8
8	相似再制造机床4	124、535、516、2725	4
9	相似再制造机床5	97、557、2145、1396	4
10	相似再制造机床6	103、115、2192、741、865	5

续表

序号	验前信息类别	(折合到整机)故障间隔时间/h	故障数
11	相似再制造机床 7	85、1536、876、672、2354	5
12	同类型再制造机床 1	698、976、495、1056、964、1275	6
13	同类型再制造机床 2	495、1354、538、557、2175	5
14	同类型再制造机床 3	153、1384、356、89、1768、2757	6
15	同类型再制造机床 4	1342、1157、87、2176、936	5
16	同类型再制造机床 5	31、458、356、976、275、1897、243、1125	8
17	同类型再制造机床 6	528、94、56、15、2451、1763	6
18	现场试验数据	421、327、1130、1750、153、2347、2358、3124	8

假设该数据已通过相容性检验，与现场试验数据属于同一总体，则可计算得到加权均值及方差分别为 $m=0.0025$，$s^2=9.8140\times10^{-6}$。由矩估计法，可以算出表 7-5 中 3 种常见分布形式的参数及熵分别为：$\alpha=2.8194$，$\beta=535.9857$，$S_G=-3.4647$；$\mu_x=0.00249$，$\sigma_x^2=9.8140\times10^{-6}$，$S_N=-9.3790$；$\mu_y=-5.9176$，$\sigma_y^2=1.3401$，$S_{LN}=-4.2031$。融合熵为：$S=(S_N^2+S_G^2+S_{LN}^2)/(S_N+S_G+S_{LN})=-6.9008$。

由最大熵原理可知，应选择伽马分布为融合验前分布，然后再求融合验前伽马分布中的分布参数，即求得最优解：

$$\min(|(\alpha,\beta)-(2.8194,535.9857)|)$$
$$\text{s.t.}\quad S_G(\alpha,\beta)=S$$

于是，得融合验前分布 π_α 的参数 $\alpha=0.6368$，$\beta=525.3057$，则验后分布为：

$$\pi(\lambda|E_s)\propto\pi(\lambda)\times P\{K_s|\lambda\}=\pi(\lambda)\frac{(\lambda T_s)^{K_s}}{K_s!}e^{-\lambda T_s}$$
$$=\text{Gamma}(\lambda;0.6368,525.3057)\times\text{Point}\{8|3124\lambda\}$$

综上，再制造装备基于多源运行数据融合方法的故障率及 MTBF 点估计 $\hat{\lambda}(E_s)=0.0057$，MTBF $=175.43$h。该再制造机床的平均无故障工作时间（MTBF）小于同类型的非再制造新机床（国产数控机床的 MTBF 平均在 400～500 之间），即故障率太高，不满足要求。

综合评估结果，从再制造装备实体上看，满足相应的可靠性要求，但是该再制造机床的故障率太高、MTBF 低于非再制造新机床的 MTBF，仍不满足再制造机床可靠性要求，不能交付使用，需对该再制造机床在设计阶段及再制造阶段进行可靠性分析，找出其中的薄弱环节和缺陷，提出相应的可靠性增长措施，改进其中缺陷，提高再制造机床平均无故障工作时间（MTBF）和降低其故障率 λ。

7.6.2.2 再制造机床故障诊断分析

利用高维贝叶斯算法来对该再制造机床进行故障诊断，将故障特征向量输入到模型中，计算似然函数值，找出其中极大值，极大值对应的故障类型就是诊断结果。

(1) 再制造机床多源信号采集

该再制造机床在工作过程中会相应产生很多工作信号，如噪声、振动、电流等。这些信号在机床无故障时所表现出来的特征与存在故障时表现出来的特征存在很大的不同，且这种不同也会根据故障类型的不同表现出更大的区别。因此，采集该再制造机床的振动信号和电流信号作为故障诊断的基础，采集时间为30s，采集样本分别如图7-40和图7-41所示。针对采集到的该再制造机床的振动信号和电流信号逐一进行降噪处理。

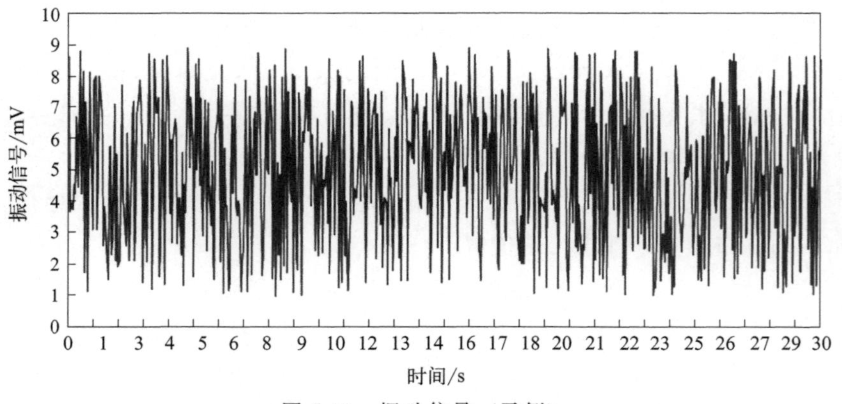

图7-40　振动信号（示例）

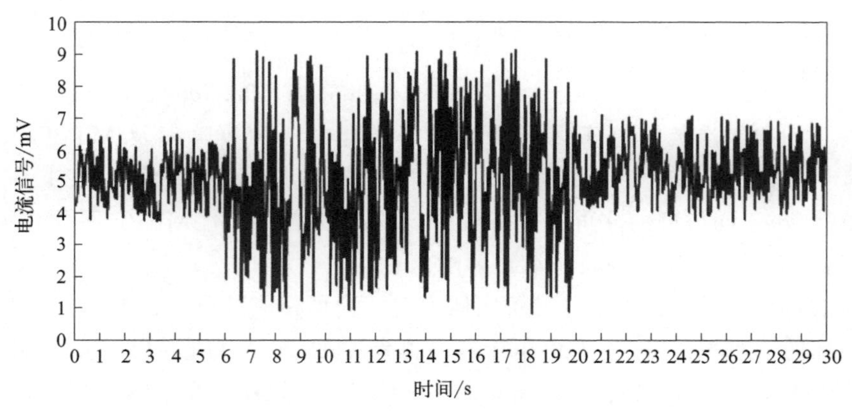

图7-41　电流信号（示例）

(2) 多源信号特征提取

基于所采集到的信号数据，提取信号的时域特征和频域特征，示例如表 7-20 所示。

表 7-20　信号特征提取结果（示例）

信号类型	特征指标	标准化数值
振动信号	波形因子 偏度 重心频率 频率均方根	0.2139 0.3711 0.1422 0.0158
电流信号	波形因子 偏度 重心频率 频率均方根	0.3701 0.5002 0.6249 0.0503

(3) 故障类型识别

以提取到的特征为输入，计算多维高斯贝叶斯模型的似然函数值，得出故障诊断结果，如表 7-21 所示。

表 7-21　故障诊断结果

	故障类型	似然函数值	故障类型
某再制造机床	主轴系统故障 伺服系统故障 润滑装置故障 液压装置故障 无故障	9.3662 5.2132 3.5678 4.6859 3.7854	主轴系统故障

7.6.3　再制造机床运维派遣决策

以上一节分析的主轴系统故障为例，对运维人员进行认知诊断研究，进而实现运维派遣决策。首先，针对认知诊断难点问题，以能力为导向为再制造机床运维人员搭建评估框架，基于贝叶斯心理测量模型搭建运维人员认知诊断模型。在此基础上，分析了认知诊断模型的先验概率和条件概率，通过仿真计算其能力的后验概率。接着，对于运维工程师的能力图谱难以储存的问题，建立认知技能图谱。认知技能图谱是以知识图谱为底层技术，储存了认知诊断模型中能力与知识节点的后验概率，体现了工程师对于再制造机床处理的认知程度。最后，运用决策树算法从运维人员认知技能图谱的数据中训练出派遣决策树，根据运维人员的认知技能图谱预测出是否适合派遣，实现智能派遣决策。

(1) 再制造机床运维认知诊断模型

从全生命周期运维知识库中查询到与再制造机床的主轴系统故障相关的故障

原因、故障维修方法、故障分析方法以及涉及的故障特征参数，以这些数据作为认知诊断模型的构建基础。以能力为导向设计认知诊断模型中的认知属性。将认知属性分为三层，形成知识-能力-操作的认知诊断模型，见表 7-22。

表 7-22　主轴系统故障的认知属性

认知属性类型	编号	属性
知识/K	K1	再制造机床主轴结构知识
	K2	电机三相电路平衡知识
	K3	傅里叶变换方法知识
	K4	短路电流谐波分量知识
能力/A	A1	静态测试法故障诊断能力
	A2	傅里叶变换法故障诊断能力
	A3	匝间短路故障重修能力
	A4	齿轮、传送带等零部件修复能力
操作/O	O1	检测三相电流，阻抗与相角
	O2	正确选取故障特征量
	O3	分析故障电流谐波分量
	O4	更换电路线圈
	O5	更换齿轮
	O6	添加润滑油
	O7	绝缘处理与嵌线

在再制造机床主轴系统故障认知诊断模型（图 7-42）中，构建认知诊断模型的思路是工程师需要先具备主轴系统故障相关的知识，进而形成能力，当具备了相关知识与能力后才会实施相关的操作。例如，具备 K1、K2 与 A1 属性是 O1 属性的先决条件，即工程师需要先具备再制造机床主轴结构知识与电机三相电路平衡知识，还要具备静态测试法故障诊断能力才会进行检测三相电流的操作，其他关系解释类似。

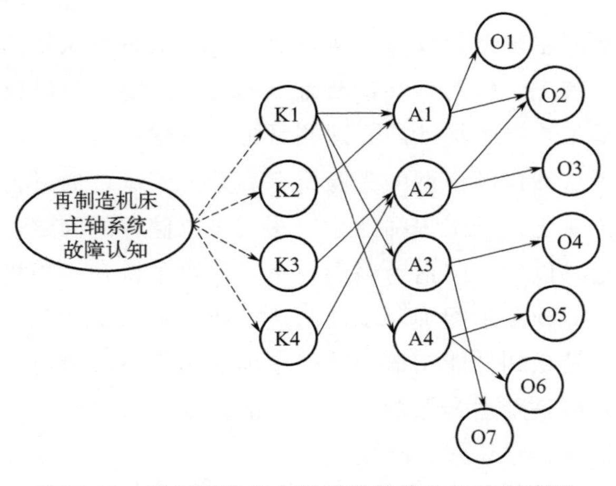

图 7-42　再制造机床主轴系统故障认知诊断模型

（2）基于贝叶斯心理测量模型的认知诊断

在认知诊断中，利用贝叶斯心理测量模型方法将认知诊断模型中变量间的关系构成贝叶斯网络的推理结构。将认知诊断模型映射为贝叶斯网络，利用贝叶斯的逆向推理能力，在网络中定义演绎推理的结构，以支持根据观察到的数据对模型中其他节点的状态进行推理分析。故在实际运维时，将工程师的操作当作可观察变量，知识与能力节点当作潜在变量，通过合理设置网络中先验概率和条件概率，逆向推理得到网络中潜在变量节点的后验概率。

以等级反应模型来计算条件概率。根据该模型中的直接依赖关系和联合关系定义可知，再制造机床主轴系统故障认知诊断模型中可观察变量节点 O4 与 A3、O7 与 A3、O1 与 A1、O3 与 A2、O5 与 A4、O6 与 A4 之间是直接依赖关系，O2 与 A1、A2 是联合关系，A3 与 K1、A4 与 K1 是直接依赖关系，A1 与 K1、K2，A2 与 K3、K4 之间是联合关系。结合再制造机床领域知识，设置认知诊断模型中变量间条件概率的初始参数。运用马尔可夫-蒙特卡罗方法，计算运维工程师的能力后验概率。在得到运维工程师对认知诊断模型中的每个潜在变量节点的后验概率后即可形成认知技能图谱。

（3）认知技能图谱

认知技能图谱以知识图谱为底层技术，包括节点和关系，储存的是运维工程师对于再制造机床故障的认知情况。图 7-43 所示为编号为 N1 的运维工程师对于再制造机床装置故障的认知技能图谱。其中，节点①是再制造机床装置故障，节点②是能力节点，节点③是知识节点，节点④是运维工程师，将运维工程师的认知诊断概率当作节点属性。

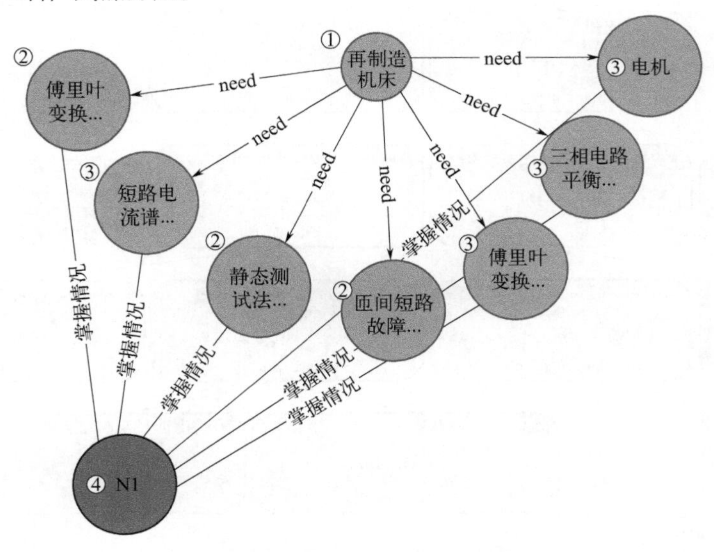

图 7-43　认知技能图谱（局部）

(4) 基于决策树的运维派遣决策

利用分类决策树方法将运维匹配问题转化为分类问题，将具体的运维任务与运维工程师对该故障的认知情况相匹配，达到智能派遣运维的目的。

以再制造机床为对象，模拟主轴系统故障维修任务，随机抽取某再制造机床企业的 200 名运维人员完成模拟任务，运维成功记为 1，运维不成功记为 0。通过认知诊断已经得到该 200 名运维人员的认知技能图谱。查询出与该故障相关的认知技能图谱子图，得到 200 组概率数据，随机抽取 10% 的数据作为测试集，其他作为训练集。部分数据如表 7-23 所示。

表 7-23 运维工程师的有效标记数据（部分）

工程师编号	认知技能情况								运维情况
	再制造机床主轴结构知识	电机三相电路平衡知识	傅里叶变换方法知识	短路电流谐波分量知识	静态测试法故障诊断能力	傅里叶变换法故障诊断能力	匝间短路故障重修能力	齿轮、传送带等零部件修复能力	
1	0.33	0.45	0.56	0.67	0.36	0.33	0.29	0.45	1
2	0.23	0.57	0.12	0.26	0.33	0.20	0.19	0.27	0
3	0.68	0.65	0.54	0.64	0.65	0.26	0.42	0.33	1
…	…	…	…	…	…	…	…	…	…

基于 Python/Pytorch 平台构建决策树模型，如图 7-44 所示为局部结果树状

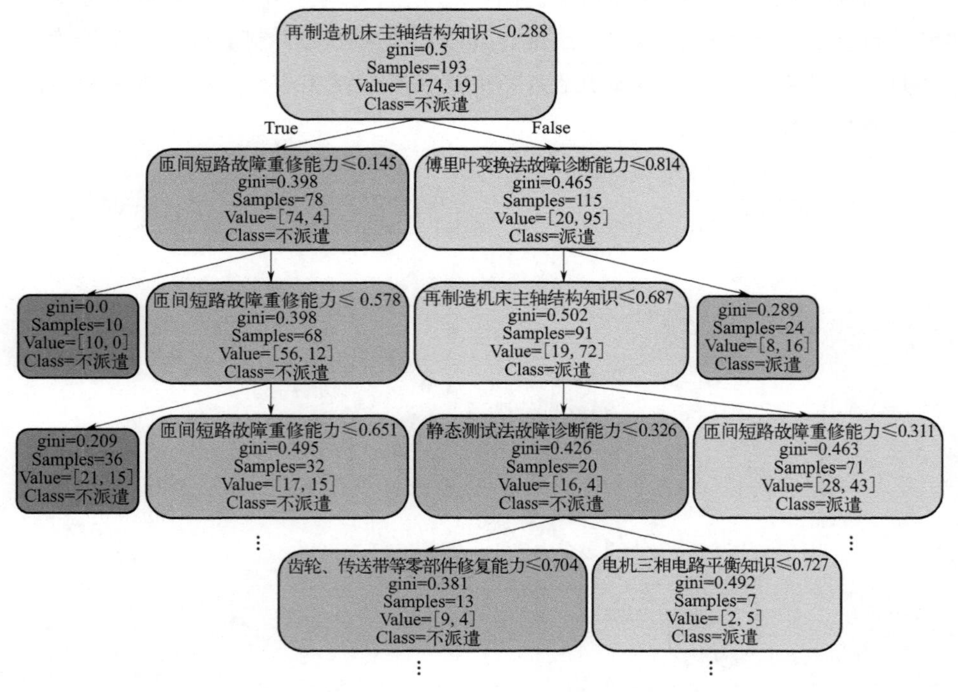

图 7-44 决策树模型（Graphviz 绘制，局部结果）

示意图。图中每个节点的“Class”表示当前运维工程师的能力是否可派遣；“gini”表示基尼系数，基尼系数越小，代表分类越纯，不确定性越小；“Samples”表示当前分支节点的数据量；“Value”表示当前分支节点 Sample 中属于不同类别的数据量，本节中设置了两种类别，分别为“派遣”与“不派遣”，Value 中的这两个数据分别表示当前节点中的这两类的数量。通过该方法将运维人员的认知技能图谱和具体故障进行匹配，可为实际派遣方案提供参考依据。例如，当输入[0.33,0.58,0.56,0.47,0.33,0.41,0.19,0.25]时，输出结果为 0，表示预测结果为不派遣；当输入[0.53,0.76,0.49,0.72,0.62,0.67,0.59,0.83]时，输出结果为 1，表示预测结果为派遣。

本章小结

本章从全生命周期协同运维的角度，建立了再制造装备全生命周期协同运维框架；基于设计制造数据和运行维护数据，探讨了多源数据采集、数据传输、数据存储、数据处理、数据挖掘等关键技术，设计了再制造装备全生命周期运维数据库和知识库；研究和分析了再制造装备健康状态评估技术、可靠性评估技术以及故障诊断和预测分析技术，通过评估再制造装备运行状态，建立了再制造装备运维时机判断模型、可靠性增长模型、个性化运维决策模型、运维资源和过程管理系统，构建了再制造装备智能运维决策体系；对所提再制造装备智能运维技术进行应用验证。

参考文献

[1] 任颖莹，胡新朋，夏站辉，等．数据驱动的隧道掘进机制造/运维协同决策技术研究［J］．隧道建设(中英文)，2023，43 (3)：496-504.

[2] 宋宜璇，童一飞，缪方雷，等．基于物联网的数控机床群状态监测研究［J］．机械设计与制造工程，2023，52 (6)：13-18.

[3] 刘亮，赵勐．大型钢结构车间可视化管理系统应用研究［J］．工程机械，2020，51 (11)：91-94.

[4] 金磐石，李博涵，秦小麟，等．金融分布式数据库异步全局索引研究［J］．计算机科学与探索，2023，17 (11)：2784-2794.

[5] 杨寒雨，赵晓永，王磊．数据归一化方法综述［J］．计算机工程与应用，2023，59 (3)：13-22.

[6] 武明生，杨礼，熊伟．基于大数据技术的灾害监测系统联调联试数据挖掘研究［J］．中国铁路，2019 (7)：76-80.

[7] 芦华．面向机床健康状态的智能评估云服务实现［J］．精密制造与自动化，2023 (1)：1-7，19.

[8] 江志刚，朱硕，张华．再制造生产系统规划理论与技术［M］．北京：机械工业出版社，2021.

[9] 郭建，徐宗昌，张文俊．基于状态的装备故障预测技术综述［J］．火炮发射与控制学报，2019，40 (2)：103-108.

[10] 谢楠，李爱平，薛伟，等．基于随机 Petri 网的复杂机械设备可用度分析方法研究［J］．机械工程

学报，2012，48（16）：167-174.

[11] 张元鸣，肖士易，徐雪松，等．基于知识图谱多集池化的健康状态智能评估方法［J/OL］．计算机集成制造系统，2023：1-17［2023-04-11］.

[12] 郭建伟，司军民，赵梦露，等．基于全要素、全过程数据融合的城市轨道交通车辆智能运维系统［J］．城市轨道交通研究，2022，25（01）：210-215.

[13] 高海霞，张永伍．基于项目化管控的检修运维成本全过程精益管理［J］．企业管理，2016（S2）：196-197.